Einführung in die Warenlehre

Von

o. Universitätsprofessor

Dr. Josef Hölzl

R. Oldenbourg Verlag München Wien

CIP-Titelaufnahme der Deutschen Bibliothek

Hölzl, Josef:
Einführung in die Warenlehre / von Josef Hölzl. – München ;
Wien : Oldenbourg, 1989
ISBN 3-486-21334-2

Gesamtherstellung: Grafik + Druck, München

ISBN 3-486-21334-2

Inhaltsverzeichnis

Alles was in der Welt selten und kostbar ist, findet seinen Weg in diese Stadt (Peking); besonders gilt dies von Indien, das Edelsteine, Perlen und verschiedene Spezereien sowie Gewürze schickt. Auch aus den Provinzen Kataias (= China) selbst sowie aus anderen Ländern des Reiches werden alle wertvollen Waren hierher gebracht, um den Bedarf der Menge zu befriedigen. ... Zu verschiedenen Zeiten im Laufe des Jahres kommen große Handelskarawanen mit den schon oben erwähnten Artikeln an, die sie vor dem Kaiser ausbreiten. Dieser ruft darauf zwölf kundige Männer und befiehlt ihnen, die Waren genau zu prüfen und den Wert, zu welchem sie gekauft werden können, festzustellen.

Marco Polo, Von Venedig nach China. 2. Buch Kap. 17, 18; geschrieben in Genua zwischen 1295 und 1299.

Vorwort

Diese in der WiSo-Reihe von Oldenbourg erscheinende „Einführung in die Warenlehre" ist in erster Linie für Studenten der handelswissenschaftlichen und betriebswirtschaftlichen Studienrichtung sowie für Lehramtskandidaten der „Biologie und Warenlehre (Lehramt an höheren Schulen)" als Lehr- und Lernbehelf gedacht. Daneben soll sie aber auch Anregungen für die Weiterentwicklung unseres Faches bieten und zur Diskussion unter den Fachvertretern anregen. Inhaltliche Gestaltung, Aufmachung und Format sind daher absichtlich skriptumartig gehalten. Doch wird der aufmerksame Leser manche Anregungen für ein weiteres Eindringen in spezielle Materien finden, wozu die absichtlich spärlich gehaltenen, aber zielstrebig ausgesuchten Literaturhinweise dienen mögen. Über die ferneren Intentionen sei hier nichts weiter gesagt, sie werden sich dem Leser ohne Hinweise erschließen.

Wenn mit dieser „Einführung" ein Impuls mehr zur Belebung unseres Faches – wozu auch kritische Äußerungen zählen – geleistet werden könnte, so hätte sie ihren Zweck vollkommen erfüllt.

J. Hölzl, im März 1989

A Einleitung

A 1 Geschichtliche Entwicklung

Als ein frühes Beispiel warenkundlicher Schriften gilt das Kaufmannsbuch des Arabers Ali ad-Dimisqi mit dem Titel "Das Buch des Hinweises auf die Schönheiten des Handels und die Kenntnis der guten und schlechten Waren und die Fälschungen der Betrüger an ihnen". Der Verfasser soll zwischen dem 9. und 12. Jhdt. gelebt haben; das Buch erschien 1175. Im Jahre 1335 erscheint in Italien ein Handelsbuch von Francesco Balducci Pe golotti "Prattica delle mercatura", in welchem die Waren, die von u. nach China eingeführt wurden, genau beschrieben und Maße, Gewichte sowie Handelswege eingehend erläutert werden. Leonardo da Vinci (1452-1519) kennt als genialer Erfinder und Architekt bereits sämtliche Maschinenelemente und nützt sie zu ingeniösen Erfindungen auf zahlreichen Gebieten der Technik, Kriegs- und Baukunst.

In der italienischen Renaissance mit ihrer intensiven Hinwendung zu naturwissenschaftlich-medizinischen Studien werden die ersten botanischen Gärten (Botanischer Garten zu Padua 1545) errichtet, Arzneimittel und Handelswaren von Naturforschern und Ärzten erstmals systematisch untersucht. Im Frankreich der Enzyklopädisten (Diderot 1713-1784, d'Alembert 1717-1783) erscheint Jaques Savary's des Bruslons 2-bändiges Dictionnaire universel de commerce etc., Paris 1723 (2. Aufl. in 5 Bde., Kopenhagen 1759-65), ein Standardwerk seiner Zeit, das auch den warenkundlichen Themenkreis ausführlich behandelt. Ein anderes ähnliches Werk N.Lemery's Materialien-Lexicon erschien in Leipzig 1721 in 3. Auflage in deutscher Sprache.

Diese Anregungen aus Frankreich fallen in Deutschland auf fruchtbaren Boden. P.J. Marperger (1656-1730) stellt die Frage, "ob es nicht rathsam sei, öffentliche Professoren der Kaufmannschaft zu verordnen, welche die Handlung und alles, was in dieselbige hineinläuft, oder von selbiger dependieret, lehren müßten?"; er gilt als Initiator eines systematischen Warenkundeunterrichts, indem er vorschlägt, daß an allen höheren Handelsschulen ein Fach gelehrt werde, in dem "man bloß über die Waren sich extendieren sollte".

Diese als l e x i k a l i s c h e W a r e n k u n d e zu bezeichnende Entwicklung erreicht in Deutschland mit C.G. Ludovici (1707-1778) und Johann Beckmann (1739-1811) ihren ersten Höhepunkt.

Der Leipziger Philosophie- und Ökonomie-Professor Ludovici zählt in seinem "Grundriß eines vollständigen Kaufmannsystems" die Warenkunde zu den kaufmännischen Hauptwissenschaften, er teilt sie in eine allgemeine Warenkunde "oder was von den Waaren in einer Generalbetrachtung überhaupt zu sagen ist" und eine spezielle Warenkunde "oder was von einer jeden Waare insonderheit zu wissen nötig ist". Hier werden bereits die Grundzüge eines umfassenden Systems der Warenkunde entwickelt, die das Warenspektrum von verschiedenen Standpunkten aus beleuchtet und die Bezüge zwischen diesen Betrachtungsweisen aufzuzeigen versucht. Dank dem Wirken Ludovicis in der Messe- und Verlagsstadt Leipzig etablierte sich vor nunmehr rund 200 Jahren die Warenkunde als Hochschulfach.

Von einer anderen Seite, nämlich der landwirtschaftlichen und gewerblichen Warenproduktion und ihrer Technologie nähert sich Johann Beckmann, Naturhistoriker und Professor der Ökonomie in Göttingen, dem Thema Ware und Warenkunde. Mit seiner "Anleitung zur Technologie" (Göttingen 1777), als deren Begründer er gilt, stellt er jene Wissenschaft vor, "welche die Verarbeitung der Naturalien, oder die Kentniß der Handwerke, lehrt". Seine Studien führen ihn folgerichtig zur "Vorbereitung einer Waarenkunde oder zur Kentniß der vornehmsten ausländischen Waaren", Göttingen 1793-1800, in der er die Bemerkung macht, "daß sie (die Warenkunde) von der systematischen Naturkunde ... noch nicht so viele Aufklärung erhalten hat, als sie schon davon erhalten könnte".

Aus jener Epoche naturwissenschaftlicher Fortschritte, die durch C.v.Linne's (1707-1778) Systematik des Pflanzen- und Tierreich's charakterisiert ist, wäre noch eine Reihe anderer warenkundlicher Werke zu erwähnen, wie z.B. des Leipziger Kaufmanns

G.C.Bohn's "Des wohlerfahrenen Kaufmanns anderer Teil oder neueröffnetes Waaren-Lager", Hamburg 1763 und vor allem G.H.Buse's "Vollständiges Handbuch der Warenkunde", 4 Bde, Erfurt 1798-1801, sowie J.B.Trommsdorf's "Handbuch der pharmaceutischen Waarenkunde", Erfurt 1799 und "Ökonomisch-technologisches Wörterbuch", Gotha 1817-1827, beide Lehrer bzw. Professoren in Erfurt.

Die beiden Hauptwerke der lexikalischen Periode Ludovici's "Grundriß" bzw. "Akademie" und Beckmann's "Technologie" bzw. "Vorbereitung" wiesen den Weg zur weiteren Entwicklung nämlich zu einer rohstoffbezogenen Warenkunde. Schon Beckmann's Werk ist "der Kenntnis der vornehmsten ausländischen Waaren" gewidmet. Die aus den Kolonien und aus Übersee nach Europa strömenden Waren und Rohstoffe waren der Anlaß für diese Entwicklung, die zur Konzeption einer technischen Warenkunde und organischen Rohstofflehre, mit den Hauptvertretern, den beiden Wiener Professoren J.v.Wiesner (1838-1916) und seinem Nachfolger F.v.Höhnel (1852-1920) führte. Wiesner's "Die Rohstoffe des Pflanzenreichs", Leipzig 1873 können bis heute als einschlägiges Standardwerk gelten und seine "Technische Mikroskopie", Wien 1867, sowie Höhnl's "Mikroskopie der technisch verwendeten Faserstoffe", Wien 1887 u. 1905, stellen Meilensteine warenkundlich-mikroskopischer Untersuchung pflanzlicher Rohstoffe und Halbfabrikate dar.

Noch heute wird das Fach "Technische Mikroskopie und organische Rohstofflehre" an der TU-Wien gelehrt. Auf dem Gebiet der Mikroskopie der Nahrungsmittel sind Vogl, T.F.Hanausek und andere zu erwähnen.

Der schon von Beckmann herausgearbeitete Zusammenhang von Technologie und Warenkunde wurde besonders nach dem 1. Weltkrieg im Zusammenhang mit der neuen industriellen Entwicklung gleichsam wiederentdeckt. So strebte z.B. E.Rüst eine Erweiterung der Warenkunde zur Industrielehre an, die gleichzeitig einen Einblick in das Wesen von Technik und Industrie gewähren sollte, und noch heute in diesem Sinne als "Technologie" an der Handelshochschule St. Gallen in Personalunion mit der EMPA (Eidgenössische Materialprüfanstalt, Direktor Prof.Dr.P.Fink) vertreten ist. Namhafte Autoren der technologischen Warenkunde sind Remenovsky (Erdmann-König), Grafe, E.Hanausek, Hassak-Beutel und Kutzelnigg, Grünsteidl und Stockert, Werner, Knessl u.a.

Mit den vielbändigen, von mehreren Autoren bestrittenen Sammelwerken und Enzyklopädien der Warenkunde (Erdmann-König, Grafe u.a.) nahm eine Entwicklung ihr Ende, die mit den alten Warenlexika begonnen hatte und bei der sprunghaften Stoffvermehrung nicht mehr Schritt halten konnte, daher notwendigerweise in Spezialliteratur auffächern mußte. Die wissenschaftliche Tätigkeit schlug sich weiterhin in Originalarbeiten an warenkundlichen Objekten und Themen nieder, die in eigenen Fachpublikationen und Zeitschriften - besonders in den Ostblockländern und in Japan - von den warenkundlichen Lehrstühlen, Instituten oder Warenkundegesellschaften herausgebracht wurden und werden. Sie betreffen neben Themen von allgemeinen warenkundlichen Interessen hauptsächlich Fragen der Warenklassifikation, Qualitätssicherung, Warenprüfung, -lagerung, Verpackung, Marketing, Konsumenteninformation, u.ä.

Die stoffbezogene klassische oder allgemeine Warenkunde ist besonders in den Lehrbüchern der Sekundarstufe von Handels- und Berufsschulen erhalten geblieben. Als ältere Vertreter dieser allgemeinen Warenkunde seien erwähnt De Castres, Schedel, Hauke, Merck, Jaeger, Seubert und Schreiber. Dieser Lehrstoff bietet entsprechend aktualisiert und nach dem Prinzip der "relativen Totalinformation" betrachtet (Raffeè), auch heute noch die unentbehrliche Grundlage für ein fundamentales Verständnis der materiellen Grundlagen der Wirtschaft und stellt somit die Propädeutik der Warenwissenschaft dar.

Die Technologie hat bald nach Beckmann im Gefolge der sich rasant ausbreitenden Industrialisierung und Technisierung eine eigene Entwicklung genommen. Abgesehen von den verschiedenartigen Zweigen der heutigen Technik (z.B. Hoch- und Tiefbautechnik, Elektrotechnik, Kerntechnik, Regeltechnik usw.) unterscheidet man in den

Ingenieurwissenschaften üblicherweise zwischen mechanischer und chemischer Technologie. Zudem besitzt jede Industriesparte ihre speziellen Technologien, Verfahren und Know-hows, die sich in ständiger Weiterentwicklung befinden. Eine allgemeine Technologie oder Techniklehre ist erst in Ansätzen vorhanden.

LITERATUR:

Beckmann, J., Anleitung zur Technologie. 1.Aufl. 1777, 2.Aufl., Göttingen 1780; fotomech. Nachdruck des Zentralantiquariats der DDR, Leipzig 1970

Derselbe, Vorbereitung zur Waarenkunde oder zur Kenntnis der vornehmsten ausländischen Waaren. 2 Bde. in 6 Stücken, Göttingen 1793-1800; fotomech. Nachdruck ZA Leipzig 1978

De Castres, G.H.F., Allgemeines Waaren-Lexikon in 4 Sprachen. Frankfurt 1858

Grafe V. (Hrsg.), Handbuch der Organischen Warenkunde. 5 Bde., Stuttgart 1927-1930

Grundke, G., Grundriß der allgemeinen Warenkunde. Bd.1. Einführung - Warensystematik. 5.Aufl. VEB-Fachbuchverl., Leipzig 1979, S.16-22

Hanausek E. (Hrsg.), Zentralorgan für Warenkunde und Technologie. 1 Bd., Stuttgart 1891

Hanausek, T.F., Die Nahrungs- und Genußmittel aus dem Pflanzenreich. Kassel 1884

Derselbe, Lehrbuch der technischen Mikroskopie. Wien 1901

Hauke, F., Lehrbuch der allgemeinen Warenkunde. Wien 1865

Jaeger, O., Leitfaden zur Einführung in das Studium der allgemeinen organischen Warenkunde. Stuttgart 1881

Koppelmann, U., Warenlehre, betriebswirtschaftliche. In: Handwörterbuch der Betriebswirtschaft, hrsg. v. E. Grochla u. W. Wittmann, 4.Aufl., C.E. Poeschel Verl., Stuttgart 1976, Sp.4341-4345

Leuchs, J.C., Lehre der Aufbewahrung und Erhaltung aller Körper oder wissenschaftliche Anleitung zur Aufbewahrung aller festen und flüssigen Nahrungsmittel, aller Handelswaren und anderer Gegenstände, so wie zum Trocknen, Eindunsten, Einsalzen, Einsäuern, Einzuckern, Räuchern und Einbalsamieren. Nürnberg 1820; fotomech. Nachdruck des ZA, Leipzig 1979

Ludovici, C.G., Eröffnete Akademie der Kaufleute oder vollständiges Kaufmanns-Lexicon, 5 Teile: darin "Grundriß eines vollständigen Kaufmann-Systems", Leipzig 1752-1756

Merck, K., Neuestes Warenlexikon. Leipzig 1870, 5.Aufl., Leipzig 1908

Remenovsky E. (Hrsg.), Erdmann-Königs-Grundriß der allgemeinen Warenkunde. 16.Aufl. Leipzig 1921

Reti L. (Hrsg.), Leonardo - Künstler, Forscher, Magier. S.Fischer, Frankfurt/M. 1975

Rüst, E., Warenkunde und Industrielehre. Zürich u. Leipzig 1926

Schedl's J.C. allgemeines Warenlexikon. 3 Bde. 6.Aufl., Leipzig 1863

Schreiber, G., Grundriß der allgemeinen Warenkunde, Leipzig 1904

Seubert, U. u. M. Seubert, Handbuch der allgemeinen Warenkunde. 2 Bde., 2.Aufl., Stuttgart 1883

Vogl, A.E., Nahrungs- und Genußmittel aus dem Pflanzenreich. Wien 1872

Derselbe, Die wichtigsten vegetabilischen Nahrungs- und Genußmittel. Berlin-Wien 1899

Wiesner, J.v., Die Rohstoffe des Pflanzenreichs. 4.Aufl., 2 Bde., Leipzig 1927/28; 5.Aufl., Weinheim seit 1962

FORUM Ware 4(1976), 24-34, 140-144; 5(1977), 182-184; 6(1978), 3-9, 7(1979), 20

ANMERKUNG ZU A 1 GESCHICHTLICHE ENTWICKLUNG

"Das Werk des Hinweises auf die Vorzüge des Handels und der Kenntnis der besten und schlechten Qualitäten der Waren, sowie die Nachahmung der Fälscher" von dem Scheich Abu'l Fadl Ga'far Ibn 'Ali al Dimaschkî - so die Angabe von Wiedmann(1) - wurde nach einer bereits gekürzten Handschrift in Kairo 1940 von einem Anonymus herausgegeben und in der Druckerei des Mu'ajjad zu Kairo gedruckt. Nach einem Vermerk am Ende der verwendeten Handschrift wurde es am 20. April 1175 abgeschlossen, jedoch ist über die Lebensdaten des Verfassers nichts Genaues bekannt; er dürfte Anfang des 9. Jahrhunderts - möglicherweise auch später - in Damaskus gelebt und dort seine sowohl wirtschaftstheoretisch wie praktisch-kaufmännisch wichtige und bedeutsame Schrift verfaßt haben. Sie gliedert sich in mehrere Abschnitte, von denen uns vor allem die Kapitel über Prüfmethoden auf die Echtheit von Edelmetallen bzw. Geld (2), wie man Waren aufbewahrt und einpackt sowie das Kapitel "über die Kenntnis der guten und schlechten Waren" interessiert. Hier werden nun ausführlich und immer noch lesenswert, ganz im Sinne einer richtigen Warenkunde und Warenprüfung zunächst die Edelsteine (1) behandelt und dann das für den Kaufmann Wissenswerte über Wohlgerüche und Drogen, Farbstoffe und Gewürze, Papier,Textilfasern, Metalle und schließlich über Nahrungsmittel mit besonderer Berücksichtigung ihrer Aufbewahrung, Konservierung usw. sehr kenntnisreich zusammengestellt (2). Es ist selbstverständlich, daß sich der Autor auf Vorgänger stützt und früherer Quellen bedient (2,3,4). Älteres arabisches Schrifttum, das zum Teil angeführt wird, gibt es sowohl hinsichtlich der wirtschaftstheoretischen Thematik als auch in Bezug auf praktische kaufmännische Warenkunde. Diese wieder gehen zurück auf antike Vorbilder.

So finden sich beispielsweise bei Plinius dem Älteren (23 oder 24-79 n.Chr.) schon eine Reihe bedeutender warenkundlicher Abhandlungen (5) so z.B. über pflanzliche Produkte wie Medikamente, Gewürze und wohlriechende Substanzen in den Büchern 12, 20-27 und 13, über tierische Lebensmittel in Buch 11 und 21 und über Medizinen im Buch 28 und 32; ferner gibt es Angaben über Baumaterialien wie Zement im Buch 35 und Marmor im Buch 36, Farbstoffe im Buch 33 und 34, Textilfasern im Buch 18 und 19 und Edelsteine im Buch 37, wobei nächst einer detaillierten Beschreibung und Charakterisierung, Herkunft, verschiedene Qualitäten, die Möglichkeit von Fälschungen und die Mittel sie zu erkennen, sowie der Handelswert dieser Waren erläutert werden. Auch hier wird natürlich auf älteres Wissen und Erfahrungsgut zurückgegriffen, wie es sich schon in den alten Kulturen namentlich in den Ländern um den östlichen Mittelmeerraum herum, im Zwischenstromland und Ägypten, dann auch im Handel mit Indien und dem fernen Osten schon sehr früh entwickelt hat (6).

Was Francesco Balducci Pegolotti anbelangt, so lassen sich auch über ihn nur indirekt erschlossene Lebensdaten angeben; danach ist sein Wirken zwischen 1311 und 1346 nachweisbar, wobei sein Werk"Pratica della mercatura" zwischen 1335 und 1339 in seiner Heimatstadt Florenz entstanden sein dürfte (7). Es stellt eine der wichtigsten Quellen für die Kenntnis des mittelalterlichen Handels im Mittelmeerraum dar, wie aus der Veröffentlichung durch Pagini (8) hervorgeht. Von seinen Geschäftsreisen und Aufenthalten her, kannte er den ganzen Mittelmeerraum, ferner England und die Niederlande und besonders den zentralen Handelsplatz Zypern sowie Kleinarmenien und den von Tana am Asow'schen Meer ausgehenden Handelsweg nach China. Er beschreibt alle üblichen Gewichte, Maße, Geldsorten, die Zollgebühren und Rechtsvorschriften bzw. Handelsbräuche der verschiedenen Handelszentren und darüber hinaus noch ganz besonders die wichtigsten Handelswaren sehr eingehend in Bezug auf Herkunft, Qualitäten, Fälschungen, spezielle Bezeichnungen, Eigenheiten und dergleichen mehr. Einen Überblick über die von ihm behandelten Produkte gibt Heyd 9,10)wobei zwischen Naturstoffen und fabrizierten Waren unterschieden wird. Die Warenpalette reicht von Harzen, Duftstoffen, Farbhölzern und den damals so wichtigen Gewürzen bis zu Zucker, Porzellan, Textilien und Glas.

In Österreich kann die Warenkunde ebenfalls auf eine 200-jährige Geschichte zurückblicken, wobei die Entwicklung der Warenkunde als Lehr- und Unterrichtsfach eng mit der Ausgestaltung des kaufmännischen Bildungswesens verbunden ist (11). Deutlich sichtbar werden diese Ansätze schon bei den Maria-Theresianischen-Schulreformen, die 1770 zur Eröffnung einer zweijährigen Realhandlungsakademie führten. Nach mehreren Reformen und Änderungen - nach Rückschlägen besonders in den Napoleonischen Wirren - kam es mit der Gründung des Polytechnischen Instituts 1815 und seiner kommerziellen Abteilung zur Neubelebung der Warenkunde, die ursprünglich neben dem Unterricht in Mechanik, Naturlehre und Geographie auch "sich zugleich auf die Kenntnis der Naturalien, Waaren und Münzen, sowohl der k.k Erblande als der fremden Staaten und deren Handelsverbindugnen erstrecken sollte" (12).

Selbstverständlich erhielt auch die Technologie durch die Gründung des Polytechnikums in Wien - nach dem Prager Polytechnikum die zweite derartige Schule im deutschen Sprachraum, gewaltigen Auftrieb und entwickelte sich rasch in eigenen Bahnen in Richtung auf mechanische Technologie unter der Führung Kamarsch's und zur chemischen Technologie durch Prechtl, Graham, Otto u.a. Diese Verselbständigung der Technologie und ihre Aufspaltung zu den späteren Ingenieurwissenschaften verlor bald den Zusammenhang mit der ursprünglichen Begründung und Konzeption des Technologie-Begriffs durch Johann Beckmann, der auch mit Recht als Klassiker der Warenkunde gilt. Indessen blieb seine Auffassung von Technologie als Versuch einer Klassifizierung und systematischen Darstellung der verschiedenen Gewerbe, ihrer Verfahren, Hilfsmittel und Produkte unter Zuziehung naturwissenschaftlicher Prinzipien auf spätere Autoren nicht ohne Einfluß; so scheint der von Beckmann besonders in seiner Geschichte der Erfindungen (13) herausgearbeitete kulturgeschichtliche Hintergrund der technischen Entwicklung und ihr Einfluß auf die Gesellschaft auf Karl Marx's Auffassung zur gesellschaftlichen Relevanz der Technologie von Bedeutung gewesen zu sein. Auch neuerdings wird,wie z.B. eine Übersetzung dieses umfangreichen Werkes ins Japanische beweist (14),ihr wieder mehr Beachtung geschenkt, so etwa im Zusammenhang mit der Ausarbeitung einer allgemeinen Technologie und der damit zusammenhängenden Fragen des technischen Entwicklungsstandes bestimmter Regionen oder Völker, des Technologietransfers usw. Besondere Beachtung verdient dabei eine kurze aber inhaltsreiche Schrift Beckmann's "Entwurf der allgemeinen Technologie", Göttingen 1806, welche den Anstoß zu einer vergleichenden Betrachtung technologischer Verfahren, ihrer teleologischen Zusammenfassung und innovatorischen Übertragung auf andere Anwendungsgebiete gab, wie sie erst viel später wieder aufgegriffen wurde, als die naturwissenschaftlichen Voraussetzungen gegeben waren. Heute wo die gesellschaftlichen und ökologischen Implikationen zu einer umfassenden Betrachtungsweise zwingen, sehen wir diese frühen Anfänge wieder in einem neuen Licht. (15)

Daß Johann Beckmann's "Anleitung zur Technologie" in Wien nicht unbekannt geblieben ist, beweist der Nachdruck der Trattnerschen Druckerei, die sie "neu und verbessert und mit Zusätzen vermehrt" 1789 herausbrachte. Auch J. Ch. Schedel's "Neues und vollständiges allgemeines Waaren-Lexikon" in 4 Bänden erschien als 4. Auflage in Wien 1811 - 1. Aufl., Offenbach 1790, wie überhaupt gesagt werden muß, daß praktische Warenkunde selbstverständlich schon so lange betrieben werden mußte, als ein umfangreicherer und weitgreifender Handel sich ausbreitete. Zwar kann sich dieser hinsichtlich Wien nicht mit den alten Hafen- und Handelsstädten Hamburg, Bremen, den Messeplätzen Frankfurt und Leipzig oder den Gewerbezentren Nürnberg und Augsburg messen, aber nach der endgültigen Zurückschlagung der Türken 1683 wuchs Wien rasch zu einer der volkreichsten Städte des Heiligen Römischen Reiches deutscher Nation und zu einer prächtigen Haupt- und Residenzstadt heran. Wir besitzen seit kurzem eine ausgezeichnete reich bebilderte und dokumentierte Darstellung der Geschichte und Entwicklung des Transport- und Verpackungswesen der Österreichischen Monarchie und 1. Republik, die auch gleichzeitig - wie könnte es anders sein, eine Geschichte des Warenhandels und der praktischen Warenkunde ist. (16)

LITERATUR

(1) Wiedmann,E., Beiträge zur Geschichte der Naturwissenschaften XXX. Sitzber. Physik.-Mediz. Soz. Erlangen 44 (1912), 229-235
(2) Derselbe, a.a.O., XXXII, 45 (1913), 35-54
(3) Ritter, H., Ein arabisches handbuch der Handelswissenschaft.Islam VII (1916), 1-91
(4) Cahen, C.l. Appropos et autour d'"Ein arabisches Handbuch der Handelswissenschaft". Oriens 15 (1962), 160-171
(5) d. Marco, Ottilie, Pizzoli-Mazzacane, E. M., The knowledge of commodities in Caius Plinius's Natural history on the 1900th anniversary of the author's death. Forum Ware 7 (1979), 187-190
(6) Klengel, H., Handel und Händler im alten Orient. Wien-Köln-Graz 1979
(7) Heyd, W., Geschichte des Levantehandels im Mittelalter. Stuttgart 1879 Bd. I S. XIII
(8) Pagini, G.Fr., della Decima e di varie altre gravezze imposte di Firenze. Lispoa e Lucca I-III, 1765-66
(9) Heyd, W. a.a.O., Bd. II S. 550-691
(10) Derselbe Histoire du commerce du levant. Leipzig 1936 II p. 563-711
(11) Hölzl, J., Geschichte der Warenkunde in Österreich. Schriftenreihe d. Inst.f.TL und WWL der WU Wien, Bd. 5/1982
(12) Derselbe, a.a.O., S. 5
(13) Beckmann, J., Beiträge zur Geschichte der Erfindungen. Leipzig 5 Bde. 1786-1805
(14) Drei Bde. Tokyo 1980-1992, japanisch
(15) Beckmann, J., Entwurf der allgemeinen Technologie, Göttingen 1806
(16) Mrasek,J., Beiträge zur Geschichte der österreichischen Verpackungswirtschaft. Schriftenreihe des Österr. Verpackungszentrums, Heft 3-6, Bundeskammer der gewerblichen Wirtschaft-WIFI Wien 1978-1982
(17) MÜLLER, H. P., Johann Beckmann u. Karl Marx: Die Frage der Technologie; die technologisch-historischen Exzerpte. FORUM WARE 12(1984), 23-37

A 2 Gegenwartsströmungen der Warenkunde und Warenlehre

A 21 DIE STELLUNG DER WARENKUNDE IM BERUFSBILDENDEN UND KAUFMÄNNISCHEN BILDUNGSWESEN

Aus der geschichtlichen Entwicklung wird die enge Verflechtung mit dem kaufmännischen Bildungswesen, aus dem und mit dem sich die Warenkunde als integrierender Bestandteil herausbildete, ersichtlich. Ebenso erkennt man den Wechsel der Auffassungen und die Bedeutung, die der Warenkunde während 2 Jahrhunderten im Bereich der Handels- und Berufsschulen zugemessen wurde.

Wollen wir uns den heutigen Stand vergegenwärtigen, so erscheint es zweckmäßig, den prinzipiellen Aufbau des kaufmännischen Schulwesens und die hauptsächlichen Zielrichtungen des Lehrfaches Warenkunde einander gegenüberzustellen.

Untersuchungs- und Erkenntnisobjekt	Naturwissenschaftlich/technische Grundlagen der Gewinnungs, Erzeugungs- und Veredlungs- sowie Beseitigungs-*verfahren*	Darstellung der Eigen- und Relationsmerkmale von *Produkten* Produktlebenszyklus	Aufstellung von Markt- und Verkaufs-*strategien* der Unternehmungen bzw. des Warenhandels
Fach	Technologie/Technoökonomie	Warenkunde/ Warenlehre	Verkaufskunde/ Marketing
Berufliche Anwendung 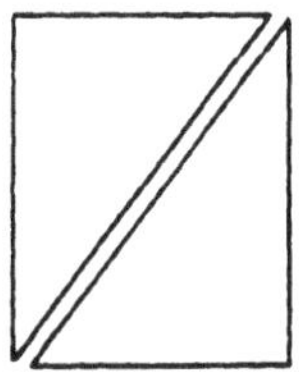	Spezielle Berufs- und Verfahrenskunde Allgemeine Spezielle Techno- Mechanische logie Chemische	Spezielle Warenkunde Allgemeine Warenkunde Warenwissenschaft	Spezielle Verkaufskunde Allgemeine (branchengemischte) Verkaufskunde
Wissenschaftliche Theorie	Technoökonomie/ Techniklehre	Warenlehre	Produktmarketing von Konsumgütern und Investitionsgütern
Spezielle Betriebswirtschaftslehre/ Volkswirtschaftslehre	Produktion, Materialwirtschaft Organisation	Private und öffentliche Haushalte Nationalökonomie	Absatz/Transport, Vekehr Welthandelslehre

Übersicht 1

Zur Erläuterung dieser Übersicht diene ein Überblick über die im kaufmännischen Bildungswesen verwendeten Lehrbücher und Lehrmaterialien. In der Berufsschule, die der schulischen Ergänzung der Meisterlehre bestimmt ist, treten spezielle Berufs-, Waren- und Verkaufskunden in den Vordergrund. In diesen berufs- bzw. branchenbezogenen Wissensgebieten, die eng mit den in der Lehrpraxis zu erlernenden und einzuübenden Fertigkeiten verknüpft sind, gibt es eine Reihe berufs- und warenkundlicher Publikationen, Lehr- und Arbeitsbücher, die auch verkaufs- und berufskundliche sowie technologische Themen behandeln oder zumindest berühren.

Die spezielle Warenkunde im kaufmännischen Berufsschulbereich beschäftigt sich hauptsächlich mit bestimmten Waren der Konsumsphäre, d.h. des privaten und öffentlichen Letztverbrauchers mit seinem täglichen, periodischen sowie gehobenen Bedarf. Die Übersicht 2 zählt die wichtigsten Warengruppen auf.

Lebensmittel: Nahrungs- und Genußmittel Getränke Reform- und Diätkost	Textilien, Bekleidung Schuhwaren
Pflegemittel: Kosmetika Wasch- und Reinigungsmittel Drogen und Chemikalien	Haushaltswaren: Großgeräte, Einrichtungsgegenstände (Raumbedarf) Kleingeräte, Haushaltszubehör Eisenwaren Holz- und Baustoffe
Papier, Schreibwaren (Bücher, Zeitschriften) Hobby-, Freizeit-, Sportgeräte KfZ und Zubehör	Radio-, Phono-, TV-Geräte Photo, Optik, Feinmechanikgeräte Uhren, Schmuck

Übersicht 2

Damit dürften die wichtigsten Konsumgütergruppen genannt sein, die für die Verkäufer (Einzelkaufmann) und Verbraucher von warenkundlichem Interesse sind. Der Anbieter (Verkäufer) als Berater des Verbrauchers soll über entsprechende waren- und verkaufskundliche Kenntnisse verfügen. Diese aber muß er aus der beruflichen Praxis und Weiterbildung erwerben, wobei ihm Fachliteratur (Fach-, Lehr- und Handbücher, Fachzeitschriften, Konsumentenzeitschriften und -Broschüren) sowie Kataloge von Firmen, Prospekte und verschiedene Werbematerialien sowie Mediendienste zur Verfügung stehen. Als gute Beispiele für diese Art von spezieller berufs- und branchenbezogener Warenkunde sei das Programm von Winklers Verlag - Gebrüder Grimm, Darmstadt, genannt. Ein weiteres ebenfalls sehr gelungenes Unterrichtswerk bietet der Verlag Carl Ueberreuter, Wien, für berufsbildende Pflichtschulen an. Bei ersteren handelt es sich um Bücher bzw. Broschüren, die nicht nur eine angemessene, didaktisch wohl überlegte Darstellung des Stoffgebietes, sondern auch eine Einführung in die Verkaufskunde geben. Letztere wird besonders für den Bereich der Textilien ausführlich behandelt. Daneben wird aber auch die Technologie in allen Bänden soweit berücksichtigt, daß das Verständnis des Aufbaus und der Wirkungsweise der jeweiligen Waren ermöglicht wird. Nur eine solide Warenkenntnis und Verständnis der Funktionsweise kann die ebenfalls angeführten Verkaufsargumente glaubhaft und wirksam werden lassen. Die Bücher oder Broschüren aus dem Verlag Ueberreuter sind im DIN A 4-Format gehalten und haben den Charakter von Arbeitsbüchern, die beschreibbare Übungsblätter zur Stoffwiederholung und -überprüfung beinhalten. Der Stoff wird übersichtlich gegliedert und unter Verwendung zahlloser Skizzen didaktisch vorzüglich aufbereitet; Zeichnungen, Diagramme und großflächige Photos lockern den Text auf. Eine echte Besonderheit stellen die eingebundenen oder in einer Stecktasche beigegebenen Firmentexte, Prospekte oder Ausschnitte von Konsumentenzeitschriften, Aufklärungsmaterial und dergleichen - größtenteils in Farben - dar, die sehr wohl geeignet sind, den Unterricht zu beleben und praxisnah zu gestalten.

Zur Unterstützung der eigentlichen verkaufs- und käuferkundlichen Belange geben beide Verlage noch weitere Bücher und Broschüren an. Bei diesen Verkaufskunden steht aber nicht mehr die Ware, sondern der Mensch als Verkäufer und Käufer mit seinen psychologischen Aspekten und Typen, in den charakteristischen Kaufsituationen und seinem soziologischen Back-ground im Vordergrund. Das Ziel des Lehrganges ist die Gestaltung des Verkaufsgespräches und seine erfolgreiche Abwicklung, das im Zentrum des Interesses zu stehen hat.

Ganz besonders ist dies bei der "Warenverkaufskunde für den branchengemischten Unterricht" von E. Küthe der Fall, die sich bemüht Waren- und Verkaufskunde zu integrieren (vgl. S. 151) . Diese am Institut für Wirtschaftliche Warenlehre der Univ.

zu Köln gepflegte Arbeits- und Zielrichtung beruht auf der für das mittlere und höhere Management entwickelten Theorie des Produktmarketings für Konsumgüter. Sie sieht im funktionalen Absatzaspekt wenn nicht das alleinige so doch das zentrale Aufgabenfeld warenkundlichen bzw. warenwirtschaftlichen Unterrichts auf allen Ebenen des Bildungswesens. Die Warenkunde und besonders ihre theoretische Sichtweise, die Warenlehre, sollten dazu angehalten sein, nicht nur den für die westliche Überflußgesellschaft dominanten Absatzaspekt sondern den gesamten Lebensweg der Ware in Betracht zu ziehen, wenngleich zugestanden sei, daß die Handels- und Anbietersphäre die eigentliche Heimat der Warenkunde und Warenlehre ist und bleibt.

Bei dieser integralen Sichtweise ist es letztlich gleichgültig, ob die Betrachtung bei der Gewinnung und Erzeugung oder bei der Verwendung ansetzt, sofern nur beide in angemessener Weise zum Zuge kommen. Ferner soll nicht nur der Bereich der Konsumwaren abgedeckt, sondern aus der integralen Sichtweise heraus auch die wieder dringlicher werdende Rohstoff- und Energieproblematik berücksichtigt werden, wie auch unter dem Eindruck der weltweiten Handels- und Wohlstandsdisparitäten die Kenntnis der Welthandelswaren weiterhin im Repertoire der Warenkunde verbleiben.

Dies also scheint die Aufgabe des Warenkundeunterrichts in der Sekundarstufe II des kaufmännischen Bildungswesens (Handelsschulen, Handelsakademien, Wirtschaftsgymnasien u.ä.) der deutschsprachigen Länder zu sein. Die DDR und die übrigen Ostblockländer betreiben sogar eine vorwiegend naturwissenschaftlich ausgerichtete und auf volkswirtschaftliche Belange abgestimmte Warenkunde, die sich besonders der Probleme der Warenprüfung, der Warenpflege und Qualitätssicherung sowie Schadensverhütung widmet. In den Staatshandelsländern mit planwirtschaftlichen Zielsetzungen sind die an eine warenkundliche Ausbildung zu richtenden Anforderungen recht verschieden von den in marktwirtschaftlich orientierten Ländern. Nichtsdestoweniger finden wir gerade im Bereich der allgemeinen Warenkunde sowohl der Mittel- wie der Hochschulen zahlreiche Gemeinsamkeiten, wie die ausgezeichneten warenkundlichen Lehrbücher der DDR und andere Publikationen beweisen.

In Österreich bewegt sich die Warenkunde im schulischen Bereich hauptsächlich auf vier Ebenen:

- erste Ebene: Berufsschule; sie soll einerseits zu Büropersonal für den kaufmännischen Bereich und andererseits zum Einzelhandelskaufmann führen. Ersteres leistet die sogenannte Handelsschule, die stark von Mädchen besucht wird, letzteres dagegen soll die duale Berufsausbildung bewirken, die in einer praktischen, meist dreijährigen Lehrzeit in einem Meisterbetrieb, ergänzt durch einen Berufsschulbesuch einen Tag pro Woche besteht. Diese Berufsbildung ist branchenorientiert und im Handelsbereich stark auf Verkaufs- und Marketingtechniken ausgerichtet. Die Ausbildung zum Verkäufer bzw. Verkäuferin und zum Einzelhandelskaufmann ist somit eng an der Praxis orientiert und befindet sich derzeit in der BRD und auch in Österreich in einem Stadium der Erneuerung, wobei neben den kaufmännischen Grundkenntnissen wieder stärker warenkundliche Belange sowohl allgemeiner wie auch spezieller Art beachtet werden.

- Zweite Ebene: Handelsakademie; sie ist eine fünfjährige Berufsschule des Sekundarbereiches, die zur Hochschulreife und zu erweiterter Gewerbeberechtigung im Handelsbereich führt. Hier ist die Warenkunde bereits auf einem höheren Niveau, d.h. mit Berücksichtigung naturwissenschaftlicher Grundlagen und Begriffe angesiedelt; in Österreich besteht eine enge Verbindung zur Biologie und zu anderen naturwissenschaftlichen Fächern, wobei eine Verbindung der Warenkunde zu Produktions-, Nutzungs- und Recyclingtechnologien gepflegt sowie die Einbettung in ökologische Zusammenhänge hergestellt wird.

  Ähnlich der österreichischen Handelsakademie dürfte die Sachlage an bestimmten Typen des mittleren und höheren Schulwesens wie z.B. Wirtschaftsgymnasium und gewissen Fachhochschulen der BRD sein. Zwar ist dort nicht mehr direkt von Warenkunde die Rede, wohl aber von Arbeits-, Technik- oder Berufskunde u.ä.

Eine Schwachstelle dürfte in allen diesen Schultypen die Verbindung von Warenkunde und Technologie mit Verkaufskunde oder Marketing sein, da diese zwar in den kaufmännischen bzw. betriebswirtschaftlichen Fächern, nicht aber im Kontakt mit dem Produkt oder der Ware behandelt wird. Gerade darin jedoch liegt ein großes ungenütztes Potential, wie insbesondere die japanischen Erfolge mit neuen Produkten und Technologien so eindringlich zeigen. Im übrigen entspricht diese zweite Ebene (Secondary Education) im wesentlichen den Junior Colleges des angloamerikanischen und japanischen Schulsystems, das sehr wesentliche Unterschiede zum europäischen aufweist.

- Dritte Ebene: Lehrerbildung. Die Ausbildung von Warekunde-Lehrern der ersten und zweiten Ebene stellt meines Erachtens eine wesentliche Angelegenheit dar. Denn die Warenkunde - soweit überhaupt vorhanden, wird sich nur dann erfolgreich in den genannten Schultypen oder Ausbildungsgängen behaupten können, wenn es auch geeignete Lehrer gibt. In Österreich rekrutieren sich die Warenkunde-Lehrer der ersten Ebene insbesondere des dualen Ausbildungssystems aus Praktikern mit Berufserfahrung und akademischem Grad oder aber mindestens mit Matura (Abitur), wozu außerdem ein Zusatzstudium an Pädagogischen Akademien u.a. auch in Warenkunde zu absolvieren ist. Für die Lehrerbildung der zweiten Ebene besteht in Österreich seit einigen Jahren die interuniversitäre Studienrichtung "Biologie und Warenlehre". Man bemüht sich hier, naturwissenschaftliche, ökologische und betriebswirtschaftliche Komponenten so zu kombinieren, daß unser Fach den Erfordernissen der Gegenwart und Zukunft bestmöglich entspricht.

  In der BRD erfolgt die Rekrutierung geeigneter Warenkundelehrer für Berufsschulen auf ähnliche Weise. Aus der Berufspraxis bzw. aus Diplom-Handelslehrern, die sich ihre Warenkunde weitgehend autodidaktisch erarbeiten müssen, sicherlich kein zufriedenstellender Zustand.

- Vierte Ebene: Universität; hier geht es zunächst um die Feststellung universitärer Einrichtungen bzw. um das Vorhandensein und die Wirkungsweise von Warenkundeinstituten. Hiermit steht es im deutschen Sprachraum, d.h. in der BRD, DDR, Österreich und Schweiz nicht zum besten. Ein Lehrstuhl für Technik und ihre Didaktik gibt es an der Technischen Hochschule Aachen (Prof. Ahlhaus); Wirtschaftliche Warenlehre gab es an der Universität Köln (Prof. Kutzelnigg, Prof. Koppelmann). Hier werden Diplomhandelslehrer in Warenverkaufskunde ausgebildet. Auch am Industrieseminar der Universität Mannheim (Prof. v. Kortzfleisch) besteht eine Abteilung für Diplomhandelslehrer mit chemischer oder physikalisch-mechanischer Zusatzausbildung.

  In der DDR ist die Handelshochschule Leipzig mit dem Wissenschaftsbereich Warenkunde und Technologie (Prof. Grundke) das Zentrum warenkundlicher Wissenschaften. Über die Art und Weise der Lehrerausbildung und die Rolle der Warenkunde im übrigen Schulwesen der DDR fehlen weitgehend Informationen.

  In Japan, das das angloamerikanische College und Universitätswesen übernommen hat, wo es außerdem zahlreiche staatliche und private Hochschulen in einer beträchtlichen Breite der Abstufung und Ausformung gibt, ist Warenkunde bzw. Commodity Science oder Commodity Economics gut, wenn auch in verschiedener Ausrichtung und Ausprägung vertreten. Eine Lehrerausbildung für die erste und zweite Ebene erübrigt sich hier, da es ein allgemein durchgängiges Schulsystem der Secondary Levels gibt. Gelegentlich wurde in Japan und auch in Italien die Forderung erhoben, geeignetes Personal für den vergleichenden Warentest des Konsumbereiches auszubilden bzw. entsprechende Einrichtungen in größerer Zahl zu schaffen.

  In Italien ist die Warenkunde (merceologia, cicli produttivi) an den ökonomischen Fakultäten der meisten Universitäten fest verankert und wie die nationalen Warenkundekongresse beweisen, in einem weiten Wissenschaftsspektrum tätig.

Bei der Durchsicht früherer Tagungsbände finden sich jedoch keine Informationen über Warenkundeausbildung oder -unterricht im mittleren und Berufsschulbereich; aber es ist wohl anzunehmen, daß die in Sekundarschulen tätigen Lehrer das reiche Angebot an warenkundlichen Lehrveranstaltungen der Universitäten rege nützen.

Verhältnismäßig gut sind wir über die Ausbildungsaktivitäten einiger RGW-Staaten, besonders Polens, dank einschlägiger Veröffentlichungen in den Warenkundlichen Berichten aus Leipzig unterrichtet.

LITERATUR:

Spezielle Warenkunde:

Domke, H., Stanke, E., Warenkunde für den Schuheinzelhandel. 13.2.Aufl., Darmstadt 1976

Fahl, J., Textilwaren im Verkauf. 30.Aufl., Darmstadt 1976

Henseler, E., Fotowarenkunde. 7.Aufl., Darmstadt 1976

Klencz, P., Lebensmittelwarenkunde. 17.Aufl., Darmstadt 1974

Lachmann, Wir lernen verkaufen. Darmstadt o.J.

Derselbe, Didaktik und Methodik des Verkaufsunterrichtes. Darmstadt, o.J.

Langfritz, W., Uhren und Schmuck - Warenkunde. 2.Aufl., Darmstadt 1976

Röhm, R., Chemie und Warenkunde. 11.Aufl., Darmstadt 1974

Schelenz, F., Verkaufskunde für den Einzelhandel. 13.Aufl., Darmstadt 1975

Derselbe, Verkaufskunde auf psychologischer Grundlage. 14.Aufl., Darmstadt 1972

Windel, G., Papier- und Schreibwarenkunde. 7.Aufl., Darmstadt 1975

Bobik - Gregori - Hajek - Licicky - Pixner, Bekleidung und Textilien. Teil 1-3, Wien 1977

Hammerschmidt - Prexl - Reumüller, Lebens- und Genußmittel. Teil 1-3, Wien 1977

Haas - Lassau, Uhren und Juwelen. Teil 1-3, Wien 1977

Prager-Zerbs-Aumayr, Warenkunde f. den Lebensmittelhandel, Wien 1986, Österr. Gewerbeverl.

Forthuber-Lassau-Pfatschbacher-Prassl, Gemischtwaren. Wien 1973

Forster, R., Niesner, W., Getränkekunde, Wien 1983, Ueberreuter

N.N., Warenkunde für Parfümerie u. Fotowaren, in Vorbereitung, Wien, Bobik Verl.

Lassau-Liedmann-Pfatschbacher-Schreibeis, Warenkunde f. Metallwaren, Werkzeuge, Raumausstattung, Haus- u. Küchengeräte, Baubedarf, Wien 1988, Bobik Verl.

Dassler, E. u.a., Warenkunde für den Fruchthandel. Paul Parey 3.Aufl., Berlin-Hamburg 1969

Kahrs - Leifer, Warenkunde des Lebensmittelhandels. Bd.I,II, 18.Aufl., Verl. Ges. R.Müller, Köln-Braunsfeld 1965; Leitfaden etc. Köln-Braunsfeld 1977

N.N., Lehrabschlußprüfung/Warenkunde: Lebensmittel, Haus- u. Küchengeräte, Eisenwaren, Radio-, Elektrowaren, Normtest Verl. Salzburg, Österr. Gewerb.Verl. Wien, o.J.

N.N., Die mündl. Prüfung f. den Beruf/Verkäufer(in) - Warenkunde: Lederwaren, Textilwaren, Normtest-Electronic Verl. Dr. M. Gehlen, Bad Homburg, o.J.

Vatter, A., Textilkunde. Verl. Gehlen, Bad Homburg von der Höhe, Berlin, Zürich 15.Aufl., 1977

Derselbe, Schreibwaren als Verkaufsartikel. C.E.Poeschel Verl., 3.Aufl., Stuttgart 1964

Wulf, H., Große Farbwarenkunde. 7.Aufl., Verl.Ges. R.Müller, Köln-Braunsfeld 1967

N.N., Gut eingekauft - Wegweiser f. Lebensmittel, ReWe-Verl. Köln, o.J.

Aumann, Christa, Muche, M., Waren des täglichen Bedarfs. VEB-Fachbuchverl., Leipzig 1976

Baier, O., Textilwarenkunde für Verkäufer. 10.Aufl., VEB-Fachbuchverl., Leipzig 1978

Bernhardt, W., Heimann, Johanna, Arbeitsblattsammlung Textilwaren. VEB-Fachbuchverl. Leipzig 1978

Kowalczyk, W., Haushaltchemische und kosmetische Erzeugnisse. 2.Aufl., VEB-Fachbuchverl. Leipzig 1977

Trapp, R., Erzeugnislehre Kleidungsfacharbeiter. 3.Aufl., VEB-Fachbuchverl. Leipzig 1978

Allgemeine Warenkunde:

Hassak, K., Beutel, E., Kutzelnigg, A., Warenkunde Bd.I, II, 8.Aufl., Sammlung Göschen, Bd.222, 223, Berlin 1958/59

Klencz, P., Bernatzky, H., Allgemeine Warenkunde. 24.Aufl., Darmstadt 1975

Kneissl, K., Warenkunde. In: Einkaufsleiterhandbuch (A. Degenlmann Hrsg.) Verl. Moderne Industrie München 1965, S.513-601

Reich, S., Grundlagen d. warenkundl. Ausbildung, VEB-Fachbuchverl., Leipzig, 5.Aufl., 1982

Rettenmaier, A., Vatter, A., Warenkunde 1/2, 3/4, 8.Aufl., C.E.Poeschel Verl., Stuttgart 1967

Steininger, A., Grünsteidl, E., Stockert, K., Warenkunde mit Einschluß der Technologie. Franz Deuticke Verl., 6.Aufl., Wien 1973

Werner, H., Warenkunde anorganischer Stoffe, organischer Stoffe, Kunststoffe. Sammlung Poeschel, Stuttgart 1961/63

Franke - Priesel - Rihs, Biologie und Warenkunde , Anorganische Warenkunde ,Wien 1982; Biologie und Warenkunde ,Organische Warenkunde, Wien 1980

Hölzl, J., Anorganische Warenlehre zu "Franke - Priesl - Rihs, Biologie und Warenkunde" , Wien 1979; Organische Warenlehre, Wien 1981 (Nachdruck)

Baschlberger-Jakl-Jungwirth-Steingruber, Biologie & Warenkunde I/1, II, III, Österr. Gewerbeverl., Wien 1986, 1987

A 22 DIE ENTWICKLUNGEN AN DEN HOCHSCHULEN

Die Entfaltung der klassischen Warenkunde im deutschen Sprachraum hat seit dem ausgehenden 19. Jahrhundert nachhaltig auf die osteuropäischen Staaten wie etwa Ungarn, Polen, die CSSR und auch Rußland, ja sogar bis Japan und China gewirkt. Die Warenkunde (Merceologia) ist in Italien an allen größeren Universitäten vertreten. Dagegen muß festgestellt werden, daß im französischen - mit Ausnahme von Belgien - und vor allem im angloamerikanischen Sprachraum infolge anders gearteter Verhältnisse von Wissenschaft, Technik und Wirtschaft - es bestehen meist sehr enge sektorale Wechselwirkungen und Verflechtungen von Industrie und Wissenschaft - keine Warenkunde als übergeordnetes zusammenfassendes Lehr- und Forschungsfach besteht; vergleichbare Lehr- und Forschungsaktivitäten verteilen sich hier auf verschiedene Disziplinen wie z.B. material economics, industrial technology & engineering, logistics, commodity science & approach, consumer information & education, product marketing, etc.

Im Gegensatz zu der bis dahin vorwiegend naturwissenschaftlich ausgerichteten, technologischen und rohstoffbezogenen Warenkunde hat sich im deutschen Sprachraum nach dem 2. Weltkrieg eine ökonomische Warenkunde herausgebildet. Als Stammvater dieser Richtung gilt J.M. Leuchs (1763-1836), der als Professor in Nürnberg in seinem umfangreichen Hauptwerk "System des Handels", Nürnberg 1804 das Programm einer wirtschaftlichen d.h. auf den Verwendungszweck, die Brauchbarkeit und Wirkung ausgerichteten Warenkunde entwarf, die er wegen ihres programmatischen Charakters folgerichtig Warenlehre nannte. Im ersten Teil seines Werkes gibt er auf S.10-12 eine Einteilung der Waren nach den Zwecken des Gebrauches und kommt im zweiten Teil nochmals auf die Warenkunde als Warenbeschreibung zu sprechen (S.550-553), der er sein Postulat einer Warenlehre gegenüberstellt: "Der Handelsmann soll die Waren bloß deswegen kennen, um zu wissen ob sie das selbe leisten und ... was sie leisten sollen; denn Waren, mit welchen gleiche Zwecke erreicht werden können. müssen auch ungefähr gleiche Eigenschaften haben" (S.556). Seine Warenlehre blieb allerdings Programm ohne weitere inhaltliche Ausführung. Der Gedanke, die Warenvielfalt aus ihrem Verwendungszweck konsequent zu erklären und systematisch auf ein wirtschaftliches Ziel hin aufzurichten, wurde erst viel später wieder aufgegriffen.

Dies geschah in erster Linie durch V. Pöschl (1882-1948), der in seinem Alterswerk "Prinzipien natürlicher Ordnung in Technik und Wirtschaft", Stuttgart 1947 ein sehr eigenwilliges in Fachkreisen jedoch vielbeachtetes System einer teleologischen Warenkunde, d.h. einer von den Verwendungszwecken ausgehenden und ausschließlich zweckorientierten Warenkunde entwickelte. Schon vorher war von wirtschaftswissenschaftlicher Seite (Kosiol, Schäfer, Seyffert) die Anregung für eine betriebswirtschaftlich bzw. absatzwirtschaftlich ausgerichtete Warenkunde ausgegangen. Pöschl war überdies ein typischer und sehr fruchtbarer Vertreter der klassichen Warenkunde in Graz, dann in Mannheim, Frankfurt und Köln.

Im weiteren Verlauf traten Grünsteidl in Wien und Kutzelnigg in Köln für eine Warenwirtschaftslehre bzw. Wirtschaftliche Warenlehre ein, indem sie neue Vorschläge und Modelle zur Diskussion stellten. Beide können sich in ihrem Bestreben, die Warenkunde in den Bereich der Wirtschaftswissenschaften zurückzuführen, auf Leuchs berufen. Grünsteidl forderte die Analyse der verschiedenen Beziehungen von Ware-Mensch, Ware-Raum und Ware-Zeit sowie der zwischen den Waren wirkenden Beziehungen (vgl. S. 137), während Kutzelnigg ein umfassendes Modell der Warenanalyse, Warenverwendung und -bewertung entwarf (vgl. S. 138). Außerdem wurden in Köln sprachlich-terminologische Fragen aus dem Gebiet des Warenhandels, der Warenproduktion und Transposition intensiv bearbeitet.

Die betriebswirtschaftliche Anregung hat Knoblich zur Ausarbeitung einer absatzwirtschaftlich orientierten Warentypologie der Sortimente geführt. Von Koppelmann und Mitarbeitern wurde in Nachfolge Kutzelniggs die betriebswirtschaftliche Warenlehre zu einer umfassenden Theorie des Produktmarketings umgestaltet, in welcher neben formal-theoretischen Zielsetzungen die Aspekte einer marktgerechten Produktplanung, Produktgestaltung und -vermarktung ausführlich behandelt werden (vgl. S. 141)

Hierbei steht nun nicht mehr Warenwissen sondern die Strukturierung absatzrelevanter Produktdaten und -ideen als Rahmenbedingungen einer umfassenden Marketingstrategie im Zentrum des Interesses.

Die Abhängigkeit der Waren- und Produktionsprobleme von der jeweiligen gesellschaftlichen, wirtschaftlichen und politischen Struktur wird nicht nur aus der geschichtlichen Entwicklung deutlich sondern auch aus der gegenwärtigen Situation unseres Faches mit seinen regionalen Divergenzen der Forschungs- und Lehrprogramme. So steht die in Leipzig durch Grundke vertretene allgemeine Warenkunde in Forschung und Lehre eindeutig auf naturwissenschaftlich-technischen Grundlagen und will durch Förderung der Warensystematik, Warenprüfung und Warenpflege (Verpackung, Lagerung, Schadensverhütung) den volkswirtschaftlichen Herausforderungen der zentralen Planwirtschaft mit ihren Qualitäts- und Standardisierungsproblemen dienen, wobei auf die praxisnahe Ausbildung von qualifizierten Fachleuten für die Warenzirkulation größter Wert gelegt wird. Ähnlich liegen die Verhältnisse in den übrigen Ostblockländern.

In Italien wird ebenfalls hauptsächlich eine naturwissenschaftlich ausgerichtete, daneben aber auch eine allgemein wirtschaftlich und sozioökonomisch engagierte Warenkunde betrieben. Ähnlich vielfältig, ja widersprüchlich scheint sich die Entwicklung in Japan zu gestalten, wo seit dem 2. Weltkrieg der amerikanische Einfluß (Marketing) an Bedeutung gewinnt. In China dürfte sich nach Beendigung der Kulturrevolution (1976) die ebenfalls nach klassischen europäischen Vorbildern konzipierte Warenkunde wieder konstituieren.

Die wissenschaftliche Identifikation und das Selbstverständnis der Warenkunde als Wissenschaft leidet unter einer zweifachen Bedrohung. So zeigen schon die wissenschaftlichen Zeitschriften unserers Fachgebietes wie etwa die Revista di Merceologia/Bologna, die Studies on Commodities/Tokyo, Journal of Commodity Science/Seoul, Towaroznawstwo - Problemi Jakosci/Krakow, die Warenkundlichen Berichte/Leipzig, FORUM-WARE/Bad Hersfeld-Wien sowie die bisherigen Proceedings der nationalen und internationalen Kongresse und Symposien der Warenkundlichen Gesellschaften, die außerordentliche Breite der behandelten Thematik, die von rein und angewandt-naturwissenschaftlichen oder technisch-technologischen Themen und Methoden bis zu betriebswirtschaftlichen und Management-Themen reichen. Insbesonders die methodische Vielfalt und Differenzierung in naturwissenschaftliche Arbeiten einerseits und in wirtschafts- oder sozialwissenschaftliche Themen andererseits könnte zum Verhängnis werden, da hier auf längere Sicht ein Abtriften in benachbarte Fachwissenschaften kaum zu vermeiden sein dürfte. Wenn nun aber die eigenartige und dabei so reizvolle wie anspruchsvolle Zwitterstellung zwischen Naturwissenschaft und Sozialwissenschaft behauptet werden soll, so sind m.E. zwei Wege einzuschlagen: einmal sollte die Festigung der Warenkunde durch Einwirkung nach außen versucht werden, was vor allem durch Aus- und Weiterbildungsaktivitäten im Schulwesen und in der Konsumentenbildung zu erfolgen hätte; zweitens muß der warenkundlich-produktwissenschaftliche Ansatz in Richtung der Produktions-, Nutzungs- und Recyclingtechnologien gestützt werden und auch eine Erweiterung in Richtung auf einen gesamtwirtschaftlichen und ökologischen Rahmen erfolgen.

LITERATUR:

Grundke, G., Grundriß der allgemeinen Warenkunde I. Einführung - Systematik. 5.Aufl. 1979; II Warenprüfung. 3.Aufl. 1977; III Warenpflege - Verpackung. 4.Aufl. VEB-Fachb. Verl. Leipzig 1976

Hofbauer, G. (Hrsg.), Die Ware im Weltbild der Wirtschaft. Österr. Gewerbeverl. Wien 1970

Hölzl, J., Zimanyi, A., Was ist Warenkunde? FORUM-Ware 4(1976), 133-139; 5(1977), 3-6, 99-100; 6(1978), 57-61

Knoblich, H., Betriebswirtschaftliche Warentypologie. Köln - Opladen 1969

Koppelmann, U. (Hrsg.), Die Ware in Wirtschaft und Technik. Herne - Berlin 1969

Derselbe, Produktmarketing und Warenverkaufskunde. Berlin - Bielefeld - München 1976

Derselbe, Grundlagen des Produktmarketing. Verl. W. Kohlhammer, Stuttgart - Berlin - Köln - Mainz 1978

Grünsteidl, E., Von der Warenkunde zur Warenwirtschaftslehre. Der Markt (1966) Wien, 89-96

Iwaki, R., A Textbook of Commodity Science for College and University. Tokyo 1976 (japanisch)

Kitahara, S., Commodity Science. 3rd ed., Tokyo 1978

Kutzelnigg, A., Die Zigarette als Modellfall der Wirtschaftlichen Warenlehre. Frankfurt/M. 1962

Derselbe, Terminologie der Warenkategorien. Frankfurt/M. 1965

Leuchs, J.M., System des Handels. 3 Bde., Nürnberg 1804-06; neub.R.Seyffert, Stuttgart 1932

Mysona, M.V. (Hrsg.), Industriewarenkunde. Warschau 1971 (polnisch)

Pöschl, V., Allgemeine Warenkunde. Stuttgart 1912, 1924

Derselbe, Grundzüge der wissenschaftlichen Drogenkunde und organischen Rohstofflehre. Berlin 1917

Derselbe, Farbwarenkunde nebst grundlegender Giftlehre. Leipzig 1921

Derselbe, Technische Mikroskopie. Stuttgart 1927

Derselbe, Verkaufsschule und Verkaufslehrer. Berlin 1929

Derselbe, Spiel und Spielwaren in Wirtschaft und Wissenschaft. Leipzig 1931

Derselbe, Deutsche Werkstoffe. Stuttgart 1942

Derselbe, Prinzipien natürlicher Ordnung in Technik und Wirtschaft. F. Enke Verl. Stuttgart 1947

Tomiyoshi, Y., Commodity Science - History and Essence. Tokyo 1978 (japanisch)

Iijima, Y., Methods of Modern Commodity Science, Tokyo 1982 (japanisch)

Nakamura, I., Gebrauchswert und Warenlehre, Yokohama 1984 (japanisch)

Zimanyi, A. (Hrsg.), Warenkunde der Lebensmittel I, II. Budapest 1973/74 (ungarisch)

Derselbe, Industriewarenkunde. Budapest 1977 (ungarisch)

Derselbe, Fachdidaktik der Warenkunde Tankönyivkiadó, Budapest 1980 (ungarisch)

Bicics, I., Die technischen Grundlagen der Produktion I, II, Budapest 1984 (ungarisch)

Kerekes, S., Einführung in die Warenkunde, Budapest 1984 (ungarisch)

Hahn, Hi-Young, Modern Marketing. Selected readings in public administration, Seoul 1982 (koreanisch)

Wang Chih-fu, Wang Ching-yu, Commodity Science. People's University of China, Peking, 2.Aufl., 5 Bände 1962-1964; Lebensmittelkonservierung, 1981; Warenkunde der Industriewaren, 1982 (chinesisch)

Warenkundliche Zeitschriften:

FORUM-WARE - Wissenschaft und Praxis (Bad Hersfeld/Wien): vor 1976: DGWT-Informationen (Köln-Bonn) seit 1972

Nihon Shohin Kenkyu-Studies on Commodities (Tokyo): seit 1935

Rivista die Merceologia (Bologna): seit 1961m vir 1978: Quaderni di Merceologia

Towaroznawstwo (Lodz-Kraków): seit 1966

Warenkundliche Berichte (Leipzig): seit 1960

Journal of Commodity Science (Seoul): seit 1983

Tagungen:

IX-XII Congresso Nazionale di Merceologia: Roma 1980, Palermo 1982, Bari 1983, Napoli 1984, Torino 1986, Messina 1988

1st-6th IGWT-Symposium: Wien 1978, Gent 1979, Krakow 1981, Bari 1983, St. Gallen 1985, Tokyo/Kyoto 1987, Seoul 1989

ANMERKUNG ZU A 22 DIE ENTWICKLUNGEN AN DEN HOCHSCHULEN

Was den Beitrag Österreichs zur Entwicklung der wissenschaftlichen Warenkunde anbelangt, so können drei Bereiche unterschieden werden:

1) Technische Warenkunde, organische Rohstofflehre und technische Mikroskopie
2) Allgemeine Warenkunde und Technologie, Lehr- und Handbücher
3) Konzeptionen einer Warenwirtschaftslehre oder allgemeinen Warenlehre sowie allgemeinen Technologie

ad 1) Diese Richtung ist vor allem an die Namen Julius Wiesner und Franz Höhnel, gebunden (vgl. A 1) und beginnt 1866 mit der Berufung Wiesners zum Honorardozent, später Professor für technische Warenkunde an der TH Wien. Sie gipfelt in dem heute noch wichtigen Nachschlagewerk "Die Rohstoffe des Pflanzenreichs" sowie in einer Reihe weiterer Werke zur Mikroskopie organischer Rohstoffe und Faserstoffe. Neben den Arbeiten Höhnels wäre noch zu nennen, J. Moeller "Mikroskopie der Nahrungs- und Genußmittel", Berlin 1886, zusammen mit C. Griepel in 3. Aufl., 1928, T. F. Hanausek "Lehrbuch der technischen Miroskopie" Stuttgart 1901, ins Englische übersetzt von A. L. Winton & G. Barber "The Microscopy of Technical Products", New York-London 1907 u.a.m.(1).

ad 2) Die allgemeine Warenkunde, welche insbesondere jenen rohstoffnahen Waren- und Materialbereich von breiterem Interesse beschreibt, der aus den neuen kolonialen Rohstoffländern stammte und von Beckmann erstmals beispielhaft behandelt wurde, wird in Österreich durch eine Reihe von Lehr- und Handbüchern repräsentiert. Es handelt sich in der Regel um mehr oder weniger umfangreiche Sammelwerke des einschlägigen Wissensstandes, wobei man sich bei der Abfassung des Lehrstoffes und Zusammenfassung des Wissenswerten auf die Unterstützung einer Reihe von Hilfswissenschaften beruft.
Nach der ersten umfassenden Bestandsaufnahme durch St. Ritter von Keess "Darstellung des Fabriks- und Gewerbewesens im österreichischen Kaiserstaate" 2 Bde., Wien 1819-24 und zusammen mit W. C. W. Blumenbach "Systematische Darstellung der neuesten Fortschritte etc." 2 Bde., Wien 1821-30 ist hier Franz Hauke's "Lehrbuch der allgemeinen Warenkunde", Wien 1854 und 1865 zu nennen, das bereits auf 700 eng beschriebenen Seiten das Materialwissen seiner Zeit "für kommerzielle technische Lehranstalten bzw. für Handels- und Gewerbeschulen und zum Selbstunterricht für Kauf- und Handelsleute, Gewerbetreibende, Fabrikanten, Ökonomen und Kameralisten" zusammenfaßt.
Ganz in dieser encyklopädischen Tradition liegt auch die Bearbeitung von Erdmann-Königs "Grundriß der allgemeinen Warenkunde" in der 12.- 14. Aufl., durch E. Hanausek und der 15.-19. Aufl., Leipzig 1915-25 durch E. Remenovsky, beide Professoren an der Wiener Handelsakademie.Den Höhe- und Schlußpunkt dieser Entwicklung bildet aber zweifellos Grafes"Handbuch der organischen Warenkunde mit Einschluß der mechanischen Technologie und technischen Warenprüfung", Stuttgart 1927-30, das unter Mitarbeit zahlreicher Fachleute des In- und Auslandes entstanden war (2).

Die nach dem 1. Weltkrieg erstarkende, aus der Privatwirtschaftslehre hervorgegangene Betriebswirtschaftslehre hat der Produktionswirtschaft und damit der Technologie immer mehr Bedeutung zugemessen. Dieser um den Themenkreis "Technik und Wirtschaft" kreisenden Entwicklungsrichtung trugen die beiden in "die Handelshochschule, Lehrbuch der Wirtschaftswissenschaften" erschienenen Schriften E. Beutels "Grundriß der Warenkunde" und "Einführung in die Technologie" Berlin 1933 Rechnung. (3)

Als letzte Ausläufer der encyklopädischen Richtung der Warenkunde können die Lehrbücher der allgemeinen oder anorganischen und organischen Warenkunde angesehen werden, die im mittleren und höheren berufsbildende kaufmännischen Schulwesen angesiedelt sind (vgl. A 21); sie erfüllen nach wie vor eine Rolle in der materiellen Wissensvermittlung, denn auch die moderne Wirtschaft kann ohne hinreichendes positives Basiswissen nicht auskommen, gleichgültig von welcher Seite und unter welchen weltanschaulichen Aspekten man sich diesen Belangen nähern mag.

ad 3) Der warenwirtschaftliche Ansatz bildet die letzte - und wie es scheint - für die Gegenwart unseres Faches folgenreichste Entwicklungsstufe. Sie geht zurück auf eine in den 30er Jahren entstandene Diskussion über die Rolle und den Aufbau einer auf wirtschaftswissenschaftliche Belange abgestellten Warenkunde, wo gegenüber kritischen Stimmen von betriebswirtschaftlicher Seite auf die Bedeutung der "österreichischen Schule der Warenkunde" verwiesen und für eine stärker betriebswirtschaftliche Ausrichtung der an sich naturwissenschaftlich-technologischen Warenkunde plädiert wurde. (4). Als erster hat der Österreicher Viktor Pöschl mit seinem teleologischen System der Warenkunde den Gedanken einer an den wirtschaftlichen Bedürfnissen ausgerichtete Warenlehre verwirklicht (vgl.A 22) und damit die Konzepte einer Warenwirtschaftslehre nach Grünsteidl bzw. der Wirtschaftlichen Warenlehre nach Kutzelnigg angeregt. Auch die vorliegende Einführung in die Warenlehre fühlt sich dieser Entwicklungslinie verpflichtet und baut auf diesen Ergebnissen auf.

Schließlich soll nicht verschwiegen werden, daß meiner Auffassung nach die allgemeine Warenlehre bzw. Warenwirtschaftslehre der Ergänzung durch eine im selben Geiste erstellte allgemeine Technologie oder Techniklehre bedarf, in dem sie dem dort im Zentrum des Lehr- unf Forschungsinteresses stehenden Produkt, der Ware oder dem Material das Verfahren und den technologischen Transformationsprozeß an die Seite stellt; dort findet die primäre wirtschaftliche Wertschöpfung statt, welche es sowohl aus den naturwissenschaftlich-technischen Voraussetzungen und Regeln als auch unter den gesellschaftlichen, wirtschaftlichen und ökologischen Folgewirkungen zu erfassen und zu analysieren gilt. (5)

LITERATUR

(1) Hölzl, J., Geschichte der Warenkunde in Österreich. Schriftenreihe d. Inst. f. Technologie und WWL der WU Wien, Bd. 5/82 S. 16 ff, 46 ff

(2) Derselbe a.a.O., S. 47 ff

(3) Derselbe a.a.O., S. 50 ff

(4) Derselbe a.a.O., S. 53 ff, derselbe & Bancher E., Bau und Eigenschaften organischer Naturstoffe, Springer Verl., Wien-N.Y., 1965

(5) Derselbe, Allgemeine Technologie, Schriftenreihe d. Inst. f. Technologie und WWL der WU-Wien, Bd. 1/1984

A 23 ANREGUNGEN AUS DER GESELLSCHAFTLICHEN ENTWICKLUNG UND AUS WISSENSCHAFT UND PRAXIS

Ausgehend von den USA macht sich seit geraumer Zeit in einigen europäischen Staaten eine Bewegung geltend, die unter dem Schlagwort Konsumerismus (consumerism) zu Einrichtungen der Konsumentenerziehung, Konsumenteninformation und Konsumentenschutz geführt hat. Es liegt auf der Hand, daß damit auch die Warenkunde angesprochen wird, da Konsumenteninformation ohne Warenkenntnis nicht denkbar ist. So fordert z.B. Scherhorn innerhalb einer "Wirtschafts- und Arbeitslehre" an Schulen die Behandlung von Warenproblemen, um die Bevölkerung für überlegten Einkauf und rationale Verwendung vorzubereiten. Einen umfassenden Überblick über den derzeitigen Stand geben Thorelli u. Mitarbeiter sowie Gerlich. Verschiedene Verbraucherzeitschriften enthalten bereits zahlreiche praktische Ansätze für eine Konsumwarenkunde (vgl. S. 72) .

Ein anders gearteter ebenfalls aus Amerika kommender Einfluß kann durch das Schlagwort Marketing gekennzeichnet werden. Hier geht es um die planmäßige Bearbeitung und Erschließung des Marktes, wobei sich eine absatzwirtschaftlich ausgerichtete Betriebswirtschaftslehre ausschließlich von den Interessen des unter Konkurrenz stehenden Anbieters leiten läßt. Produktmarketing will den Produktmanager in die Lage versetzen, durch nachfragegerechte, werblich wirksame Produktplanung, -gestaltung und -vermarktung den Absatzerfolg langfristig zu garantieren und zu vermehren. Es geht dabei um eine die kaufrelevanten Anspruchsprofile möglichst optimal erfüllende "Produktleistung", die zwar theoretisch mit den Verwenderinteressen übereinstimmen soll, in Wirklichkeit aber durch ungleiche Marktmacht und Informationspotentiale die tatsächliche Produktleistung einseitig beeinflußt.

Eine weitere waren- und produktionswirtschaftlich wirksame Einflußgröße erblicken wir in dem ursprünglich aus den Erfordernissen des militärischen Nachschubwesens entwickelten Organisations- und Rationalisierungsprinzip der Logistik. Diese macht es sich zur Aufgabe, den gesamten Material- und Warenfluß, besonders aber die Lager- und Ersatzteilwirtschaft hochkomplizierter Versorgungssysteme unter Einsatz von DV optimal zeit- und kostengünstig zu gestalten. Es liegt offenbar daran, daß die Erfassung und Verwaltung vorwiegend technischer Produkt- und Warendaten einschließlich der Managementdaten von Teilen, Komponenten, Baugruppen usw. bis hinauf zu funktionsbereiten Komplexsystemen eine wichtige Rolle spielt. Dabei handelt es sich zweifellos um eine Art spezieller technischer Warenkunde, die allerdings der Zusammenarbeit mit Spezialisten und übergreifender interdisziplinärer Zusammenarbeit bedarf.

Ebenfalls eine enge Zusammenarbeit von Technikern und Kaufleuten bei Rationalisierungsaufgaben von Produkten hat sich die seit zwei Jahrzehnten bei uns bekannte Wertanalyse (value analysis) zum Ziel gesetzt (vgl. S. 118) . Hier spielt neben der Kostenanalyse vor allem eine sachliche Gebrauchswert- und Funktionsanalyse von Produkten und Verfahren eine Hauptrolle, eine Vorgangsweise, die eigentlich eine moderne Ausgabe technologisch-warenkundlichen Gedankengutes darstellt.

Am Rande sei noch auf die enge Beziehung der Warenkunde zur technischen und terminologischen Normung verwiesen, die z.B. im Verpackungsbereich, im Warentest, in der Abfallwirtschaft und anderen Bereichen gegeben ist. Ein enges Naheverhältnis von Warenkunde und Qualitätssicherung sowie Standardisierung kann besonders im planwirtschaftlichen Volkswirtschaften festgestellt werden.

Produktinformation aus dem Konsumbereich spielt eine Hauptrolle für die Konsumenteninformation; Produktinformation gibt es aber auch im Investitionsgüterbereich z.B. auf dem Gebiet des Bauwesens, wo sie für einen funktionierenden Markt von ausschlaggebender Bedeutung ist. Die informationstheoretische Bewältigung der Waren- und Produktvielfalt mit oder ohne DV führt auf einzelwirtschaftlicher Ebene zu Klassifikations- und Ordnungsproblemen an Stücklisten, Dispositionsplänen, Warenlisten u.ä.

Die Frage der Identifizierung, der Klassifizierung und Aktualisierung von Materialdaten ist nicht nur ein innerbetriebliches sondern auch ein zwischenbetriebliches, branchenübergreifendes, nationales und sogar internationales Problem. Namentlich im Beschaffungs- und Bestellwesen ergeben sich häufig Kommunikationsfriktionen, die nicht nur auf gegensätzliche Interessenlage der Kommunikationspartner sondern auch auf der Vielfalt von Datenbeständen und zahlreichen Systemdivergenzen beruhen. Werden dazu noch die staatlichen und rechtlichen Belange der Warenerfassung und Klassifikation (Zoll, Statistik, Patentwesen) sowie die Bedürfnisse des grenzüberschreitenden Außenhandels und die Erfordernisse der volkswirtschaftlichen Gesamtrechnung (Input-Output-Tabellen) in Betracht gezogen, so stellen sich echte Probleme der Kommunikation über Waren und Produkte, die es zu erkennen und nach Möglichkeit zu beseitigen gilt.

Zuletzt sei noch kurz auf eine Entwicklung verwiesen, die auf die Warenkunde und Technologie nicht ohne Einfluß bleiben kann; wir meinen das seit einiger Zeit erwachte Umweltbewußtsein, das nicht nur die Produktionstechnologien sondern auch die Verwendungs- und Konsumsphäre unserer Gesellschaft betrifft. Dazu kommt die Sorge um die künftige Rohstoff- und Energieversorgung, die Konfrontation von Industrie- und Entwicklungsländern oder auch die Suche nach einer den Erfordernissen der Zeit gerecht werdenden Ausbildung der Jugend vor allem im Hinblick auf drohende strukturbedingte Arbeitslosigkeit. Diese offenbar zusammenhängenden Erscheinungen zwingen zu einem Denken in Systemen d.h. zu einer ganzheitlichen Betrachtungsweise vieler Belange und zwar nicht nur in verbal-qualitativer sondern möglichst auch in exakt-quantitativer Weise. In diesem Zusammenhang sei auf jene Modellrechnungen verwiesen, die wie z.B. bestimmte Weltmodelle oder gesamtwirtschaftliche Energiemodelle aus der Zahl solcher Versuche herausragen. In ihnen spielt der Technologie- und Rohstoffaktor sowie der Austausch von Welthandelsgütern eine entscheidende Rolle. An diesen Fragen kann eine mit Rohstoffen und Welthandelsgütern befaßte Warenkunde nicht vorübergehen.

Systemtheoretische Studien und besonders die Lage auf dem Energiesektor haben nicht nur der Fachwelt sondern auch einer breiteren Öffentlichkeit die engen unauflöslichen Zusammenhänge von Technik und Wirtschaft ins Bewußtsein gebracht. Die Beschäftigung mit solchen Fragen läßt erwarten, daß auch unser Fach neue Anregungen und neuen Auftrieb erhält.

LITERATUR:

Gekeler, O., Herdt, K.D., Oberender, W., Warenkatalogisierung und Kommonikation über die Ware. Verl. Dokumentation, Pullach/München 1974

Gerlich, H., Möglichkeiten institutionalisierter Verbraucheraufklärung unter besonderer Berücksichtigung der Verbraucherbildung. Diss. Wirtschafts-Univ. Wien 1977

Scherhorn, G., Gesucht: der mündige Verbraucher. Grundlagen eines verbrauchspolitischen Bildungs- und Informationssystems. 2.Aufl., Düsseldorf 1974

Thorelli, H.B., Thorelli, Sarah V., Consumer Information Handbook: Europe and North America. 2.Aufl., Praeger Publ. N.Y., Washington, London 1975

A 24 WARENWIRTSCHAFT - WARENWISSENSCHAFT

Schon bei der Aufzählung von wirtschaftlichen Problembereichen wird der enge Zusammenhang von Warenwissen mit betriebs- und volkswirtschaftlichen Fragen und Erfordernissen sehr deutlich. Das in der Warenwirtschaft benötigte Produkt- und Warenwissen ist zunächst einmal naturwissenschaftlich-technischer Art, zu dem aber im weiteren Verlauf planend-organisatorische und entscheidungsrelevante Aktivitäten hinzutreten. Diese Übergangsbereiche der am Sachobjekt orientierten Fachgebiete lassen sich nach 3 Kategorien: Objekt, Prozeß und Wissensgebiet wie folgt skizzieren:

Objekt	Gut	Produkt	Ware	Erzeugnis Stoff/Energie	Naturgegenst.
Prozeß	Produktion	Fertigung	Transposition	Verfahren Gewinnung	Entwicklung, Wachstum
Wissensgeb.	Volkswirtschaftsl.	Betriebswirtschaftsl.	Handelswissensch.	Technologie	Naturwissenschaft
			Warenlehre – Warenkunde		

Übersicht 3

Daraus geht jenes Spannungsfeld hervor, das wir mit den verschiedenen Ansätzen der Warenlehre (vgl. unten) oder mit der Bezeichnung der Warenlehre als Konzentrationsfach zu umschreiben versuchen.

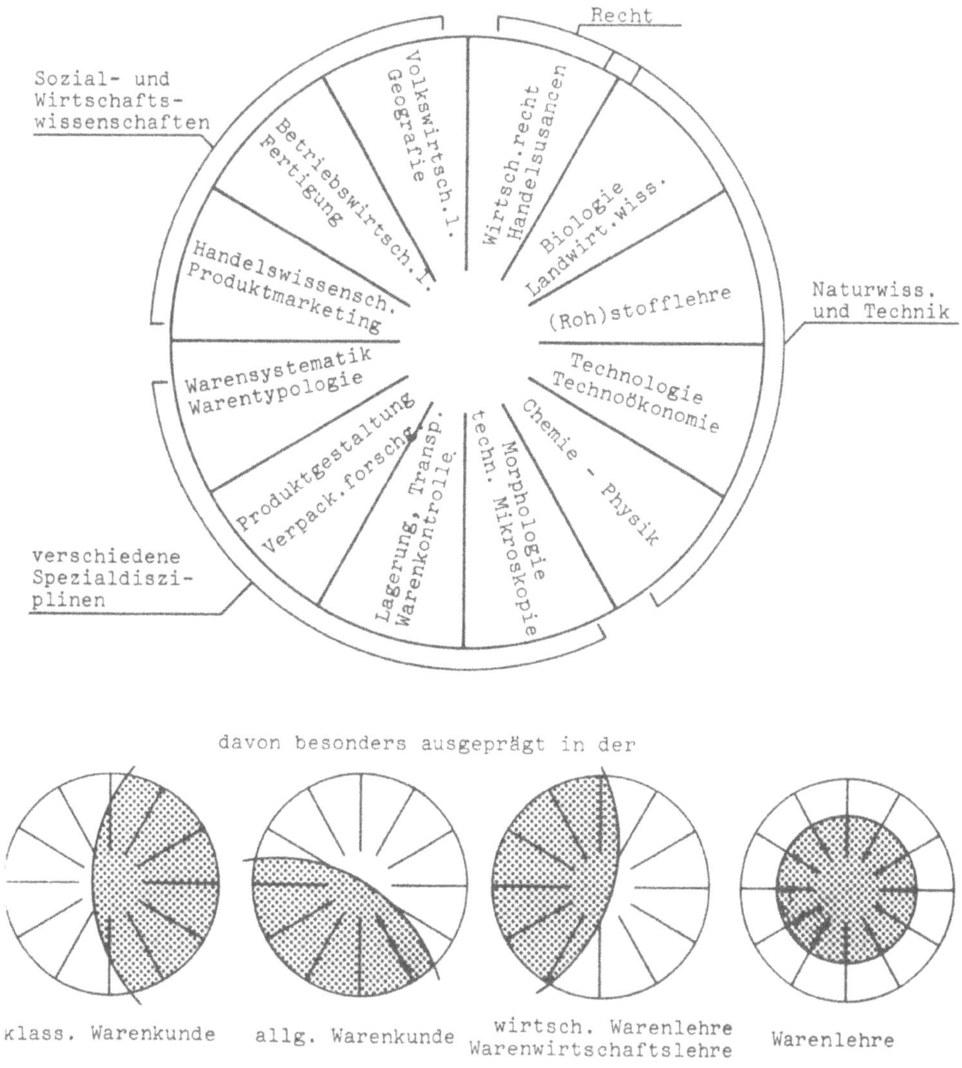

Schematische Darstellung des Begriffsumfanges der Konzentrationsfächer Warenkunde und Warenlehre.

In der Abb. ist ein Kranz verschiedener Wissenschaften und Disziplinen dargestellt, die in einem interdisziplinären Raum (Zentralfeld) einmünden. Die Nennung der verschiedenen Wissenschaften und Disziplinen erfolgt dabei einigermaßen beliebig und könnte zweifellos erweitert oder abgeändert werden. Wesentlich erscheint aber die in letzter Zeit erfolgte Scheidung warenbezogener Forschung und Lehre in Warenkunde, Warenwirtschaftslehre (einschließlich Produktmarketing) und Warenlehre. Nach dieser Auffassung wäre die Warenlehre als eigentliches Zentral- und Konzentrationsfach anzusprechen. In einem so stark und aus so heterogenen Bereichen zusammengesetzten Konzentrationsfach kann es nicht ausbleiben, daß gewisse Zentrifugalkräfte auftreten, welche die Existenz eines solchen Faches gefährden oder wie in den angelsächsischen Ländern gar nicht aufkommen lassen.

Namentlich die Polarität zwischen naturwissenschaftlich-technologischer und wirtschafts- und sozialwissenschaftlicher Betrachtungsweise bereitet nicht unerhebliche Schwierigkeiten, wie die Geschichte der Warenkunde bis in unsere Tage beweist.

Warenkunde haben wir als das grundlegende propädeutische Fach zur Sammlung und Aufbereitung von Warenwissen bezeichnet.

Warenlehre vertritt demgegenüber eine bestimmte, aus theoretischen Ansätzen ableitbare Lehrmeinung mit dem Ziele einer in sich geschlossenen systemkohärenten Darstellung und Strukturierung von Warenwissen; sie soll als theoretischer Rahmen für die Warenkunde dienen.

Warenwissenschaft stellt den Oberbegriff für alle an Produkten und Waren erarbeiteten Erkenntnisse und Sätze von allgemeiner Gültigkeit dar; denn Wissenschaft besteht aus Aussagesätzen, die in einem logischen Begründungszusammenhang stehen, sich auf einen bestimmten Gegenstandsbereich (in unserem Fall den Warenbereich) beziehen und am Wahrheitspostulat orientieren (Diemer). Von Warenwissenschaft kann nur gesprochen werden, wenn das Erkenntnis- und Forschungsobjekt tatsächlich die Ware (Rohstoff, Produkt, Gut, Material) ist, nicht aber, wenn Tätigkeits- und Aufgabenbereiche des Menschen (Wirtschaften, Organisieren, Disponieren, Managen usw.) das überwiegende Untersuchungsobjekt darstellen. Diese sind Gegenstand der allgemeinen und speziellen Betriebs- bzw. Volkswirtschaftslehre.

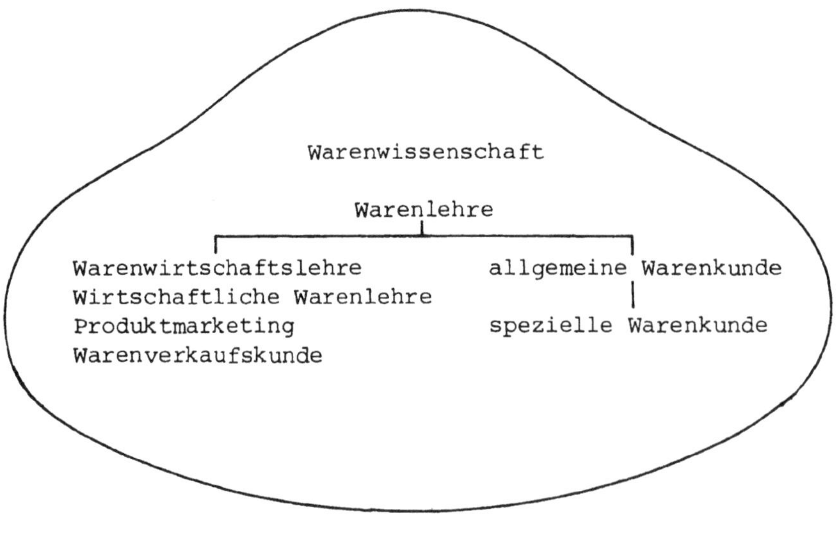

Die Benennungen des Begriffes Warenkunde (Warenlehre, Warenwissenschaft) in den verschiedenen Sprachen bringen einerseits ihren weltweiten Bekanntheitsgrad und andererseits ihren vielfältigen Charakter zum Ausdruck.

Englisch: Commodity science, Commodity approach, Commoditology, Merchandise economics, Study of merchandise, Knowledges of goods, Material science & economics, Mercantile technology.

Französisch: Connaissance de marchandises, Etudes des marchandises, produits commerçables, technologie des marchandises, technique de production.

Italienisch: Merceologia.
Spanisch: Estudio de las mercancias, Procesos industriales.
Portugiesisch: Merceologia, Tecnologia industrial.
Rumänisch: Mercelogia.
Russisch: Tovarovedenie.
Weißrussisch: Towaraznaustwa.
Polnisch: Towaroznawstwo.
Tschechisch: Zboziznalstwo.
Serbisch: Poznavanje Robe.
Ungarisch: Aruismeret.
Finnisch: Tavaraoppi.
Niederländisch: Warekennis.
Schwedisch: Varekundskap, Varukännedom.
Dänisch : Varekundskap.
Norwegisch: Varenkunnskap.
Griechisch: Emborevmatologia.
Hebräisch: Kalkalat hashorot.
Japanisch: Shohin-gaku.
Chinesisch: Samping.
Belgisch: Warenkunde, Merceologie.

LITERATUR:

Dahlberg, Ingetraut, Universale Wissensordnung und Warenklassifikation. FORUM-Ware 6(1978) 161-167

Diemer, A., Was heißt Wissenschaft? Verl. A. Hain, Meisenheim am Glan 1964

Schnegelsberg, G., Wissenschaftspropädeutik. Stuttgart 1973

A 3 Mögliche Ansätze der Warenlehre

Ein Produkt durchläuft auf seinem Lebensweg folgende meist zeitlich und räumlich getrennte Stufen. Für den Warencharakter sind die Transposition und hier wieder die Verteilung (Handel, Absatz) sowie die Verwendung (Ge- und Verbrauch) von besonderer Bedeutung.

Hersteller —— Transposition —— Verwender (Konsument)

Lager u. Transport | Distribution (Handel)

Daraus und aus der geschichtlichen Entwicklung lassen sich unter Berücksichtigung der unleugbaren Tatsache, daß die Ware an der Schnittstelle zwischen Produktion, Handel und Verwendung steht, folgende Ansätze ableiten. Sie bilden gleichsam Variationen zum Thema Warenverwendung, Transport und Warenverteilung, wobei versucht wird, vom Allgemeinen zum Besonderen fortschreitend den Ablauf der Dinge unter einem immer wieder neuen Blickwinkel zu sehen.

1. Konsumwirtschaftlicher Ansatz
2. Transpositionswirtschaftlicher Ansatz
3. Absatzwirtschaftlicher Ansatz
4. Gesamtwirtschaftlicher Ansatz

Wir haben die Aufzählung nicht ohne Absicht mit dem konsumwirtschaftlichen Ansatz begonnen. Wenn auch der Lebensweg einer Ware in der Regel bei der Produktion oder Gewinnung beginnt, so wird die Möglichkeit zu produzieren doch nur dann gegeben sein, wenn eine Nachfrage besteht oder geschaffen werden kann. Bildlich gesprochen muß dem Druck der Produktion ein Nachfragesog entsprechen. Das autonome oder heteronome d.h. das eigene oder durch Fremdeinflüsse sugerierte Bedürfnis bzw. die Ansprüche des Konsumenten sind es, die mit Zahlungskraft ausgestattet Nachfrage ergeben. Sie initiiert meist über Vermittlung des Handels die heute schon kaum mehr übersehbare Warenvielfalt.

Die Produzenten und Importeure ihrerseits versuchen über Absatzmittler (Handelsstufen, Vertreter, Agenturen, Börsen usw.) oder direkt die Nachfrage in der Weise zu befriedigen, daß sie auf Dauer daraus Gewinn zu ziehen vermögen. In der Regel sieht der gewinn- und kostenorientierte Anbieter oder Transpositeur die Ware unter einem anderen Gesichtswinkel als der Verwender und Verbraucher; eben dieser Tatsache versuchen die verschiedenen Ansätze der Warenlehre Rechnung zu tragen. In der Primär- und Sekundärproduktion geht es zunächst um Rohstoffe (Rohwaren) und in der nachgelagerten Veredelung um Halb- und Fertigfabrikate als Zielpunkte betrieblicher Leistungserstellung. Das materielle Produkt (Ware) interessiert daher sowohl als Input und Output der technischen Realisierung einer bestimmten Faktorkombination als auch als Ergebnis einer mehr oder weniger aufwendigen Technologie.

Die auf Erzeugung und Verbrauch linear orientierte Wirtschaft war kennzeichnend für die vergangenen Jahrzehnte ständig steigenden Wirtschaftswachstums. Die nun mehr ins allgemeine Bewußtsein gerückte Einsicht der Endlichkeit unserer Ressourcen - sowohl an Kapital als auch an Rohstoffen und Arbeitsplätzen - , der begrenzten Belastbarkeit unserer Umwelt und des verschärften Wohlstandsgefälles hat der Idee einer Kreislaufwirtschaft und dem darauf zielenden Systemdenken zu stärkerer Beachtung verholfen. Die systemtheoretische Betrachtungsweise soll daher den übergreifenden Abschluß des aus den verschiedenen Ansätzen zu errichtenden Lehrgebäudes ergeben, das es um die Ware als zentralen Untersuchungsgegenstand zu errichten gilt.

B Grundbegriffe und Grundlagen

B 1 Der Warenbegriff

Das Wort "Ware" bezeichnet zugleich das Lehr- und Forschungsobjekt wie auch den Zentralbegriff unseres Faches. In der Volkswirtschaftslehre wird hingegen häufig der Ausdruck "Gut" oder "Güter" für materielle Mittel der Bedürfnisbefriedigung gebraucht und im Bereich der Betriebswirtschaftslehre ist es üblich, im selben Sinne von Produkten, Material usw. zu sprechen. Der aus der Handelssphäre stammende Ausdruck Ware (Handelsware) wird, obwohl eher in der Wirtschaftspraxis als in der Wirtschaftswissenschaft beheimatet (Kutzelnigg), hier mit Absicht aus Gründen der Kontinuität und Identität weiterhin beibehalten und bedarf daher einer Definition.

Als Waren bezeichnen wir alle beweglichen, direkt realen Sachgüter, Energielieferungen und jene warenbezogenen Dienstleistungen, die einen Tauschwert (wirtschaftlichen Wert oder Preis) besitzen und daher auf dem Warenmarkt gehandelt werden (effektive Waren) oder gehandelt werden könnten (latente Waren). Sie dienen vorwiegend der materiell-zivilisatorischen, indirekt aber auch der geistigen und kulturellen Bedürfnisbefriedigung des Menschen im weitesten Sinn, gleichgültig ob dieses Bedürfnis schon vorhanden ist oder erst (z.B. durch Werbung, Modetrends etc.) geweckt wird. Bedürfnis bezieht sich auf eine Einzelperson, Bedarf dagegen auf ein Kollektiv (vgl. S. 30).

Nicht unter den Warenbegriff fallen in Übereinstimmung mit dem Handelsrecht Immobilien (Liegenschaften, Grund und Boden) und Effekten (Zahlungsmittel, Wertpapiere). Ebenso bleiben Dienstleistungen ausgeschlossen, wobei jedoch unmittelbar warenbezogene Objekt- und Prozeßdienste als sogenannte Warendienste als Waren im weiteren Sinne gelten können.

Die Übersicht 4 erklärt sich größtenteils selbst. Freie Güter waren ursprünglich jene allgemein und kostenlos zugänglichen Dinge wie Licht, Luft und Sonne, Wasser, Wege und Plätze, die jedoch längst alle eine Tendenz zur Verknappung zumindest dort aufweisen, wo sich Ballungszentren und dicht besiedelte Kulturlandschaft befinden.

Von den knappen Gütern werden nur jene mit quantifizierbarem Tauschwert (Preis, Kosten) in die volkswirtschaftliche Gesamtrechnung miteinbezogen. Die Warenlehre beachtet allerdings auch die latenten Waren und Dienstleistungen, die als Sachwerte (Eigenerzeugung, Selbstverbrauch) oder als persönliche Dienste (Hausfrauenarbeit) zur menschlichen Wohlfahrt sehr viel beitragen (Lebensqualität!). Sie bilden besonders in weniger entwickelten Volkswirtschaften einen wesentlichen Bestandteil der gesamtwirtschaftlichen Leistungserstellung, obwohl sie in keiner Statistik aufscheinen.

In betriebswirtschaftlicher Sicht ist ein Produkt in der Regel das Ergebnis eines betrieblichen Gewinnungs-, Erzeugungs-, Veredelungs- oder Fertigungsprozesses und wird zur Ware, wenn es nach Abdeckung der diversen Kosten (Material-, Arbeits- und Kapitalkosten) und der steuerlichen Belastungen unter Einrechnung eines angemessenen Gewinnes (Erlöses) den Betrieb gegen einen bestimmten Verkaufspreis (Fabrikspreis) verläßt. Die Ware ist nun Gegenstand zwischenbetrieblicher Transposition oder gelangt direkt, häufiger indirekt über Absatzmittler in die Distribution (Groß- und Einzelhandel); dieser wieder liefert sie an den Konsumenten oder den produktiven Verwender (Investor). Damit steht die Ware an der Schaltstelle zwischen Produktion (Fertigung, Technik) und Distribution (Beschaffung - Einkauf, Verkauf - Absatz). Rohwaren sind größtenteils identisch mit den Outputs des primären und den Inputs des sekundären Sektors der Wirtschaft. Es handelt sich um die Produkte der Land- und Forstwirtschaft, der Fischerei, des Bergbaues und der Grundstoffindustrien, soweit sie die materiellen Vorleistungen der veredelnden gewerblichen und industriellen Produktion darstellen. Deren Erzeugnisspektrum reicht von Halbzeug und Fertigwaren (Fabrikaten) bis hin zu Maschinen, Verkehrsmitteln, Geräten, baulichen und apparativen Anlagen, und umfaßt auch noch die breite Palette der Konsumgüter.

Übersicht 4:

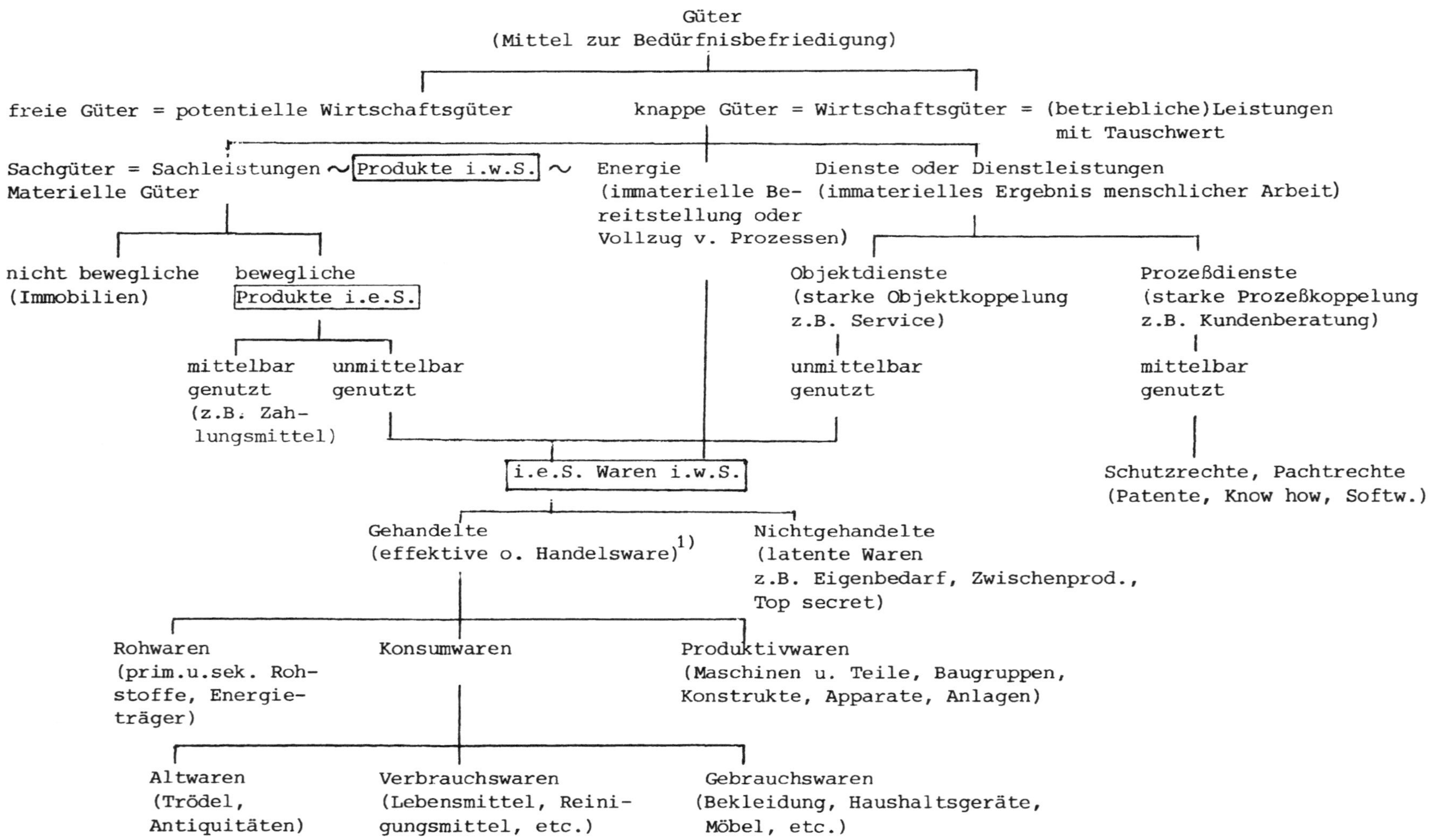

1) In Produktionsbetrieben für Fremdangebot und/oder im Auftrage dritter.

Wir sehen hier bereits die ungeheure Fülle der Warenwelt (Schäfer), aber auch die eigentümliche Doppelnatur unseres Erkenntnisobjektes: technisches Produkt - kommerzielle Ware.

Es wird auch eine engere Fassung des Begriffes Ware (Handelsware) vertreten, die sich nur auf die tatsächlich im Handel befindlichen beweglichen Sachgüter erstreckt. Im Sinne der Warenwirtschaftslehre (Grünsteidl) verstehen wir unter Waren bewegliche Gegenstände des Handels, die zur Befriedigung eines kollektiven Bedürfnisses bestimmt sind, als Einzelgegenstand in den übergeordneten Sammelbegriff einer Warengruppe eingeordnet werden können und keine Produktionsfaktoren sind. Der Warencharakter,dessen Wesen durch die Art der Beziehungen zum Menschen bestimmt wird, ist eine relative und zeitlich begrenzte Eigenschaft. Dies entspricht der eigentlichen Bedeutung des Wortes Ware, worunter das Substrat des Handels zu verstehen ist. In diesem Sinne wird der Ausdruck auch in der klassischen Warenkunde gebraucht, die zunächst eine naturwissenschaftlich fundierte Beschreibung des Gegenstandes, seiner Herkunft, seiner Gewinnung oder Erzeugung (Technologie), seiner Verwendung (Funktion), sowie seiner Handelssorten gibt. Sie zeigt die Bedeutung der Ware für die Volks- und Weltwirtschaft auf und berücksichtigt die geltenden Gesetze, Prüfnormen, die Marktgewohnheiten und Usancen.

LITERATUR:

Grünsteidl, E., Von der Warenkunde zur Warenwirtschaftslehre. Der Markt (Wien) 26 (1966), 89-96

Derselbe u.Dorfmeister, J., Die Ware als Erkenntnisobjekt der Warenwirtschaftslehre Der Markt 28 (1968), 1-8

Hillmann, H., Zu methodologischen Fragen in der Wirtschaftlichen Warenlehre. In: Die Ware in Wirtschaft und Technik. Hrsg. U. Koppelmann Herne/Berlin 1968 S. 21-40

Hölzl, J., Neue Wege in der Warenkunde und Warenlehre. Forum Ware 4(1976), 7-11

Koppelmann, U., Zum Erkenntnisobjekt Ware. In: Die Ware in Wirtschaft und Technik Hrsg. U. Koppelmann Herne/Berlin (1968) S. 15-20

Schäfer, E., Neue Aufgaben der Warenlehre. Der Praktische Betriebswirt 21 (1941) 167-170

Derselbe, Über die Welt der Waren. Der Markt, 1963, 7-9

B 2 Die Bedürfnisstruktur

Der Warencharakter wird wesentlich durch die materielle und kulturelle Bedürfnisbefriedigung bedingt, die bei Konsum und Verwendung erwachsen. Die menschlichen Bedürfnisse lassen sich, obwohl individuell, sozial und regional sehr verschieden, in lebensnotwendige Grundbedürfnisse und in entbehrliche Zusatzbedürfnisse unterteilen. Schon Leuchs, später Pöschl, neuerdings Koppelmann und Küthe haben sich mit der Ware unter dem Gesichtspunkt bedürfnisgerechter Zweckmäßigkeit, auch Warenleistung (=Zweckerfüllungspotential) genannt, befaßt.

Die menschlichen Grundbedürfnisse betreffen Nahrung, Kleidung und Wohnung, Werk-, Bau- und Rohstoffe dazu Werkzeuge sowie Energie (Feuer, Wärme), wozu sehr bald im Zuge der kulturgeschichtlichen Entwicklung gewisse Zusatzbedürfnisse nach Schmuck und Verzierung, nach hervorstechenden Dingen, ferner das Bedürfnis sich mitzuteilen (Schrift, Information), nach Verkehrsmitteln und schließlich nach echten Produktions- und Zivilisationsgütern treten. Für eine moderne Wirtschaft sind diese ebenfalls notwendig und unentbehrlich geworden.

Wenn wir uns auf die Hauptpunkte beschränken, so können die Grundbedürfnisse auf den Energie-, Stoff- und Informationsbedarf zurückgeführt werden. Wollen wir dieser Dreiteilung noch die in der Naturwissenschaft übliche Schichtung in einen organisch-biologischen und anorganisch-mineralischen und schließlich in einen geistig-kulturellen Bereich überlagern, so kommen wir zu dem Schema der Übersicht 5.

Die Übersicht 5 zeigt in etwa die in der Güterproduktion und im Warenhandel sich ausdrückende zivilisatorische und kulturhistorische Entwicklung einer Industrienation. Die hier aufscheinenden Bezeichnungen der Warengruppen finden sich daher in den gängigen Waren-, Berufs- und Industrieverzeichnissen wieder.

Waren (Produkte) stiften durch Befürfnisbefriedigung Nutzen, wobei man wieder zwischen Grund- und Zusatznutzen unterschieden hat (Vershofen).

Neuerdings wird es üblich, nicht mehr von Bedürfnissen, sondern von Ansprüchen zu reden, wodurch man eine geänderte Einstellung zu dem ganzen Fragekomplex zu erkennen gibt. Wenn Bedürfnisse einen eher passiv empfundenen Mangel ausdrücken, so bedeuten Ansprüche viel eher aktiv geltend zu machende Forderungen, die aus vermeintlichen oder tatsächlichen Rechten abgeleitet und keineswegs immer aus einer Mangelsituation erhoben werden. Auch ein saturierter Konsument wird immer noch Ansprüche stellen, wobei die menschlichen Ansprüche schneller zu wachsen pflegen als ihre Erfüllungsmöglichkeiten. Tatsächlich wird in der Anspruchsinflation ein wesentlicher Grund für die weltweite Geldentwertung gesehen!

Ansprüche können aus sachlich-rationalen Überlegungen oder aus emotionalen Wertschätzungen heraus gestellt werden. Auf Waren bezogen müssen wir daher zwischen einer Gebrauchstauglichkeit, meist Gebrauchswert genannt, und einem Anmutungs- oder Geltungswert unterscheiden, die ungefähr mit dem Grund- und Zusatznutzen korrelieren. Gebrauchswert und Anmutungswert sind wesentliche Komponenten des Begriffes der Warenqualität, die eine so wichtige Rolle spielt, daß sie eine gesonderte Betrachtung erfordert.

LITERATUR:

Vershofen, W., Die Marktentnahme als Kernstück der Wirtschaftsforschung. 2.Aufl. Berlin/Köln 1959.

Bereich	Grundbedürfnis	Bedarfsdeckung	Zusatzbedürfnis	Bedarfsdeckung
biologischer	Energie Grundnahrung	Lebensmittel, Naturkonsumprodukte	Genuß	Genußmittel, Delikatessen, Spezialitäten, Alkoholika, Narkotika
			Diät	Reformkost, Babykost, Diätetika
organischer	Energie	Sonne, Wind, Wasserkraft	Raumwärme, Klimatisierung	Raumheizung, Kollektoren, Wärmepumpen
	Brennstoffe	Holz, Biomasse		
	Rohstoffe	Leder, Pelz, Textilien	Massenkonsum, Mode, Luxus	Leder- u. Pelzwaren, Haute Couture,
	Werkstoffe	Holz, Knochen, Elfenbein		Möbel, Artdecor
	Baustoffe	Stroh, Schilf		Fertigbau, Verbundwerkstoffe
mineralischer	Brennstoffe (Energie)	Kohle, Kohlenwasserstoffe, Kernbrennstoffe	Edelenergie, Beleuchtung, Hoch- u. tieftemperatur, Hochspannung, Hochvakuum	Dampf- u. Gasturbinen, elektrische Anlagen, Hochdruck- u. Hochvakuumanlagen, Kältemaschinen,
	Rohstoffe	Steine, Erden, Erze		Diesel- u. Ottomotoren, Strahltriebwerke
	Werkstoffe	Eisen, Stahl, NE-Metalle		Edelstähle, Hart- u. Leichtmetalle
	Baustoffe	Steine, Ziegel, Mörtel, Zement	Fertigteile, Leichtbaustoffe	Sonderwerkstoffe u. -baustoffe
mechanischer	Be- und Verarbeitung	Werkzeuge, einfache Maschinen	Produktionsmittel	Maschinen, Apparate, Anlagen u. Systeme
	Transport	menschl. u. tierische Transportmittel	Verkehrs- u. Transportmittel	Schienenfahrzeuge, Zweiräder, KFZ, Flugzeuge, Schiffe
chemisch-physikalischer	Energie	Flüssiggas, SNG[1], Treibstoffe	Antriebsenergie	Vergasertreibstoffe, Schmiermittel
	Rohstoffe	Grund- u. Schwerchemikalien	spezielle Werk- u. Hilfstoffe Heilmittel, Chemikalien	Kunststoffe, Kunstdünger, Pestizide, Pharmazeutika, Antibiotika, Farbstoffe
geistig-kultureller	Information	Papyrus, Pergament, Papier, Druckwerke	Nachrichtentechnik Informationsspeicherung u. -verarbeitung Steuerung und Automation	(Kabel)Fernsehen, Nachrichtensatelliten Repro- u. Mikrodokumentation Elektronische Meß- und Steuergeräte, Computer, Mikroprozessoren

1) Synthetic Natural Gas = Synthetisches Erdgas

Übersicht 5

B 3 Warenqualität

Eine Ware (Produkt, Gut) unterscheidet sich von einem Naturobjekt durch seine mehr oder weniger ausgeprägte Eignung zur Bedürfnisbefriedigung. Unter Bedürfnis verstehen wir das durch ein Mangelerlebnis ausgelöste Verlangen des Menschen nach (dem Besitz von) Mitteln zur Behebung dieses Mangels, während Bedarf das objektivierte (über eine Gruppe gemittelte) Bedürfnis vieler bezeichnet.

Aus dem Wunsch nach konkreter Bedürfnis- oder Anspruchsbefriedigung läßt sich ein Anspruchsprofil ableiten, dem auf Seiten des Produktes ein Leistungsprofil entsprechen sollte.

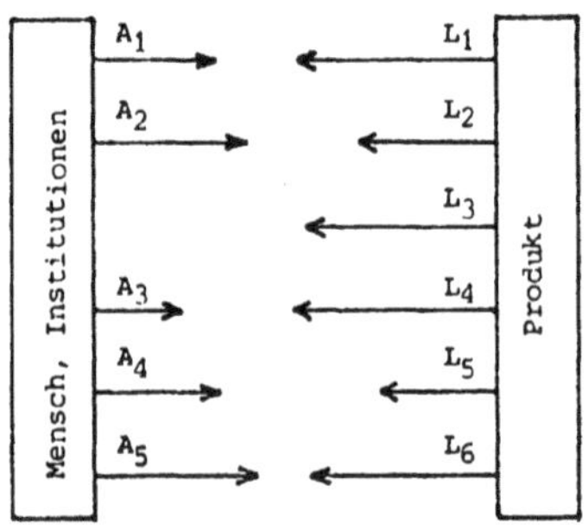

Der realtypische Fall divergenter Ansprüche (A) und Leistungen (L) (nach Koppelmann)

Dem seltenen Fall einer identischen Entsprechung von Anspruch und Leistung steht der sehr viel häufigere realistische Fall der mehr oder weniger großen Divergenz von Anspruch und Leistung gegenüber. Unter Leistung einer Ware wird ihr Zweckerfüllungspotential d.h. die Fähigkeit verstanden, Ansprüchen zu genügen, oder Bedürfnisse zu befriedigen und damit Nutzen zu stiften oder Freude durch Erfüllung von Wünschen zu gewähren. Der Grad der angestrebten oder tatsächlich erreichten Bedürfnis- bzw. Anspruchsbefriedigung ergibt den Grad der Zweckeignung (= Qualität) der Ware; wir sprechen in diesem Zusammenhang von Sollqualität zum Unterschied von der tatsächlich erreichten faktischen Qualität (Koppelmann). Eine Kongruenz beider Qualitäten wird in der Regel nur selten oder für kurze Zeit erreicht. Wie sich die Veränderlichkeit der faktischen Qualität bei Konstanz der Sollqualität im Laufe der Zeit (Lebenszyklus der Ware) gestalten kann, möge die folgende Abbildung zeigen.

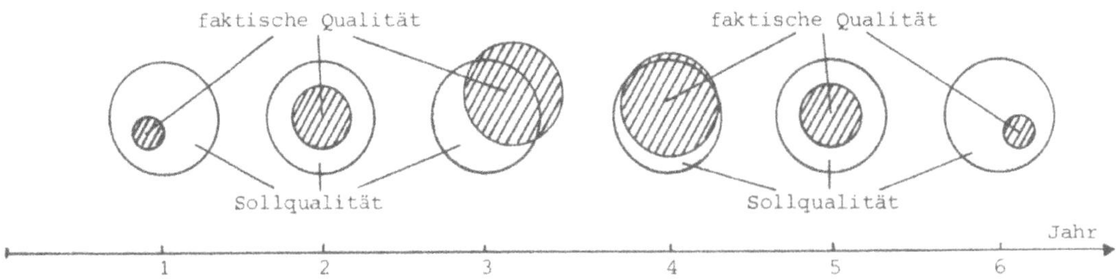

Zur Dynamik faktischer Qualitätsurteile (nach Koppelmann)

Eine Ware ist somit der Träger faktischer bzw. tatsächlich nützlicher Eigenschaften, deren begriffliche Fassung wir Merkmale nennen (vgl. S. 37) . Die Aufzählung und Darstellung dieser Merkmale sowie ihrer Ausprägungen qualitativer und quantitativer Art ergeben den Inhalt einer Warenbeschreibung. Warenbeschreibungen bzw. Warenkenntnisse über Gebrauch und Bewährung sind die Basis für die Beurteilung einer Ware im Sinne von Qualitätsbestimmung, wobei die Bewertung in Bezug auf einen bestimmten Qualitätsstandard (Sollqualität) erfolgt. Schon in der bloßen Auswahl und Reihung der Merkmale steckt eine Wertung, die verschiedene Richtungen nehmen kann. Die Wertungen differieren auf Verbraucherseite in der Regel von denen der Anbieter, wo andere interessensbestimmende Gesichtspunkte innerbetrieblicher (Konditionen, Spannen, Auslastung, Personal usw.) oder überbetrieblicher Art (Versorgungslage, Umweltbelastung, politische Restriktionen, Handelshemmnisse usw.) eine Rolle spielen.

Die Reihung der Merkmale und Gewichtung der Merkmalsausprägung kann grundsätzlich ordinal oder kardinal erfolgen. Erstere ordnet nach 1., 2. bis nter Stelle, während letztere die Annahme einer fiktiven Maßeinheit (Punkte, Skalen) zugrundelegt. Alle Bemühungen Qualität in Quantitäten aufzulösen, können über das grundsätzliche Dilemma zwischen objektiver Messung und subjektiver Einschätzung aus bestimmter emotionaler und/oder voluntaristischer Interessenslage heraus nicht hinwegtäuschen.

Wertungen werden bewußt oder unbewußt nach bestimmten Wertordnungen vorgenommen. Die folgende Übersicht 6 möge ganz allgemein die Zusammenhänge zwischen Wertordnungen und ihren Zielsetzungen mit den warenkundlichen Grundbegriffen verdeutlichen.

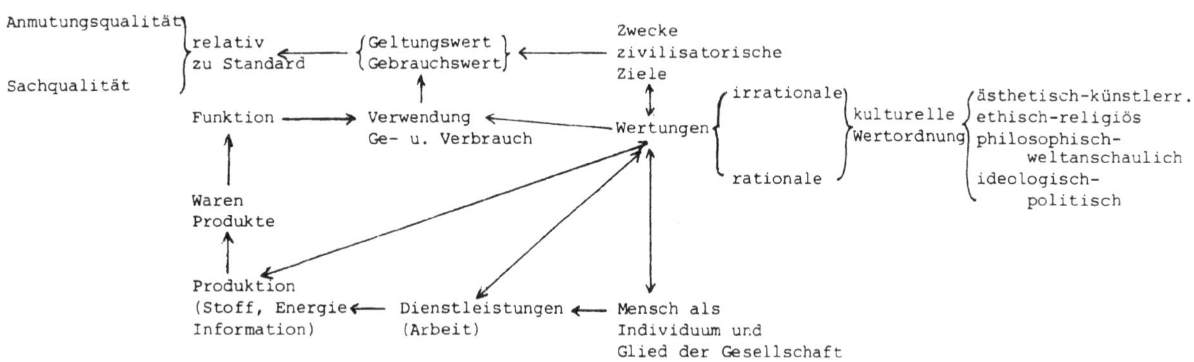

Übersicht 6

Trotz des Umstandes, daß dem Qualitätsbegriff als Werturteil immer eine gewisse Subjektivität eignet, können wir zwischen weitgehend bestimmbarer Sachqualität und weit schwieriger erfaßbarer Anmutungsqualität unterscheiden. Erstere beruht auf der Gebrauchstauglichkeit oder dem Gebrauchswert, unter dem wir die Gesamtheit aller wesentlichen meß- und quantifizierbaren Sachmerkmale verstehen, die sich als Eigenmerkmale nur mit der Sache selbst ändern.

Immer aber erfolgen Wertungen prinzipiell subjektiv und entziehen sich daher einer exakten Quantifizierung; darin besteht im wesentlichen die Qualitätsproblematik.

Entsprechend der Trennung in Gebrauchs- und Geltungswert erscheint uns vor allem die Unterscheidung von Sach- und Anmutungsqualität wichtig. Die Sachqualität gründet, wie bereits gesagt, auf objektivierbaren und meßbaren Eigenmerkmalen der Ware. Aus Verbraucher- oder Verwendersicht geht es dabei um die Gebrauchsmerkmale, welche von den Funktionsmerkmalen der Ware abhängen. Das "Funktionieren" der Funktionsmerkmale ist jene Eigenschaft des Produktes, welche Gebrauch oder Verwendung maßgeblich beeinflußt. Die sogenannte Wertanalyse (vgl. S. 118) ist wesentlich eine Funktionsanalyse, die im geplanten Teamwork unter besonderer Berücksichtigung der funktional-technischen und kostenmäßig-kaufmännischen Gesichtspunkte erstellt wird. Zur Gebrauchswertanalyse wird sie durch besondere Betonung des verwenderorientierten Funktionsaspekts.

Wie schon erwähnt, ergibt der Vergleich des Gebrauchswertes mit einem Sollwert den Grad der Zweckeignung oder die Sachqualität. Angaben der Sachqualität beziehen sich daher ausdrücklich oder stillschweigend auf einen Sollwert, der durch allgemeine Übereinkunft, durch Normen (Standards) oder sonstige Niveauangaben definiert ist.

Liegt die Standardqualität sehr hoch und höher als die Durchschnittsqualität, so nennt man sie auch Höchst- oder Sollqualität im engeren Sinne. Von Sollqualität wird auch im Zusammenhang mit faktischer Qualität gesprochen (vgl. oben). Wird der Weltstandard erreicht oder übertroffen so liegt echt Höchst-, im umgekehrten Fall Durchschnitts- oder Minderqualität vor. Bemerkenswert ist die Tatsache, daß innerhalb zahlreicher Branchen sehr genaue Qualitätsvorstellungen über ihre Erzeugnisse, bsonders im Bezug auf das Weltniveau bestehen.

Es gibt Warengruppen z.B. Emailgeschirr, wo das Management größerer Erzeugerbetriebe ein fundiertes Qualitätsurteil über das einschlägige Angebot des ganzen Weltmarktes besitzt, auf Verlangen bekanntgibt und natürlich auch verwertet. In dieser Produktgruppe werden 3 Qualitätsklassen international unterschieden, über deren regionale Zuordnung in Fachkreisen kein Zweifel herrscht.

Bei bestimmten Konsumgütern insbesondere im Nahrungsmittelbereich gibt es gesetzlich definierte Qualitäts- oder Handelsklassen (vgl. S. 42,46) . Auch auf die einzelnen Phasen der Produktion, Transposition und Distribution wird naturgemäß der Qualitätsbegriff angewendet. In Qualitätsprogrammen tauchen die Begriffe Plan-, Fertigungs-, Transport-, Verpackungsqualität usw. auf.

Zusammenfassend möge die nachstehende Abb. den Aufbau des Qualitätsbegriffes aus der Sicht der Gütesicherung nochmals aufzeigen , wobei von Grund- und Zusatznutzen ausgegangen wird. Der Begriff "Mode" muß hier im weiteren Sinne gesehen werden, indem nicht nur das ästhetische Geschmacksurteil sondern alle Anmutungen einschließlich ethischer und moralischer Werte gemeint sein mögen. Physisches Wohlbefinden, Selbstbestätigung und Anerkennung durch andere trägt am meisten zum Lebensgefühl und Daseinssteigerung bei.

Die technische Qualität entspricht der rationalen Sachqualität, die imponderable Qualität der emotionalen Anmutungsqualität; ebenso korreliert in dieser Abb. die Gebrauchstauglichkeit eng mit technischer Qualität, während der Gebrauchswert schon mehr mit der imponderablen Qualität zusammenhängt. Die Anmutungsqualität einer Ware beruht ja prinzipiell auf nicht messbaren, psychisch bedingten Merkmalen. Dabei unterscheidet man subjektive Merkmale, die durch persönliche Geschmacksurteile oder ethische Werturteile festgelegt werden und andererseits soziale Merkmale, die aufgrund ihrer Signalwirkung (Prestige, Geltungswert, Statussymbol) charakterisiert sind. Das emotionale, imponderable, irrationale Moment zeigt sich hier besonders auffällig, wenngleich auch hierbei Objektivierung d.h. Mittelwertbildung über eine soziale Gruppe durchaus möglich erscheint.

Schon aus der Definition der Ware als knappes Gut folgt, daß die Ware einen Tauschwert (Preis) besitzt, der auch als gesellschaftlicher Wert bezeichnet wird. Der im Preis ausgedrückte Tauschwert ergibt sich in der (freien) Marktwirtschaft aus Angebot und Nachfrage, bei geregelten Preisen aus dem Interessensausgleich der Sozialpartner oder bei Zentralverwaltung aus den Erfordernissen planwirtschaftlicher Art. Zwischen Qualität und Preis besteht kein eindeutiger Zusammenhang (vgl. S. 64) .

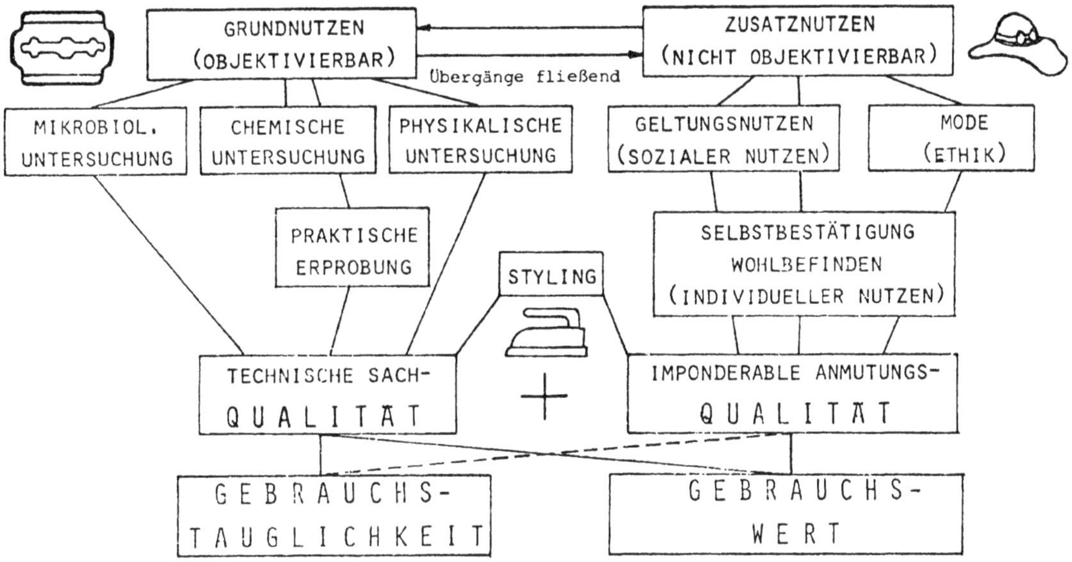

Aufbau des Qualitätsbegriffs (nach Lisson)

LITERATUR:

Koppelmann, U., Grundlagen des Produktmarketing. Verl. W. Kohlhammer, Stuttgart, Berlin, Köln, Mainz 1978, S.202 ff.

Lisson, A., Verbraucherschutz durch Gütesicherung. 3.Aufl. Quelle-Institut für Warenprüfung, Nürnberg 1977

Masing, W., Qualitätslehre. 6. Aufl. Beuth Verl., Frankfurt/M. 1979

Qualitätstagung '78: Qualität - mit den Augen des Kunden betrachtet. Deutsche Gesellschaft für Qualität e.V., Frankfurt/M. 1978

Trenkle, K., Qualität, Lebensmittelqualität, Nahrungsqualität. Verbraucherdienst Ausg. B, 21(1976) 177-180

Zierer, H., Darstellung und Analyse der Entwicklung des Qualitätsbegriffes unter dem Aspekt der Entstehung, des Absatzes und des Konsums von Gütern. Diss. Hochschule für Welthandel Wien, 1973

Masing, W. (Hrsg.), Handbuch für Qualitätssicherung, C.Hanser Verl., München-Wien 1989

B 4 Warenterminologie

Präzis definierte und unverwechselbar benannte Begriffe sind die Voraussetzung für logisch einwandfreie, eindeutige, wissenschaftlich brauchbare Aussagen. Da jedoch die Namen und Begriffsbenennungen der Warenkunde (und Technologie) ganz überwiegend historisch gewachsen und aus der Praxis überkommen sind, mangelt ihnen häufig logische Konsequenz und Eindeutigkeit. Es fehlt nicht an Versuchen, wenigstens in bestimmten Waren- und Verfahrensbereichen eine in sich geschlossene logisch konsequente, nach vorgegebenen Kriterien systemkonforme Terminologie zu schaffen (Wüster, Schnegelsberg). Zur Schaffung solcher Fachterminologien bedarf es neben logischer Schulung besonders profunder Sachkenntnis. Von solchen im Sinne einer Präzisierung und Verwissenschaftlichung der Warenlehre zu begrüßenden Bemühungen bleibt nur zu hoffen, daß sie über die Normung Eingang in die Praxis und in den wissenschaftlichen Sprachgebrauch finden.

Terminologische Arbeiten sollen allerdings immer als ein Mittel besserer, irrtums- und zweifelsfreier Verständigung über einen bestimmten Gegenstandsbereich und nicht als Selbstzweck betrieben werden. Im folgenden seien einige für die Warenlehre wesentliche terminologische Gesichtspunkte angeführt:

Ein Gegenstand (Realobjekt) besitzt Eigenschaften, ein Begriff als sein gedankliches Äquivalent dagegen Merkmale. Die Merkmalsgesamtheit des Begriffes bildet den Begriffsinhalt, während der Begriffsumfang aus der Menge der Unterbegriffe oder Gegenstände besteht, die unter den Begriff fallen.

Ein Artikel z.B. die Waschmanschine der Fa. A/Type B oder der VW 1300-Käfer ist ein Seriengegenstand (Plurikat), der durch einen definiten Begriff (Individualbegriff) erfaßt und mit einer Typenbezeichnung (Namen) belegt wird.

Neben Seriengegenständen - in der heutigen Industrieproduktion der Regelfall - gibt es auch Unikate im Warenangebot z.B. Exklusivmodelle, Preziosen, Kunstwerke etc.; diese tragen häufig Eigennamen (Namen im engeren Sinn), die werblich wirksam oder historisch gewachsen sind (z.B. berühmte Diamanten: Cullinan, Regent, Großmogul etc.). Auch Modelle der Haute Couture tragen oft klangvolle Namen; ähnliches trifft auch für manche Produktserien z.B. Autotypen zu (z.B. Ford Granada).

Massengüter stehen den Seriengegenständen insofern nahe, da auch sie als Plurikate d.h. in vielfacher identischer Wiederholung auftreten. Bei den Massengütern handelt es sich aber um Erzeugnisse der Eingut-Produktion wie z.B. Zucker, Kohle, Ziegel usw.

Vom Namen unterscheidet sich die Benennung für die Warenart, Warengattung. So sind z.B. die Bezeichnungen Waschmaschine oder PKW Benennungen für indefinite Gegenstände (Allgemeinbegriffe). Diese Benennungen (Namen im weiteren Sinne) bestehen gewöhnlich aus einem Wort, einer Wortzusammensetzung oder Wortgruppe der Gemeinsprache; der Ausdruck"Bezeichnung"wird als Oberbegriff für Name und Benennung gebraucht und bedeutet darüber hinaus die Identifizierung mittels Nummerung oder symbolischen Zeichen etc.

Bei der Benennung ist besonders auf Synonymie (verschiedene Wörter für denselben Gegenstand z.B. Korn = Roggen), Quasi-Synonymie (verschiedene Wörter mit geringer Bedeutungsabweichung für denselben Gegenstand z.B. Gut, Produkt, Ware), Homonymie (ein Wort mit verschiedener Bedeutung z.B. Alpaka: Lama, Aluminium-Messinglegierung, Reißwolle), Homographie (gleiche Schreibweise aber verschiedene Betonung z.B. Rose, Rosê) und Polysemie (ein Wort für verschiedene aber verwandte Gegenstände z.B. Bank: Sitz-, Dreh- und Sandbank, und Bank als Geldinstitut) zu achten.

Benennungen von Produkten und Waren sind häufig nach dem Prinzip der Definition aufgebaut und sollten dann nicht gegen ihre Regeln verstoßen. Dies gilt besonders für die Tautologie z.B. schwarzer Rappe und Bedeutungswechsel z.B. Blechschere: Schere zum Blechschneiden, Stahlschere: Schere aus Stahl. Metaphorische Benennungen z.B. schwarzes Gold: Kohle oder werbende Benennungen (Küchencenter für Kombination aus Geschirrspülautomat und Spülbecken sollten vom terminologischen Standpunkt aus vermieden werden. Kürzungen und Kurzformen (z.B. NE-Metalle = Nichteisenmetalle) und Akronyme (Abkürzungen nach den Anfangsbuchstaben z.B. Laser = Light amplification by stimulated emission of radiation, Trafo) leiten über zu den heute in den Computersprachen üblichen Verstümmelungen sowie zur eigentlichen Nummerung und Codierung (vgl. S. 81) .

Die nähere Bestimmung von Unikaten und Plurikaten (Einzel- und Seriengegenständen) erfolgt durch Beschreibung ihrer Eigenschaft bzw. mittels ihrer Merkmale. Die Warenbeschreibung (vgl. S. 37) gibt damit den Begriffsinhalt der zugehörigen Individualbegriffe an.

Zur näheren Bestimmung von Allgemeingegenständen (Warenart, Gattung usw.) und der ihnen zugeordneten Allgemeinbegriffe dient eine Definition, die den Begriff bedeutungsmäßig von anderen Begriffen abgrenzt. Dabei wird das Definiendum durch das Definiens im Sinne einer Bedeutungsgleichung bestimmt, wobei letzteres aus Oberbegriff (genus proximum) und unterscheidenden, einschränkenden Merkmalen (differentia specifica) bestehen muß. Beispiele:
Eine Waschmaschine ist ein Gerät, das mittels elektrisch betriebener mechanischer Einrichtungen zur nassen Schmutzentfernung von Textilien dient.
Ein PKW ist ein Motorfahrzeug zur bequemen Beförderung einiger (bis zu 5) Menschen.
Definitionen sollen einfach, klar und dem Niveau des Adressaten angemessen sein und dabei weder zu eng noch zu weit oder unvollständig ausfallen. Zirkeldefinitionen und Tautologien (Waschmaschine ist eine Maschine zum Waschen) sind zu vermeiden.

Bei der Aufstellung von Definitionen sollte man vom schon Bekannten ausgehen (Sachwörterbücher, Lexika, Enzyklopädien) und aus einem vorläufigen Ansatz schrittweise unter Verwendung von "andefiniertem Material" zu einer endgültigen Fassung gelangen. Auch Definitionen müssen sich im Lauf der Zeit anpassen und wandeln.

1971 wurde aufgrund eines Vertrages der UNESCO mit dem österreichischen Normungsinstitut (ON) in Wien ein internationales Informationszentrum für Terminologie (Infoterm) in Hinblick auf die bahnbrechenden Arbeiten Wüster's gegründet. Es arbeitet seither im Technischen Komitee 37 "Terminologie (Grundsätze und Koordination)" der Internationalen Normungsorganisation (ISO) mit. Es stellt somit durch Förderung der Zusammenarbeit und durch Tagungs- und Ausbildungsaktivitäten den Zusammenhang von Fachterminologie und Normungsbestrebungen weltweit her.

Die Hauptziele von Infoterm sind:
- Sammlung und Auswertung terminologischer Informationen und Veröffentlichungen mit besonderer Berücksichtigung terminologischer Normen, Grundsätze, Methoden und Fachwörterbücher;
- Erfassung der bibliographischen Daten der terminologischen Veröffentlichungen;
- Ausarbeitung internationaler Bibliographien und eines internationalen Dokumentationsführers;
- Auskunft über Terminologiedokumentationsstellen und terminologische Datenbanken;
- Verbreitung von Informationen über terminologische Veröffentlichungen, Veranstaltungen und Ausbildung;
- Beratung über die Anwendung terminologischer und terminographischer Grundsätze und Methoden;
- Beratung über Terminologiearbeit und Terminologiedokumentation;
- Verbreitung der Kenntnisse auf dem Gebiet der Terminologie.

LITERATUR:

Dahlberg, Ingetraut, Über Gegenstände, Begriffe, Definitionen und Benennungen. Muttersprache 86(1976), 81-117

Gasthuber, H., Grundzüge der Warenterminologie - Versuch einer Bestandsaufnahme. FORUM WARE 6(1978), 223-230

Hölzl, J., Name und Benennung in der Warenklassifikation. 3. Fachtagung der Ges. Klassifikation "Klassifikation und Erkenntnis", Bd. II,S.155, Frankfurt 1979

Schnegelsberg, G., Systematik der Textilien. Goldmann, München 1971

Wüster, E., Internationale Sprachnormung in der Technik, besonders in der Elektrotechnik. H.Bouvier Verl., 3.Aufl., Bonn 1970

Derselbe, Einführung in die Allgemeine Terminologielehre und Terminologische Lexikographie. Schriftenreihe der TU-Wien, Bd.8/Teil 1 u. 2, Springer-Verl. Wien, N.Y. 1979

Infoterm News. In: International Classification - J. f. Concept Theory, Systematic Terminology and Organization of Knowledge, INDEKS Verl., Frankfurt/M.

B 5 Warenbeschreibung

Das über eine Ware vorhandene Wissen kann und soll in Form einer Warenbeschreibung niedergelegt werden. Eine vollständige Warenbeschreibung, die alle wesentlichen Merkmale enthält, läßt eine charakteristische Schichtenstruktur der Merkmale erkennen. Eine formal-logische (rubrizierende) Merkmalschicht mit Namen, Herkunft, Herstellerangaben etc. wird von einer naturwissenschaftlich-technischen und diese wieder von einer ökonomisch-juristischen Merkmalschicht überlagert. Gelegentlich erweist sich die Angabe von besonderen Ergänzungen erforderlich. Dabei kann grundsätzlich zwischen Eigenmerkmalen (Sach-, Beschaffenheits- oder Leistungsmerkmalen) und Relationsmerkmalen unterschieden werden. Eigenmerkmale ändern sich nur mit der Ware selbst. Bei den Relationsmerkmalen z.B. Name, Bestellnummer, Preis usw. braucht dies nicht der Fall zu sein.

Übersicht 7

Formal-logische Merkmalschicht:		Besonderheiten-Ergänzungen:
Bezeichnung, Name, Type, Modell, genehmigter Name, Markenname		
Produktnummer, Herstellercode, Typen-, Artikelnummer		
Artname, Gebrauchsname, Produktgruppe, eventuelle Einzel- oder Weiterverwendung		
Ausstattung, Handelsklasse		Sonderausstattung, Luxusqualität
Hersteller, Händler, Deklarator: Name, Adresse, Code		Gütezeichen
Geographische Herkunft, Herstellungs-, Gewinnungs-, Anbauort, Hafen, Börse		
Zeitliche Herkunft, Ausgabedatum, Gültigkeitsdauer, historische, modische Kennzeichnung, Design		Auszeichnungen
Naturwissenschaftlich-technische Merkmalschicht:		
Chemische Merkmale	Technische Merkmale	normengerecht, Spezifikationen technische Lieferbedingen, Sicherheitsvorschriften
stoffliche Zusammensetzung	chemisch-technologische M. (Rohstoffe, Energieträger)	
physikalische M. Abmessungen, Masse, Form Struktur, Morphologie, Modul	mechanisch-technologische M. bauphysikalische M. (Formung, Fertigung, Oberflächenbehandlung)	Prüfzeugnisse Zulassungen
biologische M. (Entwicklungs-, Reifestadien)	biotechnologische M.	
mikrobiologische, biochemische M.	morphologisch-funktionelle M. (Bedienteile)	
physiologische M. (Ernährung, Bekleidung, Arbeit)	konstruktionstechnische M. (Aufbau, Ausrüstung, Anschlüsse, Versorgung, Leistung, Verbrauch)	besondere Kennzeichen, sparsam im Verbrauch und Haltung (Energiesparen, umweltfreundlich, langlebig, recyclisierbar)
psychophysiologische M. sensorische (organoleptische)	transport- u. lagertechnische M. (Verpackung, Manipulation) Pflege-, Wartung- u. Reperaturmerkmale (Gebrauchsanleitung)	
ökonomisch-juristische Merkmalschicht:		
Preise und Rabatte, Konditionen, Beschaffung, Lieferzeiten, Vertriebswege, Lieferleistungen, Kunden- und Beratungsdienst	Kaufvertrag, AGB (Allgemeine Geschäftsbedingungen) Handelsusancen, Schutzrechte (Patentrecht, Datenschutz, Gewährleistung) Versicherung	aktuelle Preislisten Sonderangebote Muster Referenzen

Werden die Merkmale in einer bestimmten Reihenfolge angeführt, so spricht man von geordneter Warenbeschreibung. Wird eine solche geordnete Beschreibung regional oder für einen bestimmten Warenbereich verbindlich erklärt, so wird ein echter Vergleich der Waren ermöglicht, wenn auch Breite und Tiefe der Beschreibung vorgeschrieben und eingehalten werden. Dabei versteht man unter Beschreibungsbreite die Anzahl der Merkmale und unter Beschreibungstiefe die Ausprägung der einzelnen Merkmale - die Ausführlichkeit und Genauigkeit der Angaben oder Darstellungen, wie dies durch die Abb. veranschaulicht wird.

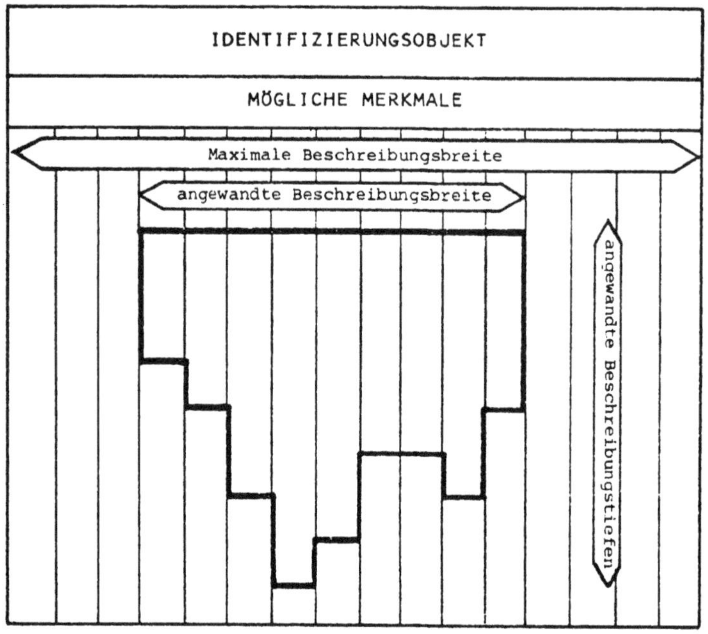

Beschreibungsbereiche eines Identifizierungsobjektes (nach Eisenblätter)

Vergleichbarkeit von Warenbeschreibungen oder Warendaten wünscht man vor allem beschaffungs- oder verwenderseitig, stößt jedoch dabei von Seiten der Erzeuger (Geheimhaltung) oder auch der Anbieter, die nur an vorteilhafter Produktinformation und werblicher Wirksamkeit interessiert sind, oft auf Widerstand. Außerdem stellt die Produktbeschreibung einen Kostenfaktor dar, den es hinsichtlich der Kosten-Nutzenrelation zu überprüfen bzw. zu optimieren gilt.

Da oftmals große und ständig zu aktualisierende Datenmengen erfaßt und verarbeitet werden müssen, setzt sich in steigendem Ausmaße EDV durch, die in verschiedenen Bereichen und Branchen zu regelrechten Datenbanken und Produktinformationssystemen ausgestaltet werden (vgl. S. 180).

In der wirtschaftlichen Praxis, die meist nur einen kleinen Ausschnitt des Lebensweges einer Ware in Betracht zieht, trifft man in aller Regel auf unvollständige Beschreibungen mit meist zweckbeschränkter spezifischer Anordnung, Breite und Tiefe der Merkmale.

Eine Beschreibung wird in der Regel aus Worten, Zahlen, Dimensionsangaben und in manchen Fällen ergänzt durch ikonische Zeichen (Symbole, Konstruktionszeichnungen, Fotos) oder aus Hinweisen auf Normen, Prüf- und Gütezeugnisse bestehen. Als Datenträger kommen neben konventionellen Warenverzeichnissen, Katalogen und Prospekten in zunehmendem Maße auch elektromagnetische Datenträger (Rollen, Plattenstapel) sowie Mikrofilm (Mikrofiche) zur Anwendung. Symbolische Zeichen finden sich vorallem in qualitätsbezogenen Kurzbeschreibungen, sogenannten Warenkennzeichnungen, Bilder und Fotos sind für Kataloge des Versandhandels unentbehrlich.

Prinzipschema einer Warenbeschreibung (WB)

In der Regel besteht eine Warenbeschreibung aus mehreren Teilen in folgender Anordnung

Bezeichnung des WB-Dokuments	Benennung der Ware (Einzelware, Produktgruppe), Nr.	Zielgruppe Verwender der WB, Gültigkeitsdauer
S-Merkmale (SM)	Sachmerkmalleiste (SML)	
SM-Nennung	A B C usw.	
SM-Ausprägung	a_1 b_1 c_1 . . . . a_n b_n c_n	
R-Merkmale	Relationsmerkmalleiste (RML)	
RM-Nennung	K L M usw.	
RM-Ausprägung	k_1 l_1 m_1 . . . . k_n l_n m_n	
Referenzen	R_1 R_2..R_n	Verfasser, Dokumentation der WB

die Reihung der Merkmale A, B, C ... und K, L, M ... nach dem Alphabet bedeutet eine Reihung der Merkmale gemäß ihres Umfanges und ihrer Bedeutung für die Zielgruppe oder für die vorgesehene Anwendung der Warenbeschreibung. Die einmal gewählte Ordnung ist systeminhärent und daher so lange als möglich, mindestens aber für die Gültigkeitsdauer der Warenbeschreibung beizubehalten.

Bis 1984 sind in DIN 4000 Teil 1-67 weit über 300 Sachmerkmalleisten (SML) von technischen Produkten mit Zuordnungen zu den entsprechenden DIN-Normen erlassen worden. Zur Beschreibung und Auswahl der Gegenstände stehen 9 Sachmerkmale (SM) mit dem Kennbuchstaben A-J mit 70 Schreibstellen und Bildnummern zur Verfügung; bildliche Darstellungen sind in vielen Fällen unverzichtbar.

Weitere Sachmerkmale werden seit 1986 für rund 800 Gefahrenstoffe mit den Kennbuchstaben K-Z zu Sicherheitsdaten wie z.B. genormte technische Bezeichnung, MAK/TRK-Wert, Gefahrengüterklasse, Chemikaliengesetz, Sonderabfallschlüssel, Recyclingmöglichkeit etc. aufgenommen. Als Anwendungsbeispiel sei auf die Sachmerkmaldatenverwaltung bei AEG-Telefunken Hamburg verwiesen, wo mit dem System COPICS 50.000 Lagerteile verwaltet werden.

LITERATUR:

Gekeler, O., Produktbeschreibung und Merkmalsordnung. Intern. Classificat. 2(1975), 2-10

Hölzl, J., Probleme der Warenbeschreibung und Klassifikation. Intern. Classificat. 2(1975), 94-102

Paass, W.M., Produktbeschreibung als Teilaspekt eines Produktinformationssystems. Verl. P. Hanstein, Köln 1974

Schab, W.A., Produktinformation im Bauwesen Österreichs unter Berücksichtigung der Warenbeschreibung und Warenklassifizierung. Diss. WU Wien 1978

B 6 Normung

Auch die Normung muß als ein den gesamten Lebensweg der Ware begleitender und daher grundlegender Begriff angesehen werden, obgleich Ursprung und Hauptgewicht im technischen Bereich liegen. Normung im Sinne des Deutschen Normenausschusses (DNA) ist die planmäßige, unter Beteiligung aller betroffenen Kreise durchgeführte Vereinheitlichungsarbeit auf gemeinnütziger Grundlage. Sie erstrebt eine rationelle Ordnung und ein rationelles Arbeiten in Wissenschaft, Technik, Wirtschaft und Verwaltung auf freiwilliger Basis. Sie versucht dies durch Konsens zu erreichen, in welchem eine einmalige Lösung sich wiederholender Aufgaben festgelegt wird. Ein Objekt kann umso vollständiger genormt werden, je einfacher es zusammengesetzt und je vielseitiger und langfristiger es verwendbar bleibt.

Normungsbestrebungen reichen weit in die Kulturgeschichte zurück. Frühkulturen werden nach ihren einheitlichen (keramischen) Band-, Schnur- und Flechtmustern identifiziert. China besaß bereits 2700 v.Chr. ein einheitliches Maßsystem und die in Ägypten verwendeten Ziegel aus sonnengetrocknetem Nilschlamm (Adobe) hatten das Format 410 x 200 x 130 mm. Die erste technische Normung in modernem Sinne war 1841 die Schaffung des Whitworth-Gewindes für Gewindeprofile und -abmessungen; sie ermöglichte die industrielle Fertigung von Schrauben und Muttern. 1846 wurden die Spurweiten und die Kupplungseinrichtungen der deutschen Eisenbahnen (Abmessungen der Pferdekutsche) vereinheitlicht. 1881 veröffentlichte der Verein Deutscher Eisenhüttenleute Lieferbedingungen für Eisen und Stahl. 1893 wird der Verband Deutscher Elektrotechniker (VDE) gegründet und nimmt seine Arbeiten über Vorschriften und Normen auf.

Am 23.Dez. 1920 fand im Industriehaus in Wien die gründende Versammlung des Österreichischen Normenausschusses für Industrie und Gewerbe statt. Zwischen 1938 und 1945 war in Österreich die Verwendung der Deutschen Industrie-Normen (DIN) vorgeschrieben. Schon 1945 wurde das Bundesgesetz über das Normenwesen mit dem Ziele erlassen, die Befugnis zur Schaffung und den Vertrieb von Österreichischen Normen (ÖNORMEN) zu regeln. Durch Titeländerung entstand ohne Änderung der Rechtsnatur aus dem Österreichischen Normenausschuß das Österreichische Normeninstitut ÖN, das ÖNORMEN meist in Abstimmung mit DIN-Normen erläßt.

B 61 INSTITUTIONEN DER NORMUNG

Der Betrieb schafft als unterste Ebene sogenannte autonome Werksnormen, die nur für seine Erzeugnisse bzw. Betriebsbereich gültig sind (z.B. VÖEST-Normen).
Von nationalen Normungsinstituten werden nach einer Vereinheitlichung auf nationaler Ebene die von ihnen erarbeiteten konventionellen Normen in Norm-Blättern veröffentlicht. Bekannte nationale Normen sind: Deutsche Normen (DIN), Österreichische Normen (ÖNORM), Schweizer Normen (SNV), Amerikanische Normen (ASTM), Russische Normen (GOST), Französische Normen (AFNOR), Deutsche Demokratische Republik (TGL) usw.
Als regionale Institutionen sind z.B. Europäische Normen (EN) und Europäisches Komitee für Normung (CEN), von besonderer Bedeutung, die mit dem Ziel gebildet wurden, gemeinsame Normungsdokumente für die Länder der Europäischen Wirtschaftsgemeinschaft (EG) und der Europäischen Freihandelszone (EFTA) aufzustellen; auch sollen sie die Normen der betreffenden Länder harmonisieren, um den Austausch von Waren und Dienstleistungen zwischen diesen Ländern zu erleichtern. Es gilt die Regel, daß CEN-Normung nur dann begonnen wird, wenn ganz besondere westeuropäische Probleme zur Lösung anstehen.

CEN Zentralsekretariat Brüssel

COMITÉ EUROPÉEN DE NORMALISATION
EUROPÄISCHES KOMITEE FÜR NORMUNG

16 Nationale Organisationsmitglieder (EC+EFTA)
82 Technische Komitees
192 Europäische Normen (EN)
4 Harmonisierte Dokumente (HD)
13 Europäische Vornormen (ENV von CEN/CLC)

EG-MITGLIEDER: Belgien
BRD
Dänemark
Frankreich
Griechenland
Großbritannien
Irland
Italien
Luxemburg
Niederlande
Portugal
Spanien

CENELEC Zentralsekretariat Brüssel

COMITÉ EUROPÉEN DE NORMALISATION ÉLECTROTECHNIQUE
EUROPÄISCHES KOMITEE F. ELEKTROTECHNISCHE NORMUNG

EFTA-MITGLIEDER: Finnland, Island, Norwegen, Österreich, Schweden, Schweiz

17 Nationale Organisationsmitglieder (EC+EFTA)
44 Technische Komitees
68 Europäische Normen (EN)
509 Harmonisierte Dokumente (HD)

Unter den heute tätigen internationalen Normungsgremien nimmt die ISO (International Organization Standardization) die erste Stelle ein. Die Arbeitsergebnisse werden als Internationale Normen (ISO-Standards) in englisch, französisch, russisch und spanisch veröffentlicht. Zweck der ISO ist es, die Entwicklung der Normung in der ganzen Welt zu fördern, den internationalen Austausch von Gütern und Dienstleistungen zu erleichtern und die gegenseitige Zusammenarbeit auf wissenschaftlichem, technischen und wirtschaftlichen Gebiete mit Ausnahme der Elektrotechnik zu intensivieren. Dies erscheint deshalb wichtig, da nationale Normen, falls sie gesetzlich zu zwingenden Vorschriften (z.B. Prüf- und Sicherheitsvorschriften) erhoben werden, absichtlich oder unabsichtlich zu nichttarifären Handelshemmnissen werden können.

Die Erarbeitung internationaler Normen erfolgt bei beiden Organisationen in technischen Komitees. Österreich wird in der ISO durch das Österreichische Normungsinstitut und in der IEC (International Electrotechnical Commission) durch den Österreichischen Verein für Elektrotechnik (ÖVE) vertreten.

B 62 ARTEN VON NORMEN

Typnormen enthalten Festlegungen über die Stufung bestimmter Erzeugnisse nach Art, Form, Größe oder sonstigen gemeinsamen Merkmalen. Sie sind eine wesentliche Hilfe für eine Beschränkung der Typenvielfalt, die besonders die wirtschaftliche Fertigung und Lagerhaltung beeinträchtigt.
Beispiele: Baugrößen von Elektromotoren, Größen von Bügelsägen, Gabelstaplern usw.

Abmessungsnormen (auch Maßnormen genannt) betreffen Abmessungen von Erzeugnissen. Dabei kann es angebracht sein, nicht alle Abmessungen der genormten Erzeugnisse festzulegen, sondern sich auf wesentliche, die Funktion und Anschlußmaße betreffenden Einzelheiten zu beschränken, um die Entwicklung nicht zu hemmen und dem Hersteller wettbewerbsfördernde Einzelheiten freizustellen. Dies ist ein Beispiel dafür, daß Normung grundsätzlich nicht beengen, sondern einen schöpferischen Spielraum lassen soll.
Beispiele: Papierformate z.B. DIN A4 210 x 297 mm, Abmessungen von Bauelementen wie Schrauben, Muttern, Ziegeln, Fertigbauteile usw.

Stoffnormen beziehen sich auf physikalische, chemische und technologische Eigenschaften, ihre Einteilung sowie auf Richtlinien für ihre Verwendung.
Beispiele: Baustoffe, Stahlarten, Nichteisenmetalle.

Gütenormen regeln Anforderungen an die Qualität von technischen Erzeugnissen und Naturprodukten.
Beispiele: Gütebedingungen für Bauholz, Gütenorm für feuerfeste Baustoffe, Handelsklassen für Obst usw.

Verfahrensnormen betreffen Arbeitsverfahren zum Herstellen oder Behandeln von Erzeugnissen.
Beispiele: Herstellen von Ziegelsplittbeton, Schweißverfahren, usw.

Prüfnormen geben Untersuchungsverfahren und Meßverfahren an für technische und wissenschaftliche Zwecke zum Nachweis zugesicherter und erwarteter Eigenschaften von Stoffen oder von technischen Fertigerzeugnissen.
Beispiele: Bestimmungen von chemischen, physikalischen oder technologischen Eigenschaften, Untersuchung von Haushaltsgeräten, Verpackungen, Lebensmitteluntersuchung.

Liefer- und Dienstleistungsnormen betreffen im wesentlichen technische Grundlagen für Vereinbarungen von Lieferungen und Dienstleistungen.
Beispiel: RAL-Lieferbedingungen.

Sicherheitsnormen dienen dem Schutz von Leben und Gesundheit sowie von Sachwerten.
Beispiele: Schutzarten bei elektrischen Einrichtungen, Sicherheitseinrichtungen für Kesselwagen, Vorschriften für Strahlenschutz, Transportbedingungen für gefährliche Güter usw.

Plannormen beziehen sich auf Baugrundsätze und Grundlagen für Entwurf, Berechnung, Ausführung und Funktion von Anlagen und Erzeugnissen.
Beispiele: Vorschriften für Errichtung und Betrieb von elektrischen Anlagen auf Seeschiffen; Richtlinien für Entwurf, Bau und Betrieb von Stauanlagen.

Verständigungsnormen betreffen geistige und materielle Verständigungsmittel. Von besonderer Bedeutung für Industrie und Gewerbe sind die Normen über Zeichnungen, denn die Zeichnung ist die "Sprache des Ingenieurs". Zur gleichen Gruppe gehören Normen über Begriffe, Bezeichnungen, Symbole, Kennzeichnungen (Terminologienormung), ferner über Schriftverkehr, Vordrucke, Klassifikationen usw.

B 63 WARENKENNZEICHNUNG DURCH NORMENKONFORMITÄTSZEICHEN

Konformitätszeichen, die von technischen Verbänden erstellt und vergeben werden, sagen aus, daß die mit ihnen gekennzeichneter Erzeugnisse den für sie niedergelegten Regeln der Technik entsprechen.

Prüfzeichen der Konformität mit sicherheitstechnischen Bestimmungen (Sicherheitszeichen) erteilen elektrotechnische Verbände (z.B. der Österr. Verband für Elektrotechnik ÖVE oder der Verband Deutscher Elektrotechnik VDE) an die Hersteller elektrotechnischer Erzeugnisse, wobei die Genehmigung zur Verwendung des Prüfzeichens nach erfolgreicher Prüfung des Erzeugnisses durch eine Verbandsprüfstelle nach den Prüfbestimmungen erteilt wird. Damit ist außerdem die laufende Prüfung auf Einhalten der Sicherheitsbestimmungen technischer Arbeitsmittel und der meisten elektrotechnischen Geräte besonders der Haushaltsgeräte gewährleistet.

schutzisoliert

ÖVE-geprüft

Normenkonformitätszeichen im internationalen Bereich

CEN-Konformitätszeichen für EN-Normen bestätigen für die damit gekennzeichneten Erzeugnisse, daß sie gemäß den Bestimmungen der Europäischen Normen EN sowie nach den von CENCER (Warenkennzeichnungsverband des Europäischen Komitees für Normung-CEN) erlassenen Richtlinien geprüft wurden und laufend überwacht werden. Derzeit gibt es aber noch relativ wenige Europäische Normen.

Inhaber des CEE-Prüfzeichens für elektrotechnische Erzeugnisse ist diejenige Organisation, die als Mitglied in der CEE-Organisation auftritt (in Österreich der ÖVE). Die CEE-Prüfzeichen sollen dem Hersteller die Möglichkeit eröffnen, sein gekennzeichnetes Erzeugnis in alle CEE-Länder ohne Überprüfung zu liefern (22 Mitgliedstaaten). Gekennzeichnet werden elektrisches Installationsmaterial, Leitungen, Haushaltsgeräte.

Dabei können sicherheitstechnische Erwägungen im Vordergrund stehen wie z.B. das dargestellte Sicherheitszeichen elektrotechnischer Verbände, aber ebenso die Rationalität, die Gebrauchstauglichkeit, die Qualität, die Umweltfreundlichkeit oder die Gütesicherung, je nach Zielsetzung der entsprechenden Prüfvorschriften.

Normenkonformitätszeichen im nationalen Bereich

Das einfache Kennzeichen ÖN oder ÖNORM darf auf dem Erzeugnis oder seiner Verpackung verwendet werden, wenn es den jeweiligen ÖNORMEN entspricht. Entsprechen nur bestimmte Details einer ÖNORM (z.B. Anschlußmaße) darf das Kennzeichen nicht verwendet werden, es kann aber darauf hingewiesen werden, welche Details des Erzeugnisses ÖNORM-gerecht ausgeführt sind (z.B. Anschlußmaße nach ÖN). Überwachung und Registrierung der so gekennzeichneten Erzeugnisse ist nur in Ausnahmefällen vorgesehen. In Österreich erfolgt die Verwaltung des ÖN-Zeichens durch das Österreichische Normungsinstitut, in der BRD durch die Deutsche Gesellschaft für Warenkennzeichnung.

In Prüf- und Überwachungszeichen wird zum Ausdruck gebracht, daß das gekennzeichnete Erzeugnis den in der betreffenden Norm festgelegten Anforderungen entspricht und eine unabhängige vom Normungsinstitut beauftragte Prüfstelle (staatlich autorisierte Prüfstelle) die Einhaltung dieser Anforderungen überwacht. Die Einhaltung der Norm ist hier zwingend vorgeschrieben. Beim österreichischen Zeichen ist die Nummer der entsprechenden Norm anzuführen.

LITERATUR:

Dhen, Karl, Produktivitätssteigerung durch Normung und technische Organisation. Bd. 1, Krausskopf-Verl., Mainz 1965

DIN Deutsches Institut für Normung e.V. (Hrsg.), Handbuch der Normung. Bd. I bis IV, 4. Aufl., Beuth-Verl., Berlin, Köln 1978

Klein, Martin, Einführung in die DIN-Normen. Hrsgg. von DIN Deutsches Institut für Normung e.V. 7.Aufl., Beuth-Verl., Berlin, Köln 1978

Österreichisches Normungsinstitut (Hrsg.), Wirtschaftlichkeit der Normung. Wien 1974

Dasselbe, Aufbau und Gestaltung von ÖNORMEN. (ON-Richtlinie 1), Wien 1977

Zürrer, H., Europa 1992 - Der Beitrag der Normung. Swiss Chem. 11/1988, 23-32

B 7 Ware und Recht

Ware ist, so sagten wir, das Substrat des Handels und der Warenbegriff mit dem des Tauschhandels aufs engste verknüpft. Der Handel als verlängerter Arm der technischen Arbeitsteilung versorgt jedermann mit dem ihm Fehlenden und indem er Zeit und Raum überbrückt, ermöglicht er mit seinem Warenangebot die Befriedigung auch all jener Bedürfnisse und Wünsche, die aus eigener Kraft und Anstrengung nicht erfüllt werden können. Der freiwillige Tauschverkehr "als Form der Arbeitsteilung unter Selbständigen" (Sachsse S.136) ergibt aufgrund der Tauschbereitschaft den Tauschwert (echten Marktpreis) der Ware, der jedoch - und dies ist seit langem bekannt - durch Mißbrauch, Ausnützung von Zwangslagen, Irreführung, Verfälschung und Übervorteilung in ein Mißverhältnis zum eigentlichen Wert, dem Gebrauchswert der Ware geraten kann. Tauschen und Täuschen klingen schon als Wörter merkwürdig ähnlich und Hermes (Mercur) war nicht nur der Gott und Beschützer der Händler sondern auch der Diebe.

Es ist eine alte Erfahrungssache, daß kein Markt sich selbst überlassen auf Dauer funktioniert, er bedarf vielmehr der Marktaufsicht, der Marktregelung und der Marktgesetze, wie überhaupt die Wettbewerbswirtschaft (freie Marktwirtschaft) nur innerhalb eines ordnungspolitischen Strukturkonzepts als Rahmenbedingung zufriedenstellende Ergebnisse erzielt. Sie schreibt nur das Wie nicht aber das Was vor, wie dies etwa die Zentralverwaltungswirtschaft mit ihren detaillierten Mengenplansolls zu tun versucht. Im folgenden sei nur eine grundsätzliche Zusammenfassung der Beziehungen von Ware und Recht gegeben, die im übrigen zahlreiche Verordnungen und Gesetze betreffen.

Grundsätzlich kann eine Zweiteilung der Rechtsbeziehungen, von denen Waren betroffen sind, vorgenommen werden. Der eine größere Rechtskomplex schützt im wesentlichen die Interessen der Produzenten und Anbieter (gewerblicher Rechtsschutz) oder regelt die im Warenaustausch zwischen Handelspartnern entstehenden Rechtsfragen und Rechtsfolgen (Handelsrecht HGB ,allgemeine Geschäftsbedingungen AGB, Handelsbräuche mit Geltung unter Kaufleuten). Nachstehend seien die wichtigsten Verordnungen und Gesetze zum gewerblichen Rechtschutz angeführt.

gewerblicher Rechtschutz	
Schutz gewerblich-geistiger Leistungen	Gewährleistung des fairen Wettbewerbes
Patentgesetz	Gesetz gegen den unlauteren Wettbewerb UWG
Musterschutzgesetz (Gebrauchsmustergesetz)	Rabattgesetz
(Geschmacksmustergesetz)	Zugabengesetz (Zugaben-VO)
Markenschutzgesetz (Warenzeichengesetz)	Kartellgesetz (Gesetz gegen Wettbewerbsbeschränkung GWB)

Durch das Patentgesetz können technische Erfindungen vor Nachahmungen geschützt werden, wenn sie neu sind, den bekannten Stand der Technik wesentlich verbessern und eine höhere geistige Leistung verkörpern, als dem Durchschnittsfachmann in der Regel möglich ist. Beim Gebrauchsmusterschutz wird die materielle Schutzfähigkeit nicht geprüft, sodaß dieser schneller zu erhalten, im übrigen aber ähnlich dem Patentschutz strukturiert ist. In der BRD werden körperliche Muster, die ästhetisch eigenartig wirken unter Geschmacksmusterschutz gestellt. Hiedurch sollen ästhetische Imitationen verhindert werden. Durch das Warenzeichengesetz soll es ermöglicht werden, mit Hilfe eines bestimmten eingetragenen Zeichens, die Herkunft eines Produktes zweifelsfrei bestimmen zu können. Im Rahmen des UWG §9 spielt auch der Ausstattungsschutz eine besondere Rolle, dem zufolge die eigenartige Aufmachung eines Produktes dann geschützt wird, wenn sie Verkehrsgeltung erlangt hat, während man dies für die bisher genannten Schutzrechte nicht nachzuweisen braucht. Ist es einem Konkurrenten gelungen, etwas in der beschriebenen Weise schützen zu lassen, so kann dies einen Hersteller zu anderen Lösungen zwingen.

Ob und inwieweit es gelingen wird, die vergleichende Werbung als eine besondere Informationsgestaltung stärker in den Vordergrund zu rücken (z.B. durch Angabe von Warentest-Ergebnissen), steht dahin. Nach dem derzeitigen Stand der Rechtssprechung ist sie nicht grundsätzlich verboten. Mit den Testergebnissen aus vergleichenden Warentests kann aber und wird auch bereits geworben. In Österreich soll das UWG dahingehend novelliert werden, daß ähnlich wie beim Konsumentenschutzgesetz das Klagerecht von Interessensvertretungen aufgenommen wird.

Der andere Teil der Rechtsbeziehungen gilt dem Schutz bzw. den Interessen des Verbrauchers/Verwenders als Nichtunternehmer; in diesen Komplex möchten wir auch alle Verordnungen und gesetzlichen Bestimmungen zum Umweltschutz rechnen. Nachstehend seien wieder die wichtigsten Gesetze und Verordnungen aufgeführt.

Schutzmaßnahmen für den Verbraucher/Verwender

Gesetz über technische Arbeitsmittel (Maschinenschutzvorrichtungs-VO) mit Verweisen auf Normen und Sicherheitsbestimmungen sowie
Unfallverhütungsvorschriften
Straßenverkehrszulassungs- bzw. Straßenverkehrsordnung
Postvorschriften für technische Geräte
Lebensmittelgesetz und damit zusammenhändende VO
(Konservierungsmittel-VO, Farbstoff-VO, Antibiotika-VO)
Strahlenschutzgesetz
andere Gesetze (z.B. Waffengesetz, Luftverkehrsgesetz)

Konsumentenschutzgesetz KSchG
Lebensmittelkennzeichnungs-VO
Textilkennzeichnungs-VO
Preisauszeichnungs-G. bzw. VO, Preisgesetz
Eichgesetz
Qualitätsklassengesetz bzw. VO

Schutz der Umwelt bzw. Umweltschutz-G. u. VO
Waschmittel Kennzeichnungs-VO
Benzin- und Bleigesetz
andere Landesgesetze

Das Umweltschutzgesetz befindet sich in Österreich erst im Entwurf bzw. im Begutachtungsstadium. Vorderhand bleibt der Umweltschutz in Landeskompetenz und in anderen gewerblichen Gesetzen und Verordnungen verteilt. Die Umweltschutzgesetzgebung wird nämlich in Österreich nach dem Annexprinzip gehandhabt, d.h. der für die Regelung bestimmter Gesetzesmaterien zuständige Gesetzgeber ist auch für die mit der jeweiligen Materie zusammenhängenden gesetzlichen Maßnahmen zuständig. In der Praxis bedeutet dies eine weitgehende Aufsplitterung der Umweltkompetenzen auf Bund und Länder sowie auf zahlreiche bestehende Gesetze und Verordnungen. So hat z.B. jedes Bundesland ein eigenes Sonderabfallgesetz, das auch die normale Müllbeseitigung regelt, für eine Wieder- und Weiterverwendung jedoch keine Anreize bietet. Es fehlt ein bundeseinheitliches Umweltschutz- und Abfallwirtschaftsgesetz, das sich im wesentlichen nach dem Verursacherprinzip zu richten hätte; danach wären die abfallwirtschaftlichen Kosten, die aus der Produktion oder Konsumtion eines Produktes entstehen, dem Produzenten bzw. Konsumenten des Produktes anzulasten. Wo sich dieses Prinzip nicht anwenden läßt, kann der Einsatz öffentlicher Mittel nicht ausgeschlossen werden (Regierungserklärung vom 5.11.1971).

Die neuerdings im Zusammenhang mit dem Konsumentenschutzgesetz vom 8.3.1979 vieldiskutierten AGB (das Kleingedruckte der Allgemeinen Geschäftsbedingungen) erstrecken sich auf so wichtige Tatbestände wie die Gewährleistung wegen Sachmängeln, Leistungsstörungen, Eigentumsvorbehalt und Sicherungsabtretung. Hier hat das KSchG wesentliche Verbesserungen gebracht so z.B. Ausschluß ungewöhnlicher Klauseln vom Vertragsinhalt (§ 864 a ABGB), grobe Benachteiligung in AGB (Neuschaffung von Abs. 3 in § 879 ABGB), ferner bezüglich Ort der Erfüllung von Gewährleistungen (§ 8 KSchG). Weitere erwähnenswerte Punkte sind vor allem vertrags- und finanztechnischer Art z.B. Rücktritt beim Haustürgeschäft, Kostenvoranschläge, Umfang der Vertretungsmacht - mündliche Zusagen, Verbot der Gehaltsabtretung, Drittfinanzierung,

Erweiterung der Irrtumsregelung. Was noch fehlt, ist die umstrittene Produkthaftpflicht.

1985 wurden in der EG Richtlinien zur Einführung der Produkthaftung beschlossen und 1988 erließ Österreich ein darauf bezugnehmendes Produkthaftungsgesetz (PHG), womit grundsätzlich die verschuldensunabhängige Produkthaftung eingeführt wurde. Der Produktbegriff folgt dabei weitgehend unserem Warenbegriff (vgl. S.), ausgenommen sind jedoch land- und forstwirtschaftliche Naturprodukte vor ihrer ersten Verarbeitung. Wesentlich ist, daß für Folgeschäden (auch bei Dritten) eines fehlerhaften Produktes der Letztanbieter haftet und zwar sowohl bei bestimmungsgemäßem als auch bei ungewöhnlichem Gebrauch (z.B. von Kindern), nicht jedoch bei unvernünftigem Gebrauch. Damit kommt einer allen Gefahren vorbeugenden Gebrauchsanweisung sowie einer alle Produktionsstufen einschließenden Qualitätssicherung und -dokumentation (normungsgerecht!) entscheidende Bedeutung zu, umso mehr als die Beweislast jetzt beim Unternehmer liegt. Die Beurteilung der Fehlerhaftigkeit richtet sich nach den Sicherheitserwartungen und dem technischen Stand zum Zeitpunkt des Inverkehrbringens des Produkts. Das nunmehr größere Produktrisiko werden die Unternehmer (Produzent, Handel) durch zusätzliche Versicherungsnahme abdecken müssen.

Abschließend sei auf die als Handelsbräuche geltenden besonders wichtigen internationalen Handelsklausen (z.B. fob = free on board, fob airport..., c & f = carriage and freight, cif = cariage, insurance, freight, delivered...., delivered at frontier, ex quay, ex ship, ex works) hingewiesen.Diese und andere bereits eingeführte Incoterms werden 1980 ergänzt durch: free carrier... (named point),carriage or freight paid to ... (name point of destination) und freight,carriage and insurance paid to ... (name point of destination). diese neuen Bestimmungen nehmen Rücksicht auf die multimodalen Transporttechniken wie Container- und "roll on roll off" -Transport.

LITERATUR

Doralt - Koziol, Stellungnahme zum Ministerialentwurf des Konsumentenschutzgesetzes. Wien 1979

Eisemann, F,,Die Incoterms heute und morgen, Wien 1980

Friedl - Schönherr - Thaler, Patent- und Markenrecht. Wien 1979

Höllmüller, R., Lebensmittelkennzeichnung in Österreich - dargestellt am Beispiel der Tiefkühlkost. Dipl. Arbeit WU Wien, 1976

Incoterms 1953.In: A. Degelmann (Hrsg.), Einkaufsleiterhandbuch. Verl. Moderne Industrie, München 1965, Anhang 1, S. 803-853

Koppelmann, U., Grundlagen des Produktmarketing. Stuttgart, Berlin, Köln, Mainz 1978, S. 91-95

Koziol,H., Österreichisches Haftpflichtrecht. Wien 1975

Neuhofer, H., Wegweiser durch Österreichs Bundesgesetzgebung. 30. Aufl., Stand 30. Sept. 1979, Ried im Innkreis

Paass, W.M., Zur Integration rechtlicher Aspekte in eine absatzwirtschaftlich orientierte Warenlehre. Forum Ware 4 (1976), 102-107

Pindur, F. Maria, Die Abfallwirtschaft als sozietäres Problem - rechtliche Aspekte einer wirtschaftlichen Problematik. Dipl. Arbeit WU Wien, 1978

Pulitzer, O., Österreichisches Patentrecht, Köln 1972

Sachsse, H., Anthropologie der Technik. Vieweg, Braunschweig 1978

Schönherr-Kucsko, Wettbewerbs-, Marken-, Muster- und Patentrecht, Wien 1979

Welser, R., Das Konsumentenschutzgesetz. Eine Einführung in das neue Recht. CA-Wirtschaftsberichte (Wien) 14 (1979), 6-17

N.N., Die Produkthaftpflicht der EG. ernährung 10/1985, 717-719

Messar, Patricia, Wirtschaftliche Konsequenzen des Produkthaftungsgesetzes in den Vereinigten Staaten und in Österreich. Diss. WU-Wien, 1987

Barchetti-Formanek, Das österreichische Produkthaftungsgesetz. Juridica Verl., Wien 1988

ANMERKUNGEN ZU B 7 WARE UND RECHT
AUS DER PRAXIS DES KONSUMENTENSCHUTZES

Störungen der Vertragserfüllung
Lieferverzögerung tritt ein, wenn z.B. eine Waschmaschine nicht innerhalb der vereinbarten vier Wochen geliefert wird. Es muß zunächst eine schriftliche Mahnung eingeschrieben erfolgen; falls Schadenersatz oder Rücktritt vom Vertrag angestrebt wird, muß gleichzeitig eine angemessene Nachfrist z.B. 2 Wochen gesetzt werden. Häufig finden sich jedoch im "Kleingedruckten" (AGB) Hinweise auf Liefertermine, die eine solche Vorgangsweise unmöglich machen sollen. Solche Klausel gelten jedoch nicht, wenn die Liefertermine nicht hinreichend bestimmt sind (z.B."unverbindliche" Lieferzeit) oder unangemessen lang sind, in unserem Beispiel eine Nachfrist von zwei Monaten.

Individuelle Vertragsabsprachen haben stets Vorrang vor AGB; der für Konsumenten meist ungünstige Spielraum von Allgemeinen Geschäftsbedingungen kann durch Vereinbarung über Liefertermine, Zahlungsweisen und zugesicherte Eigenschaften wirkungsvoll eingeschränkt werden.

Vereinbarungen über Lieferzeiten können einen bestimmten Zeitraum wie im obigen Beispiel umfassen; wird ein Kalendertermin mithin Tag und Monat vereinbart, so ist eine Mahnung nicht erforderlich, wohl aber eine Nachfristsetzung für Geltendmachung von Verspätungsschäden. Wird ein genau bestimmter Termin etwa mit dem Zusatz präzis, prompt, genau, spätestens, zu einer bestimmten Stunde usw. vereinbart, so ist Rücktritt von diesem Fixgeschäft bei Verspätung sofort möglich; Schadenersatz kann aber erst wie oben gefordert werden.

Schutz vor überraschender Preiserhöhung ergibt sich aus der Bestimmung, daß Preiserhöhungen innerhalb von vier Monaten nach Vertragsabschluß nicht an den Kunden weitergegeben werden dürfen. Auch bei längeren Lieferzeiten besteht ein Rücktrittsrecht, wenn die Preiserhöhung eine bestimmte Grenze (5-10%) übersteigt.

Wird bei nur teilweiser Erfüllung des Vertrages etwa nur ein Teil einer bestellten Wohnungseinrichtung geliefert, kann der Käufer vom gesamten Vertrag zurücktreten und gegebenenfalls Schadenersatz wegen Nichterfüllung verlangen. So müssen z. B. die gelieferten Einrichtungsgegenstände kostenlos abgeholt werden und sollte die gleiche Einrichtung wo anders teurer gekauft worden sein, kann der Mehrpreis als Schadenersatz verlangt werden.

Im Versandhandel trägt das Versandhaus die Preisgefahr d.h. das Risiko von Transportverlusten oder -schäden. Während normalerweise beim gewöhnlichen Versendungshandel, wo die Warenzusendung nur auf ausdrücklichem Wunsch des Käufers erfolgt, der Erfüllungsort am Wohnsitz des Verkäufers liegt, und somit der Käufer das Risiko trägt, verlagern die "besonderen Umstände" des Versandhandels den Erfüllungsort zum Käufer. Dieser braucht also eine bestellte Ware, die beim Transport verlorengegangen ist, nicht zu bezahlen.

Störungen nach Vertragserfüllung
Gewährleistung und Mängelrüge liefern hier die häufigsten Tatbestände. Entspricht die Qualität oder Beschaffenheit einer Ware nicht der Erwartung, die der Käufer nach dem Vertrag hegen darf, besteht also ein Sachmangel der gekauften Ware, so ist der Käufer berechtigt, den Kauf rückgängig zu machen. (sogenannte Wandelung) oder Herabsetzung des Kaufpreises zu verlangen (Minderung). Wird z.B. ein die Gebrauchstauglichkeit beeinträchtigender Fehler erst nach dem Auspacken des Gutes bemerkt, so besteht diese Gewährleistungsverpflichtung nicht nur bei der neuen Ware, sondern auch bei Altwaren oder Gebrauchtwaren, ferner auch bei Schlußverkaufswaren. Anderslautende AGB etwa auf der Rückseite des Rechnungszettels (Kleingedrucktes!) sind unwirksam, es sei denn es werden diesbezügliche Vereinbarungen ausdrücklich vor dem Kauf vereinbart bzw. schriftlich zur Kenntnis genommen.

Die Gewährleistung erstreckt sich auch auf Sonderangebote, Selbstabholmöbel und Gebrauchtwagen des Autohandels. Hier ist der Autohändler verpflichtet einen "Zustandbericht" über wichtige Teile (Bremsen, tragende Teile der Karosserie und Rahmen, Bereifung, Getriebe usw.) zu geben, der den Tatsachen entspricht. Andernfalls muß der Nachbesserungsanspruch unverzüglich schriftlich erfolgen, und Gelegenheit zur Nachbesserung gegeben werden. Erfolgt diese nicht innerhalb von drei Monaten, oder erweist sie sich als unmöglich, so kann der Käufer vom Vertrag zurücktreten.

Hinsichtlich der Nachbesserung gilt ganz allgemein, daß diese z.B. bei Möbeln in der Regel bis 2 mal, h chstens bis 3 mal zumutbar ist, bei einfachen technischen Geräten (Mixer, Kaffeemaschinen, Bohrmaschinen) nur einmal. Alle Kosten von Nachbesserungen einschließlich der Transportkosten muß der Verkäufer oder die Lieferfirma innerhalb der Gewährleistungsfrist in der Regel von 6 Monaten tragen.

Die Garantiekarte erweitert die Gewährleistung vom Händler auf den Hersteller, wobei letzterer jedoch nur zu den auf der Garantiekarte angeführten Nachbesserungen verpflichtet ist. Die Gewährleistung des Händlers dagegen besteht im vollen Umfang auf dem Kaufvertrag.

Die Gewährleistungsfrist dauert in der Regel sechs Monate und kann nur für offensichtliche d.h. offen zu Tage liegende Mängel oder Fehler durch AGB verkürzt werden. Nicht sofort erkennbare oder verborgene, erst nach Untersuchung der Ware feststellbare Fehler verjähren jedenfalls erst nach sechs Monaten. Nachbesserungen "außer Haus" unterbrechen die Gewährleistungsfrist.

Bei Lebensmitteln liegen die Verhältnisse insofern anders, als das Lebensmittelgesetz mit der empfohlenen Aufbrauchfrist ein Mindesthaltbarkeitsdatum angibt, das auch überschritten werden kann, wenn die Ware nicht verdorben ist. Allerdings entsteht dem Händler dadurch eine besondere Sorgfaltspflicht, da verdorbene Ware nicht nur zurückgenommen oder umgetauscht werden muß, sondern auch zum Einschreiten des Marktamtes mit Rechtsfolgen führen kann

LITERATUR:

Bohle, W., Kaufverträge. Verbraucher-Rundschau Nr. 7/8 1982 3-16

GESETZE UND VERORDNUNGEN ÜBER PRODUKTSICHERHEIT UND UMWELTSCHUTZ

Der nachstehende Überblick über einschlägige Gesetze und Verordnungen zu Lebensmitteln, Konsumwaren und Gebrauchsgüter soll lediglich einen Eindruck von der in Österreich bereits bestehenden Vielfalt an Vorschriften auf diesem Gebiet vermitteln. Die Zusammenstellung ist dem Inhaltsverzeichnis der Documentation: Schriftenreihe des Österreichischen Verpackungszentrums H.8 entnommen, wo die genaueren Angaben über Erscheinungsdatum (BGBl), Novellierungen usw. zu finden sind.

Lebensmittel und Konsumwaren

Lebensmittelgesetz 1975
Gesetz, betreffend den Verkehr mit Butter, Käse, Schmalz und deren Ersatzmitteln . .
Verordnung über die Verwendung von Farben und gesundheitsschädlichen Stoffen bei Erzeugung von Lebensmitteln und Gebrauchsgegenständen sowie über den Verkehr mit derart hergestellten Lebensmitteln und Gebrauchsgegenständen
Plombierungsverordnung
Verordnung über den Verkehr mit Kuhmilch
Mineralwasserverordnung
Nitritgesetz
Verordnung über den Verkehr mit Süßstoff
Verordnung über den Verkehr mit Enteneiern
Verordnung über die Bezeichnung der örtlichen Herkunft von gebrannten geistigen Getränken
Verordnung über den Verkehr mit Honig und Kunsthonig . . .
Verordnung über den Verkehr mit Essigsäure zu Genußzwecken
Fettverordnung
Geschirrverordnung
Bundesgesetz über den Verkehr mit Speisesalz
Speiseeisverordnung

Lebensmittelkennzeichnungsverordnung 1973
Verordnung über Konservierungsmittel
Verordnung über den Zusatz von Stoffen mit antioxidierender Wirkung bei Lebensmitteln
Zusatzstoffkennzeichnungsverordnung
Verordnung über das Verbot des Inverkehrbringens von Fleisch und Fleischwaren bestimmter Beschaffenheit
Lebensmittelfarbstoffverordnung*
Verordnung über die Zulassung von Emulgatoren, Stabilisatoren, Verdickungs- und Geliermittel bei Lebensmitteln und Verzehrprodukten
Verordnung über die Zulassung von pharmakologisch wirksamen Stoffen für kosmetische Mittel
Verordnung über die portugiesische Herkunftsbezeichnung für Weine
Verordnung über die Bezeichnung der örtlichen Herkunft von Blei-, Kopier- und Farbstiften sowie von Blei-, Kopier- und Farbminen
Verordnung über den Verkehr mit Kernseife
Verordnung über die Ersichtlichmachung der Beschaffenheit von Fellen und Pelzwaren .
Schokoladegewichtsverordnung
Verordnung über den Verkehr mit verpackten chemischen Konsumgütern
Schuhkennzeichnungsverordnung
Waschmittelkennzeichnungsverordnung
Textilkennzeichnungsverordnung
Textilpflegekennzeichnungsverordnung
Verordnung über die Kennzeichnung von Elektro-Haushaltsbacköfen
Verordnung über die Kennzeichnung von Elektro-Haushaltsgeschirrspülmaschinen für Kaltwasseranschluß
Verordnung über die Kennzeichnung automatischer Elektro-Haushaltswaschmaschinen für Kaltwasseranschluß
Verordnung über die Kennzeichnung pulverförmiger Haushaltsreinigungsmittel auf Tensidbasis
Verordnung über die Kennzeichnung flüssiger Haushaltsreinigungsmittel auf Tensidbasis
Verordnung über die Kennzeichnung von Regeneriersalzen für Haushaltsgeschirrspülmaschinen
Verordnung über die Kennzeichnung von Klarspülmitteln für Haushaltsgeschirrspülmaschinen
Verordnung über die Kennzeichnung pulverförmiger Spülmittel für Haushaltsgeschirrspülmaschinen
Verordnung über die Kennzeichnung flüssiger händischer Geschirrspülmittel
Verordnung über die Kennzeichnung flüssiger Waschmittel für Textilien
Verordnung über die Kennzeichnung flüssiger Weichspülmittel
Verordnung über die Kennzeichnung verpackter Toiletteseifen und andere verpackte Reinigungsseifen
Verordnung über die Kennzeichnung von Kunststoffrohren
Verordnung über die Kennzeichnung von Sicherheitsbindungen für den alpinen Skilauf .
Verordnung über die Kennzeichnung verpackter kosmetischer Mittel
Verordnung über die Kennzeichnung der Beschaffenheit textiler Fußbodenbeläge
Verordnung über die Kennzeichnung von Elektro-Haushaltstiefkühlgeräten und Elektro-Haushaltsgefriergeräten
Verordnung über die Kennzeichnung von Elektro-Haushaltskühlgeräten
Verordnung über die Kennzeichnung von Elektro-Haushaltswarmwasserspeichern
Verordnung über die Kennzeichnung der Beschaffenheit und Pflege von Möbeln
Grundpreisauszeichnungsverordnung
Verordnung über die Kennzeichnung von Elektro-Haushaltswäschetrocknern
Verordnung über die Kennzeichnung netzbetriebener Farbfernsehgeräte mit und ohne Bereitschaftsstellung
Produktdeklarationsverordnungen
Bundesgesetz über das Verbot von Zugaben zu Waren und Leistungen
Internationales Abkommen über die Anwendung der Ursprungsbezeichnungen für Käse (Stresa) und Protokoll von Den Haag
Internationale Übereinkunft über Milcherzeugnisse
Bundesgesetz, betreffend die Durchführung von zwischenstaatlichen Vereinbarungen über Herkunftsbezeichnungen und betreffend die Regelung der Gattungsbezeichnungen für Schaumweine und für gebrannte geistige Getränke
Verordnung über die Bezeichnung „Weinbrand" für Branntwein und über die Bezeichnung von Schaumwein
Abkommen zwischen der österreichischen Bundesregierung und der italienischen Regierung über geographische Herkunftsbezeichnungen und Benennungen bestimmter Erzeugnisse
Abkommen zwischen der Republik Österreich und dem Königreich Griechenland über den Schutz von Herkunftsangaben, Ursprungsbezeichnungen und Benennungen von Erzeugnissen der Landwirtschaft und der gewerblichen Wirtschaft
Abkommen zwischen der Republik Österreich und der Ungarischen Volksrepublik über den Schutz von Herkunftsangaben, Ursprungsbezeichnungen und sonstigen auf die Herkunft hinweisenden Benennungen landwirtschaftlicher und gewerblicher Erzeugnisse
Abkommen zwischen der Republik Österreich und der Französischen Republik über den Schutz von Herkunftsangaben, Ursprungsbezeichnungen und Benennungen landwirtschaftlicher und gewerblicher Erzeugnisse
Abkommen zwischen der Republik Österreich und dem Spanischen Staat über den Schutz von Herkunftsangaben, Ursprungsbezeichnungen und Benennungen landwirtschaftlicher und gewerblicher Erzeugnisse
Vertrag zwischen der Republik Österreich und der Tschechoslowakischen Sozialistischen Republik über den Schutz von Herkunftsangaben, Ursprungsbezeichnungen und sonstigen auf die Herkunft hinweisenden Bezeichnungen landwirtschaftlicher und gewerblicher Erzeugnisse

Milchqualitätsverordnung
Abkommen zwischen der Republik Österreich und der Europäischen Wirtschaftsgemeinschaft über die Kontrolle und den gegenseitigen Schutz von Qualitätsweinen sowie bestimmter, mit einer geographischen Angabe bezeichneten Weinen
Weingesetz 1961*
Weinverordnung
Verordnung über die Form und Verwendung des Weingütesiegels
Verordnung, mit der Großlagen festgesetzt werden
Qualitätsklassengesetz
Qualitätsklassenverordnung
Verordnung, mit der Qualitätsklassen für Schweinehälften eingeführt werden

Nachtrag (Änderungen und Ergänzungen)

Verordnung, womit die Verwendung ungenießbarer Gegenstände für Eßwaren, sowie das Verkaufen und Feilhalten solcher mit ungenießbaren Gegenständen versehener Eßwaren verboten wird

SICHERHEIT UND UMWELTSCHUTZ

Gewerbeordnung 1973
Verordnung über die Lagerung brennbarer Flüssigkeiten in gewerblichen Betriebsanlagen
Verordnung über die Lagerung von Druckgaspackungen in gewerblichen Betriebsanlagen
Verordnung über die Schädlingsbekämpfung mit hochgiftigen Stoffen
Verordnung über die Verwendung von Phosphorwasserstoff zur Schädlingsbekämpfung
Azetylenverordnung
Allgemeine Maschinen- und Geräte-Sicherheitsverordnung
Flüssiggasverordnung
Flüssiggastankstellenverordnung
Sicherheitsfilmgesetz
Sicherheitsfilmverordnung
Produktsicherheitsgesetz
Bundesgesetz zur Durchführung des Übereinkommens über den internationalen Handel mit gefährdeten Arten freilebender Tiere und Pflanzen
Verordnung über Teile oder Erzeugnisse von Exemplaren geschützter Arten freilebender Tiere und Pflanzen
Sonderabfallgesetz

L I T E R A T U R:

Mrasek, J. (Red.), Verpackung und Warenkennzeichnung in Österreichs Rechtsordnung. Schriftenreihe des Österreichischen Verpackungszentrums, H.8, Bundeskammer der gewerblichen Wirtschaft, Wien 1983

Rotter, R., Svoboda, M., Das Produkthaftungsgesetz, Sem. Arbeit aus Technologie, WU-Wien, 1988

HANDELSUSANCEN

Die Allgemeinen Geschäftsbedingungen (AGB) haben sich aus Usancen entwickelt; sie können jedoch insoferne nicht als kodifizierte Usancen, d.h. schriftlich festgelegte Handelsgebräuche gelten, als sie Beziehungen zwischen Händler (Unternehmer) und Verbraucher (Nichtunternehmer) betreffen. Die echten Usancen haben sich nämlich aus dem Verkehr zwischen Kaufleuten und den diesen Verkehr regelnden Gebräuchen entwickelt. Sie bilden ein stillschweigendes vertragliches Recht zwischen den Parteien. Es kommt ihnen jedoch keine objektive Rechtskraft zu, auch können sie nicht als Gewohnheitsrecht gelten; Usancen werden jedoch vom Gesetz anerkannt sofern sie nicht geltendes Gesetz verletzen oder gegen Treu und Glauben sowie die guten Sitten verstoßen.

Der Handelsbrauch erfüllt eine wichtige praktische Funktion, da er sich den bestehenden Gegebenheiten und Erfordernissen viel besser und rascher anpassen kann als das viel schwerfälligere geltende Recht. Der Geltungsbereich von Usancen kann recht verschieden sein und nur für eine bestimmte Örtlichkeit oder Region Gültigkeit haben, sich auf bestimmte Handelsarten wie z.B. Börsen-, Auktions- oder Markthandel, auf Export-, Import oder Groß- und Kleinhandel beschränken. Ferner können sich Usancen auf alle Waren oder nur auf bestimmte Warengattungen z.B. Zucker, Kautschuk, Gewürze, Getreide Holz usw. beziehen. Am häufigsten sind Orts- und Branchenusancen, aber auch Handelsusancen mit internationaler Geltung wie etwa die internationalen Handelsklauseln (Incoterms) besitzen große Bedeutung, werden ständig erweitert und fortentwickelt, da sie in Ermangelung eines internationalen Handelsrechts teilweise die Rolle eines solchen übernehmen müssen.

Die schriftliche Niederlegung von Usancen, auch Kodifikation genannt, und ihre Weiterentwicklung ist häufig das Resultat nicht nur des freien Verkehrs sondern auch scharfer Interessenkämpfe zwischen Verbänden nationaler und internationaler Art. Als Beispiel einer wichtigen internationalen Kodifikation seien die fob - und cif-Klauseln genannt, welche schon 1923 von der Internationalen Handelskammer in Paris als sogenannte Incoterms erlassen wurden.

DAS KONTRAKTWESEN IM ÜBERSEEHANDEL

In Analogie zum oben erwähnten Unterschied im Erfüllungsort zwischen Versendungs- und Versandhandel muß auch im grenzüberschreitenden internationalen Handel bzw. Überseehandel zwischen floating conditions und delivery contract unterschieden werden. Auch hier gilt normalerweise der Ort des Verkäufers als Erfüllungsort; das Preisrisiko, das mit dem hohen Risiko von Transportverlusten und Transportgefahren ganz allgemein verbunden ist, hat der Käufer zu tragen; eben dies wird durch die floating conditions ausgedrückt.

Im delivery contract hingegen - vergleichbar dem Versandhandel, des Versandhauses - verpflichtet sich der Verkäufer, die Ware zu einem bestimmten späteren Zeitpunkt am Orte des Käufers abzuliefern. Die Transportgefahr, die besonders im Seeverkehr aber auch im Luft- und Landverkehr gegeben ist, hat voll der Verkäufer zu tragen. Während diese Gefahren im Lieferungskontrakt keine Berücksichtigung finden, werden in den floating conditions alle Eventualitäten des Transportrisikos ins Auge gefaßt, und vertraglich geregelt. Hier trägt nämlich das Transportrisiko der Käufer; sein Vertragspartner ist seinen Vertragspflichten nachgekommen, wenn er die Ware richtig auf dem Weg zum Käufer gebracht hat, wobei zu unterscheiden ist, zwischen arrival contract, wo der Erfüllungsort zwar der Ankunftshafen der Ware ist, diese jedoch auf Gefahr des Käufers reist. Bei Verlusten kann weder Ersatzlieferung noch Schadenersatz gefordert, sondern lediglich Aufhebung des Vertrages erreicht werden. Ankunftsverträge sind bei solchen überseeischen Produkten üblich, bei denen Importeur und Exporteur im gleichen Importhafen ihren Geschäftssitz haben. cif-Kontrakte sind viel häufiger anzutreffen, wobei der Erfüllungsort der Verschiffungshafen ist, die Ware zwar auf Risiko des Käufers fährt, der Verkäufer jedoch Versicherung und Fracht bis zum Bestimmungsort bezahlt.

Das cif-Geschäft dominiert heute bei weitem, da es eine sinnvolle Arbeitsteilung insoferne vornimmt, als der Verkäufer, zugleich Versender, die mit dem Versand unmittelbar zusammenhängenden und ihm vertrauten Vorkehrungen trifft; insbesondere sorgt er für die Verladung, begleicht die Lagergebühren, die Quaispesen, Feuerversicherung, Verwiegekosten, kurz die Verschiffungs- und Frachtkosten und schließt last not least die Seeversicherung ab und zwar auf die Ladung (Kargoversicherung), auf die Fracht und die Schiffsmiete (Frachtversicherung) oder auch auf den Schiffskörper (Kaskoversicherung).

Ferner gibt es verschiedene Abwandlungen des cif-Vertrages wie z.B. die Hereinnahme der zu zahlenden Kommission (cif & c-Geschäft) oder des laufenden Zins (cif-i-Geschäft) oder auch beides zusammen (cifci-Geschäft); andererseits kann abgemagert werden zu c & f d.h. Kost-Frachtgeschäft oder auch fob (free on bord), wo die genannten Kosten und Abschlüsse vom Käufer selbst besorgt und getragen werden. Dies kann sich dann als vorteilhaft erweisen, wenn der begründete Verdacht besteht, das der Verkäufer zu den billigsten Frachtsätzen und fragwürdigen Versicherungsbedingungen Zuflucht nimmt.

Andererseits liegen die Vorteile und damit die Beliebtheit des cif-Contraktes in der festen Kalkulationsbasis, die einen Vergleich konkurrierender Angebote ermöglicht, ferner in dem Umstand, daß der fremde Verkäufer besser über alle ortsüblichen Verhältnisse und Geschäftsbedingungen und Platzkenntnisse verfügt als jeder Außenstehende.

Der cif-Kontrakt und seine Varianten können als Musterbeispiel des Distanzgeschäftes gelten, sein Gegenteil ist das Platz- oder Lokogeschäft. Auch der Lokokontrakt weist verschiedene Spielarten auf.
Im spot contract folgt die Lieferung unmittelbar dem Abschluß, wobei man die Ware "ex quai" d.h. vom Landeplatz aus oder sogar "schwimmend" (Cargogeschäft) verkauft und so Lager- und Manipulationskosten ersparen kann. Neuerdings haben solche Spotmärkte im Rohölhandel eine bedeutende Rolle in Bezug auf Umsatzmenge und Preisbildung erlangt.
Bei deferred delivery of spot goods wird die bei Vertragsabschluß vorhandene Ware erst später vom Verkäufer abgenommen;
bei forward delivery of spot goods muß die am Platz vorhandene Ware noch an einen anderen Ort geliefert werden. Beide Varianten bilden eine Art Übergang zum Lieferungsvertrag, während der Ankunftsvertrag (arrival contract) noch als Platzgeschäft gelten kann. Ein Schema möge diese Verhältnisse verdeutlichen

Lieferungskontrakt (Distanzgeschäft)
- delivery contract — cif-contract
- floating conditions

Lokovertrag (Platzgeschäft)
- arrival contract
- forward delivery of spot goods
- deffered delivery of spot goods
- spot contract

Die Zahlungsbedingungen haben sich diesem Contractwesen in eigentümlicher Weise angepaßt. So hat bei uns das sogenannte Dokumentenakkreditiv große Bedeutung für den Überseehandel erlangt, dies vor allem im Verkehr mit den Entwicklungs- und Schwellenländern sowie im Exportgeschäft mit den Staatshandelsländern des R-G-W-Bereichs. Etwa 9/10 der exporttreibenden österreichischen Klein- und Mittelbetreibe bedient sich dieses Mittels, um die Transferrisiken soweit als möglich einzugrenzen.

Das Dokumentenakkreditiv hat sich in der ersten Hälfte des 20. Jahrhunderts aus dem "letter of credit" heraus entwickelt und bildet die heute am meisten verwendete Zahlungsform im Überseeverkehr. Es geht dabei darum, daß der Verkäufer von der Kreditgewährung an den Käufer befreit oder doch wenigstens eine gewährter Kredit sichergestellt wird. Dies geschieht durch Vermittlung von Banken nach Art eines Wechselgeschäftes, welches unabhängig vom Kaufvertrag und anderen Verträgen von den Banken allein mit Bezug auf Dokumente und nicht auf Waren durchgeführt wird. Damit ist allerdings das Akkreditiv so gut wie die Bank, das es eröffnet und wie das Land, in dem sie arbeitet. Keine der beteiligten Banken befaßt sich mit den Bedingungen des Grundvertrages(z.B. cif-Kontrakt) sondern beurteilt das Geschäft lediglich aufgrund eines mit Dokumenten belegten Akkreditivs; sie übernimmt damit das Delkredere - und das Transferrisiko.

1. Akkreditiveröffnung (nach Bestellung)

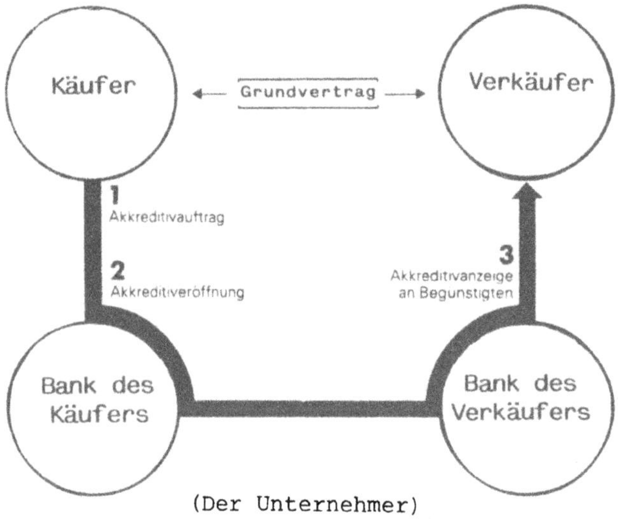

(Der Unternehmer)

Als Vorteil für den Exporteur ergibt sich bei Trennung des Akkreditivs vom Grundvertrag, daß der Exporteur nicht für Mängelrüge oder sonstige Einwände herangezogen werden kann, wenn die Kreditbedingungen erfüllt sind. Für den Exporteur ist es allerdings doch nicht ganz ohne Bedeutung, welche Waren er zu liefern hat. Denn in letzter Zeit häufen sich die Fälle daß die Akkreditivbank in Übersee oder einem Staatshandelsland zahlungsunfähig wird (Delkredererisiko) oder die politischen und wirtschaftlichen Verhältnisse des Empfängerlandes das Eintreffen und die Übernahme der Ware verhindern (Transferrisiko). Handelt es sich um kurrente d.h. jederzeit verkäufliche gängige Ware, so mag die Verpflichtung der ausländischen Bank ausreichen, handelt es sich jedoch um Spezialprodukte oder sonstige nur schwer verkäufliche Ware, so ist der Exporteur gut beraten, wenn er sich ein unwiderrufliches von der heimischen Bank bestätigtes Akkreditiv besorgt, das die Bank gegen Vorlage der Dokumente zur Zahlung verpflichtet. Als Dokumente gelten in der Regel das sogenannte Konossement d.i. das Verfügungsrecht über die Ware und die Verschiffungsdokumente (Versicherungspolizze).

2. Akkreditivbenützung (nach Lieferung)

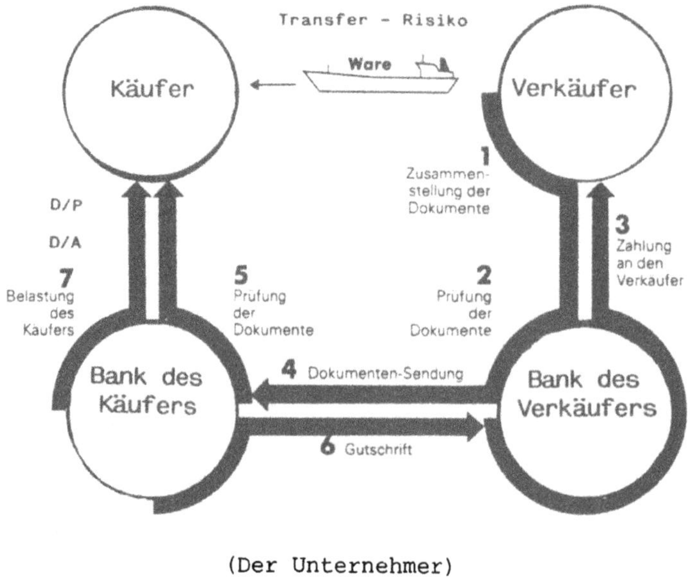

(Der Unternehmer)

Die Dokumente werden dem Käufer je nach vertraglicher Vereinbarung entweder nur gegen Bezahlung (Dokumente gegen Bezahlung = documents aigainst paymaint = D/P) oder gegen Bankakzept (Dokumente gegen Akzept = documents aigainst acceptance = D/A) ausgehändigt.

Dient das Dokumentenakkreditiv in erster Linie der Absicherung des Zahlungsrisikos und der Abwicklung der Zahlungstransaktion, so hat sich in letzter Zeit dieser Zahlungsmodus mehr und mehr zu einem Mittel kurzfristiger Anschlußfinanzierung von nicht länger als 180 Tagen entwickelt. Der Käufer einer Ware in Übersee kann sich auf diese Weise noch einen zusätzlichen Halbjahreskredit über die Bank des Exporteurs sichern, was überdies ein wertvolles Instrument der Exportfinanzierung und -förderung darstellt. Dokumentenakkreditive mit erweiterter Kreditlaufzeit sind besonders in Währungen mit niedrigem Zinsniveau (Schweiz!) interessant. Allerdings verlangen gerade Schweizer Banken eine eindeutige Klarlegung der Bedingungen des Akkreditivs schon bei Vertragsabschluß.

Das oben erwähnte Bankakzept kann als Wechsel aufgefaßt werden und bildet tatsächlich ein beliebtes Diskontpapier, besonders wenn es die Unterschrift einer (schweizerischen) Großbank trägt; sie werden gewöhnlich zu einem billigeren Prozentsatz gehandelt als gewöhnliche Warenwechsel.

NEUERUNGEN BEI INCOTERMS

Free Carrier .... (named point).Hierbei handelt es sich um eine Anpassung der fob-Klausel an die modernen Bedingungen des "multimodalen" Transportes in Form von Container- oder Roll-on/Roll-off-Verkehr wie sie bereits weitgehend in Überseelinien üblich sind. so ist z.B. der vom Hamburger Hafen ausgehende Nordamerika- und Fernostfrachtverkehr für Stückguttransport zu 80% containerisiert. (vgl. Anmerkung zu 2. 23). Es werden in diesen Linien bereits Containerschiffe bis zu 58.000 BRT und 250 m Länge eingesetzt. Die Roll-on/Roll-off-Schiffe haben bis zu 22.000 BRT bei einer Länge von 230 m und sind ähnlich wie Fährschiffe mit einem aufklappbaren Heckteil versehen. Lastwagen oder Spezialfrachter mit Großpaletten bringen die Güter an bzw. holen die Waren von Bord. Bestimmte Stückgüter wie z.B. Papierrollen können so am schnellsten und rationellsten ver- und entladen werden. Bei besagter f & c-Klausel geht es vor allem um die genaue Angabe des Übergabepunktes, -orts oder -bereichs, der im Kontrakt festgelegt erden muß. Erfüllungsort ist jedenfalls beim Verkäufer und zwar zu dem Zeitpunkt, wo der Transporteur (Spediteur) oder dessen Beauftragter die Ware per Straße, oder Eisenbahn, als Luft- oder Seefracht oder einer Kombination derselben übernommen hat. Der Verkäufer hat seine Pflicht erfüllt und sich des Risikos entledigt, wenn die Frachtpapiere ausgestellt und die Übergabe bestätigt wurde.

In 13 Punkten werden alle Eventualitäten und Pflichten sowohl des Verkäufers und in 6 weiteren Punkten die des Käufers genau festgelegt.

Carriage or Freight paid to..... (named point of destination)
Ähnlich wie c & f wird bei dieser Klausel c or f der Transport oder die Fracht vom Verkäufer bis zum genannten Bestimmungsort d.h. bis zur Übergabe an den ersten Frächter - und nicht bis zum Einlangen an Bord - besorgt und bezahlt. Auch hier trägt der Empfänger das volle Transferrisiko, wobei aber wieder alle multimodalen Transportarten eingeschlossen sind.Der Verkäufer ist außer Obligo,wenn er die Übergabepapiere vorweisen kann; eine Reihe von weiteren Punkten erklären alle Zweifelsfälle und bestimmen die Pflichten für den Verkäufer und den Käufer.

Freight, Carriage and Insurance paid to .... (named point of destination)

Diese f-c-i-Klausel fügt zur vorhergehenden die Verpflichtung des Verkäufers, die Transportversicherung gegen Verlust oder Zerstörung des Gutes abzuschließen und zu bezahlen; sie erfüllt damit die Rolle von cif, jedoch unter besonderer Beachtung des Erfüllungsortes und -modalitäten.

ÜBERSICHT ÜBER DIE IN GELTUNG BEFINDLICHEN INCOTERMS

Name der Klausel: Deutsch	Name der Klausel: Englisch	Abkürzung	Transportweg +)	Kostenübergang	Gefahrenübergang
Ab Werk	**Ex Work**	EXW	L	**ab Werk**	**ab Werk**
Frei (Franko) Waggon (benannter Abgangsort)	**Free on Rail** / **Free on Truck**	FOR / FOT	L	Beladen des Waggons bzw. (im Falle von Stückgut) Übergabe der Ware an die Eisenbahn	Beladen des Waggons bzw. (im Falle von Stückgut) Übergabe der Ware an die Eisenbahn
Frei Längsseite Seeschiff (benannter Verschiffungshafen)	**Free Alongside Ship**	FAS	S	Längsseite Schiff im Verschiffungshafen	Längsseite Schiff im Verschiffungshafen
Frei an Bord (benannter Verschiffungshafen)	Free on Bord	FOB	S	Überschreiten der Reling des Seeschiffes im Verschiffungshafen	Überschreiten der Reling des Seeschiffes im Verschiffungshafen
Kosten und Fracht (benannter Bestimmungshafen)	**Cost and Freight**	CFR	S	Bestimmungshafen	Überschreiten der Reling des Seeschiffes im Verschiffungshafen (wie FOB)
Kosten, Versicherung, Fracht (benannter Bestimmungshafen)	Cost, Insurance, Freight	CIF	S	Bestimmungshafen (alle Kosten wie CFR+Seeversicherg.)	Überschreiten der Reling des Seeschiffes im Verschiffungshafen (wie FOB)
Frachtfrei (benannter Bestimmungsort)	**Freight/Carriage paid to..**	DCP	L/S/A	Bestimmungsort	Übergabe der Ware an den 1. Frachtführer
Ab Schiff (benannter Bestimmungshafen)	Ex Ship	EXS	S	Ab Bord Seeschiff im Bestimmungshafen	Ab Bord Seeschiff im Bestimmungshafen
Ab Kai (benannter Bestimmungshafen)	**Ex Quay**	EXQ	S	Ab Zur-Verfügung-Stellung der Ware am Kai im Bestimmungshafen	Ab Zur-Verfügung-Stellung der Ware am Kai im Bestimmungshafen
Geliefert Grenze (benannter Lieferort an der Grenze)	Delivered at frontier	DAF	L	Lieferort an der Grenze	Lieferort an der Grenze
Geliefert (benannter Bestimmungsort im Importland) verzollt	Delivered duty paid	DDP	L	Bestimmungsort	Bestimmungsort
FOB Flughafen (benannter Abgangsflughafen)	**FOB Airport**	FOA	A	Übergabe der Ware an den Luftfrachtführer	Übergabe der Ware an den Luftfrachtführer
Frei Frachtführer (benannter Bestimmungsort)	**Free Carrier**	FRC	L/S/A	Übergabe der Ware an den 1. Frachtführer	Übergabe der Ware an den 1. Frachtführer
Frachtfrei versichert (benannter Bestimmungsort)	**Freight/Carriage and Insurance paid to ...**	CIP	L/S/A	Bestimmungsort (alle Kosten wie frachtfrei+Transportversicherung)	**Übergabe der Ware an den 1. Frachtführer**

+) L = Landtransport, S = Seetransport, A = Luftverkehr

Abweichend von cif hat der Verkäufer dem Käufer, wenn es verlangt wird, auf eigene Kosten die üblichen Transportdokumente zu übermitteln. Ebenso ist er angehalten, eine Versicherung von gutem Ruf, jedenfalls aber in Übereinstimmung mit dem anerkannten Handelsbrauch zu wählen, bzw. den **Käufer** bei Vorliegen besonderer Ware oder Umstände auf diese aufmerksam zu machen, sodaß der Käufer allenfalls eine zusätzliche Versicherung abschließen kann.

Auch hier werden eine Reihe von Punkten aufgeführt, die alle Zweifelsfälle für den Verkäufer und Käufer durch entsprechende Vorschriften abklären. Die drei eben beschriebenen neuen Varianten von Incotherms traten 1980 in Kraft.

LITERATUR:

Brogle, Th., Die Grundzüge des erwerbsmäßigen Warenhandels. Grafes Handbuch der organischen Warenkunde mit Einschluß der mechanischen Technologie und technischen Warenprüfung Bde. I/1 kaufmännische Grundlagen der Warenkunde und Warenkenntnis

Commission on international commercial practice. International Chamber of Commerce Paris: Legal Secretariat 1979-12-06 YD/MR Document No. 460/250 Rev.

Immer mehr Verzögerungen. In: Der Unternehmer 5/82, 40-41

Topritzhofer, E. u. Moser R., Das Exportgeschäft - seine Auswirkung und Absicherung. 2. Aufl. Service Fachverl. WU-Wien 1984

1 Der konsumwirtschaftliche Ansatz

Der Lebensweg der Ware beginnt mit der Gewinnung und Aufbereitung der Werkstoffe, ihrer Verarbeitung und Veredelung zu Halb- und schließlich zu Fertigfabrikaten, zu Baugruppen, Endgeräten und Anlagensystemen. Von diesen werden nur die Konsumwaren als Ge- und Verbrauchswaren dem privaten oder öffentlichen Letztverbraucher zugeführt, während die Roh- und Produktivwaren für den produktiven Verwender bestimmt sind. Besonders bei letzteren handelt es sich meist um technisch anspruchsvolle Produkte, die von den Erzeugern direkt oder über den Fachhandel an fachkundige Käufer (Kontrahenten, Investoren) geliefert werden.

Ganz anders liegen die Verhältnisse im Konsumgüterbereich, wo insbesondere der private Letztverbraucher (Haushalt) und oft auch das öffentliche Beschaffungswesen dem schier unüberschaubaren Angebot von ständig neu auf dem Markt erscheinenden Waren als Laien gegenüberstehen, wobei ihnen mit allen Methoden einer raffinierten Werbung und eines fachmännischen Marketings das Warensortiment verführerisch präsentiert wird. Vielfältig sind die Gründe, warum der Letzverbraucher sich heute in der konkreten Kaufsituation meist überfordert und nicht selten übervorteilt fühlt. Was kann die Warenlehre, was kann die Warenkunde ihm an Hilfestellung leisten und zur Besserung dieser Situation beitragen?

1.1 Warenkennzeichnung

Die Idealforderung nach einem einheitlichen Wareninformationssystem im Sinne einer vollständigen Warenbeschreibung muß hier schon deswegen berichtigt werden, weil die Angaben für den Konsumenten (Laien) verständlich und auf das Wesentliche zugeschnitten sein sollen. Für eine objektive Verbraucherinformation besonders wichtig und wirksam sind daher qualitätsbezogene Kurzinformationen. Es lassen sich prizipiell unterscheiden:

unmittelbare Wareninformationen (wareneigene Informationen), die der Verbraucher durch Besichtigung (Klarsichtpackung), Befühlen, Probieren und durch Erfahrung aus der Produktverwendung gewinnt;
mittelbare Wareninformationen, die aus dem privaten Bereich (Bekannte, Freunde), durch Anbieter, Hersteller oder Händler (Werbung, Präsentation, Prospekte, Kataloge) oder schließlich durch Drittinstitutionen (Verbraucherverbände, Interessensorganisationen der Wirtschaft, staatliche Stellen) geliefert werden.

Die Werbung muß i.a. als ungeeignetes Mittel zur objektiven qualitätsbezogenen Information des Verbrauchers angesehen werden, da naheliegende Eigeninteressen eine umfassende Information, auch wenn sie vorhanden ist (z.B. negative Eigenschaften des eigenen Angebots, Überlegenheit des Konkurrenzprodukts) verhindern. Zur Warenkenntnis trägt die Werbung meist nicht allzuviel bei, viel eher fördert sie die Markttransparenz d.h. die Kenntnisnahme des bestehenden Warenangebots, bedarf aber auch hier der objektiven Ergänzung hinsichtlich Angebotsvarianten und vor allem über Preisangaben.

Eine wichtige Form mittelbarer Wareninformation besteht in der Warenkennzeichnung, die von Drittinstitutionen, aber auch vom Hersteller oder Händler vorgenommen wird und sich in erster Linie an den Letztverbraucher oder -verwender, ferner aber auch an den Transpositeur (Lagerhalter, Frachtführer) wendet; sie will über besondere Warenmerkmale informieren und diese auch bewerten.

Außer Stoffzeichen (z.B. Geruchsstoffe im Stadtgas), Farbzeichen (rotes Ofenheizöl), Formzeichen (runde Arzneiflaschen für innere Anwendung, eckige für äußere) spielen vor allem graphische Wort- und Bildzeichen (Symbole) die Hauptrolle. Es handelt sich durchwegs um eine warenbegleitende Form gekürzter Warenbeschreibung, die daher - und dies ist besonders wertvoll - am Ort der Kaufentscheidung und später noch bei der Verwendung verfügbar ist.

Wir unterscheiden eine hinweisende und eine erläuternde Warenkennzeichnung.

Übersicht 8: **Systeme der Warenkennzeichnung** (aus Gasthuber)

	Zeichensetzer	der Kennzeichnung liegt zugrunde
1. *Hinweisende Warenkennzeichnung durch Kurzzeichen*		
1.1. **Transpositionsbezogene Kennzeichnung**	Transpositeure	Norm, Richtlinie
– Manipulations-, Schutz-, Identifikationszeichen, u.a.	(Händler, Weiterverwender)	
1.2. **Qualitätskennzeichnung**		
– Firmenzeichen	Hersteller, Händler	
– Warenzeichen	– " –	patentamtliche Eintragung
– Gütezeichen	Verband, Gemeinschaft	Gütebedingung
– Zulassungszeichen	Staat	Gesetz (Norm)
– Normenkonformitätszeichen	Normungsinstitute	Norm
– Handelsklassenzeichen	Staat	Gesetz
1.3. **Sicherheitskennzeichnung**		
– allgemeine Sicherheitszeichen	Staat	Gesetz (Norm)
– spezielle Sicherheitszeichen (Prüfzeichen)	Verband, Normungsinstitute	Norm, Sicherheitsvorschrift
2. *Erläuternde (informative) Warenkennzeichnung*		
2.1. **Firmeneigene informative Warenkennzeichnung**	Hersteller, Händler	firmeninterne Richtlinie
2.2. **Firmenneutrale informative Warenkennzeichnung auf gesetzlicher Basis**		
– Preiskennzeichen	Staat	Gesetz
– Mengenkennzeichen	–"–	–"–
– Zusammensetzungskennzeichen	–"–	–"–
– Abmessungs-(Größen-) Kennzeichen	–"–	–"–
– Pflegekennzeichen	–"–	–"–
– Kennzeichen mit Ge- und Verbrauchsinformationen	–"–	–"–
– Preiskennzeichen	–"–	–"–
2.3. **Firmenneutrale informative Warenkennzeichnung auf freiwilliger Basis (Informative Labelling)**	Kennzeichnungsinstitut	Kennzeichnungsrichtlinie

Qualitätskennzeichen (Gütezeichen) werden von brancheninternen Organisationen, staatlichen oder internationalen Prüfstellen auf Antrag verliehen. Es handelt sich hierbei um die unabhängige Feststellung eines bestimmten Niveaus der Sach- oder Gebrauchsqualität, seltener der Anmutungsqualität von Waren, die durch Gütezeichen gegenüber Interessenten dokumentiert und garantiert wird. Das Qualitätsniveau ist durch veröffentlichte oder doch einsehbare Prüfvorschriften, Normen oder Standards vorgegeben. Gütezeichen werden in der Regel freiwillig, über Antrag vergeben, z.B. das internationale Wollsiegel, das österreichische pd-Zeichen (vgl. unten).
Sicherheitskennzeichen z.B. für Elektrogeräte, Fahrzeuge etc. werden dagegen nach gesetzlichen Vorschriften vergeben und sind meist zwingend vorgeschrieben (vgl. S.38).
Geschützte Warenzeichen (registrierte Hersteller-, Ursprungs-, Händlermarken) können zu allgemein anerkannten Qualitätskennzeichen werden, wenn es dem Eigentümer oder Anbieter bzw. Hersteller gelingt, der Markenware durch Qualitätskonstanz (garantiertes Qualitätsniveau) u. Qualitätspflege ein Qualitätsimage zu schaffen.

Im folgenden sei lediglich die informative Warenkennzeichnung (informative labelling) als ein noch ausbaufähiges Mittel der objektiven, neutralen Warenkennzeichnung näher besprochen. Die bisher in Europa existierenden Systeme haben allerdings nicht den erhofften Erfolg gebracht.

Übersicht 9: **Systeme der freiwilligen informativen Warenkennzeichnung (Informative Labelling) in Westeuropa** (aus Gasthuber)

Land	Name (Kurzbezeichnung) des Kennzeichnungssystems	Name der Kennzeichnungsinstitution	In Anwendung seit (bis)
Bundesrepublik Deutschland	RAL-Testat (Deutsche Informative Kennzeichnung)	Ausschuß für Lieferbedingungen und Gütesicherung (RAL)	1963
Dänemark	DVN-Vare-Fakta	Dansk Varedeklarationsnaevn (DVN)	1957
Finnland	Tavaraseloste	Tavaraselosteliito (TSL)	1956
Frankreich	afei	Association Francaise pour l'Etiquetage d'Information	1970
Großbritannien	Teltag	Consumer Council	1963 - 1974
Niederlande	Informatief Etiket (IE)	Stichting Informatieve Etikettering Nederland (IEN)	1964 - 1974
Norwegen	Varefakta	Varefakta Komiteen (VK)	1954
Österreich	Produktdeklaration (pd)	(gesetzliche Verordnung)	1972
Schweden	VDN-Varufakta	Varudeklarationsnämnd (VDN), ab 1973: Statens Konsumentverk	1951
Schweiz	Warendeklaration	Paritätischer Koordinationsausschuß aus Vertretern der Konsumenten, der Produzenten und des Handels	1975*

*) Die Richtlinien zur Einführung einer gesamtschweizerischen standardisierten Warendeklaration wurden im Dezember 1975 unterzeichnet.

Die Gründe für das Versagen liegen zunächst in der zu geringen Benutzerfreundlichkeit d.h. in der Auswahl und der zu aufwendigen, komplizierten Darstellung der Warenmerkmale, die den bildungsschwachen Verbraucher i.a. überfordern. So weist z.B. die österreichische Produktdeklaration (pd) für Geschirrspülmaschinen 18 Merkmalgruppen, davon 3 der formal-logischen und 15 der naturwissenschaftlich-technischen Merkmalschicht auf. Innerhalb der einzelnen Merkmalsgruppen werden Einzelmerkmale unterschieden. Der Vergleich zwischen Angebotsvarianten wird dadurch erschwert; auch sind die pd meist nur auf Prospekten, also nicht an der Ware selbst und fehlen somit am Ort der Kaufentscheidung.

Das RAL-Testat*) und die VDN-Varufakta versuchen durch Noten- oder Punktebewertung das Urteil zu erleichtern, wobei neuerdings von der schwedischen Möbel-Fakta nur eine dreiteilige graphisch eindrucksvolle Beurteilungsskala gewählt wird.

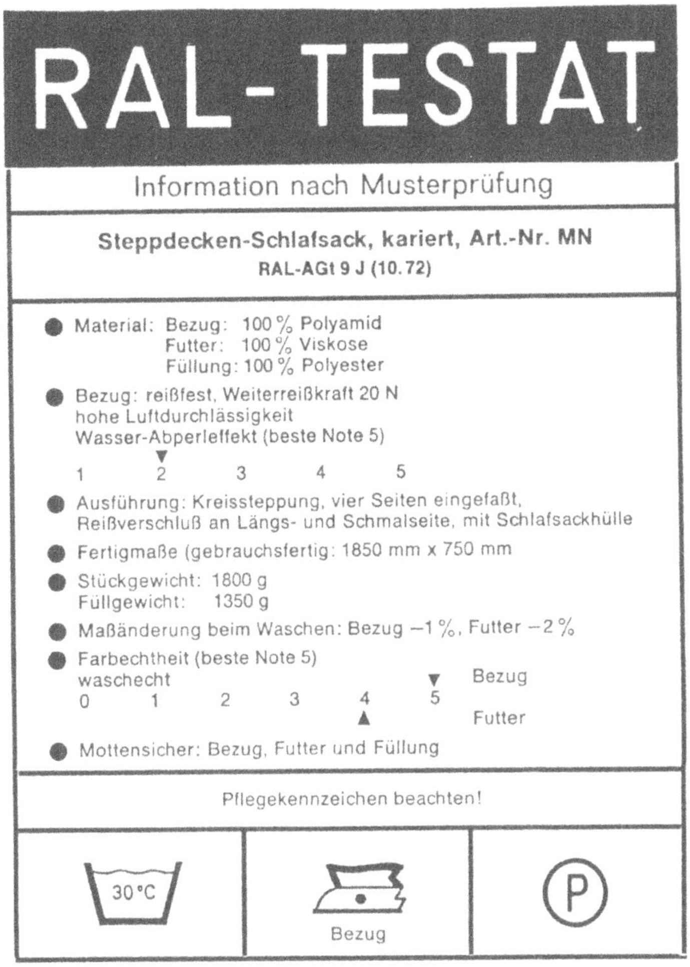

*) Reichsausschuß für Lieferbedingungen, heute: Ausschuß für Lieferbedingungen und Gütesicherung.

In der BRD gibt die Stiftung Warentest/Berlin ein Test-Kompass-Zeichen (TK-Zeichen) heraus, das eine gekürzte Zusammenfassung der wichtigsten Test-Ergebnisse der untersuchten Produktvarianten darstellt. Wäre dieses Zeichen als Anhänger oder Klebeetikette an der Ware vorhanden, und zwar für die ganze Reihe der angebotenen Produktvarianten, so ergäbe dies eine ideale informative Warenkennzeichnung.

KRAFTFAHRZEUGE/KFZ-ZUBEHÖR

STIFTUNG WARENTEST test KOMPASS — MOTORRÄDER (125 ccm) — Heft 8/1979

	Preis in DM ca.	Technische Prüfung	Praktische Versuche	Handhabung	test-Qualitätsurteil
Bewertung		40 %	40 %	20 %	
Straßen-Maschinen					
Neckermann MZ TS 125 Best.-Nr. 690/007	1795,–	+	o	o	zufriedenstellend
Yamaha RS 100	2413,–	o	+	o	zufriedenstellend
Kawasaki KH 125	2735,–	+	+	o	gut
Honda CB 125 twin 2	2808,–	o	+	+	gut
Suzuki GP 125	2895,–	+	+	+	gut
Hercules K 125 S	3980,–	o	+	o	zufriedenstellend
KTM 125 RS[1])	4015,–	o	o	o	zufriedenstellend
Enduro-Maschinen					
		Technische Prüfung	Praktische Versuche einschl. Moto-Cross	Handhabung	
Kawasaki KE 125	3040,–	+	+	o	gut
Yamaha DT 125 E	3088,–	o	+	o	zufriedenstellend

Reihenfolge der Bewertung:
++ = sehr gut, + = gut, o = zufriedenstellend
- = mangelhaft, -- = sehr mangelhaft

Derzeit sind TK-Zeichen allerdings nur für eine kleine Auswahl des Warenangebots verfügbar und können auch nicht schnell genug aktualisiert werden. Es wurde nachgewiesen, daß der Gesamtheit der Konsumenten aus der Uninformiertheit bezüglich Angebot, Preisen und Gebrauchswert entscheidungsbedingte Kaufkraftverluste von geradezu astronomischer Höhe entstehen; dieselben Summen stellen andererseits Umsatzgewinne der Anbieter dar, die daher nicht unbedingt an einer objektiven Information, sondern viel eher an einer mehr oder weniger informativ gestalteten Werbebotschaft interessiert sind.

LITERATUR:

Beier, U., Vergleichende Warentests, Aufgaben, Ergebnisse und Möglichkeiten. Forum Ware 5 (1977), 137-161

Derselbe, Gütezeichen: Bedeutung und Entwicklungsmöglichkeiten aus der Sicht der Verbraucher. Verbraucherdienst 24(1979), 241-253

Gasthuber, H., Aspekte der Verbraucherinformation durch Warenkennzeichnung. Forum Ware 4 (1976), 176-183

1.2 Warentest

Wenn ein Markttest über Preis und Akzeptanz des Produktes entscheidet, so fällt dem Produkt- oder Warentest im Konsumbereich die Aufgabe zu, als Verwendungstest vor allem auf Sacheignung zu prüfen. Eben dies leistet der Warentest (DIN 66052), der auf Untersuchung von Gebrauchstauglichkeit (DIN 66050) abstellt.

Übersicht 10 (nach Koppelmann)

Produkttest

Verwendungstest — Herstellertest — Transpositionstest

Verwendungstest: Sacheignung — Anmutungseignung

Sacheignung ↓

Gebrauchstauglichkeit
(DIN 66050)
liegt zugrunde dem:

Warentest ←———— der Preis wird als Korrekturgröße mitberücksichtigt
(DIN 66052)

Erzeugnisse werden selbstverständlich auch vom Hersteller während der Fertigung, vom Transpositeur (Spediteur, Handel) z.B. auf richtige Lagerung und Verpackung geprüft und getestet. Auf diese Kontroll- und Prüftätigkeit wird im Zusammenhang mit der Gütesicherung noch zurückgekommen, (vgl. S. 109)

Der vergleichende Warentest, der von oder im Auftrag Dritter erstellt wird, bildet das wahrscheinlich wichtigste Instrument objektiver Konsumenteninformation zur Rationalisierung der Kaufentscheidung. Der vergleichende Warentest soll die Zweckeignung von Waren prüfen und die Ergebnisse innerhalb einer vergleichbaren Warengruppe (Warenart) einander gegenüberstellen.

Die Erfüllung dieses Aufgabenkomplexes macht folgende Schritte notwendig:
- Auswahl der zu prüfenden Waren und anonymer Einkauf
- Bestimmung der Prüfungs- und Bewertungskriterien unter möglichster Verwendung von Normen und Beiziehung von Fachleuten
- Erhebung der Verbrauchergewohnheiten
- Durchführung der Prüfung
- Anonyme Präsentation der vorläufigen Prüfungsergebnisse an Vertreter der Interessengruppen (Erzeuger/Anbieter - Prüfstelle - Konsumentenvertreter)
- Verbrauchergerechte Bewertung und Aufbereitung der Ergebnisse
- Publikation der Ergebnisse und größtmögliche mediengerechte Verteilung

Der ganze Vorgang besteht somit in der Gewinnung und Zusammenstellung verschiedener Arten von Informationen.

Suchinformationen sollen einen Überblick über die vorhandenen Produktalternativen sowie Preise , also kurzfristige Marktübersichten erbringen.

Dateninformationen ergeben eine Zusammenstellung mehr oder weniger detaillierter Eigenschaften oder Erfahrungen, die z.B. ebenfalls kurzfristig als "Reports" publiziert werden können.

Entscheidungsinformationen, die aus umfangreichen Dateninformationen erstellt werden, gestatten erst eine Rangordnung der Alternativen herzustellen und das günstigste Produkt auszuwählen.

Die für eine vergleichbare Warengruppe (isofunktionelle Warenart) gesammelten Informationen werden gewöhnlich zu einer Matrix zusammengefaßt, wobei sich das Bild der folgenden Übersicht ergibt.

Schema eines Warentests

Suchinformation	Dateninformation				Transformation				Entscheidungs-information 3)
Varianten einer Warenart	Eigenschaften 1) bzw. Merkmale				Gewichtung				Rangordnung
	a	b	c	d	a.1	b.2	c.1/2	Summe 2)	
Ware A	2	5	6	+	2	10	3	15	3.
Ware B	1	3	2	+	1	6	1	8	4.
Ware C	5	7	4	+	5	14	2	21	2.
Ware D	3	7	4	-	3	14	2	-	-
Ware E	13	6	6	+	13	12	3	28	1.

1) Die Einzeleigenschaften (a,b,c,d) werden gemessen und kardinal in Grundzahlen und Maßeinheit quantifiziert oder als dimensionslose Grundzahlen skaliert bzw. attributiv (+,-) gewertet; die Eigenschaft d entspricht einem überkritischen Merkmal (Sicherheit!)

2) Statt additiver wäre auch multiplikative oder eine andere Verknüpfung möglich.

3) Die aus den Einzelinformationen durch Transformation (Gewichtung, Bewertung) gewonnenen Entscheidungsinformationen werden ordinal angegeben, somit eine fallende Rangordnung der Warenalternativen.

Die so oder ähnlich gewonnenen, verarbeiteten und ausgewerteten Wareninformationen sollen dem Konsumenten bzw. Käufer die Entscheidung nicht abnehmen, sondern nur erleichtern. Sie stellen bestenfalls relative Totalinformationen (Raffée) dar, da schon die Suchinformationen aus Kosten- und Zeitgründen besonders beim Letztverbraucher im Falle eines differenzierten Warenangebotes kaum Vollständigkeit erreichen können. Das subjektive Element gibt sich in der Auswahl der Produkteigenschaften und ihrer Gewichtung zu erkennen. Trotzdem sei darauf hingewiesen, daß zumindest für gewisse Produktgruppen über Qualitätsfragen ein objektiviertes Urteil möglich ist (vgl. unten).

Der vergleichende Warentest prüft und bewertet die faktische, tatsächlich produzierte Produktqualität, gibt jedoch durch Vergleich und Hinweis auf die von der Werbung versprochene Qualität auch Hinweise auf die intendierte Sollqualität. Die so erstellten faktischen Qualitätsurteile sollen ein für den typischen Verbraucher statistisch gesichertes Prüfergebnis bzw. objektiviertes Werturteil ergeben. Dadurch unterscheiden sie sich wesentlich von den auf bloßer Einzelerfahrung oder auf Hörensagen beruhenden subjektiven Qualitätsurteilen.

Übersicht 11 (nach Koppelmann)

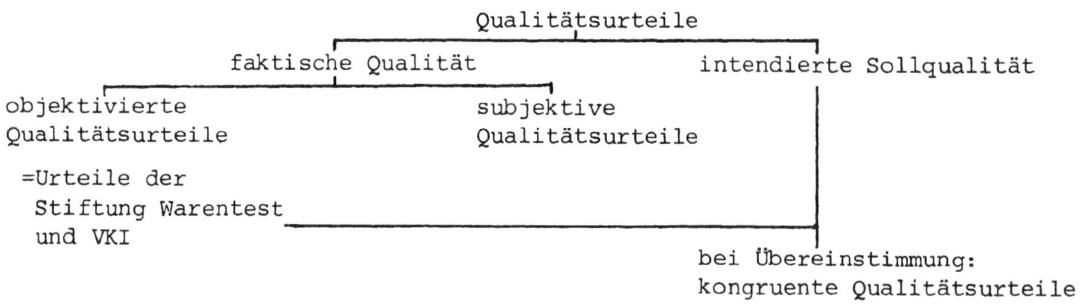

Befragungen haben erwiesen, daß die Verbraucher keine Begrenzung der Warentests auf bestimmte Warenarten wünschen, sondern grundsätzlich an objektiven Informationen über alle Waren interessiert sind. Aus Gründen der Machbarkeit und ökonomischen

Effizienz sowohl der Testinstitute wie auch der Verbraucher (Sender - Empfänger) ist eine Beschränkung der Testarbeit auf bestimmte testbedürftige Warenarten und -gruppen nötig.
Testeignung von Waren ist gegeben bei:

identifizierbaren (keinen anonymen) Gütern, überregional verbreiteten Gütern, die eine bestimmte Lebensdauer aufweisen (kein einmaliges wohl aber regelmäßige Saisonangebote), und nicht vorwiegend anmutungsbedingt sind (geschmacksmäßig, modisch oder künstlerisch bestimmt).

Große Testbedürftigkeit zeigen folgende Waren:

technisch komplizierte und teure Haushaltsgeräte mit großen Preis- und Qualitätsunterschieden, Konsumgüter mit hohen Folgekosten (Betrieb, Service) oder Schadensrisiko für andere Güter (Reinigungs- und Pflegemittel, Schmiermittel), Haushaltsgüter mit Sicherheitsrisiko (Elektrogeräte), unterschiedliche Haushaltsgüter gleicher Verwendung (z.B. Fußbodenbeläge).

Folgende Warengruppen werden daher regelmäßig getestet:

Waschmaschinen, Geräte zum Kühlen und Gefrieren, Fotoapparate, Projektoren, Geräte der Unterhaltungselektronik, Uhren, Kleider, Schuhe, Möbel, Hobbyartikel, Kfz-Zubehör, Lebensmittel, Kosmetika, Putzmittel etc.

Selbstverständlich enthalten derartige Testberichte ausführliche Angaben über die Prüfmethoden und ihre Bewertung sowie wertvolle warenkundliche Einführungen (vgl. S.55). Der vergleichende Warentest kann als ein Teilaspekt der allgemeinen Qualitätskontrolle und Qualitätssteuerung im Zuge der Warenprüfung und Gütesicherung angesehen werden. Diese umfassen sowohl den Wareneingang, den Materialfluß und Produktionsvorgang als auch den Warenausgang.

Die Prüfmethoden, die hier zur Anwendung gelangen, sind physikalischer, chemischer, mikrobiologischer und mikroskopischer Art, und stellen entweder labormäßige oder komplexe Gebrauchsprüfungen unter Praxisbedingungen dar. Im Nahrungs- und Genußmittelbereich kommen sensorische (organoleptische) Analysen hinzu, bei denen es sich um objektivierbare Sinnenprüfungen attributiver Art, besonders um Geruchs- und Geschmacks- sowie Konsistenzprüfungen handelt (vgl. S. 117). Auch das Aussehen und die Optik der Waren spielen dabei eine maßgebliche Rolle.

Im Falle der Gebrauchsgüter werden die praktischen Gegebenheiten der Warenbeanspruchung auch im direkten Einsatz beobachtet oder labormäßig simuliert. Solche Erprobungen (Tests) von Waren im praktischen Einsatz liefern erst nach einiger Zeit brauchbare Ergebnisse, während Laboruntersuchungen schneller zu erhalten sind und ex ante in der Planung- oder Produktionsphase ausgewertet werden können; dafür läßt ihre Aussagekraft oft zu wünschen übrig.

Nächst den naturwissenschaftlich-technischen und den komplexen Methoden der Gebrauchswertprüfung (Grundke) spielt auch deren Anordnung (Stichprobenplan) und statistische Auswertung eine für die Sicherheit entscheidende Rolle (Repräsentativergebnisse, (vgl. S. 112).

Abschließend sei zur Illustration der Möglichkeit mathematischer computergestützter Methoden ein Anwendungsbeispiel aus der Theorie der Mustererkennung (pattern recognition) auf die Qualitätskontrolle von Produkten und Produktionen gegeben. Unter einem Muster wird hierbei der Verlauf einer physikalischen Größe in einem ein- oder mehrdimensionalen Raum verstanden. Ein derartiges Muster läßt sich auch als eine Kombination von Merkmalen verstehen, wie sie die Qualität einer Ware oder einer Produktion bedingen.

Die Qualität läßt sich somit durch ein Muster charakterisieren, das aus Elementen, aus Mittelwert und Streuung von Merkmalen besteht. Wir definieren dazu einen Vektor $M = (m_1 \ldots, m_n)$, wobei die m_i die Mittelwerte des zu kontrollierenden Merkmals des Erzeugnisses in n aufeinanderfolgenden Stichproben sind. Verläßt die Mehrzahl der Mittelwerte einen Toleranzbereich $m \pm \delta$, so ordnen wir M den Wert 0 zu, sonst 1 (attributive Prüfung). Ebenso wie mit den Mittelwerten verfahren wir mit der Standardabweichung und ordnen einem entsprechenden Vektor Σ eine 0 oder 1 zu. Man erhält vier Klassen, aus denen die Bewertung der Waren- bzw, Prozeßqualität und ggf. die zu wählende Instandhaltungsmaßnahme folgt. Die Tabelle bringt ein Beispiel, wobei jedoch insbesondere die Bewertung der Muster 2 und 3 je nach der Warenart oder der Technologie des Fertigungsvorgangs auch anders erfolgen kann. Das Modell läßt sich verfeinern, indem man z.B. die Richtung beim Verlassen der Vertrauensbereiche, die Schiefe der Verteilungen und/oder die Bildung von Mittelwerten über verschiedene zu kontrollierende Größen einbezieht.

Übersicht 12 (nach Martens):

Muster und Maßnahmen bei der Qualitätskontrolle.

Muster Nr.	1	2	3	4
M Σ	1 1	0 1	1 0	0 0
Qualitätsniveau Bewertung	in Ordnung	sinkendes Qualitätsmittel, physikalische Alterungs- bzw. Ermattungserscheinungen	zunehmende Qualitätsschwankungen	durchgehend gestört
Kontrolle Maßnahmen	nicht notwendig	Reparatur bzw. Reklamation noch nicht zwingend, jedoch vorbeugende Kontrolle und Instandhaltung vorbereiten	Revision bzw. Inspektion (Ursachenforschung)	Reklamation bzw. sofortige Reparatur

LITERATUR:

Beier, U., Vergleichende Warentests, Aufgaben, Ergebnisse und Möglichkeiten. Forum Ware 5 (1977), 137-161

Koppelmann, U., Grundlagen des Produktmarketing, Verl. Kofelhammer, Stuttgart-Berlin-Köln-Mainz 1978

Martens, P., Die Theorie der Mustererkennung in den Wirtschaftswissenschaften Zfbf 29 (1977),777-794

Petermann, G., Warentest, vergleichender. In: E. Grochla u. W. Wittmann (Hrsg.) Handwörterbuch der Betriebswirtschaft Poeschel Verl. Stuttgart 1976 Sp. 4347-4354

Raffée H., Konsumenteninformation und Beschaffungsentscheidung des privaten Haushalts, Stuttgart 1969

Derselbe, Marketing und Umwelt. C.E. Poeschel Verl. Stuttgart 1979

1.3 Testzeitschriften

Die Veröffentlichung der Testergebnisse erfolgt meist in ansprechender Aufmachung, gewöhnlich ohne Inserate (Firmenneutralität) in Testzeitschriften. Diese bringen neben Warentests auch Marktübersichten über das Warenangebot und Preise (Höchst- und Tiefstpreis mit Median) sowie auch über bestimmte Dienstleistungen (Service, Kreditdienst, Reiseangebote). In sogenannten Reports werden abgekürzte, nur bedingt reproduzierbare Warenprüfungen aus Erfahrung und praktischem Gebrauch referiert.

Testzeitschriften sprechen i.a. höhergestellte, kritische Gesellschaftsschichten an (Kosten, Zeitaufwand, intellektuelle Anforderungen). Ein Multiplikatoreffekt wird durch Verbreitung der gekürzten und vereinfachten Testergebnisse (vgl. Testkompaß (S. 62) in den Massenmedien (Zeitungen, Illustrierten, Radio, Fernsehen) sowie durch Verwendung der Testzeitschriften im Schulunterricht angestrebt.

Wie der Erfolg von Testzeitschriften und ihr steigender Einfluß auf das Marktgeschehen und mittelbar auf die Hersteller (Lieferanten) zeigt, können die zahlreichen z.T. periodisch in Jahresabständen wiederholten Warentests fundierte Qualitätsurteile ermöglichen, obwohl das Untersuchunsprogramm nur die wichtigsten Teilbereiche und keineswegs das ganze relevante Marktangebot in größeren zeitlichen Abständen berücksichtigen kann. U.U. ergeben sich auch gewisse Einwände zur Produktauswahl und zur statistischen Sicherheit (vgl. S. 112).

In der BRD gibt es die Stiftung Warentest/Berlin mit der Zeitschrift "test" und "DM- Deutsche Mark". In Österreich bringt der Verein für Konsumenteninformation (VKI) die Zeitschrift "Konsument" heraus; in der Schweiz erscheinen die Zeitschriften "prüf mit" und "j'achète mieux" sowie "Test-SKS". Diese Blätter enthalten neben Marktrecherchen und den eigentlichen Testergebnissen auch zahlreiche speziell auf die Belange des Verwenders und Verbrauchers abgestellte warenkundliche Artikel. Damit liegt bereits ein reicher Schatz an spezieller Konsumwarenkunde in diesen Zeitschriften verstreut vor (vgl. S. 72), wobei das Schwergewicht in der Erläuterung der Verwendung, der Funktion und des Gebrauchswertes von Fertigwaren der Konsumsphäre zu sehen ist. Eben dies aber ist das Charakteristikum einer auf Verbraucherinformation zugeschnittenen Warenkunde.

Wenn man berücksichtigt, daß jeder dieser Tests, Marktübersichten, Reports usw. mit ein bis zwei Seiten warenkundlicher Hinweise neuesten Datums versehen ist, läßt sich der hier niedergelegte Informationswert im Sinne einer verbrauchergerechten Warenkunde abschätzen. Ferner müssen noch die test- und die DM-Jahrbücher erwähnt werden, die eine Zusammenfassung der jährlichen Testarbeiten in Form von Testkompassen mit warenkundlichen Erläuterungen bringen (vgl. S. 62).

Damit ist der Informationsstand noch keineswegs erschöpft. Über die europäische und außereuropäische Testliteratur der in der IOCU (International Organization of Consumer Unions) zusammengefaßte Verbraucherorganisation unterrichtet die Consumer Review, desgleichen die gdi-Information. Über die ganz anders gearteten und hinsichtlich Verbraucherinformation und verbrauchergerechter Warenkunde sehr spezifischen Anforderungen und Interessen aus einem Bereich der dritten Welt berichtet z.B. die Asia/Pazifik Consumer Newsletter und international consumer.

Land	Veröffentlichung Institution	Auflage in 1000	Erscheinungen/Jahr	Preis	Inhaltsschwerpunkte
BRD	"test" Stiftung Warentest	700	12	DM 4,-	vergl. Warentest, alle Bereiche der Verbraucherinformation abgedeckt
Österreich	"Konsument" Verein für Konsumenteninformation	75	12	öS 25,-	wie "test"
Australien	"Choice"	150	12	AS 15,- p.a.	wie "test"
Belgien	"test achats" Assotiation des Consomateurs	278	12	BFr 705,-	vergl. Warentest, Finanz- und Rechtsfragen in eigenen Publikationen "test budget" und "test droits"
	"Test" Stiftung für Konsumentenschutz (SKS)				wie "test"
Frankreich	"Que Choisir" Union Federale des Consomateurs	290	11	Fr 46,- p.a.	vergl. Warentest, Ausrichtung auf konsumentenpolitische Problemstellungen
England	"Which" Consumers' Association	?	12	PS 19,- p.a.	vergl. Warentest, umfangreiches verbraucherrelevantes Informationsangebot durch spez. periodisch erscheinende Publikationen auch im Nahrungs- u. medizinischen Bereich
Niederlande	"Consumentengids" Consumentenbonds	500	12	Fl 28,- p.a.	vergl. Warentest, Querschnitt durch alle Bereiche der Verbraucherinformation
Schweden	"Rad och Rön" Konsumentverket	210	12	SK 38,- p.a.	Forschung im Bereich Produktqualität sowie deren Überwachung; erfüllt hauptsächlich Qualitätsüberwachung
Kanada	"Canadian Consumer"	132,7	12	$ 16,- p.a.	Konsumentenpolitik und vergl. Warentest
USA	"Consumer Reports" Consumers Union of US	2.800	12	$ 14,- p.a.	vergl. Warentest, umfangreiche weit gestreute Infos
Dänemark	"Rad og Resultater" Statens Husholdningsrad	?	8	DKR 20,-	vergl. Warentest, Veröffentlichungen hauptsächl. auf Probleme d. Haushalts ausgerichtet

LITERATUR:

"test" Zeitschrift für den Verbraucher, monatlich seit 1966, 1000 Berlin 30 Postfach 4141

DM - Deutsche Mark, monatlich seit 1961bis 1966, Waldemar Schweitzer Verl. Stuttgart, jetzt: Handelsblatt GmbH., Düsseldorf

-Jahrbuch bzw. DM-Jahrbuch für das laufende Jahr, vgl. oben

Konsument, monatlich seit 1961,Verein für Konsumenteninformation, Wien VI, Mariahilferstraße 81

Zeitschrift des Konsumentinnenforums der Schweiz und des Kantons Tessin, 2-monatlich seit 1969, 8001 Zürich, Rämistr. 39

Fédération romande des consommatrices, rue de Stand 3, 1204 Genève

Test-Stiftung für Konsumentenschutz, 3008 Bern, Schloßstraße 137, unregelmäßig bzw. monatlich

Consumers Directory 1976, IOCU, The Hague NL, 9, Emmastraat

international consumer, seit 1960, IOCU wie oben

gdi-Information seit 1969, vierteljährlich IOCU wie oben.

Asia/Pacific-Consumer, Regional Office News Letter, vierteljährlich, seit August 1974 The IOCU Regional Office for Asia and the Pacific,POB 1045 Penang, Malaysia

Berger, F., Die Bedeutung der Produktinformation in Warentestzeitschriften für das Informationsverhalten der Konsumenten beim Kaufentscheidungsprozeß. Dipl.A. Wien 1986

1.4 Konsumentenbildung

Über die Notwendigkeit den Wissensstand der Verbraucher durch Verbraucherschulung und Konsumentenbildung zu heben, besteht wohl kaum Uneinigkeit. Wie die Dinge derzeit liegen, soll die folgende Abbildung veranschaulichen. Bei dem Tempo der technischen Entwicklung öffnet sich die Schere zwischen dem erforderlichen Wissen um die Ware und dem Kenntnisstand der Käufer und Verkäufer immer weiter, wenn nicht entscheidende Anstrengungen unternommen werden.

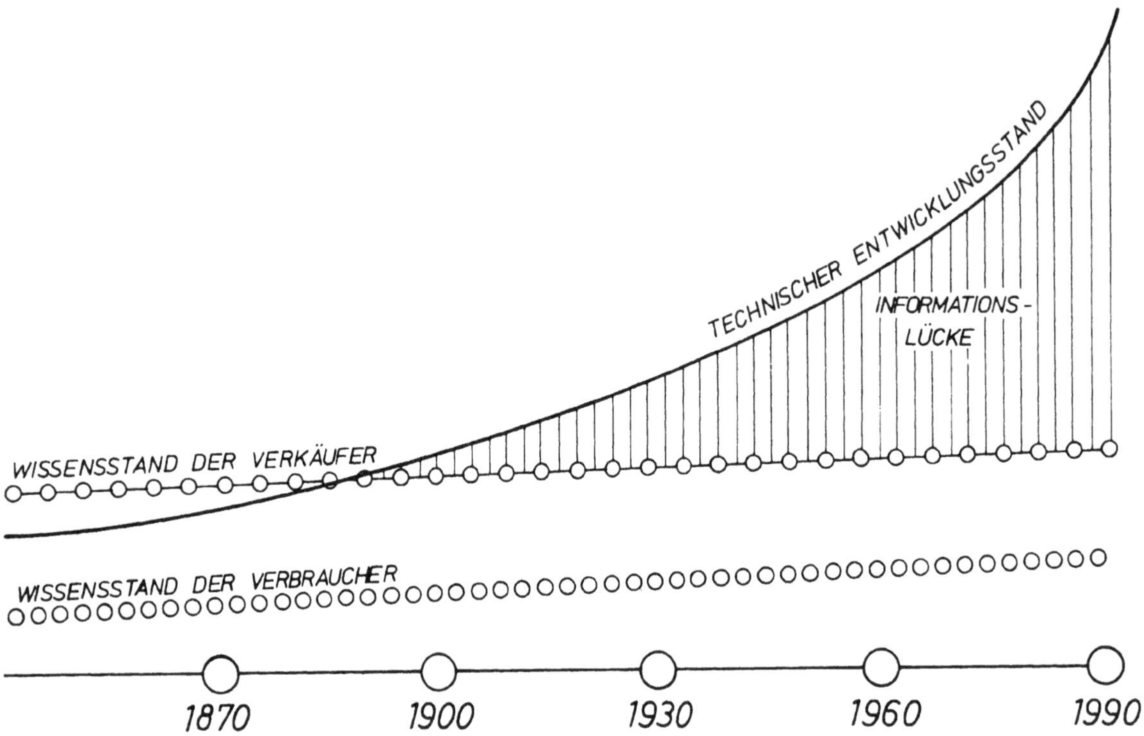

(aus Lisson)

Auf den volkswirtschaftlichen Schaden durch entscheidungsbedingten Kaufkraftverlust wurde schon hingewiesen (vgl. S. 62) ; falsche Produktwahl infolge mangelhafter Markt- und Warenkenntnis oder schlechter unzureichender Beratung hat die gleiche Schadwirkung. Aber auch anbieterseitig kann vermehrtes Warenwissen, Waren- und Verkaufskunde den Umsatz und das Firmenimage nur verbessern, denn dauerhafte Erfolge stellen sich nicht von selbst und zufällig,sondern nur durch Nutzung aller zweckdienlichen Informations- und Wissensquellen ein.

Bildung und Weiterbildung von Verbrauchern - dazu gehört praktisch jeder Einzelne als Mitglied eines Haushalts oder anderer Versorgungsverbände, insbesondere aber die budgetplanende Hausfrau - kann aus drei Quellen gespeist werden:

- Konsumenteninformation einschließlich informativer Werbung
- schulische und außerschulische Aus- und Weiterbildung
- Konsumentenschutz und seine Einrichtungen.

Dabei erfolgt die Vermittlung durch die publizistischen Massenmedien, durch Schulen aller Stufen und Einrichtungen der Erwachsenenbildung einschließlich der Verbraucherinformationen.

Über die von den Verbraucherorganisationen getragene Konsumenteninformation wurde schon einiges gesagt. Konsumenteninformation ist immer zugleich Konsumentenschutz, wie ja auch der gemeinsame Ursprung aus der Konsumerismusbewegung der USA (Ralph Nader) zeigt. In diesem Zusammenhang sei besonders auf die Monatsschrift "Verbraucherdienst, AID /Bonn verwiesen, die ausschließlich an Fach-, Lehr- und Beratungskräfte unberechnet geliefert wird. Sie nimmt sich besonders um Konsumentenaufklärung und -schutz auf dem Gebiete der Ernährung an mit zahlreichen warenkundlich relevanten Beiträgen.

Verschiedene Verbraucherverbände der BRD geben Mitteilungsdienste heraus, die jedoch ebenso wie die Verbraucherpolitische Korrespondenz der Arbeitsgemeinschaft der Verbraucher (AGV)und das Jahrbuch der Absatz- und Verbraucherforschung mehr verbraucherpolitische und wirtschaftskundliche bzw. -wissenschaftliche Mitteilungen enthalten.

Eben dies ist auch bei den meisten Lehr- und Weiterbildungsprogrammen der Verbraucherverbände der Fall, die z.T. didaktisch vorzüglich aufbereitet eine Wirtschafts- aber keine Warenkunde bieten. Eine Ausnahme bilden die oben genannten Testzeitschriften einschließlich Verbraucherdienst sowie zahlreiche warenspezifische Aufklärungsbroschüren der Konsumentenverbände und Verbraucherorganisationen.

In den Pflicht- und Höheren Schulen wird Verbraucherbildung i.a. als kein eigenes Fach sondern als fachübergreifendes Thema - in theoretischer Sichtweise als ein approach - gesehen, dem die verschiedensten Fächer dienen sollen. Leider wird dabei meist auf die Warenkunde d.h. eine hinreichende Vermittlung von Basiswissen der verwendungs- und verbraucherrelevanten Warenmerkmale vergessen.

Die vom Staat durch Gesetze und Erlässe (vgl. S. 46) getragenen und durch entsprechende Einrichtungen (Marktämter, Lebensmitteluntersuchungsanstalten) garantierten Schutzmaßnahmen benötigen zum Wirksamwerden eine gewisse Mitarbeit und einen bestimmten Kenntnisstand auch der Konsumenten.

Wie sieht es aber nun mit der Aufnahmebereitschaft und Bildungswilligkeit der Konsumenten wirklich aus? Umfangreiche Untersuchungen in der BRD und in USA (Thorelli) haben gezeigt, daß es einen informationswilligen Verbrauchertyp (Information Seaker) gibt, der der oberen Mittelschicht mit gehobenem Beruf, höherer Ausbildung und überdurchschnittlichem Einkommen angehört und nur wenige Prozent der Bevölkerung ausmacht. Ihm gehören auch die Abonnenten von Testzeitschriften an. Die große Masse der Verbraucher verhält sich indifferent, ein kleiner Teil sogar ablehnend. Wahrscheinlich läßt sich diese Sachlage am ehesten durch "aktive" Maßnahmen der Verbrauchererziehung und -information, weniger durch gutgemeinte "passive" Verhütungsmaßnahmen des Verbraucherschutzes ändern."Durch die Verbrauchererziehung können schon die Kinder von frühauf über das Funktionieren der Volkswirtschaft und des Marktes unterrichtet werden, über Verbraucherentscheidungsprozesse, wichtige Produktmerkmale, Materialien und deren Behandlung, über Sicherheitsmaßnahmen im Haus und im Freien, gesunde Ernährung sowie verfügbare Informationsquellen.... des weiteren dient die Erziehung zur Warnehmung von Verbraucherrechten,aber auch zur Erkenntnis von Verbraucherverantwortung, die beide für die Verwirklichung des freien Marktmodelles erforderlich sind" (Thorelli S. 269).

LITERATUR

Becker, H., Engledow, J.L., Thorelli, H.B. Konsumenten als Informationssucher Die deutsche Berufs- und Fachschule 74 (1978), 258-272

Gerlich, H., Möglichkeiten institutionalisierter Verbraucheraufklärung unter besonderer Berücksichtigung der Verbraucherbildung. Diss. WU Wien 1977

Jahrbuch der Absatz- und Verbrauchsforschung , seit 1954 (Nürnberg)

Lisson, A., Verbraucherschutz durch Gütesicherung. 3.Aufl., Quelle Institut für Warenprüfung, Nürnberg 1977

Verbraucherdienst - Ausgabe B,seit 1955 (Köln)

Verbraucherrundschau AGV (Bonn)

Verbraucherpolitische Korrespondenz (Bonn)

Zeitschrift für Verbraucherpolitik, seit 1977

1.5 Konsumwarenkunde

Konsumwarenkunde besteht im wesentlichen aus einer Beschreibung der für den Konsumenten wichtigen Warengruppen, wobei es vor allem auf jene Merkmale ankommt, die für die sach- und funktionsgerechte Bedürfnis- oder Anspruchsbefriedigung von Bedeutung sind. Sie soll eine Kenntnis der Konsumwaren soweit ermöglichen, daß die informierenden Angaben über die Funktionsweise (informative Warenkennzeichnung, Warentest usw.) verstanden und der Gebrauchswert abgeschätzt werden kann. Konsumwarenkunde stellt daher ein wesentliches Instrument der Rationalisierung von Bedürfnissen und Ansprüchen, und damit des Konsumentenverhaltens überhaupt dar; sie ist das ausgleichende Gegenmittel zur anbieterseitigen Beeinflussung durch Werbung. Wir wollen hierin allerdings weniger einen Gegensatz als viel mehr eine komplimentäre Ergänzung des Informationsangebotes sehen, das zum Nutzen beider Marktpartner beitragen kann und soll. Die vorwiegend beschreibende, einfach strukturierte Warenkunde wird vielfach als vorwissenschaftliches Fach gewertet, das z.B. auf Hochschulboden keine Beachtung verdient. Wenn wir aber mit Diemer Wissenschaft definieren als eine Gesamtheit von Aussagen über einen bestimmten Gegenstandbereich, die in einem Begründungszusammenhang stehen, am Wahrheitspostulat orientiert sind und durch Begründung zu wissenschaftlich sinnvollen Aussagen werden, so ist nicht einzusehen, warum eine die Zusammensetzung, den Aufbau, die Funktion und den Gebrauchswert beschreibende sowie begründende Darstellung einer Warengruppe a priori unwissenschaftlich sein soll. Viel eher scheint uns dies für solche Darlegungen zu gelten, die ihre Wissenschaftlichkeit durch Exklusivität und Abstraktion begründen wollen. Beide sind hier unangebracht, da es darum geht, mit Redlichkeit, Bestimmtheit und so viel Detail einen Wissensstand zu vermitteln, als das Gebot der relativen Totalinformation (vgl. oben) bezogen auf den jeweiligen Konsumenten verlangt.

Konsumwarenkunde als Warenbeschreibung muß aus den drei Merkmalsschichten jene auswählen, oder hervorheben, die als Bedarfsmerkmale im besonderen Maße die Letztverbraucher und Verwender angehen. In erster Linie sind dies Sachmerkmale, da wir als Hauptziel der Konsumwarenkunde die Rationalisierung des Konsumverhaltens d.h. die Besinnung auf echte Bedürfnisse (Ansprüche) bezeichnet haben. Ein optimaler Gebrauchswert wäre dann erreicht, wenn das Bedürfnisprofil des Konsumenten mit dem Leistungsprofil der Ware zusammenfällt (vgl. Abb. S. 30). So leicht und elegant hiefür theoretische Modelle entwickelt werden können, so schwierig erweist sich die Bestimmung solcher Profile in der Realität. Es hieße die Aufgaben der Konsumwarenkunde mißverstehen, wenn wir von ihr die Erstellung von Bedürfnisprofilen - eine Aufgabe der Markt- und Konsumforschung - fordern wollten; wohl aber kümmert sie sich um Leistungsprofile, die der Warentest und das Prüfwesen erarbeiten, zu deren Verständnis die Konsumwarenkunde ihrerseits wieder den Grund legen soll.

Die Abtrennung der Konsumwaren von den übrigen Gütern ist ebenfalls nicht immer einfach und eindeutig. Eine Möglichkeit besteht in der näheren Betrachtung der Bedarfsmerkmale und ihrer Zusammenfassung zu Gruppen. Dabei ist es zweckmäßig, jeweils von gegensätzlichen bzw. komplementären Warenmerkmalen auszugehen, wie nachstehende z.T. mit Beispielen versehene Zusammenstellung zeigt.

Übersicht 13 (nach Knoblich)

Warengruppierung nach Bedarfsmerkmalen
Merkmale der Verwender, Verbraucher

Produktivgüter - Konsumgüter (Büromöbel, Werkzeugmaschinen, Bleche, Schnittholz; Lebensmittel, Bekleidung, Spielzeug)

Waren des persönlichen - des unpersönlichen Bedarfs (Kleidungsstücke, Brillen, Uhren, Schmuck, Einrichtungsgegenstände; Putzmittel, Küchengeschirr, Haushaltsgeräte, Bettwäsche, Werkzeug, Heizmaterial)

Lebensnotwendige Waren (Existenzgüter) - nicht lebensnotwendige Waren (Luxusgüter)

Waren der Grundbedürfnisse - der Zusatzbedürfnisse (Grund-bzw. Zusatznutzen) (vgl. S. 28)

Waren des Massenbedarfs - des Individualbedarfs (Zigaretten, Kraftfahrzeuge, Haus- und Küchengeräte; Möbel, kunstgewerbliche Erzeugnisse, Schmuckwaren, Maßkleidung)

Prestigewaren - Gewohnheitswaren

Zeitbezogene Merkmale

Verbrauchsgüter - Gebrauchsgüter (Streichhölzer, Papiertaschentücher, Zahnstocher, Süßwaren, Naturkonsumprodukte; Möbel, Fahrrad, Waschmaschine, Werkzeuge und Maschinen)

Waren des täglichen, periodischen - des aperiodischen Bedarfs (Milch, Brot, Zigaretten, Bier, Benzin, Büromaterial, Oberkleidung, Wäsche, Schuhe, Kosmetika, Bücher und Zeitschriften, Werkzeuge, Ersatzteile; Fernseher, Kraftfahrzeuge, Möbel, Säuglingsausstattung, Kinderwagen, Trauerkleidung, Klavier, Maschinen, Transportmittel, Stromerzeugungsanlagen)

Modische - nichtmodische Waren

Waren des Neubedarfs - des Ersatzbedarfs

Waren des laufenden (normalen) - des Vorrats-(Reservebedarfs)

Neuwaren - Gebrauchtwaren (Altwaren)

Verwendungsbezogene (qualitative) Merkmale

Einzweckwaren - Mehrzweck- bzw. Vielzweckwaren

Waren des verbundenen - des unverbundenen Bedarfs bzw. Komplementärwaren - Haupt- und Nebenwaren (Photo - Film, Füllfederhalter-Tinte, Beleuchtungskörper - Glühbirnen, Auto-Benzin,-Autozubehör)

Erklärungsbedürftige (komplizierte, neue) - nicht erklärungsbedürftige (bekannte) Waren (Elektrowaren, Photo, Film; Grundnahrungsmittel)

Wartungsbedürftige - wartungsfreie Waren (Fahrzeuge, Haushaltsmaschinen, Fernseher, Uhren, Maschinen; Möbel, Kleidungsstücke)

Mengenbezogene Merkmale

Einzelwaren - Kollektivwaren

Waren des singulären - des multiplen Bedarfs

Preisbezogene Merkmale

Waren des starren - des elastischen Bedarfs

Waren des Großbedarfs (Großobjekte) - Waren des Kleinbedarfs (Kleinobjekte) (Fernseher, PKW, Perserteppiche, EDV-Anlagen, Großmaschinen; Zeitung, Zahnpasta, Strümpfe, Glühlampen, Brot, Büromaterial, Kleinwerkzeug)

Hochpreisige (hochwertige) - niedrigpreisige (geringwertige) Waren.

1.51 AUSWAHLKRITERIEN

Stellen wir uns die Frage, welches von diesen Bedarfsmerkmalen für die Konsumwarenkunde von besonderem Gewicht sein könnte, so bietet sich zweifellos die Erklärungsbedürftigkeit an bevorzugter Stelle an. Denn gerade der Konsument fühlt sich vielen Waren oder Warengruppen gegenüber als Laie, was ihre Beurteilung auf Angepaßtheit, Gebrauchswert und Preiswürdigkeit anbelangt. Hier soll ja neben der informativen Werbung die Konsumenteninformation mit ihren verschiedenen Instrumenten helfend eingreifen, was eben außer einer gewissen Aufnahmebereitschaft einige Grundkenntnisse voraussetzt. Diese anzubieten, ist das primäre Anliegen der Konsumwarenkunde.

Bei genauerer Betrachtung zeigt sich allerdings, daß selbst so altbekannte Dinge wie verschiedene Brot- und Fleischsorten zur richtigen Abschätzung ihres Wertes, ihrer Einsatz-, Zubereitungs- und Gebrauchsmöglichkeiten ebenfalls erklärender Informationen bedürfen, und nur ein oberflächliches, vorschnelles Urteil verwechselt den Bekanntheitsgrad mit den tatsächlichen Kenntnissen.

Ein anderes ebenfalls für die **Auswahl wichtiges Kriterium dürfte im kumulativen Wert der Konsumwaren gelegen sein, mit dem sie das Haushaltsbudget belasten. So zeigt z.B. die Kostenverteilung der österreichischen Haushalte folgendes** Bild (Warenkorb 1974/84):

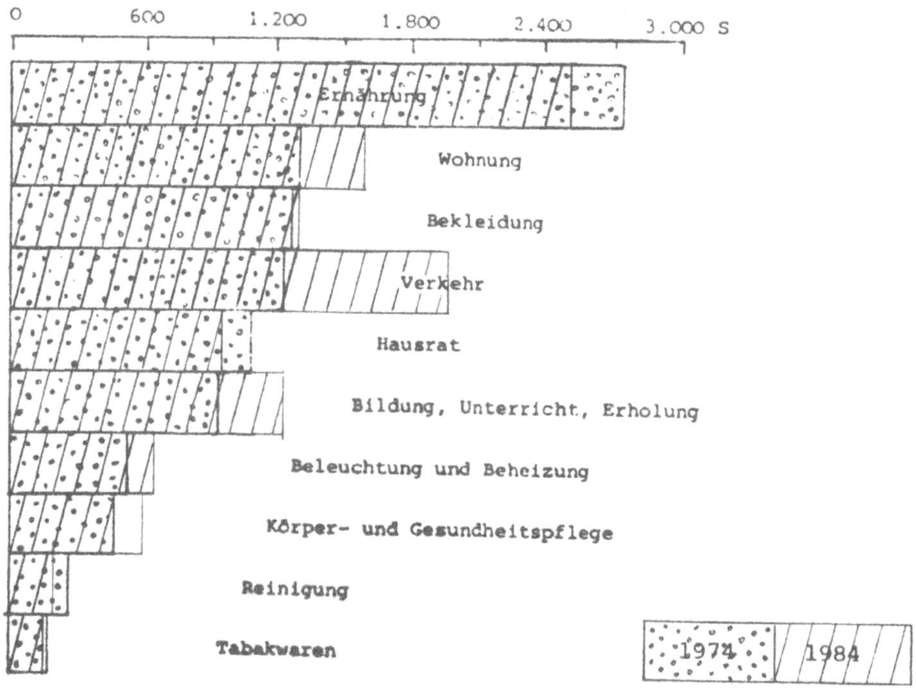

(aus Gold)

Danach bilden die Lebensmittel den größten Posten - dürfen also aus diesem Grund nicht in einer Konsumwarenkunde übergangen werden, besonders in einer Zeit, wo Fehlernährung so enorme Gesundheitsschäden und volkswirtschaftliche Kosten verursacht.

Hinsichtlich der Verbrauchsausgaben läßt sich eine deutliche ABC-Verteilung feststellen., wobei die wertmäßige Reihung sehr aufschlußreich und für eine Konsumwarenkunde nicht ohne Belang ist.

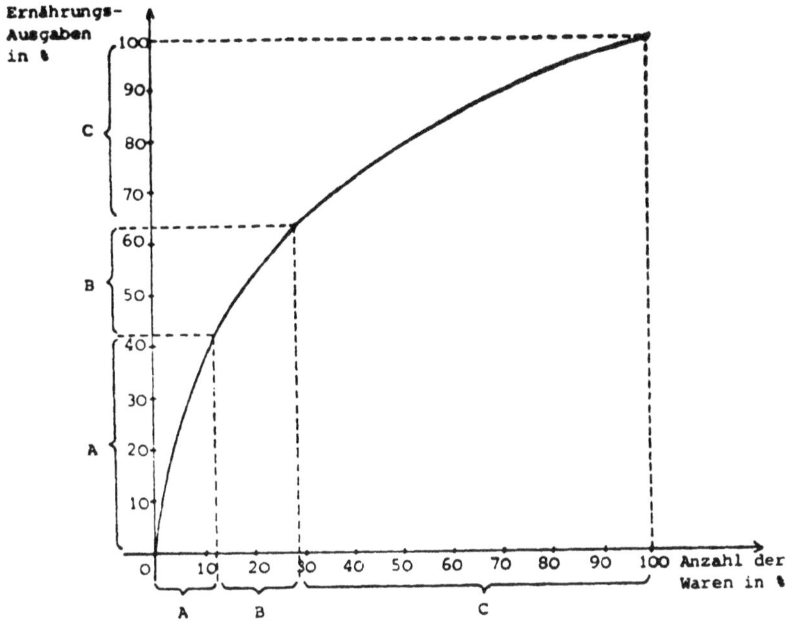

Warengruppen	Anzahl der Waren		Ernährungsausgaben pro Haushalt	
	absolut	%	absolut in öS	%
Gruppe A	17	12,68	1.153,17	42,45
Gruppe B	22	16,41	574,58	21,19
Gruppe C	97	70,91	987,95	36,36
Summe	136	100,00	2.715,70	100,00

Gruppe A wertmäßig gereiht

Schweinefleisch frisch
Trinkmilch
Rindfleisch frisch
Hart- und Weichwurst
Bier
Eier
Schwarz- und Mischbrot
Butter
Bohnenkaffee
Sonst. Wurst
Zucker
Geselchtes
Weißwein
Geflügel frisch
Gebäck
Speiseöl
Schweinefleisch (tiefg.)

Gruppe B wertmäßig gereiht

Sonst. Konditoreiwaren
Branntwein, Likör
Zucker- und Schokowaren
Gemischter Aufschnitt
Äpfel
Sonst. alkoholfreie Getränke
Mehl
Hartkäse
Obst- und Gemüsesäfte
Margarine
Faschiertes frisch
Süße Dauerbackwaren
Weiß- und Milchbrot
Kalbfleisch frisch
Kartoffel
Rotwein
Weichkäse
Sauermilch
Orangen, Mandarinen
Mineralwasser
Schokolade
Salat

In diesem Zusammenhang sei noch auf den wirtschaftlichen Gesamtwert der verschiedenen Warengruppen verwiesen (vgl. S. 123), der auch in der Konsumwarenkunde nicht ganz unbeachtet bleiben sollte.

1.52 SYSTEMATIK

Legen wir uns die Frage vor, welche Warengruppen tatsächlich behandelt werden sollten, so wäre dies unter Berücksichtigung obiger Ausführungen etwa so zu beantworten, wie schon in Übersicht 2 angedeutet.

Das Material für eine solche Konsumwarenkunde liegt größtenteils in Test-Zeitschriften und verschiedenen Broschüren bereits vor, müßte also nur gesammelt und gesichtet werden. Ferner gibt es eine Reihe von allgemein verständlichen warenkundlichen Lehrbüchern für den Berufsschulunterricht, hauswirtschaftliche Fachbücher und sonstige Lehr- oder Handbücher konsumwarenkundlicher Relevanz (vgl. S. 9, 13) .

Im Grunde mag es ziemlich belanglos sein, welche Reihenfolge der einzelnen Konsumwarengruppen man wählt; zweifellos lassen sich für jede denkbare systematische Reihung der Warengruppen mehr oder weniger stichhaltige Gründe anführen. Wesentlich bleibt nur, daß sie gebührend behandelt und nicht über warenbegleitende Umstände die Ware selbst und ihre Eigenmerkmale, zu denen auch die Gebrauchsmerkmale zählen, zu kurz kommen.

Die gegenwärtige Zerstreuung konsumwarenkundlichen Wissensstandes in Test-Zeitschriften und ähnlichen Publikationen hat den Vorteil der leichteren und rascheren Aktualisierung. Auch gestaltet sich der punktuelle Zugang zu Informationen für den Interessenten kostengünstiger - Hefte sind billiger als Bücher oder sogar kostenlos (Konsumentenberatung).Für bestimmte Zwecke insbesondere Belange des Unterrichts, wären allerdings systematische Zusammenfassungen in Form einer aktuellen Konsumwarenkunde günstiger.

LITERATUR

Diemer,A., Wissenschaft als aktuelles Problem. Jahrb. Univ. Düsseldorf 1970/71 bzw. Ingetraut Dahlberg, The Terminology of Subject Fields. Intern. Classificat. 2 (1975), 31-37

Gasthuber, H., Ist warenkundliches Wissen für den Verbraucher notwendig? Forum Ware 5(1977), 39-43

Gold, Christiane, Der rationalhandelnde Konsument - Realität oder Utopie? Dipl.A., WU-Wien, 1978, Diss. WU-Wien, 1980

Hölzl, J., Zur Bibliographie von Warenkunde und Warenwissenschaft. Forum Ware 6 (1978),210-222

Knoblich, H., Betriebswirtschaftliche Warentypologie. Frankfurt/Main 1965

Zacharias, Rosemarie, Hübner, U.(Hrsg.) Lebensmittelverarbeitung im Haushalt. Deutsche Ges. f. Hauswirtschaft, Bad Godesberg, Verl. Eugen Ulmer, Stuttgart 1975

Peet, Louise J., Picket, Mary S., Arnold, M.G., Household Equipment. 8.,Aufl., John Wiley New York, Chichester,Brisbane, Toronto 1979

N.N., Konsumerhebung 1984, Österr. Statist. Zentralamt, Wien

2 Der transpositionswirtschaftliche Ansatz

Auch in der Produktionssphäre spielen sich verschiedene Prozesse der Waren- und der Materialwirtschaft ab, die mit Wissen um Material und Produkte unmittelbar zusammenhängen, so z.B. Beschaffung, Lagerung, Versandbereitstellung, Qualitätskontrolle (Labor- und Meßwerterfassung), Auftragseingang, Verkauf und Abrechnung, Arbeitsvorbereitung, Arbeitszeiterfassung usw.

Nicht zuletzt hat das Transportwesen mit Gütern, Frachten und Waren zu tun, beginnend mit der Gewichtserfassung, der Ladeplanung, Containerladung, Schadensverhütung, Frachtabrechnung, Transportleistungskontrolle, Kundenbelieferung usw. Nur ein verkehrsfähiges Produkt wird zur Ware, wobei Ware einen Tauschgegenstand gegen andere Werte darstellt. Für die Wareneigenschaft ist die Überbrückung der zeitlichen und räumlichen Diskrepanz zwischen Erzeugung (Gewinnung) und Verbrauch (Gebrauch), mithin die Zugehörigkeit zur Transpositionsphäre charakteristisch (vgl. S. 24) .

Schon unter dem konsumwirtschaftlichen Ansatz haben wir auf die Roh- und Produktivwaren hingewiesen, die vor allem den Input gelegentlich aber auch den Output zahlreicher Gewerbe-, Industrie- und Handelsbetriebe bilden. Die hier ablaufenden organisatorischen, dispositiven und betriebswirtschaftlichen Aktivitäten sind nicht Gegenstand unserer Erörterung; uns geht nur das Material als solches an - seien es nun Rohstoffe, Bauteile, Zukauf oder Fertigprodukte und zwar sowohl im inner- wie auch im zwischenbetrieblichen Austausch. Primär geht es dabei um die Beanspruchung der Güter bei Umschlag-, Lagerung und Transport insbesondere um Verluste in Form von Transport- und Lagerschäden sowie um Maßnahmen zu ihrer Vermeidung. In diesem Abschnitt werden daher Fragen der Verpackung, der Warenpflege, der Warenprüfung und Gütesicherung sowohl für den Produktivwaren-wie auch für den Konsumwarenbereich zu behandeln sein.

Die physische Transposition wird von informationellen Maßnahmen geleitet oder gelenkt, der Warenfluß von einem Datenfluß meist mehr oder weniger phasenverschoben begleitet. Wir wollen diesem verschlungenen und komplexen Datenfluß nicht in allen Einzelheiten nachspüren, sondern uns damit begnügen, an je einem Beispiel des produktiven und konsumtiven Warenbereiches zu zeigen, wie das Informationsproblem der Materialbeschaffung bzw. der Warenwirtschaft prinzipiell gelöst werden kann.

2.1 Materialidentifizierung und Katalogisierung

Der Unternehmenserfolg eines Produktions- oder Handelsbetriebes beruht nicht zuletzt auf einer kostengünstigen, quantitativ und qualitativ zufriedenstellenden Versorgung mit Material (Roh- und Einsatzstoffe jeglicher Art, Zukauf und Handelsware). Dies erfordert genaueste Marktkenntnis sowie Kenntnis und Überprüfung der zu beschaffenden Güter und Dienste. Sie müssen zu diesem Behufe den Anforderungen gemäß beschrieben, definiert und aufgrund dieser Daten identifiziert und als brauchbar, den Zielvorstellungen entsprechend, befunden werden. Dies gilt für den innerbetrieblichen wie für den zwischenbetrieblichen Bereich, ganz besonders bei Großbetrieben und Konzernen. Es sind daher auch die Großbetriebe sowie bestimmte Abteilungen der öffentlichen Hand, die warenbezogene Informationsströme mit modernen Mitteln zu lenken und zu bewältigen trachten.

Bedenkt man, daß ein Personenauto aus ca. 5-6000, ein Düsenflugzeug aus 100.000 bis 130.000 Teilen besteht, so mögen die Probleme der Materialverwaltung und Logistik (Beschaffung, Lagerung, Waren- und Ersatzteilbereitstellung) erahnt werden, die mit solchen oft transnational produzierten Systemen verknüpft sind. Nachschub- und Instandhaltungsprobleme waren es daher auch, die zuerst 1949 in den USA dem Federal Cataloging System, und später in den NATO-Staaten der Einheitlichen Material-Katalogisierung zum Durchbruch verhalfen. Es handelt sich hier um ein EDV-gerechtes Identifizierungs- u. Beschreibungssystem, das in den USA bis jetzt 4,5 Millionen und in der BRD rund 400.000 sogenannte Versorgungsartikel umfaßt. Das System ist in der BRD 1968 nach den Streitkräften auch in der Bundesverwaltung mit Schwerpunkt im Bewirtschaftungs-, Nachschub- und Ersatzteilbereich technischer Art eingeführt worden. Da dieses Beschreibungssystem von sämtlichen NATO-Staaten und darüber hinaus von Argentinien, Australien, Neuseeland und der Südafrikanischen Republik übernommen wurde, oder wird, liegt es in den Hauptteilen vielsprachig vor.

Es ist hier nicht möglich, dieses System in allen Einzelheiten zu beschreiben, nur die Grundzüge können dargelegt werden, ferner wo und wie das System auch für den privatwirtschaftlichen, gewerblichen und industriellen Bereich bzw. Betriebe verwendbar gemacht werden kann.

Da das System ursprünglich auf die Bedarfsgüter einer modern ausgerüsteten Armee, auf die Produkte der hochkomplexen Rüstungsindustrie zugeschnitten war, dominieren technische Artikel und Ausrüstungen sowie die zur Beschreibung und unverwechselbaren Identifizierung benötigten technischen Merkmale. Es werden allerdings auch Verpackungs-, Lagerungs-,Herkunfts-, Bezugs- und sonstige Managementdaten erfaßt und verarbeitet. Der Zweck liegt in der international vergleichbaren, auf Funktionalit abgestellten Beschreibung eines Versorgungsartikels; mit der Offenlegung der technischen Funktionsmerkmale soll eine Austauschbarkeit ähnlicher Artikel ermöglicht werden. Dies ist allerdings eine Zielstellung, die dem unter Konkurrenz stehenden auf Differenzierung seiner Produkte angewiesenen Anbieter nicht gerade entgegenkommt; unter Ausnützung der Möglichkeiten des Datenschutzes kann allerdings auch hier die erforderliche Geheimhaltung realisiert werden.

Das System ist jedenfalls insoferne von hohem wissenschaftlichen und praktischem Interesse, als es besonders für technische Produkte von den einfachsten Normteilen bis zu den kompliziertesten Baugruppen und Fertigprodukten ausgefeilte Beschreibungsmuster bzw. EDV-gerechte Identifizierungsanweisungen erarbeitet hat. Von den ca. 450 amerikanischen Identifizierungsanweisungen (Federal Item Identification Guides) sind bisher 280 ins Deutsche übersetzt bzw. übertragen worden.

Auswahl von Identifizierungsanweisungen (Titeln)

Feste und einstellbare Widerstände.
Isolatoren, elektr.
Schmelzsicherungen.
Antennen.
Elektr. Fittings.
Schutzschalter.
Buchsen und Stecker.
Mikrofone u.Mikrofonkapseln.
Kopfhörer, elektrische.
Elektr.Meßgeräte.
Zündkerzen.
Spulen, Drosseln, Sperrkreise u.Transformatoren.
Dekorationsglas,Ornamentglas, Spiegelglas u. Wellglas.
Bedienungsknöpfe,Skalenscheiben u.Zeiger.
Deckel und Türen.
Kästen und Verschläge.
Papier u. Pappe.
Schreibmaschinen u. Büroschriftsetzmaschinen.
Karteikarten.
Stoffe.
Ventilatoren u.Laufräder.
Reifen.
Schläuche für Reifen.
Dichtungen, Dichtpackungen u. Formdichtungen.
Abstreif- und Dichtringe.
Wälzlager.
Gleitlager und Gleitlagerbuchsen.
Seile und Kettenfittings.
Generatoren, Verbrennungsmotoren.
Kameras u. Kameragehäuse.
Steh- und Laufbildprojektoren.
Muttern.
Scheiben.
Nieten, Nietkappen und Schließhülsen.
Nägel, Krampen und Täckse.
Schleifmittel.
Hohlschraube.
Keile und Stifte.
Zahnräder und Zahnradblöcke.
Scharniere.
Flaschen und Aufnahmegefäße.
Werkzeugmaschinen.
Sprengmittel.
Getriebe- und Bauteile für Kraftübertragung.
Schneidwerkzeuge für Werkzeugmaschinen.
Werkzeugmaschinenzubehör.
Druckerei-, Vervielfältigungs- und Buchbindereigeräte.
Kettenübersetzungen.
Bänder, Markierungen, Schilder u. Zeichen.
Kappen und Stopfen.
Treibriemen und Förderbänder.
Beutel, Hüllen u. Versandsäcke.

Wie aus der Tabelle ersichtlich, werden solche Beschreibungs- oder Identifizierungsanweisungen für einige nahe verwandte Warenarten, -gattungen bzw. eine Artikelfamilie unter Zusammenarbeit von Fachleuten erstellt. Dadurch ist es möglich, die benötigten Sachmerkmale detailliert und trotzdem übersichtlich zu erfassen.

Jeder Artikel, der in das System durch eine Beschreibung (Identifizierung) aufgenommen wird, erhält eine Benennung. Das System verfügt über ein Namenhandbuch, das alle zugelassenen Benennungen in internationaler Abstimmung sowie auch sonstige Benennungen mit einer Definition bzw. Kurzbeschreibung enthält. Mit der Benennung erfolgt gleichzeitig die Einordnung in eine Materialklasse, die durch eine vierstellige Zahl gekennzeichnet ist.

Die eigentliche Beschreibung geschieht nach vorgegebenen Merkmalsgruppen (Eigen- bzw. Sachmerkmalen), wobei eine möglichst vollständige Warenbeschreibung angestrebt wird. Die Merkmale werden codiert und im Klartext als Fragen vorgegeben. Die Beantwortung (=Produktbeschreibung) erfolgt codiert durch Auswahl der zutreffenden, in der Identifizierungsanweisung angegebenen Merkmalsausprägungen. (vgl. S. 38).

Als Beispiel sei das Beschreibungsmuster für "Muttern" in gekürzter Form angeführt. Die in Gruppen zusammengefaßten Merkmale wie Abmessungen, Werkstoff, Oberflächenschutz usw. sind in Tabellenform den Artikelarten oder Gattungen (Mutter, Abstandsplatte) mit ihrem Namencodes gegenübergestellt.

(nach Heydrich u.Berger)

MERKMALE			GRUNDBENENNUNG Mutter Abstandsplatte	Kronen-, Sechskant	Hut-	Sechskant-	Vierkant-	Flügel-	mit U-Leiste-, selbstsichernd	Federblech-	Flansch-	Blindniet-	Hut-, selbstsichernd	Sechskant-, selbstsichernd	Flansch-, selbstsichernd	Schweiß-	Rändel-	Rund-	Spannband-, selbstsichernd	Einpreß-, selbstsichernd	Ring-	mit Festhaltering	Blindniet-, selbstsichernd	Kronen-, Sechsk.-, selbstsichernd	Bund-, Sechskant, selbstsichernd	Niet-, selbstsichernd	Abstandsplatte f. Flanschmutter	Bund-, Doppels-kt., selbsts.
	KLARTEXT	Code	Code	01854	01855	01857	01858	01862	01864	01865	01872	01873	05275	05277	05280	15885	15886	15887	15891	15893	15897	16007	29724	29725	29730	15892	17667	29729
Abmessungen	Gewindedurchmesser u. Gew.- gänge pro Zoll	–		X	X	X	X	X	X	X	X	X	X	X	X	X	X	X	X	X	X	X	X	X	X	X		X
	Gewindedurchmesser/Gew.- steigung	–		X	X	X	X	X	X		X	X	X	X	X	X	X	X	X	X	X	X	X	X	X			X
	Gewinderichtung, R oder L	AAJF		X	X	X	X	X	X	X	X	X	X	X	X	X	X	X	X	X	X	X	X	X	X	X		X
	Höhe über alles	ABKW		X	X	X	X	X	X	X	X		X	X	X	X	X	X	X					X	X		X	X
	Bunddurchmesser	AAVX																										X
	Code nicht belegt																											
	Breite über alles	ABMK							X	X	X				X												X	
	Länge über alles	ABHP							X	X	X				X												X	
	Länge des Einpreß- oder Einnietteiles	–										X								X			X			X		
	Länge oder Durchm.= L oder D eines Ringes	–																				X						
	Größte Breite eines Oval-Ringes	–																				X						
	Ringbreite (Ringband)	ABGL																				X						
	Lochdurchmesser	–																			X						X	
	Teilung	–							X																			

Die Originaltabelle enthält noch weitere ähnliche Angaben zu folgenden Merkmalsgruppen: Werkstoff, Oberflächenschutz, Form der Mutter, Bohrungen, Besonderheiten.

Die zutreffenden Kombinationen sind hier angekreuzt; zur Erstellung einer Artikelidentifizierung (= beschreibung) müssen anhand der Merkmals- und Namenscode die zutreffenden Merkmalsausprägungen (ja/nein; Zahl und Dimension; verbale Antwort oder Einsetzen eines Codes; Hinweis auf Normen, auf Zeichnungen etc.) aus anderen Tabellen entnommen und in entsprechende Vordrucke eingetragen bzw. in das EDV-System eingegeben werden.

Es ist klar, daß eine solche "Beschreibung" einen ziemlich arbeitsaufwendigen Vorgang darstellt, der allerdings maschinelle und sogar bei Bezugnahme auf die Einheitliche Materialkatalogisierung internationale Auswertung garantiert. Auswertungsmöglichkeiten gibt es viele, so vor allem die Suche nach isofunktionellen Artikeln (Warenarten), die den Ersatzteilbestand unter Umständen lagermäßig erheblich zu reduzieren gestatten. Übliche EDV-Programme zur Materialwirtschaft und Lageroptimierung, automatische Nachbestellung aufgrund von Trendextrapolationen usw. können dadurch wesentlich erweitert und effizienter gestaltet werden.

Der Bestand an vorhandenen Identifizierungsanweisungen der Einheitlichen Materialkatalogisierung stellt jedenfalls eine wertvolle Möglichkeit international abgestimmter technischer Produktbeschreibung dar, der von der Wirtschaft noch nicht in entsprechender Weise genützt wird; unerwünschte Offenlegung von Daten kann durch Datensicherung verhindert werden.

Es wird sich allerdings als notwendig erweisen für die einzelnen Branchen bzw. Betriebe teils Vereinfachungen und Abstriche, teils neue Merkmale einzuführen. Ebenso wird man neue Artikel und Benennungen, besonders im Konsumbereich, der in der Einheitlichen Materialkatalogisierung noch vergleichsweise unterentwickelt ist, berücksichtigen müssen. Außerdem müßte dies rasch und unbürokratisch vor sich gehen, allenfalls unter Umgehung internationaler Abstimmung.

Natürlich versucht das offizielle alle NATO-Staaten umfassende Einheitliche Materialkatalogisierungssystem seine Artikel und Merkmale ständig zu erweitern, zu komplettieren und vor allem zu aktualisieren. Dies ist aber ein langwieriger Vorgang, weshalb nur längerlebige Artikel von überregionaler und einer gewissen ökonomischen Bedeutung für eine derartige Materialkatalogisierung in Frage kommen.

Zum Kosten-Nutzen-Verhältnis, das sich bei Einführung einer derartigen, auf die Vorarbeiten der Einheitlichen Materialkatalogisierung abgestützten Beschreibung ergibt, läßt sich folgendes sagen. Die Kosten, die bei der Einführung anfallen, steigen zunächst rascher als die erzielbaren Rationalisierungseffekte, erreichen dann aber den Breakeven-Punkt (B). Durch Übernahme der Einheitlichen Materialkatalogisierung können die Anfangskosten (A bzw. ΔT) eingespart werden. Die verbleibenden Selbstkosten (ΔS) durch Abänderung und/oder Erweiterungen der Merkmalsleiste erreichen bei C die optimale Nutzwertgrenze (N) als Folge der Rationalisierungseffekte (Verringerung der Artikelzahl, Senkung der Lagerkosten und Kapitalbindung, qualitativ bessere Artikelauswahl etc.).

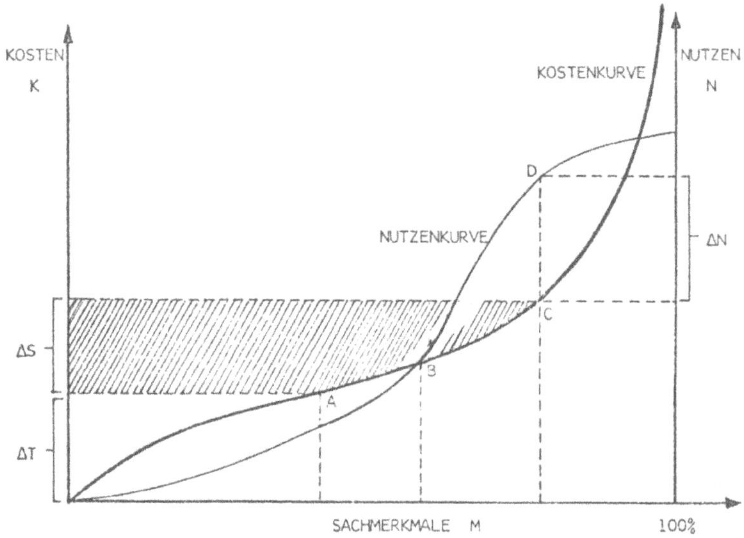

Kostenkurve bei der Identifizierung (nach Heyd[illegible] und Berger)

LITERATUR

Gekeler, O., Herdt, K.-D., Oberender, W., Warenkatalogisierung und Kommunikation über die Ware, Verl. Dokumentation, Pullach/München 1974

Die Einheitliche Materialkatalogisierung in der Bundesverwaltung, Bundesmaterialkatalogisierungszentrale St. Augustin bei Bonn, Oktober 1978

Heydrich, H., Berger, E., DAIS - Dornier Artikel Identifizierungssystem. Forum Ware 5(1977), 107-125

Hölzl, J., Ergänzende Bemerkung zur maschinellen Produktbeschreibung und Warenklassifikation. Forum Ware 5(1977),127-130

2.2 Warennummerung am Beispiel von BAN-L und EAN

Die Produkt- bzw. Teilenummerung ist seit langem ein unentbehrliches Hilfsmittel der dispositiven Planung in der Arbeitsvorbereitung und Organisation des innerbetrieblichen Materialflusses. Die Benummerung bzw. Codierung muß auch als Voraussetzung für die EDV angesehen werden, wobei numerische Codierung ohne Sonderzeichen erwünscht ist. Auch die überbetrieblichen, die nationalen und internationalen Warenklassifikationen arbeiten seit jeher mit teils numerischen, teils alphanumerischen Nummerungen. Als bekanntestes und ältestes Beispiel kann die Dezimalklassifikation nach Dewar von 1876 gelten, die u.a. auch Stoffe, Geräte, Güter und Waren enthält.

Es gibt grundsätzlich zwei Arten der Nummerung: die reine fortlaufende Zählnummer und die klassifizierende sprechende (auch memnotechnische) Nummerung. Stücklisten und Teilenummern sind meist klassifizierend oder gemischt aufgebaut, wobei auch Kombinationen von Bereichsnummern üblich sind. Im einzelnen gibt es hier eine riesige Vielfalt und Kombinationsmöglichkeit, die darauf hinausläuft,Artikel, Teile, Planungsunterlagen usw. zu ordnen, in Ansätzen zu beschreiben und wieder nach bestimmten Suchkriterien rasch und sicher aufzufinden. Auch die oben erwähnte Einheitliche Materialkatalogisierung benützt klassifizierende und reine Zählnummern sowie alphanumerische Codes.

2.21 BAN-L

Die bundeseinheitliche Artikelnumerierung für das Sortiment des Lebensmittelhandels wurde im September 1969 von der Rationalisierungsgesellschaft des Handels (RGH) in Köln herausgebracht und will mit einer zentralvergebenen Nummer den Informationsfluß zwischen Herstellern (Anbietern) und Handel (Groß- und Einzelhandel) rationalisieren; auch die Lagerwirtschaft und die betriebsinterne, die branchen- und die staatliche Statistik könnten Vorteile daraus ziehen. Das System umfaßt die auf den SB-Handel (Supermarkt, Verbrauchermarkt) abgestimmten Sortimente aus Nahrungs-, Genuß-, Wasch-, Putz- und Reinigungsmittel (foods and nonfoods). Folgende 19 Warenbereiche wurden bisher mit Nummern versehen.

Nahrungs- und Genußmittel

00 Fleisch, Wurst, Fische (ohne diätetische und Tiefkühlkost sowie Konserven)
01 Obst, Gemüse (ohne diätetische und Tiefkühlkost sowie Konserven)
02 Milch, Käse, Speisefette und -öle, Eier (ohne diätetische und Tiefkühlkost)
03 Tiefkühlkost, gefrorene Erzeugnisse, Speiseeis
04 Nährmittel (ohne Suppen und Tiefkühlkost)
05 Suppen, Gewürze, Brotaufstrich (ohne diätetische und Speisefette), Zucker
06 Fleisch-, Wurst- und Fischkonserven, Marinaden, Konserven-Fertiggerichte (ohne diätetische)
07 Obst- und Gemüse-Konserven (ohne diätetische und Konserven-Fertiggerichte)
08 Süßwaren (einschl. Dauerbackwaren, aber ohne diätetische Süßwaren)
09 Diätetische Nahrungs- und Genußmittel (einschl. Säuglings- und Kleinkindernahrung)
10 Weine, Schaumweine (ohne diätetische), Spirituosen
11 Biere, alkoholfreie Getränke (ohne diätetische und tiefgefrorene)
12 Kaffee, Tee, Kakao, Tabakwaren
13 Backwaren (ohne diätetische und Dauerbackwaren)

Wasch-, Putzmittel, Hygieneartikel, Körperpflegemittel, Kosmetika

15 Wasch-, Putz- und Reinigungsmittel (ohne Feinseifen)
16 Hygieneartikel, Verbandstoffe, Säuglings- und Kinderpflegeartikel
17
18 Feinseifen, sonstige Körperpflegemittel, Kosmetika
96 Sonstige lebende Tiere, zoologische Artikel
97 Blumen, Pflanzen, Blumenbinderei-Erzeugnisse

Die ban-L-Artikelnummer ist 8-stellig mit einem vierstelligen klassifizierenden und einem dreistelligen zählenden Block sowie einer Prüfziffer.

die ban-L-Artikelnummer besteht aus:	
Klassifikation	4 Stellen
Zählnummer	3 Stellen
Prüfziffer	1 Stelle
Insgesamt	8 Stellen

Aufbau der ban-L-Artikelnummer

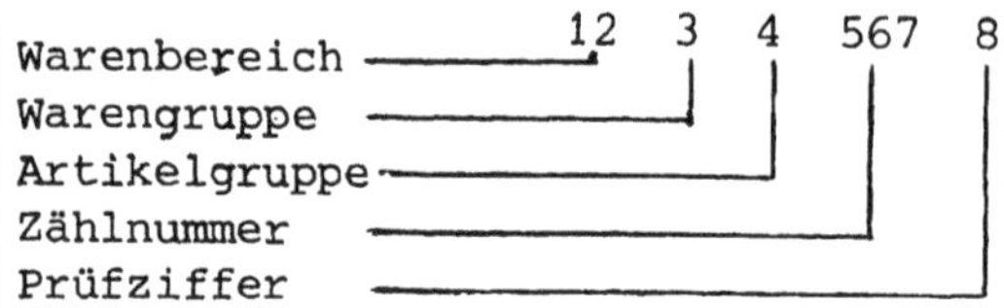

Die Kapazität beträgt demgemäß 19 Warenbereiche, 190 Warengruppen, 1900 Artikelgruppen, 1,900.000 Zählnummern.
Eine Prüfziffer ist vor allem bei manueller Datenerfassung zur Herabsetzung von Irrtümern und Fehlern allgemein üblich, erübrigt sich aber auch bei Einsatz von Beleglesern nicht. Die Prüfziffer verwendet hier das Modul 10 und die Gewichtung 3713713.
Zur Berechnung der Prüfziffer folgendes Beispiel:

Artikelnummer	1	2	4	0	0	0	1	
Multiplikation	3	7	1	3	7	1	3	
Produkte	3	14	4	0	0	0	3	
Produktsumme	3 + 14 + 4 + 3							= 24
Divisor (Modul)								= 10
Quotient								= 2
Rest								= 4
Divisor - Rest = Prüfziffer								= 6

Das System wurde in partnerschaftlicher Zusammenarbeit von Industrie und Handel erstellt. Die Nummernvergabe erfolgt über Antrag zentral. Für regionale Artikeln, Eigenmarken, Importe und anonyme Waren gibt es Sonderregelungen. Die Artikelnummer selbst wird auf Einzel- und Transportpackungen aufgedruckt und soll im Geschäftsverkehr sowie in der Lager- und Regalordnung Verwendung finden.

Diese Artikelnummer wird zur Kennzeichnung der Betriebe durch eine ebenfalls zentral vergebene bbs (ban-Betriebsstellen-Nummer) ergänzt, die aus einer fünfstelligen nichtsprechenden Zählnummer mit Prüfziffer besteht.

1971 hat sich das ban-Austria mit geringen Änderungen diesem System angeschlossen. In der BRD wurden bisher 100.000 Artikelnummern an rund 700 Industrie- und 600 Handelsbetriebe vergeben, wobei jährlich 2 x ein Katalog herausgebracht wird bzw. wurde. Denn das ban-System wird gegenwärtig von einer neuen Generation dem ebenfalls partnerschaftlich von Industrie und Handel verwalteten System der EAN (Europäische Artikel Nummer) abgelöst.

Was leistet oder leistete das ban-L-System? Es ist die einzige Warenklassifikation, die bis zum Einzelartikel (Serienartikel, Plurikat vgl. S. 34) herabreicht.
Die klassifizierende ban-L-Nummer gibt direkt Aufschluß über Warenbereich, Waren- und Artikelgruppe; im ban-Katalog ist ferner die Artikelbezeichnung (Name oder Benennung), Hersteller, Art und Größe (Inhalt, Gewicht) der Einzelpackung sowie des Transportgebindes angegeben. Damit liegt eine identifizierende Kurzbeschreibung dieser - im technischen Sinne allerdings problemlosen - Artikel vor.
Der relativ hohe Aufwand für die zentrale Artikel- und Betriebserfassung sowie die Beschränkung auf zwei nationale Bereiche (BRD, Österreich) war der Grund, nach neuen Möglichkeiten der Artikelnumerierung Ausschau zu halten. Dazu kommt die prinzipiell auch bei ban-L gegebene Möglichkeit maschinenlesbare Codes einzusetzen, um so besonders den Warenausgang durch Computisierung zu rationalisieren.

2.22 EAN

Die Europäische Artikelnummer befindet sich gegenwärtig in mehreren europäischen Staaten im Einführungsstadium und wird noch weiter vordringen. Die EAN geht auf den 1973 vom US-amerikanischen Handel initiierten Universal Product Code (UPC) zurück, der aus einer fünfstelligen Zählnummer für den Betrieb (Erzeuger, Handel) und aus einer fünstelligen Zählnummer für den Artikel besteht. Beide werden durch Balkencodes maschinenlesbar gemacht und ermöglichen dadurch besonders an den Kassenausgängen (Point of Sales = POS) eine raschere Geschäftsabwicklung. Die mittels eines Lesestiftes oder eines fixen Leseschlitzes (Scanner) abgelesenen Codes liefern über eine Zentraleinheit an den Drucker die Artikelbezeichnung, Artikelzahl, den Preis, Kassanummer und Datum, bieten also auch in SB-Läden dem Konsumenten mehr Information und dem Betrieb eine vielfältige Möglichkeit der Wareneingangs-, -durchlaufs- und -Ausgangskontrolle (Artikeldrehzahl, automatische Nachbestellung usw.). Es wird damit innerhalb des Betriebes eine geschlossene Warenwirtschaft ermöglicht.

Den innerbetrieblichen Vorteilen stehen natürlich auch Nachteile gegenüber. Die direkte Preisauszeichnung muß durch Regalauszeichnung ersetzt werden. Es fehlt die Möglichkeit der Statistik, wenn nicht etwa zusätzlich Klassifikationsprogramme (ban-L) in die Zentraleinheit eingespeichert werden. Die finanziellen Aufwendungen für die erforderliche POS-Hardware und die Zentraleinheiten sind beträchtlich und wohl nur von Großbetrieben tragbar (Begünstigung von Konzentrationstendenzen!). Vor allem aber müssen die Erzeuger (Anbieter) den EAN-Code auf die Verpackung aufdrucken, was in den USA schon bei 90%, bei uns erst bei 5% der Artikel der Fall ist.

Die in der BRD von der Centrale für Coorganisation (CCG) in Köln verwaltete EAN sieht eine 13-stellige Nummer vor. Die ersten zwei Stellen sind die Länderkennzeichen.

Übersicht der Länderkennzeichen

30-37	Frankreich	67	Niederlande
40-43	Deutschland	70	Norwegen
80-83	Italien	73	Schweden
54	Belgien	76	Schweiz
57	Dänemark	50	Großbritannien u. Irland
90-91	Österreich	84-89	reserviert für weitere Länder
64	Finnland		

Es folgt eine fünfstellige ebenfalls zentral vergebene bbn (bundeseinheitliche Betriebsnummer, allenfalls identisch mit bbs (vgl. S. 66), an die eine fünfstellige Artikelnummer anschließt. Sie wird - und dies ist eine wesentliche Vereinfachung - vom Betrieb selbst auch unter Verwendung schon bestehender eigener Artikelnummern vergeben. Die Artikeldaten sind dann über die bbn allen Interessenten zugänglich, wenn sie angefordert und vom Betrieb bekanntgegeben werden.

FF XXXXX XXXXX C

- FF — Europäisches Länderkennzeichen, in Österreich "60"
- XXXXX — Bundeseinheitliche Betriebsnummer (bbn), die zentral vergeben wird
- XXXXX — Artikelnummer des Lieferanten; Dieser Teil der EAN wird von der Industrie selbstverantwortlich vergeben.
- C — Prüfziffer, die der Hersteller nach vorgegebenem Einheitsschema errechnen muß.

Die Prüfziffer mit Modul 10 hat zum Unterschied von ban-L nur eine Zweier-Gewichtung. Es sind übrigens noch verschiedene Sonderausführungen (verlängerte bbn, verkürzte Artikelnummer) möglich. Der maschinenlesbare Balkencode wird jetzt zur Pflicht gemacht und vom Hersteller in bestimmter Größe und genormter Druckqualität auf die Verpackung (Einzelpackung) bzw. auf einen Anhänger aufgedruckt.

Das Prinzip des Balkencodes beruht auf einem 7-Modul von Hell-Dunkelstreifen, wobei noch linke und rechte Zeichen unterschieden werden. Denn die Maschine muß in jeder Richtung und Lage des Balkencodes zwischen Betriebsnummer und Artikelnummer unterscheiden können.

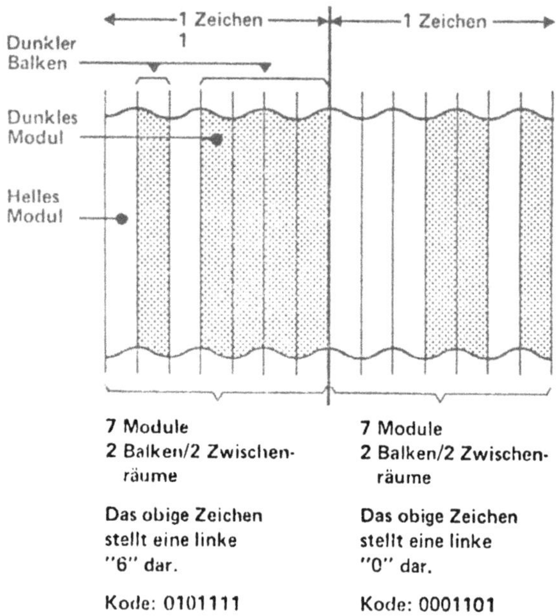

Dezimalwert	Linke Zeichen (Ungerade Parität-U)	Rechte Zeichen (Gerade Parität-G)
0	0001101	1110010
1	0011001	1100110
2	0010011	1101100
3	0111101	1000010
4	0100011	1011100
5	0110001	1001110
6	0101111	1010000
7	0111011	1000100
8	0110111	1001000
9	0001011	1110100

Ein entsprechendes überquadratisches Format sichert das richtige Einlesen auch bei Schräglage des Artikels. Der 12-stellige UPC und die 13-stellige EAN sind überdies durch eine besondere Maßnahme voll maschinenkompatibel.

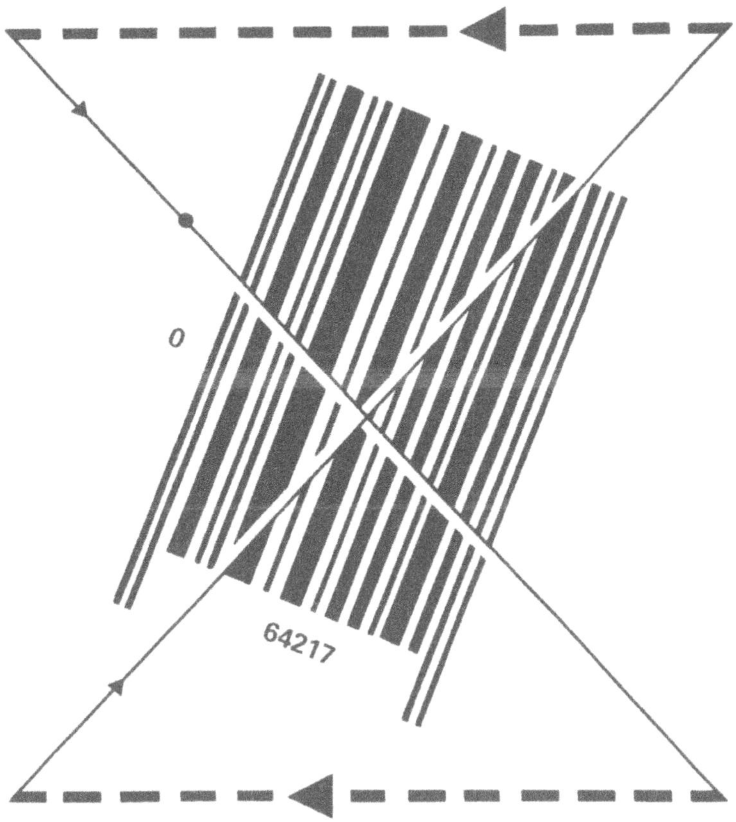

Omnidirectionales Lesen

Der Vorteil von EAN liegt hauptsächlich im innerbetrieblichen Bereich, sofern sich der Balkencode wirklich durchsetzt. Ob damit auch Erfolge im überbetrieblichen oder gar im nationalen oder internationalen Bereich zur Vereinheitlichung und Erleichterung der Wareninformation realisierbar sind, wird sich erst zeigen müssen. Die Schwierigkeiten liegen hier in dem der EDV vorgelagerten Bereich, wie dies auch für andere Warennummerungen bzw. Klassifikationen und Beschreibungssysteme gilt.

Der innerbetriebliche Bereich wird heute durch die weitgehende vertikale Integration des Handels besonders im Lebensmittelbereich (Food & Nonfood) bedeutend ausgeweitet, sodaß die Nachbestellung der Filialen, die Lagerverwaltung, Kommissionierung, Umschlag und Bestellwesen weitgehend online automatisierbar sind. Dies ist besonders im Frischwarenbereich, aber auch sonst zur Rationalisierung und Kontrolle des Umschlags jedes einzelnen Artikels außerordentlich wertvoll. Im weiteren kommt auch der bargeldlose Kauf am POS mittels Plastikkarte (POS-Banking) in Frage. So kann schließlich der Datentransfer vom Absatz bis zur Bestellung so abgestimmt werden, daß ein Warenwirtschaftssystem analog zur Belieferung in der Automobilindustrie nach dem Just-in-Time-Modell (JIT-Modell) angestrebt und in Zukunft möglicherweise verwirklicht werden kann.

LITERATUR

Behrens, Chr., Kassen lesen Daten. RGH Köln 1976

Dostal, A., Warenklassifikation und Außenhandel unter besonderer Berücksichtigung der Harmonisierung und Vereinfachung der Klassifikationssysteme und Informationssysteme. Dipl.-Arb. WU Wien 1979

Rationeller Handel, 4. Sonderausg. ban-L, RGH Köln o.J.

EAN austria - INFO, Fachzeitschrift für Artikelnumerung und Warenwirtschaft, WIFI-Wien

2.3 Verpackung

Nach dem Fluß der Warendaten sei nun der physische Warenfluß unter dem Gesichtswinkel der Warenwirtschaft näher betrachtet; dabei erscheint es zweckmäßig, zuerst auf die Verpackung als eine wesentliche Voraussetzung von Warenumschlag, -transport und -lagerung einzugehen. Die Bedeutung und Entwicklung der Verpackungswirtschaft sei am Beispiel Österreichs durch folgende Zahlen aufgezeigt.

Bruttoproduktionswert der österreichischen Verpackungswirtschaft in 1.000 ö.S.

	Metall	Glas	Kunststoff	Holz	Papier/Pappe	Textil	Verpackung pro Kopf in ö.S.
1960	494.359	149.062	276.802	94.154	1,037.325	90.681	304
1972	1,504.193	592.634	1,810.345	110.834	3,176.970	18.045	903
1978	2,313.121	718.872	2,227.877	315.864	4,298.288	64.229	1.360
1982	2,856.374	1,098.243	3,542.353	347.584	6,567.450	186.877	1.955
1986	3,782.088	1,279.058	4,405.049	434.135	7,519.603	288.703	2.338

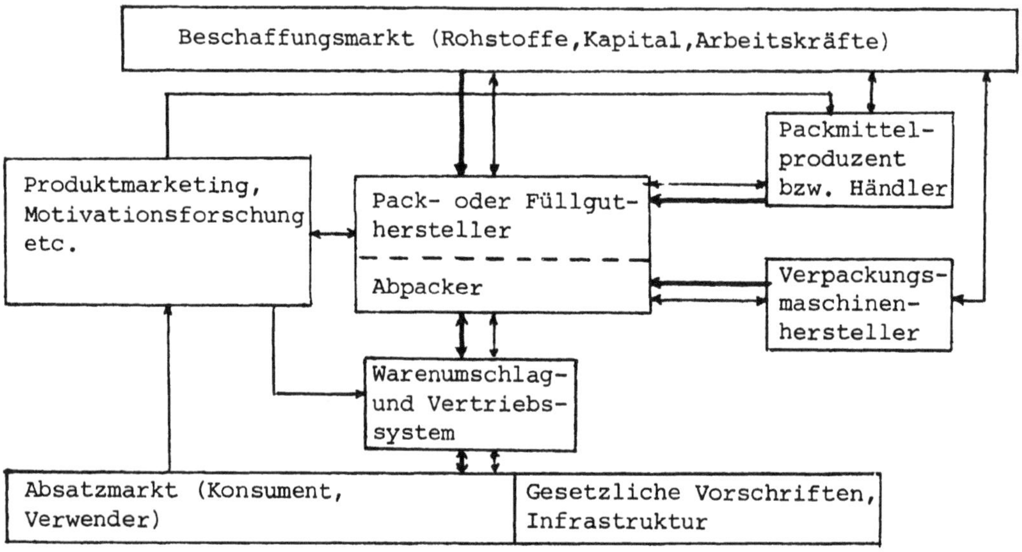

→ Informationsfluß zur Herstellung der optimalen Verpackung

➞ Stoff- bzw. Warenfluß

Für den Handel (Vertriebssystem) ist erst das verpackte Gut eine Ware, die umgeschlagen und schließlich an den produktiven Verwender oder Letztverbraucher (Konsumenten) verkauft wird; zum wirtschaftlichen Erfolg einer Ware trägt nicht zuletzt auch eine funktionsgerechte Verpackung und Verpackungsgestaltung wesentlich bei.

Die im Verpackungswesen häufigsten Begriffe sind bereits genormt (DIN 55.405, ÖN A 5405, TGL 12.566) und seien im folgenden zusammengestellt.

Packstoff:

Werkstoff, aus dem Verpackungen hergestellt werden.

z.B.

Karton
Aus Papierstoff bestehender flächiger Werkstoff, dessen Dicke zwischen der von Papier und Pappe liegt.

Packmittel:

Erzeugnis aus Packstoff, das dazu bestimmt ist, das Packgut zu umschließen oder zusammenzuhalten, damit es versand- und lagerfähig wird.
Z.B.

Schachtel
Packmittel, meist quaderförmig, z.B. aus Karton, Vollpappe, Wellpappe, Blech, Holz oder Kunststoff hergestellt.

Die aus Packstoff erzeugten Packmittel geben im Verein mit Packhilfsmitteln die Verpackung(Umhüllung)des Packgutes; das verpackte Packgut heißt Packung, die dazu führende Tätigkeit Verpacken. Diese und einige weitere Begriffe seien nachstehend angeführt.

<u>Packstoff</u> z.B. Holz, Karton, Feinstblech, Glas, Kunststoff u.a.
Werkstoff, aus dem Packmittel hergestellt werden.

<u>Packmittel</u> z.B. Kiste, Schachtel, Dose, Flasche, u.a.
Erzeugnis aus Packstoff, das dazu bestimmt ist, das Packgut zu umschließen oder zusammenzuhalten, damit es verkehrs-, lager- und/oder verkaufsfähig wird.

<u>Packhilfsmittel</u> z.B. Nagel, Klebestreifen, Trockenmittel
Sammelbegriff für Hilfsmittel, die zusammen mit Packmitteln zum Verpacken, Verschließen, Versandfertigmachen usw. eines Packstückes dienen.

<u>Packgut</u>
Gut, das zu verpacken oder verpackt ist (siehe auch Füllgut).

<u>Verpackung</u>
Oberbegriff für die Gesamtheit der Packmittel und Packhilfsmittel:

a) Durch Vorsetzen der Packgutbenennung wird der Verwendungszweck des Packmittels gekennzeichnet (z.B. Obstverpackung = Verpackung für Obst).
b) Durch Vorsetzen eines funktionellen Bestimmungswortes wird der Bestimmungszweck des Packmittels gekennzeichnet (z.B. Versandverpackung = Verpackung für den Versand).
c) Durch Vorsetzen der Packstoffbenennung wird das Packmittel aus einem bestimmten Packstoff gekennzeichnet (z.B. Blechverpackung = Verpackung aus Blech).

<u>Kombinationsverpackung</u>
Packmittel, das aus verschiedenen Werkstoffen hergestellt ist.

<u>Verpacken</u>

Allgemeiner Begriff für die Tätigkeit des Umhüllens von Packgütern sowie des Füllens und Verschließens von Packmitteln, die manuell oder maschinell ausgeübt werden kann.

<u>Packung</u>

Ergebnis der Vereinigung von Packgut und Verpackung. Der Inhalt der Packung kann durch Hinzufügen der Packgutbenennung gekennzeichnet werden (z.B. Packung Zigaretten oder Zigarettenpackung).

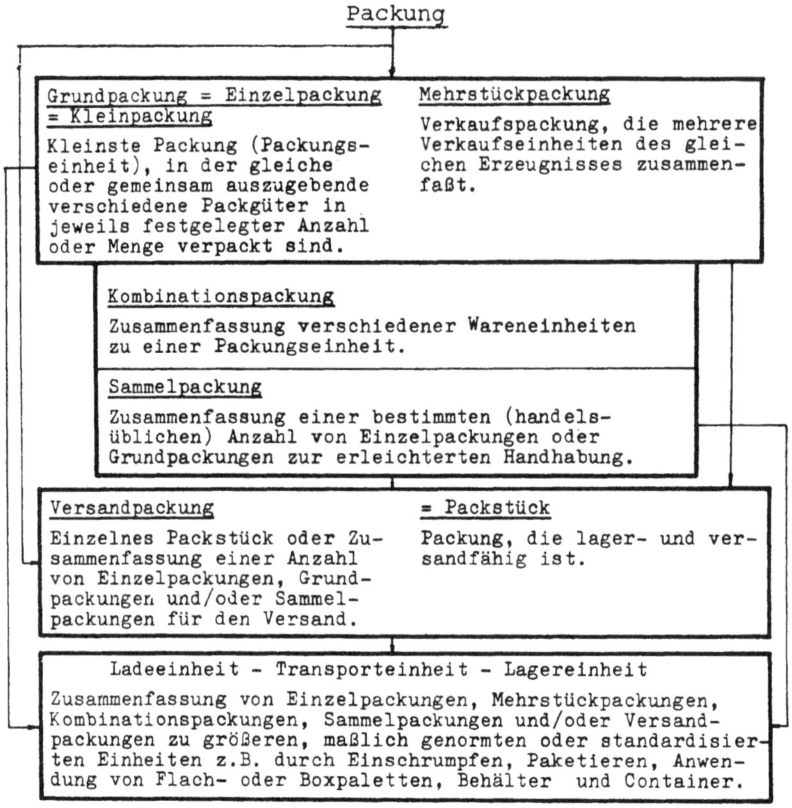

Damit ist bereits die Grenze zu den Behältern (Behältnissen) und Transporteinheiten angedeutet, die nicht so eng mit der Ware verbunden bis zum Einzelhändler und Letztverbraucher gelangen, sondern die Ware nur während einer begrenzten Phase begleiten und ihre Verkehrsfähigkeit erhöhen sollen.

Die erste Grundfunktion der Verpackung sehen wir in der Umhüllung bzw. in der Schutzwirkung. Kennzeichnend hierfür ist eine feste Umhüllung, die ohne Beschädigung des Packgutes entfernt werden kann. Der Schutz erstreckt sich nach innen auf das Packgut (empfindliche Güter!) und nach außen auf die Umgebung (gefährliche Güter!).

Die zweite Grundfunktion, ebenfalls im Zusammenhang mit der festen Umhüllung stehend, erblicken wir in der Information, d.h. in der Möglichkeit, Mitteilungen über die Ware und ihre Bestimmung, Behandlung, Verwendung usw. anzubringen.

Von diesen Grundfunktionen leiten sich eine Reihe von nicht immer erfüllten Zusatzfunktionen ab, die jedoch von Fall zu Fall besondere Bedeutung erlangen können. So sollten z.B. bei Versandverpackungen passende Abmessungen, Portionierung und entsprechende Werkstoffwahl die Umschlags-, Lager- und Transpositionsarbeiten erleichtern, verbilligen und zugleich die Verluste durch Schwund (Diebstahl), durch Qualitätseinbußen und Transportschäden möglichst vermeiden helfen. Für Einzelpackungen und auch Transportgebinde ist z.B. die Stapelbarkeit von Bedeutung.

Die Informationen auf Versandverpackungen sollen richtiges und vorsichtiges Hantieren durch meist bildliche Hinweise erwirken. Bei Konsumverpackungen werden kindersichere Verschlüsse verlangt und durch Zusatzinformationen Öffnungshinweise zum bequemen Auspacken gegeben. Gesetzlich vorgeschriebene oder freiwillige Warenkennzeichnung soll dem Verbraucher die Auswahl erleichern und vor Schaden schützen (vgl. S. 58).

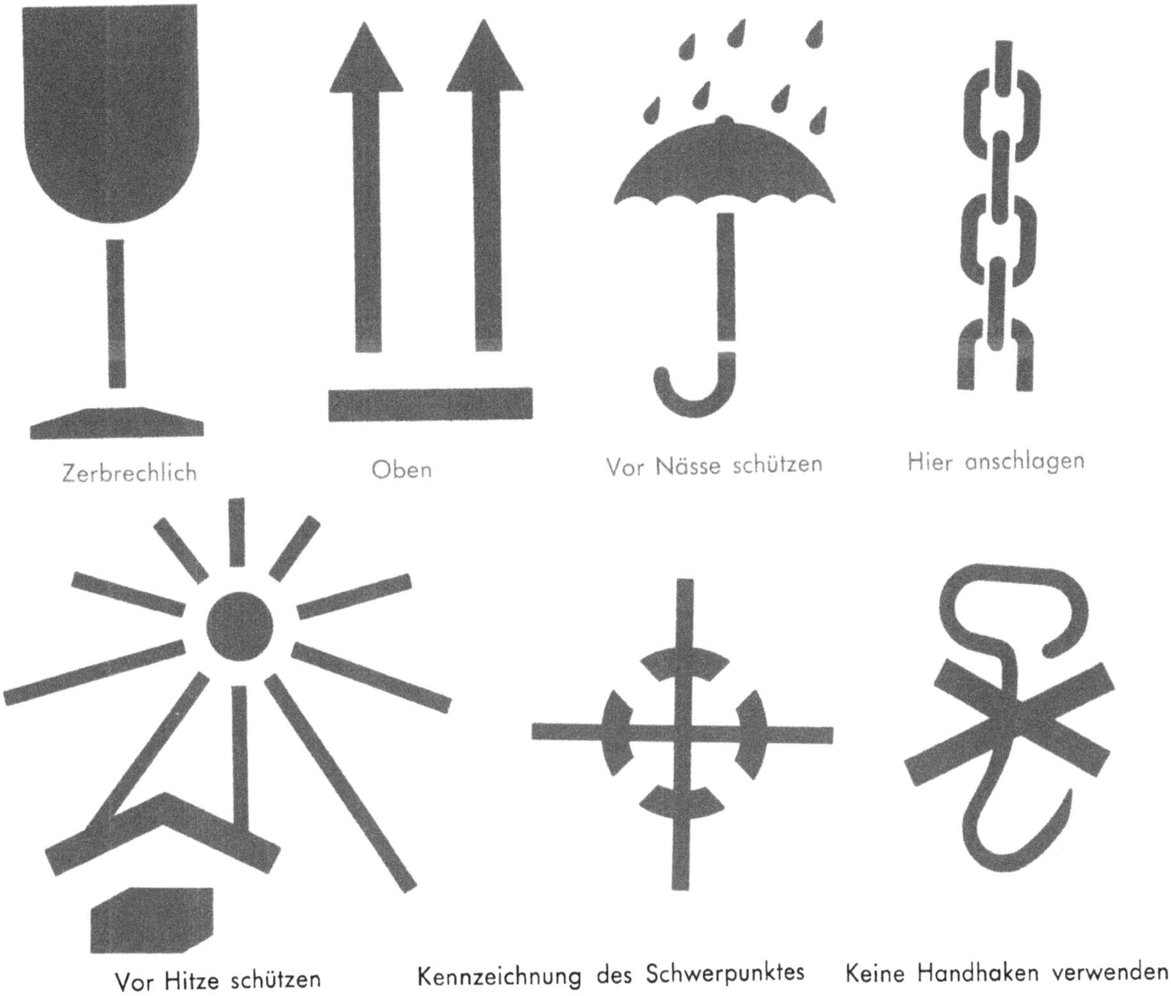

Bei Konsum- bzw. Verkaufsverpackungen spielt die werbliche Gestaltung eine sehr große Rolle. Vor allem durch entsprechend qualitätsvollen Druck und Konstruktion, die bis zur luxuriösen Aufmachung (Bonbonnieren, Kosmetika) und technischen Zusatzfunktionen reichen (z.B. Dosiervorrichtungen, Mischvorrichtungen oder Display-Möglichkeiten).

Echte Sekundärfunktionen sind schließlich die Wieder- und Weiterverwendung in Form von Mehrwegverpackungen (auch bei Versandverpackungen) sowie die umweltfreundliche Recyklisierbarkeit der Packstoffe (eventuell Rezyklisierzeichen). Der Einsatz von Altstoffen als Sekundärrohstoffe ist bei den meisten Packstoffen besonders bei Papier (ausgenommen kunststoffbeschichtete und Verbundpapiere), bei Kunststoff, Glas usw. gegeben. Bei Glas ist eine Trennung in Bunt- und Weißglas notwendig und durchführbar, wobei Metallreste (Sicherheitsverschlüsse!) problematisch werden können. PVC eignet sich bekanntlich nicht zum Verbrennen (Entwicklung von HCl-Dämpfen!).

Zusammenfassung der Verpackungsfunktionen

Grundfunktion	Primärfunktion		Sekundärfunktionen
Schutzfunktion	Umschlag, Lager u.Transport Distribution,Optimierung der zeitlichen und räumlichen Überbrückung	Quantitäts- und Qualitätserhaltung bzw. Substanz- und Werterhaltung, Vermeidung von Warenverlusten	Ökologische Umwelt- und Rohstoffschonung, Wieder-u.Weiterverwendung technische Zusatzfunktionen

Grundfunktion	Primärfunktion		Sekundärfunktion
Informationsfunktion	Werbung, Differenzierung Display, Blickfang, Absatzsicherung Bedruckbarkeit, Maschinengängigkeit	Manipulationszeichen, Sicherheit, Schadensverhütung, Gebr.- u. Bequemlichkeitshinweise	Recyclisierungshinweise

In Ergänzung dieses eher theoretischen Gerüstes seien noch einige Begriffe des praktischen Verpackungswesens angeschlossen.

Handelsübliche Verpackung

Packmittel und Verpackungsmethoden, die sich nach allgemeiner Auffassung im Handelsverkehr bewährt und durchgesetzt haben und vernünftigen wirtschaftlichen und technischen Praktiken entsprechen. Eine gesetzliche Definition gibt es bisher nicht.

Seemäßige Verpackung

Sammelbegriff für im Überseeverkehr übliche Ausführung von Packmitteln, abhängig vom Packgut, Versandweg, -dauer, Bestimmungsland und -ort.

Einwegverpackung

Packmittel, das im Gegensatz zur Mehrweg-Verpackung nur für den einmaligen Gebrauch bestimmt ist und nicht zurückgenommen wird.

Mehrwegverpackung

Mehrmals verwendbares Packmittel, das im allgemeinen im Leih- und Rückgabeverkehr benutzt wird.

Einheitsverpackung

Bei den deutschen Eisenbahnen eingeführte Benennung von Verpackung, deren Beschaffenheit bestimmten Vorschriften genügen muß. Sie gilt als ausreichende äußere Verpackung.

Anerkannte Verpackung

Von den Eisenbahn- und Postverwaltungen verwendete Benennung für Versandverpackungen, die nach einer Prüfung als ausreichend für den Versand eines bestimmten Packgutes anerkannt worden sind. Die Anerkennung umfaßt das gesamte Packstück und regelt die Haftungsübernahme durch den Verkehrsträger.

Standardverpackung

Packmittel, dessen Form, Größe und Ausführung auf gleichartige, immer wieder zu verpackende Güter und Mengen festgelegt wird.

Normverpackung

Packmittel, dessen Form, Größe und Ausführung in freier Vereinbarung zwischen Herstellern und Verwendern festgelegt und das als genormtes Packmittel in das Normenwerk der jeweiligen nationalen Normenausschüsse aufgenommen worden ist.

Konstruktionsverpackung (konstruierte Verpackung)

Dem Packgut und seiner Form angepaßte Verpackung, die gegebenenfalls auch mit besonders konstruierten, auf das Packgut abgestimmten Einrichtungen, Einlagen, Versteifungen, Abstützungen, usw. ausgerüstet sein kann.

Lagerverpackung

Packmittel für technische Artikel oder Geräte, die nicht für den allgemeinen Verkauf bestimmt sind, aber als Einzelpackung ausgeliefert werden (z.B. an Installateure).

Versandverpackung

Packmittel, dessen Ausführung von den Transport- und Versandanforderungen bestimmt ist und das im allgemeinen als Außenverpackung für das Packgut oder der Zusammenfassung einer Anzahl von Einzelpackungen, Grundpackungen und/oder Sammelpackungen dient.

Geschenkverpackung

Packmittel mit besonders attraktiver Ausstattung mit dem Ziel, das Packgut wirksam als Geschenk zu präsentieren.

Displayverpackung

Packmittel mit besonderer Ausstattung, um das Packgut bzw. die Einzelpackung im Verkaufs- oder Ausstellungsraum aus dem allgemeinen Angebot auffallend herauszustellen.

2.31 KONSUMVERPACKUNG

Die für den Letztverbraucher bestimmten Verpackungsformen sind heute außerordentlich vielfältig und reichen von der Faltschachtel, Klarsicht- und Vakuumverpackung, Blister- und Skinverpackung bis zur Spraydose. Mit dem Überhandnehmen der Selbstbedienung im Food- und Non-Foodbereich bis zum Eisenwaren und Ersatzteilhandel gilt heute die Gleichung

Ware = Packgut + Verpackung

Die im Konsumbereich typischen Packmittel lassen sich in flexible und formfeste Arten und Ausführungen unterteilen.

Flexible Packmittel:	Formfeste Packmittel:	
	Kleinpackmittel:	Großpackmittel:
Folieneinschlag	Schalen	Ballon
Schrumpfhüllen	Schachteln	Kisten
Beutel	Becher	Kanister (Gallone = 3,785 l)
Kunststoffnetze	Dosen	Kannen
Skin(Haut-)packungen	Blisterpackungen*)	Hobbocks (mit Sicken)
Stretchpackungen	Bubblepackungen	Fässer (Barrel = 42 Gallonen = 159 l)
Kissen	Flaschen	Eimer
Tuben	Trommeln	
Säcke (Folien-, Gewebesäcke)		

Als Packstoff überwiegt nach wie vor Papier (vgl. oben), auch kunststoffbeschichtet (Tetra- und Vierkantpack) und kaschiert mit Alufolie für Vakuum- und Schutzgas (Stickstoff, CO_2)-Packungen, Karton (Graukarton aus Altpapier, gestrichen und/ oder mit Kunststoffeinlagen) für Faltschachteln, Zellophan für Klarsichtpackungen; ferner die Massenkunststoffe Polyäthylen (PE), Polypropylen (PP) für Beuteln, Tragtaschen, Dosen, Flaschen und dergleichen sowie PVC und Polystyrol für Folien, Becher, auch durchsichtige, Flaschen und ähnliches ; Glas dient vor allem für Flaschen und Weithalsgläser (Einsiedegläser); Weißblech innen lackiert für Konserven, Dosen, Getränke usw., ebenso Ganzaluminiumdosen mit Aufreißdeckel für Getränke (Bier, Cola usw.) und Konserven, Alufolien für Schokoladen und Süßwaren, Bratenfolien, Alutuben usw.

Dabei gilt natürlich auch hier die Mengen- Kostendegression, die bezogen auf die gängigsten Packstoffe im Prinzip wie folgt aussieht.

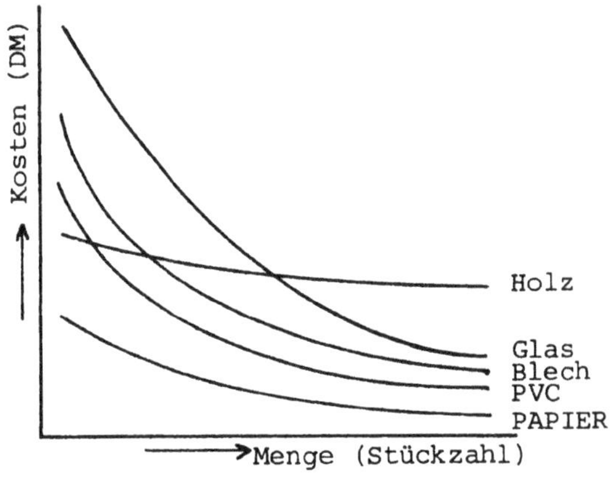

Tendenzielle Abhängigkeit der Stoffkosten von der Stückzahl bei Verpackungen vergleichbarer Größe (nach Koppelmann).

*) Blisterpackungen = Durchdrückpackungen

Über die relative Bedeutung der Packstoffe mögen die folgenden Zahlen Auskunft geben, aus denen auch charakteristische Substitutionsbewegungen zwischen den Packstoffen erkennbar werden.

Entwicklung der Verpackungswirtschaft nach Sektoren in Österreich und USA in % des Bruttoproduktionswertes

	Metall		Glas		Kunstst.		Holz		Papier		Textil		Verpackung ö.S./Kopf		im ganzen % vom BNP	
	A	USA	A	USA	A	USA	A	USA	A	USA	A	USA	A	USA	A	USA
1960	23,1	25,2	6,9	8,7	12,9	6,1	4,4	4,0	48,4	53,8	4,2	2,0	304	1.547	1,31	2,14
1972	20,8	27,9	8,2	10,2	25,1	11,6	1,6	2,8	44,1	46,8	0,3	1,2	963	2.267	1,51	1,77
1982	19,3		8,7		24,0		2,3		44,4		1,3		1955			

Die Entwicklungstendenzen innerhalb der Branchen mit Ausnahme von Metall sind in beiden Ländern ähnlich: relative Abnahme bei Holz, Papier und Textil, relative Zunahme bei Glas und Kunststoff. Eine absolute Abnahme gab es nur bei Textilverpackung in Österreich. Die Pro-Kopf-Erzeugung an Verpackungsmaterial war in Österreich noch wesentlich geringer als in den USA, bezogen auf das BNP nähern wir uns jedoch bereits den USA.

Was etwaige Schäden oder Veränderungen am Packgut selbst anbelangt, so können dafür verschiedene einfache, mehrfache bzw. kombinierte Ursachen folgender Art verantwortlich gemacht werden. Dabei kann ein primärer Schaden einen anderen oder mehrere andere Folgeschäden auslösen und verstärken (Schadenssyndrom!). Die nachstehende Übersicht soll die häufigsten Warenschäden, ihre Ursachen und Verhütungsmöglichkeiten aufzeigen.

Übersicht 14 Ursachen von Packgutänderungen

Mechanische Ursachen:

bei empfindlichen Gütern: Zerbrechen, Zertrümmern

Altern:

bei verderblichen Gütern: Oxidation, Reduktion (Sauerwerden, Ranzigwerden)
photochemische Lufteinwirkung (Verfärbung, Brüchigwerden)
Feuchtigkeit, Hydrolyse, Mikrobenbefall (Bombage von Konserven, Schimmel)
Enzymatische Reaktionen (Weichwerden von Obst, Flüssigwerden von Eiklar)
Temperatur (Verdampfen, Austrocknen)
Geruchs- und Geschmacksveränderungen, Aufnahme oder Abgabe von Aromastoffen
Konsistenzänderungen (Klebrigwerden, Weichwerden, Verflüssigen)

Wechselwirkung mit der Verpackung:

Migration von Monomeren, Weichmachern und Zusatzstoffen (PVC)
Korrosion (Beschädigung metallischer Packgüter, Zn, Pb-Migration)
Mechanischer Abrieb (Beschädigung vom Packgut)

Schutz des Packgutes kann erreicht werden durch:

Trennbarrieren
Dichtigkeit des Packstoffes und Packmittels (Zellophan, PE, hygroskopische Substanzen)
Kopfräume (Luft- oder Gaspolster, N_2- oder CO_2-Schutzgas)
Dichtigkeit des Verschlusses (Kork, Kunststoffdichtungen)
Genormte Bedingungen beim Abpacken (Raumklima, exaktes Arbeiten)

Polsterung zur Stoßdämpfung
Verkürzung des Bremsweges (Konstruktion)
Energieaufnahme (Schaumstoff, Mehrfachwellpappen)

Formstabilität
    Stapelfähigkeit (Druckaufnahme durch Packgut, Packmittelkonstruktion)
    Hitze, Kälte (Schaumstoff, Isoliermaterial)

Bei Konsumgütern ist die Darbietung (Präsentation) eine für den Verkaufserfolg entscheidende Determinante. Die Verpackung erfüllt hier eine ausgesprochene Distributionsfunktion, die besonders in SB-Läden von den Informationsmöglichkeiten unterstützt wird.

Übersicht 15 Funktionen der Verkaufsverpackung

Information:
- Deklaration/Kennzeichnung betreffend (Name, Hersteller)
- Zusammensetzung (Nährwert)
- Menge (gerade Mengen)
- Herkunft, Datum (Abfülldatum, Verbrauchsfrist)
- Aufbewahrung (Art, Bedingungen)
- Anwendung, Gebrauch, Gefahren (Öffnung, Textilpflege)
- Ergiebigkeit (Verdünnungsfaktor)
- Preis und Preis/Mengeneinheit

Kaufanreiz:
- Oberflächliche, farbliche und Formgestaltung (Design)
- Drucktechnische Gestaltung (Bild-, Textwerbung)
- Wareneigene Werbung (Packgut in Klarsichtfolie)

Verteileraufgaben:
- Verkaufsgerechte Portionen (zusätzliche Unterteilungen)
- Palettengerechte Modulsysteme (Stapelbarkeit, Platzausnützung)
- Eignung für Umschlagsoperationen (fahrbare Kolli)

Einen Spezialfall bildet die Spray-Dose, die hauptsächlich für Kosmetika, Haar-Spray, für Haushaltsartikel, Insektizide, Luftverbesserer und technische Aerosole (Lacke, Farben) usw. Anwendung findet. Das Treibmittel (fluorierte Kohlenwasserstoffe) sind chemisch indifferent und lösen sich unter Druck im Füllgut, das sie nicht beeinflussen. Der Hauptvorteil besteht in der raschen, sauberen und bequemen Anwendung der feinen Zerstäubung bzw. hohen Zerteilwirkung, dem sparsamen und vollständigen Produktverbrauch. Allerdings werden Bedenken wegen der Beständigkeit des Treibmittels geäußert, das in die Ozonschicht der Stratosphäre gelangen und diese reaktiv beeinträchtigen soll, was zu vermehrter UV-Einstrahlung führen könnte (Hautkrebsgefahr).

2.32 TRANSPORT- ODER VERSANDVERPACKUNG

Die Begriffe Versand- und Transportverpackung werden meist synonym gebraucht. Versteht man aber unter Versand den Oberbegriff für Umschlag-, Lager- und Transport, so wäre Versandverpackung vorzuziehen. Jedenfalls muß eine derartige Verpackung für alle drei Transpositionsphasen geeignet sein. Die Versandverpackung besteht in der Regel aus größeren Einheiten, die in erster Linie dem Schutz des Packgutes dienen. Als solche Großpackmittel kommen außer den oben genannten noch Tonnen und verschiedene Verschläge sowie gewisse Container in Frage. Einen wesentlichen Anteil nehmen größere Faltschachteln aus Wellpappe ein, auch aus mehrwelliger imprägnierter Wellpappe, eventuell mit verstärkten Ecken, Einlagen etc.

Bei maschineller Verpackung werden Faltschachteln mit automatischem Bodenverschluß beim Aufrichten bevorzugt. Auch für die Aufrichtung von Hand gibt es geeignete Zuschnitte bzw. Verschlüsse. Transportschachteln aus Wellpappe werden immer aus Gründen der Raumersparnis flach bzw. im Stapel geliefert und gelagert. Sie haben Kisten und Steigen weitgehend verdrängt.

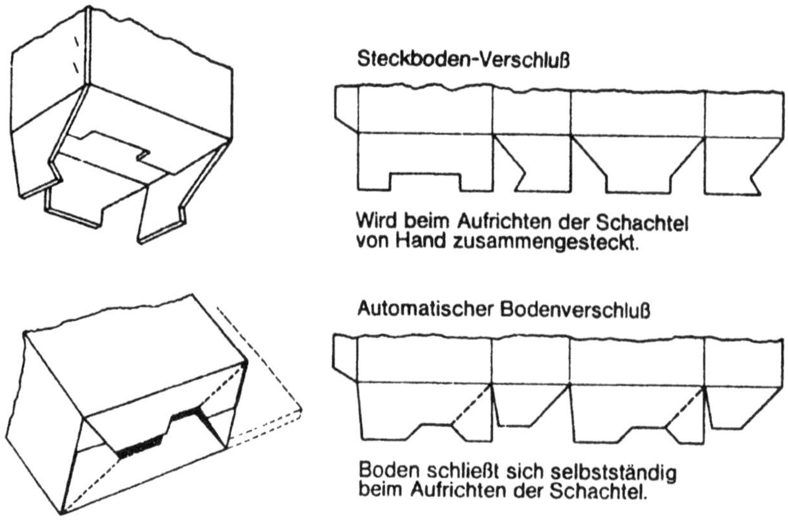

(aus Lisson)

Die Transportkisten für Bierflaschen (Harasse) werden fast ausschließlich aus Kunststoff gefertigt, Bierfässer sind vielfach aus Edelstahl oder Aluminium.

Bei Versandverpackungen kommt es in erster Linie auf die Schutzfunktion an, die hier daher noch etwas genauer betrachtet werden muß. Der Schutz vor mechanischer Beschädigung soll sich nach der Empfindlichkeit des Packgutes richten. Folgende Empfindlichkeitsstufen gegen Einzelstöße werden angegeben.

Empfindlichkeitsstufe	maximal zulässige g-Werte	Beispiele
extrem empfindlich	15-20 g	Präzisionsinstrumente; solche mit empfindlicher mechanischer Lagerung
hochempfindlich	20-40 g	elektromechanische Meßinstrumente; elektronische Ausrüstungen, die in eine feste stoßgeschützte Rahmenkonstruktion eingebaut sind
empfindlich	40-60 g	elektromechanische Geräte (elektrische Schreib-, Rechenmaschinen); elektronische Geräte
mäßig empfindlich	60-80 g	elektrische und optische Geräte (Fernsehgeräte, Kameras)
wenig empfindlich	80-100 g	Haushaltsgeräte (Waschmaschinen, Kühlschränke)
nahezu unempfindlich	110-200 g	Maschinen ohne empfindliche Teile

g bedeutet die Erdbeschleunigung = 981 cm/sec^2, wobei z.B. eine 12 kg schwere Versandverpackung aus 95 cm Fallhöhe 140 g ausgesetzt ist. Meist werden daher kritische am Falltisch ermittelte Fallhöhen angegeben (typische Fallhöhe: 110 cm).

Nächst der Stoß- ist noch die Vibrations- und Druckempfindlichkeit vor allem für die mögliche Stapelhöhe eine wichtige Größe. Dabei muß zwischen nichtmittragendem und mittragendem Packgut unterschieden werden.

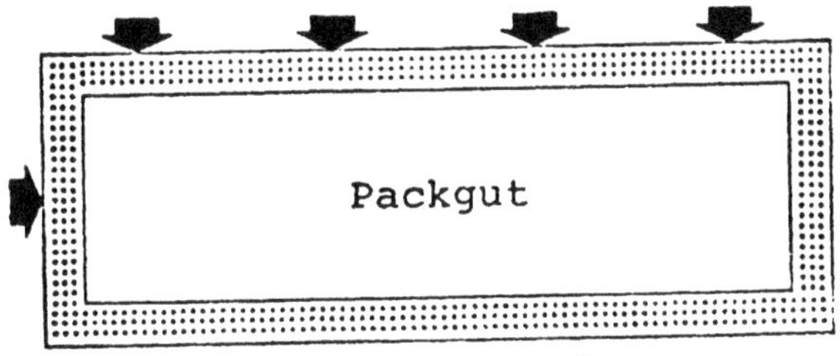

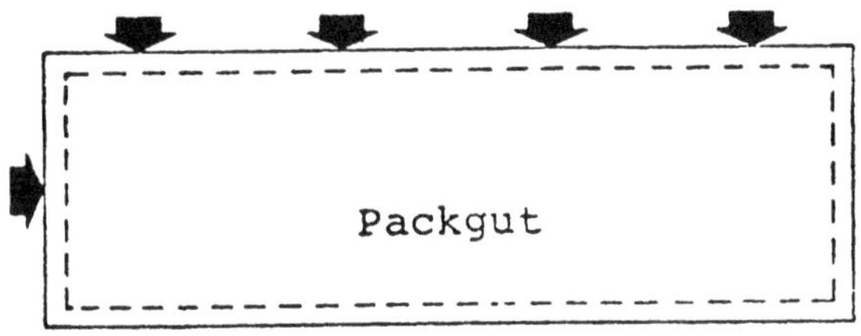

Die in der Praxis auftretenden Stapelhöhen bewegen sich zwischen 2 und 8 m, wobei zwischen 13 - 40 kPa Druck zu erwarten sind (100 kPa ~ 1 bar).

Richtwerte für die maximale Stapelhöhe

Landfahrzeuge und Container	bis 2 m
Flugzeug	bis 2 m
Regalloses Lagern	bis 6 m
Seeschiff-Zwischendeck	bis 4,5 m (31 kPa)
Seeschiff-Unterraum	bis 8 m (55 kPa)

In der Prüfpraxis werden folgende DIN-Vorschriften herangezogen:

Fallprüfung auf dem Falltisch nach DIN 55 441
Stoßprüfung auf der schiefen Ebene nach DIN 55 442
Stauchprüfung nach DIN 55 440
Rüttelprüfung nach DIN 55 443

Nach der mechanischen ist vor allem die klimatische Beanspruchung ein wesentlicher Faktor, dem die Verpackung wirksam begegnen soll. Hier sind es vor allem die Temperatur und relative Luftfeuchtigkeit, die einerseits durch Erwärmen, Gefrieren und andererseits durch Kondenswasserbildung bei Unterschreiten des Taupunktes mannigfaltige Schäden auslösen (vgl. oben). Wirksame Gegenmaßnahmen bilden geeignete Belüftung - keine warme Luft in kalte Räume oder an kalte Gegenstände! - Ventilation, Isoliermittel, Absorptionsmittel und schließlich Klimatisierung der Lagerräume, der Container usw. Auch die Verwendung wasserundurchlässiger Packstoffe (Imprägnierung) oder Schutzgasfüllung sind ausgezeichnete, aber aufwendige Schutzmaßnahmen.

Die Frage der optimalen Versandverpackung kann nur gelöst werden, wenn einerseits die Versandbeanspruchungen bekannt oder zumindestens abschätzbar sind und andererseits das Risiko bekannt ist, das man übernehmen will.

Die Versandbeanspruchungen können durch möglichst realitätsnahe Simulationsversuche (Falltisch, Klimakammer, verschiedene Festigkeits- und Durchlässigkeitsprüfungen) oder aus Schadensstatistiken der Versicherungen ex ante, mit größerer Zuverlässigkeit nur durch Versandversuche, Forschungsreisen usw. ex post festgestellt werden. Das Risiko besteht nicht nur in (von der Versicherung gedeckten) Beschädigung oder

Verlust des Packgutes sondern auch im eventuellen Verlieren der Kundschaft. Häufig schreibt der Kunde bzw. das Transportunternehmen oder das Gesetz (gefährliche Güter) eine bestimmte Verpackung vor. Nachstehend ein Überblick über die internationalen Vorschriften für gefährliche Packgüter.

Eisenbahnverkehr	RID[1)] = Internationale Ordnung für die Beförderung gefährlicher Güter mit der Eisenbahn (Règlement international concernant le transport des marchandises dangereuses par chemins de fer) RID bildet die Anlage I zum CIM. (CIM = Internationales Übereinkommen über den Eisenbahn - Frachtverkehr) Gültigkeitsbereich der RID: alle europäischen Staaten mit Ausnahme der UdSSR
Straßenverkehr	ADR[1)] = Europäisches Übereinkommen über die internationale Beförderung gefährlicher Güter auf der Straße
Binnenschiffahrt	ADN[1)] = Europäisches Übereinkommen über die internationale Beförderung gefährlicher Güter auf Binnenwasserstraßen (Accord europêen relatif au transport international des marchandises dangereuses par voie de navigation intêrieur) ADNR = Règlement pour le transport des matiéres dangereuses sur le Rhin (gültig für die Rheinschiffahrt)
Seeschiffahrt	IMDG - Code[2)] = Empfehlungen für den Seetransport gefährlicher Güter (Code maritime international des marchandises dangereuses; International Maritime Dangerous Goods - Code)
Radioaktive Stoffe	Règlement de transport des matières radioactives (Regulation for the Safe Transport of Radioactive Materials)

1) RID, ADR und ADN liegt eine Einteilung der gefährlichen Güter in 14 Gefahrenklassen zugrunde.

2) Der IMDG-Code basiert auf der Empfehlung der UNO, 9 Klassen von gefährlichen Gütern sind zu unterscheiden.

Im allgemeinen wird der Verpackungsaufwand mit dem Wert des Packgutes steigen, wobei es darauf ankommt, wie lange welche Packgutqualität erhalten bleiben soll. Die folgende Abbildung läßt die allgemeinen Zusammenhänge von Haltbarkeit und Verpackungsaufwand erkennen. Im konkreten Fall wird man versuchen, die Eignungsprofile verschiedener Verpackungsalternativen mit einem zu erstellenden Anforderungsprofil verschiedener Versandarten zu vergleichen und die qualitativ beste und zugleich kostengünstigste Lösung auszuwählen.

Die Haltbarkeit bzw. der Schutz des Packgutes nimmt in der angeführten Weise mit der Zeit, in der sich Distribution und Lagerung vollziehen, ab und unterschreitet nur bei guter Verpackung nicht die tolerierte Grenzqualität, die der Verbraucher oder Verwender (Empfänger) des Packgutes noch erwarten darf.

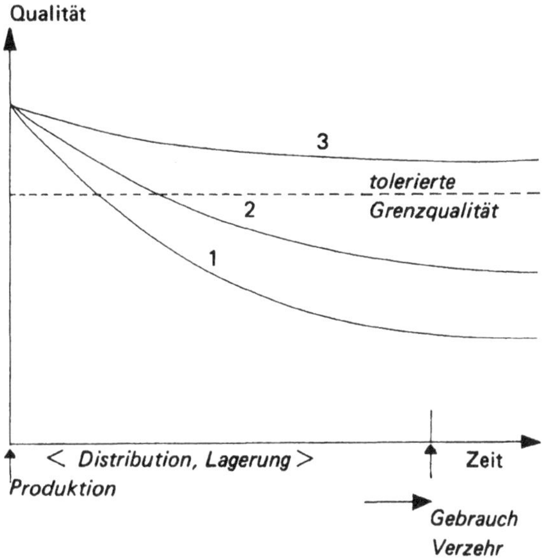

1 Unverpackt
2 Ungenügend verpackt
3 Gut verpackt

Haltbarkeit: Zeit ab Produktion bis Erreichung der Grenzqualität (aus Fink)

LITERATUR

Fink, P., Verpackung - ein Qualitätsmerkmal der Ware. Forum Ware 7 (1979), 99-104.

Fürst, R., Verpackung gelobt und getadelt - unentbehrlich. Ein Jahrhundert der Verpackungsindustrie. Düsseldorf und Wien 1973.

Grundke, G., Grundriß der allgemeinen Warenkunde, Bd. III Warenpflege - Verpackung 6. Aufl., VEB Fachbuchverl. Leipzig 1986.

Derselbe, Warenkundliche Testfahrten. 2.Aufl., transpress VEB Verl. f. Verkehrswesen, Berlin 1978.

Kernstock, F., Verpackung - Verpackungswirtschaft; Entwicklung und Tendenzen gezeigt am Beispiel Österreichs und internationaler Vergleiche. Diss. WH Wien 1974.

Koppelmann, U., Grundlagen der Verpackungsgestaltung. Herne/Berlin 1971.

Kühne, G., Verpacken mit Kunststoffen. München 1974.

Hörlezeder, A. (Red.), Österr. Verpackungskatalog. 9.Aufl., Bastei Verl., Wien 1987.

Paine, F.A., (Hrsg.), Fundamentals of Packing. London, Glasgow 1962.

Pulanek, J., Das Auswahlproblem bei konventionellen Versandpackungen - ein systematischer Lösungsansatz. Diss.WU Wien 1979.

Rockstroh, O., (Hrsg.), Handbuch der industriellen Verpackung. München 1972.

Heiss, R., Verpackung von Lebensmitteln, Springer Verl., Berlin 1980

Referatedienst Verpackung - zentrale internationale Dokumentation. München, seit 1976.

Österr. Verpackungsstatistik 1982. Österr. Inst. f. Verpackungswesen an der WU-Wien, Sept. 1983

ANMERKUNG ZU 2.32 TRANSPORT- ODER VERSANDVERPACKUNG

Die härtesten Bedingungen an eine Großverpackung werden im Überseeversand gestellt, wobei sich die Beanspruchungen ergeben aus:

- Größe und Gewicht des Packstückes, der beladenen Kiste, des Verschlages usw.
- der Art des Transportmittels, insbesondere des Schiffstyps, der Laderaumhöhe, der Stapelhöhe, vom Ladezeug und Versanddauer
- den Hafen- und Lagerverhältnissen, besonders im Zielhafen, bei fehlender Infrastruktur, vielfachem Umschlag usw.
- den Klima- und Wetterbedingungen während der Fahrt und im Ziellager z.B. Lagern im Freien.

Diese Bedingungen sind in der Regel nicht oder nur ungenau bekannt, weshalb es sich empfiehlt, leicht zu behebende oder zu vermeidende Schadensursachen zu umgehen. Da auch heute noch die meisten Schwergüter in Holzkisten oder Verschlägen für den Überseeversand und Ferntransport verpackt werden, seien diese kurz besprochen. Ein beträchtlicher Anteil von Schwergütern wie Anlagen Maschinen usw. werden noch immer als Stückgüter versandt, umgeschlagen und in den Lager- und Laderäumen gestapelt.

Messungen an 2.100 Packstücken der Elektro- und Chemieindustrie ergaben, daß die mittlere Dichte bei 0,51 $\pm$ 0,17 t/m^3 und bei 1.500 Packstücken des Anlageversandes bei 0,61 $\pm$ 0.59 t/m^3 liegt. Der Germanische Lloyd rechnet unter Einschluß einer Sicherheitsmarge mit einer Bodenbelastbarkeit von 0,72 t/m^2 pro m Höhe. Nimmt man in guter Annäherung an die Wirklichkeit eine mittlere Dichte der Kisten von 0,7 t/m^3 bei einer Stauraumhöhe von 6 m, so ruht auf dem untersten Packstück eine Last von 3.5 t/m^2 (= 35 kPa = 3,5 N/cm^2). Solche Drücke werden von normalen, gut gearbeiteten Holzkisten auch bei zusätzlicher Belastung z.B. durch Stampfen des Schiffes gut vertragen.

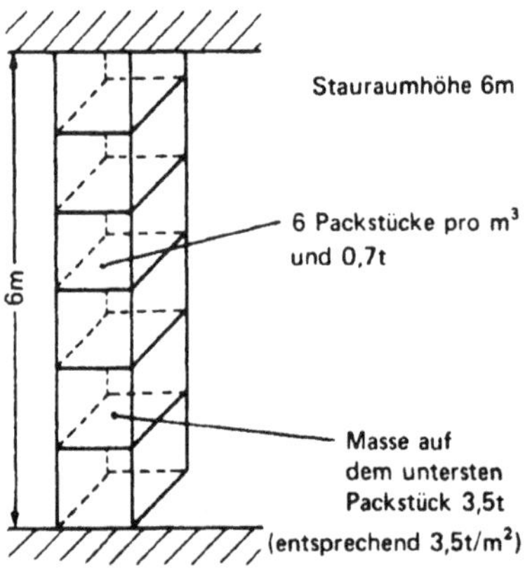

Die Beanspruchungen, denen Packstücke bei Umschlag- und Transport ausgesetzt sind, können folgendermaßen aufgegliedert werden:

Beanspruchung:
- statisch: Belastbarkeit ca. 4,2 t/m^2 Bodendruck bei 6 m Stauhhöhe
- dynamisch: Rütteln, Rollen, Stampfen, Stoßen; Reiben, Scheuern, Schwingen, Vibrieren; Unterfahrung mit Gabelstaplern usw.
- klimatisch: Wärme, Kälte, Feuchtigkeit, Kondenswasser, Regen, Schnee, Spritzwasser
- chemische: geruchsbelästigende oder korrosionsfördernde Fremdgase oder Flüssigkeiten, verschiedene chemische Reaktionen, besonders bei gefährlichen Gütern
- biotisch: Bakterien, Schimmelpilze, Insekten, Nager; Fäulnis, Verderb, Verschmutzung
- Zusammenwirken bzw. Syndrome aus einigen oder allen genannten Faktoren, nacheinander oder zugleich ablaufend

Die *statische Belastbarkeit* kann durch Druck- und Spannungsmessungen exakt erfaßt werden. Entsprechende Untersuchungen an Holzkisten gestalten sich jedoch schwierig, da Holz ein anisotroper (richtungsabhängiger) Naturstoff von großer Inhomogenität ist. Indessen haben Untersuchungen an verkleinerten Modellkisten ergeben, daß die Bruchlast von Kistenwänden (Kufenquerschnitt 2,8 x 3,8 cm^2) bei senkrechter Belastung zwischen 37 kN/cm^2 und bei Biegebelastung bei 8 kN/cm^2 liegt. Wurde jedoch die ganze Modellkiste belastet, so stiegen die Grenzwerte auf 49 bzw. 18 kN; daraus geht hervor, daß der Kistenaufbau selbst wesentlich zur Erhöhung der Belastbarkeit beiträgt. Wie aus dem Vergleich dieser Bruchlastwerte mit obigen Staudrücken hervorgeht, sind Holzkisten i.a. hinsichtlich statischer Beanspruchung überdimensioniert. Es bestehen aber noch eine Reihe anderer Schwachstellen, woraus sich folgende Überlegungen ergeben.

ANSPRÜCHE AN HOLZKISTEN FÜR SCHWERGUT

Aus der Praxis lassen sich ohne weiteres und mit geringen Mitteln zu verwirklichende Forderungen ableiten, durch deren Erfüllung die meisten Transportschäden an Kisten bereits von vornherein vermieden werden.

Zur *Sicherung der Unterfahrbarkeit* mit den heute üblichen Gabelstaplern beim Umschlag im Lager und bei den Stauarbeiten im Schiff sollten folgende Maßnahmen ergriffen werden. Die Beschädigung des Kistenbodens wird vermieden, wenn die Kisten mit entsprechenden Kufen versehen sind, die außerdem durch Rutschleisten verstärkt sind; damit wird die Unterfahrbarkeit aus beiden Richtungen ermöglicht. Durch geeignete Verstärkung des Bodens wird auch das Schieben der Kisten in Längs- und Querrichtung gefahrlos gewährleistet. Die beschädigungslose Manipulierbarkeit mit dem Gabelstapler ist erst gewährleistet bei mindestens 8 cm Unterfahrhöhe.

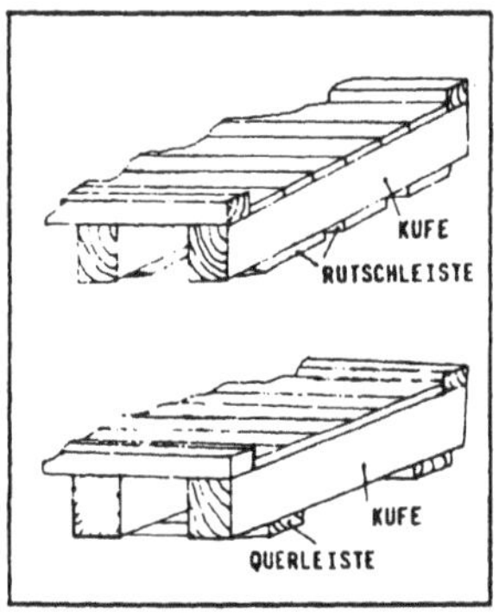

Die *Gewährleistung der Kranbarkeit* kann durch vorbeugende Maßnahmen sichergestellt werden. Es ist nicht allgemein bekannt, daß nur die nordeuropäischen Häfen über eigene moderne Krane und Ladegeräte verfügen; in der übrigen Welt müssen die Schiffe ihre eigenen Ladezeuge zum Beladen und Löschen der (Stück)güter benützen. Dabei kommt es bei Kisten häufig zu Beschädigungen oder zum Absturz von Kisten, wenn die Anschlagstelle für die Kranseile nicht entsprechend markiert und hergerichtet sind. Auch ungünstige Spreizwinkel der Seile können an der Oberkante und den Seitenwänden der Kiste Schäden durch Eindrücken hervorrufen. Durch entsprechendes Legen der Seile an die Deckelquerleisten, und/oder Anbringen von Blechwinkel an den Kanten werden Schäden vermieden.

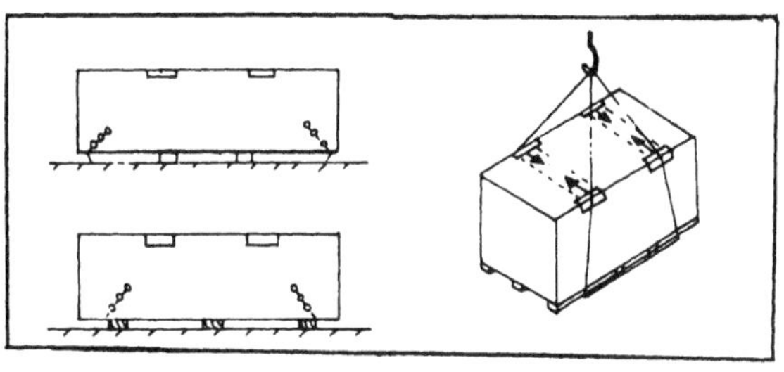

Eine *optimale Nutzung des Kistenaufbaues* wird durch geeignete Konstruktion erreicht. Kisten werden aus Brettern bzw. Leisten und Latten gefertigt und es ist unmittelbar einsichtig, daß eine Holzlatte in senkrechter Kantenstellung eine viel größere Biegefestigkeit hat als in Flachlage; bei Knickbeanspruchung erweist sich eine senkrechte Kantenstellung als vorteilhaft.

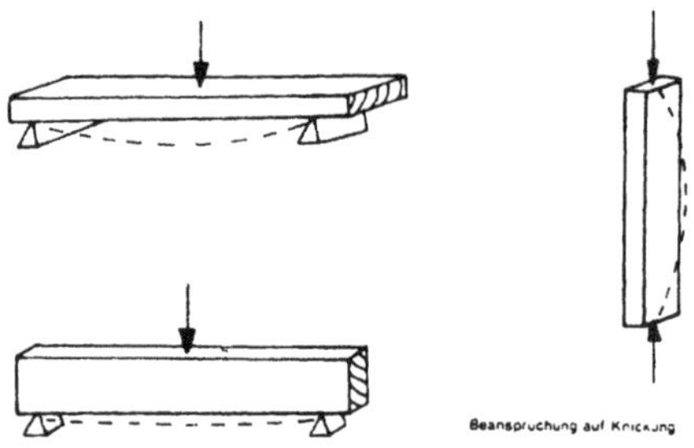

(aus Petzold)

Bei Stapelung können die Druckkräfte daher am besten durch senkrechte Verbretterung der Seitenwände abgefangen werden. Lange und schmale Kisten (Höhe: Länge = 1:8) werden beim Stapeln und im Kran hauptsächlich auf Verbiegung beansprucht und deshalb am besten waagrecht verbrettert.

Die *Gewährleistung der Schubfestigkeit* wird ebenfalls durch konstruktive Maßnahmen erreicht. Dynamische Beanspruchungen bei Bewegungen des Schiffes (Rollen, Stampfen), bei starkem Bremsen von LKW und Verschub von Güterwägen (Rütteln, Stoßen) äußern sich in horizontal angreifenden Scherkräften, denen Kisten oft nicht gewachsen sind. Besonders gefährdete großflächige Kisten sollten daher durch Diagonallatten versteift werden.

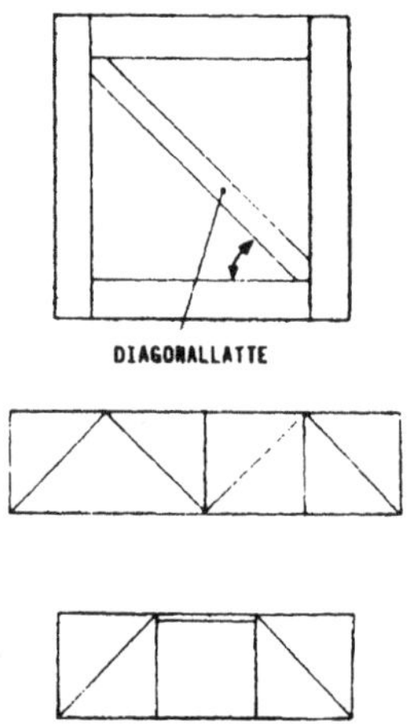

(aus Petzold)

Eine *normgerechte Markierung* der Versandverpackung ist ebenfalls sehr wichtig. Auch die Versandverpackung muß Informationsfunktion übernehmen, wozu folgende fünf Informationen nötig sind; sie sollten möglichst unter Verwendung von Schablonen für Schrift- und Bildzeichen sowohl an der Längswie auf der Schmalseite angebracht werden.

- Leit- oder Hauptmarke: Auftragsnummer- Kennmarke/Firmenname - , Gesamtstückzahl bei Gebinden oder größeren Sendungen, Numer des betreffenden Packstücks
- Anschrift des Empfängers: Bestimmungsort- oder Hafen
- Gewicht (Masse): Kisten über 1000 kg Bruttomasse müssen Gewichtsangabe haben. Leichtere Kisten sollten im Hinblick auf Lagerung, Umschlag und Transport ebenfalls Gewichtsangaben haben.
- Abmessungen der Kiste: Länge x Breite x Höhe in cm
- Hinweise für sachgemäße Behandlung: Stau-, Lagerung- und Anschlagsymbole (vgl. S. 89), Schwerpunkt usw.

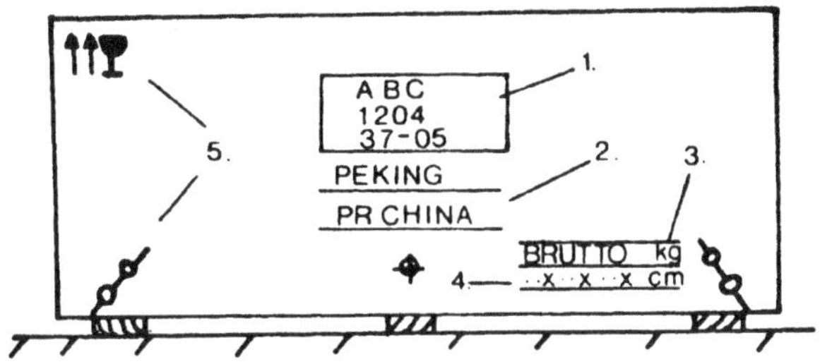

(aus Petzold)

ANSPRÜCHE AN WELLPAPPE-VERSANDSCHACHTELN

Zu Versandverpackungen aus Wellpappe zählen Falt-, Stülp-, Deckel-, Teleskopschachteln, ferner Verbundkonstruktionen mit Holz sowie die Palettenbox mit verlorener Palette und Kombinationsverpackungen mit Polystyrolschaumeinlagen, Polyurethanausschäumung usw. und schließlich auch Verkleidungen von Verschlägen. Wellpappe findet auch in seemäßiger Verpackung Verwendung, wobei diese Packmittel ebenfalls größeren Anforderungen genügen müssen.

Da die Packstücke aus Wellpappe meist im Zwischendeck untergebracht werden, beträgt die Stapelhöhe maximal 3 m und in Containern ca. 2 m. Bei Ladungsdichte 0,7 t/m^3 und 2,5 m Überstau errechnet sich die Belastung einer Grundfläche von 0,5 m^2 zu 875 kg; bei nichtmittragender Verpackung muß das Packmittel allenfalls noch zusätzliche dynamische Scherkräfte aushalten.

Der schwache Punkt der Wellpappe liegt jedoch in der Hygroskopizität (Wasseranziehung), da bei Befeuchtung ihre Festigkeit und Widerstandskraft sehr rasch abnimmt. Für extreme Beanspruchungen wie z.B. Freilagerung, Beregung usw. ist Wellpappe i.a. ungeeignet. Durch Imprägnierung mit Paraffinen, Einarbeitung von PE-Sperrschichten oder durch Außenbeschichtung mit Wachsen usw. kann sie sogar kurzer Bewetterung standhalten, vorausgesetzt, daß auch die Verschlüsse wasserdicht sind.

Wesentliche Qualitäts-Kennwerte für den Packstoff Wellpappe sind

- Berstfestigkeit (klimatisiert 23 $^\circ$C, 50% rel. Luftfeuchtigkeit ÖNORM A 5503/1
- Naßfestigkeit der Lagenverklebung und des Verschlusses (DIN 53 133)
- Durchstoßarbeit (klimatisiert) ÖNORM A 5504
- Kantenstauchwiderstand (klimatisiert) DIN 53 149

Letzer Wert ist vor allem für die Stapelbarkeit und das Fallverhalten entscheidend, während die anderen Werte das Durch- und Aufreißen charakterisieren. Für die Einteilung in Güteklassen von Einheits-Versandschachteln und Schachteln für den Seeversand, auch "naßfest", sind in Abhängigkeit von den Abmessungen und dem Packstückgewicht (10-150 kg) bestimmte Werte für die Druchstoßarbeit und Berstfestigkeit vorgeschrieben (DIN 55 468). Naßfestigkeit bezieht sich auf die Lagen- und Verschlußverklebung, wobei die Naßberstfestigkeit mindestens 30% des entsprechenden Trockenwertes betragen muß.

Die Stapelbarkeit von Wellpappeschachteln wird durch Ermittlung des Stauchwiderstandes mittels Stauchpresse an der leeren Schachtel bei Klimatisierung gemessen (ÖNORM A 5488/2). Die starke Abhängigkeit des Stauchwiderstandes von der jeweils herrschenden Luftfeuchtigkeit geht aus nachstehender Abbildung hervor.

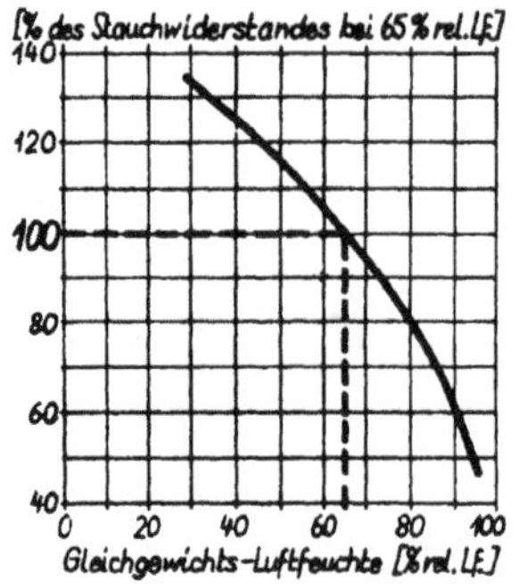

Abhängigkeit des Stauchwiderstandes von der Gleichgewichtsluftfeuchte im Temperaturbereich ca. 10–30° C.

(aus Langpaap)

Für die Beurteilung der "Seemäßigkeit" einer Wellpappeverpackung werden die so ermittelten Werte mit dem Korrekturfaktor 0,25 multipliziert. Als kritisch erweist sich vor allem die Naßfestigkeit, die nebst der unvermeidlichen Hygroskopizität vor allem von der Güte der Klebung von Welle und Außenlage sowie des Verschlusses abhängt. Verschluß durch Klammerheftung ist üblich und brauchbar.

Einzelschachteln sollten für die Umschlagsarbeiten "handlich" gemacht werden, etwa durch Anbringen von Griffen, Grifflöchern,Schlaufen etc., um Werfen, Schieben, Kippen usw. tunlichst zu verhindern, oder - was das Schlimmste ist - zum Gebrauch von Handhaken zu verleiten. Vorteilhaft ist die Verwendung von genormten Paletten, wobei jedoch besonders bei glatten Schachteloberflächen Antigleitmittel angewendet werden sollten. Einschrumpfen allein genügt oft nicht, zumal solche Paletteneinheiten zur Bildung von Kondenswasser neigen.

Auch bei Schachteln ist eine ausreichende, womöglich wasserfeste Markierung (vgl. oben) sehr wichtig, besonders im Hinblick auf etwaige Befassung mit der Transportversicherung bei Schadensfällen. Andererseits verführt zu häufige und unkritische Vergabe von anspruchsvolleren Handhabungshinweisen (z.B. top stowage = oben stauen) zur Entwertung, da Vorzugsbehandlung naturgemäß nur eingeschränkt möglich ist, und für wirklich kritische Fälle vorbehalten bleiben sollte.

ARTEN UND VERWENDUNG VON CONTAINERN

Container sind keine Packmittel, sondern Behältnisse zum Sammeltransport und Schutz von (verpackten) Stückgütern, ferner aber auch von Schüttgütern, Flüssigkeiten und Gasen, ja sogar von lebenden Pflanzen und Tieren. Der Siegeszug derContainerisierung hat im Zusammenhang mit dem Bau und Einsatz von Containerschiffen und Fahrzeugen auf Schiene und Straße sowie dem Gebrauch von eigenen Umschlagseinrichtungen erst nach dem 2. Weltkrieg voll eingesetzt, obwohl es schon viel früher Vorläufer des zugrunde liegenden Gedankens einer ungebrochenen Transportkette gegeben hat.

Standard- oder Iso-Container bilden die Grundlage des heutigen Containerverkehrs. Sie sind 20 oder 40 Fuß lang, die lichte Breite beträgt 2,3 m, die lichte Höhe 2,19 m. Der aus den USA stammende Standardcontainer besteht aus einem steifen Stahlrahmen mit allseitigen Wänden aus Stahlblech, Aluminiumblech oder Sperrholzplatten, meist beschichtet mit glasfaserverstärktem Kunststoff (GFK); eine zweiflügelige Stirntür aus dem gleichen Material dient der Be- und Entladung. Der Boden ist aus Holzbohlen oder Sperrholzplatten.

Beim Haus-zu-Haus-Container kann die Be- und Entladung vom Versender bzw. Empfänger selbst mit den notwendigen Vorsichtsmaßnahmen vorgenommen werden. Während dies beim Hafen-Hafen-Container, heute der Regelfall, nicht mehr möglich ist. Der Versender hat z.B. keinen Einfluß auf die Beiladung, die durch Feuchtigkeit das Innenklima stark beeinflussen kann!

Der Schüttgut- oder Bulk-Container unterscheidet sich vom Standardcontainer nur durch anders angeordnete Öffnungen zum Befüllen und Entleeren; manchmal werden die Seitenwände verstärkt.

Der Tank-Container für Flüssigkeiten oder Gase besteht meist aus zylindrischen oder kugelförmigen Behältern, die etwaigen gesetzlichen Vorschriften genügen müssen.
Bedingt offene Container ersetzen die Dach- oder Seitenteile durch Planen; man unterscheidet daher Open-Top (OT), Open-Sided(OS) und Open Ended Container (OE).
Offene Container haben auch die Planverkleidung nicht mehr und bestehen daher nur mehr aus einer Plattform mit Stahlrahmen, sogenannte Flats.
Container mit besonderen Zusatzeinrichtungen sind je nach Ausführung wesentlich teurer in Fertigung und Betrieb und kosten bis zum 10 fachen des Standardcontainers; sie werden daher nur für teure und empfindliche Güter eingesetzt. Im Standardcontainer können nämlich bei Lagerung an Deck beträchtliche Innentemperaturen und Temperaturschwankungen (Höchsttemperaturen bis 45 und 50°C) entstehen; die absolute Luftfeuchtigkeit im Inneren bleibt weitgehend erhalten, was starke Schwankungen der relativen Feuchtigkeit und damit entweder zur Austrocknung oder Durchnässung infolge Kondenswasserbildung führen kann. Es kommen daher noch folgende Containertypen zum Einsatz.
Wärmeisolierte Container haben eine 5 - 10 cm dicke Auskleidung mit PU-Schaum und erreichen Wärmedurchgangszahlen 0,4 $W/m^2 \cdot K$.
Temperierte Container besitzen darüber hinaus eigene Heiz- oder Kühlaggregate oder Anschlußmöglichkeiten für entsprechende zentrale Versorgungseinrichtungen. Kühl- oder Tiefkühlcontainer sind vor allem für den Fleisch-, Obst- und Gemüsetransport unentbehrlich, wobei durch Ventilatoren noch zusätzlich für ein gleichmäßiges Klima im ganzen Container gesorgt wird.
Belüftete Container mit Zwangsbelüftung mittels Ventilatoren oder durch bloße Kaminwirkung unter Ausnutzung des Fahrtwindes mittels geeigneter Belüftungsschlitze reichen für viele Zwecke, wie z.B. den Transport von Rohkaffee aus ("Kaffeecontainer").

Containertypen — Warenarten

Container	Waren
offene	klima-unempfindliche Güter, sperrige Packstücke, große Kabeltrommeln, Rohre
bedingt offene (Open-Top u. a.)	sperriges Gut, große Maschinen (mit Klimaschutz)
geschlossene (Standard, Bulk Tank)	allgemeines Stückgut wie technische Erzeugnisse, chemische Produkte (Gesetz über die Beförderung gefährlicher Güter beachten), auch organische Produkte, soweit die biochemischen Prozesse zum Erliegen gekommen sind, wie z. B. Zucker, Mehl, Kautschuk Ein Teil dieser Produkte, soweit sie schüttbar, flüssig oder gasförmig sind, auch im Bulk oder im Tank
wärmeisolierte	verschiedene chemische oder organische Produkte, z. B. Schokolade, Kosmetika
temperierte	Tiefkühlladungen wie Fleisch oder Fisch, Kühlladungen wie Obst oder Früchte (Bananen!), frostempfindliche Güter
belüftete	Obst und Früchte bei kurzer Reisedauer, Trockenobst und -früchte, Nüsse, grüner Kaffee, Kakaobohnen und andere Samen unterhalb eines kritischen Wassergehalts, Getreide (meist jedoch als Schüttgut), lebende Pflanzen, Tiere (Zwangsbelüftung erforderlich).

(aus Mielke)

MASSNAHMEN DES KORROSIONSSCHUTZES

Man kann die Schäden am Packgut in innere, durch aktive Vorgänge bewirkte und in äußere Schäden physikalisch-chemischer Art unterteilen. Erstere werden hauptsächlich durch biotische und/oder chemische Vorgänge verursacht und durch geeignete Maßnahmen der Klimatisierung, Belüftung, Isolierung, Kühlung usw. oder durch **Bildung einer** Schutzatmosphäre verhindert. Für die äußeren Schäden reichen die bisher beprochenen Schutzmaßnahmen meist noch nicht aus. Denn eine der wichtigsten und schwerwiegendsten Schadquellen überhaupt, besteht in der Korrosion von Metallen, sei es, daß sie das Packmittel (Blechbehälter, Dosen usw.) oder das Packgut selbst (Maschinen, Geräte, Fahrzeuge usw.)angreift.

Korrosion wird definiert als "die Reaktion eines metallischen (blanken) Werkstoffes mit seiner Umgebung, die eine meßbare Veränderung des Werkstoffes bewirkt und zu einem Korrosionsschaden führen kann" (DIN 50 900). Nicht jede Korrosion braucht schon einen Schaden zu bedeuten; so werden z.B. Bänder und Profile aus Massenstahl, Baustähle usw. ohne Schutz transportiert und gelagert, da die entstehende Rostschicht zusammen mit der Zunderschicht bei der Weiterverarbeitung ohnehin im Beizprozeß entfernt werden muß. Andererseits können bei Edelstählen an Kratz- oder Scheuerstellen durch Spritzwasser kleinste Lochkorrosionen entstehen, die erst später zu Schäden führen.

Korrosion entsteht meist durch elektrochemische Vorgänge,indem es in Gegenwart eines Elektrolyten - es genügt atmosphärisches Wasser - und von Luftsauerstoff zwischen verschiedenen Metallen zu einem Elektronenfluß kommt. Man unterscheidet den anodischen und kathodischen Teilvorgang.

Im anodischen Vorgang gibt das unedlere Metall Elektronen ab, die im kathodischen Teilvorgang unter Aufnahme von Sauerstoff zu Hydroxylionen führen. Letzere verbinden sich z.B. am Rande von Kondenswassertropfen mit dem gelösten Metallionen und Sauerstoff zu unlöslichen Hydroxyden, bei Eisen ist dies der Rost.

Anodischer Teilvorgang	$Me \quad Me^{2+} + 2\,e^-$
Kathodischer Teilvorgang	$2e^- + H_2O + 1/2\ O_2 \rightarrow 2(OH)^-$
Metall	$2\,Me^{2+} + 2\,(OH)^- \rightarrow Me((OH)_2$

Im Grunde handelt es sich dabei um die unvermeidliche Rückkehr der Metalle in ihren natürlichen Anfangszustand der (oxidischen) Erze, aus denen sie gewonnen wurden. Eisen und Stahl sind besonders gefährdet, da die entstehende Hydroxidschicht porös ist, sodaß der korrosionssvorgang bis zur vollständigen Auflösung oder Zerfressung des Metalls abläuft.

Korrosion kann aus vielerlei Ursachen entstehen, sodaß exakte Aussagen darüber in konkreten Fällen schwer möglich sind. Man sollte sich daher vor Vertragstexten wie "die Anlage ist frei von Korrosion zu liefern" hüten, da dies nicht mit Sicherheit garantiert werden kann. Begünstigt werden Korrosionsvorgänge durch Temperaturänderungen (Kondenswasserbildung), durch Salze im Elektrolyten (Meerwasser!) und durch Verunreinigungen oder Störungen an der Oberfläche (Fingerabdürcke, Kratzer, Risse).

Wenn sich Korrosion auch nicht prinzipiell ausschließen läßt, so kann doch durch entsprechende Schutzmaßnahmen mancher Schaden vermieden werden. Für Verpackungszwecke kommen vor allem drei Methoden des Korrosionsschutzes sowie deren Kombination in Frage.

Die Trockenmittelmethode soll vor allem den Elektrolyten verhindern bzw. entfernen, d.h. vor Waser und Wasserdampf schützen. Das Packgut wird mit einem Trockenmittel versehen und von wasserundurchlässigen Folien lückenlos umgeben. Der Erfolg der Methode hängt vom richtigen Verhältnis des

Trockenmittels zum eingeschlossenen Luftvolumen und dessen Feuchtigkeitsgehalt sowie der Wasserdampfdurchlässigkeit (WDD)der verwendeten Folie ab. Besondere Berücksichtigung müssen miteingeschlossene hygroskopische Materialien (Holz, Papier, Wellpappe) finden.

Verwendet werden vor allem Polyäthylen(PE)-Folien genügender Dicke ($\geq$0,1 mm), auch Aluminium oder Aluminiumverbundfolien. Bei PE-Folien verdoppelt sich die WDD bei Temperaturerhöhung von 20° auf 40°C. Es gibt eine Reihe von Faustformeln, welche die Menge des benötigten Trockenmittels (meist Silikagel) aus dem Luftraum, dem wasserhältigen Material,der Folienfläche und ihrer WDD sowie der Lagerdauer berechnen lassen. Wichtig ist ferner, daß der Zustand des Trockenmittels - am besten durch Wägung - kontrolliert und gegebenenfalls korregiert wird.

Die Überzugsmethode arbeitet mit bestimmten Wachsen, Fetten und Ölen verschiedener Konsistenz, die blanke Metalloberflächen vor dem Zutritt von Wasser und Sauerstoff schützensollen.Zunächst muß eine sorgfältige Reinigung mit passenden Reinigungsmitteln erfolgen (Tenside, saure oder alkalische Mittel mit Inhibitoren, Strahlmittel,Dampf). Nach dem Trocknen kann das Aufbringen des Überzugsmittels durch Tauchen, Übergießen, Ausschwenken, Aufpinseln oder Spritzen erfolgen. Mit dieser Methode läßt sich ein zuverlässiger Schutz bis zu 2 Jahren und länger auch unter harten Versandbedingungen erreichen. Ein Nachteil liegt allerdings in der wieder notwendigen Entfernung des Überzugsmittels, wobei das Arbeiten mit Reinigungs- und Lösungsmittel Arbeitsplatz- und Umweltprobleme bringen kann.

Die VCI-Methode beruht auf der Dampfphaseninhibitorwirkung (volatile corrosion-inhibition) und stellt ein wohlfeiles und bei richtiger Anwendung sehr wirksames Mittel der Korrosionsbekämpfung dar. Die Wirkung beruht auf der Abscheidung flüchtiger Nitrite, welche sich auf der Oberfläche ablagern und diese schützen (passivieren). Anwendung finden das relativ ungiftige Dicyclohexylammoniumnitrit und Cyclohexylamincarbonat, die meistens in Form imprägnierter Papiere oder Folien zur Anwendung kommen. Da diese Mittel gut wasserlöslich sind, wirken sie auch noch bei Vorhandensein von Kondenswasser. Allerdings empfiehlt es sich auch hier, mit möglichst reinen Oberflächen des Packgutes, mit geringen Feuchtigkeiten und weitgehend geschlossener Verpackung zu arbeiten. VCI-Pulver gibt es auch in Patronenform für Hohlräume etc.

Bestimmte Metalle und Legierungen werden allerdings von VCI-Mitteln angegriffen. Für optische Instrumente, elektrische und elektronische Bauteile empfiehlt sich daher eine Vorprüfung unter extremen Wechselklimaten. VCI-Dämpfe sind bei Beachtung der üblichen hygienischen Vorsichtsmaßregeln ungefährlich. Im übrigen hat die VCI-Methode in Österreich noch nicht die Verbreitung gefunden, die ihr bei dem günstigen Kosten-Nutzenverhältnis zweifellos zukäme!

GEFÄHRLICHE GÜTER

Hier gelten besondere Verpackungs-, Transport- und Versicherungsbedingungen, die nationalen und internationalen Vorschriften, Gesetzen und Verordnungen entsprechen müssen. Als Ergänzung zur Übersicht von S. 96 diene folgende Zusammenstellung:

Republik Österreich ←→ internationale Anbindung

↓

Rechtsvorschriften

→ Bestimmungen über die Beförderung gefährlicher Güter, Sonderheft 1 zum ÖGT I und IGT I v. 1.7.1977	Internationale Verordnung für die Beförderung gefährlicher Güter mit der Eisenbahn: RID, SMGS f. Ostblock u. Türkei

→Gesetz über die Beförderung gefährlicher Güter auf der Straße (GgSt) v. 23.2.1979, BGBl. 209/79

Europäisches Übereinkommen über die internationale Beförderung gefährl. Güter auf d. Straße: ADR, durch Österreich ratifiziert, am 22.10. 73 in Kraft getreten

→VO vom 11.11. 1982 über die Beförderung gefährl. Güter mit österreichischen Frachtschiffen (sehr allgemein!)

Internationales Übereinkommen zum Schutz des menschlichen Lebens auf See. SOLAS v. 1974, Kapitel VII: Beförderung gefährlicher Güter IMDG-Code (Intern. Code für die Beförderung gefährlicher Güter mit Seeschiffen) + ANNEX I zum Code (Prüf-Empfehlungen)

→Luftverkehr: JATA-RAR bzw. International Civil Aviation Organization (ICAO) UN/ICAO-Dangerous Goods Manual

→Binnenschiff: ADN/ADNR

Postgesetz und Postordnung, Stand: 1.3.1983

Internationales Übereinkommen über sichere Container: CSC v. 2.12.1972

Welche sind nun gefährliche Güter? Sie seien anhand des IMDG-Codes mit seinen neuen Klassen angeführt.

Klasseneinteilung

Kl. 1	=	**Explosive Stoffe u. Gegenstände mit Explosivstoff**
1.1		**massenexplosivfähig**
1.2		**Sprengwirkung, aber nicht massenexplosivfähig**
1.3		**mit Feuergefahr, aber nicht massenexplosivfähig**
1.4		**ohne bedeutsame Gefahr, Gruppe S = weiter beschränkt**
1.5		**sehr unempfindlich, mit Massenexplosionsfähigkeit**
Kl. 2	=	**Verdichtete, verflüssigte od. unter Druck gelöste Gase**
2.1		**entzündbare**
2.2		**nicht entzündbare**
2.3		**giftige**
Kl. 3	=	**Entzündbare Flüssigkeiten**
3.1		**mit niedrigem Flammpunkt** (-18°C)
3.2		**mit mittlerem Flammpunkt** (-18°C - 23°C)
3.3		**mit hohem Flammpunkt** (23°C - 61°C)
Kl. 4	=	**Entzündbare feste Stoffe oder andere Stoffe**
4.1		**entzündbare feste Stoffe**
4.2		**selbstentzündbare Stoffe**
4.3		**Stoffe, die in Berührung m. Wasser entzündbare Gase entwickeln**
Kl. 5	=	**Entzündend wirkende Stoffe**
5.1		**entzündend wirkende Stoffe**
5.2		**organische Peroxide**
Kl. 6	=	**Giftige u. ansteckungsgefährliche Stoffe**
6.1		**giftige Stoffe**
6.2		**ansteckungsgefährliche Stoffe**
Kl. 7	=	**Radioaktive Stoffe**
Kl. 8	=	**Ätzende Stoffe**
Kl. 9	=	**Verschiedene gefährliche Stoffe**

(aus Eschke)

Dieser Code umfaßt 10 Bände, wobei der erste Band die allgemeine Einleitung mit obiger Klasseneinteilung, die Bezeichnungen und Kennzeichnungen der gefährlichen Güter, Angaben über Beförderungspapiere, Verpackung und Containerverkehr enthält. Die übrigen neun Bände zählen die gefährlichen Stoffe der neun Klassen auf.

Auch das Dangerous Goods Manual der ICAO, welcher 149 Mitgliedstaaten angehören, bringt auf 500 Seiten ähnliche Angaben.

Allgemein bekannt dürften die orangegelben Kenntafeln auf Straßen- und Schienenfahrzeugen z.B. Tankwagen, Silozüge und Waggons etc. sein, welche eine zweistellige Zahlengruppe für die Gefahrenklasse und eine vierstellige Stoffnummer des transportierten Gutes, häufig auch noch ein Bildzeichen (Symbol) für entzündbare, explosive oder strahlende Stoffe aufweisen. Die gleichen Aufzeichnungen müssen auch in den Wagenpapieren aufscheinen, um bei Unfällen eine rasche Identifizierung und zweckentsprechende Maßnahmen zu ermöglichen. Ferner sind bei Straßenfahrzeugen bestimmte Fahrtrouten vorgeschrieben und Versicherungen abzuschließen.

Auf Schiffen müssen Container mit gefährlichen Gütern grundsätzlich auf Deck geladen werden, damit sie bei herannahender Gefahr schnell und leicht über Bord gehievt werden können.

Die Vorschriften zur Prüfung der Verpackung gefährlicher Güter halten sich im wesentlichen an die normalen Beanspruchungen, wie nachstehende Zusammenstellung zeigt.

Einige Zahlen zu Beanspruchungen

S t a p e l d r u c k aus Decksbelastbarkeit 0,7 t/m^2 und m Raumhöhe.
Raumhöhe Unterraum 6 m, max. ca. 4 t/m^2, Zwischendeck 2,5 – 3 m, max. ca. 1,7 t/m^2.

Ü b e r l a g e r u n g durch Stampfen ca. 0,5 g, Rollen ca. 0,15 g bei 0,1 Hz bis 0,05 Hz.

V i b r a t i o n e n 0,1 g bei 1 bis 300 Hz vom Antrieb.

F a l l h ö h e bei kleinen Packstücken 0,5 bis 1,0 m; bei mittleren Packstücken 0,1 bis 0,5 m; bei großen, schweren Packstücken 0,1 m.

R a n g i e r s t ö ß e auf der Bahn 5 bis 10 g.

T e m p e r a t u r e n im Unterraum = Wassertemperatur.
m a x . in sonniger, geschützter Lage: Oberflächentemperatur 70° C; an verpackten Stoffen 45 – 50° C; nächst unteren Staulagen 35° C.

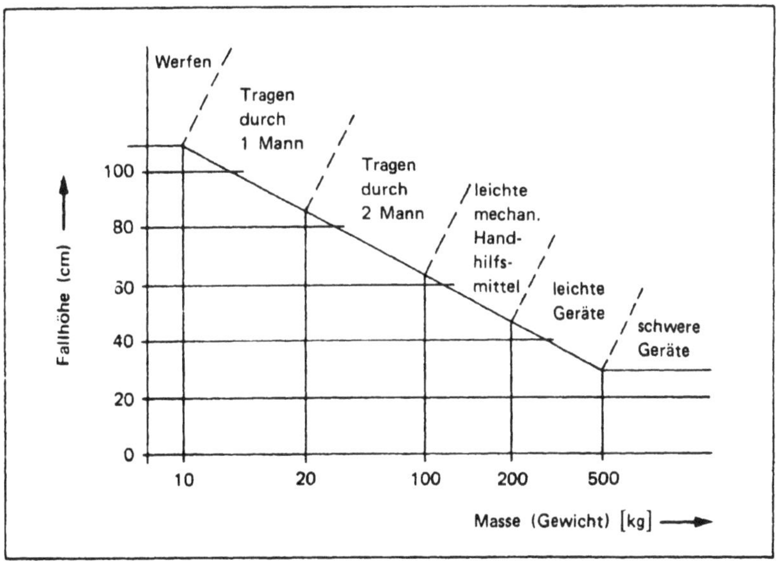

(aus Eschke)

Für Schachteln, Kisten usw. werden Fallprüfungen des versandfertigen Packstückes auf verschiedene Stellen aus 0,8 oder 1,2, auch 1,8 m Höhe je nach Verpackungsgruppe des Packgutes gefordert. Die Stapelprüfung erfolgt über 24 Stunden und 3 m Stapelhöhe bei 20°C/65% rel. Luftfeuchte. Maximales Füllgewicht bei Schachteln 50 kg, bei Kisten aus Holz 400 kg.

Orangefarbene Kennzeichnung nach Anhang VIII RID an Kesselwagen und Tankcontainern (über 3 m³)

Diese Kennzeichnung ist an jeder Längsseite eines Kesselwagens oder Tankcontainers, letzterer mit einem Fassungsraum von mehr als 3 m³, anzubringen.

Obere Nummer = Nummer zur Kennzeichnung der Gefahr (Gefahrennummer)

Untere Nummer = Nummer zur Kennzeichnung des Stoffes (Stoffnummer)

Die Ziffern müssen eine Höhe von 100 mm und eine Strichbreite von 15 mm aufweisen; die orangefarbene Kennzeichnung muß eine Grundlinie von 40 cm und eine Höhe von mindestens 30 cm aufweisen.

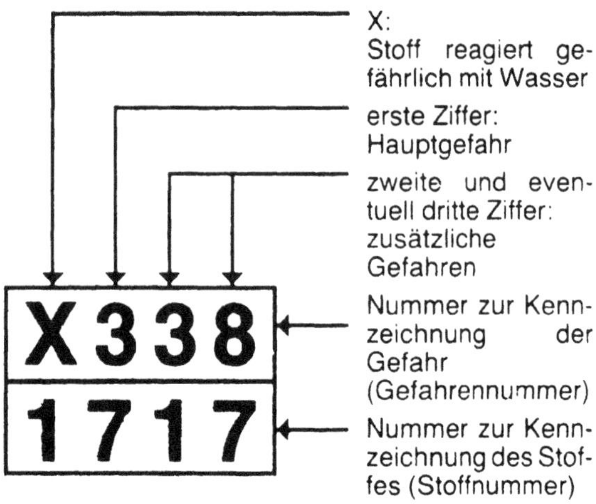

Gefahrennummer:

Die Nummer zur Kennzeichnung der Gefahr (Gefahrennummer) besteht aus zwei oder drei Ziffern.

Die Ziffern weisen im allgemeinen auf folgende Gefahren hin:

2 Entweichen von Gas
3 Entzündbarkeit von flüssigen Stoffen, Dämpfen und Gasen
4 Entzündbarkeit fester Stoffe
5 Oxidierende (brandfördernde) Wirkung
6 Giftigkeit
8 Ätzwirkung
9 Gefahr einer spontanen heftigen Reaktion
0 Keine zusätzlichen Gefahren
X Der Stoff reagiert gefährlich mit Wasser. Wasser darf nur im Einverständnis mit Sachverständigen verwendet werden.

Die **Verdopplung** einer Ziffer weist auf die Zunahme der Gefahr hin:

33 Leicht entzündbarer flüssiger Stoff (Flammpunkt unter 21° C)
66 Sehr giftiger Stoff
88 Stark ätzender Stoff

Ziffernkombinationen mit besonderer Bedeutung:

22 Tiefgekühltes Gas
X333 Selbstentzündbarer flüssiger Stoff, der mit Wasser gefährlich reagiert
X423 Entzündbarer fester Stoff, der mit Wasser gefährlich reagiert, wobei brennbare Gase entweichen
44 Entzündbarer fester Stoff, der sich bei erhöhter Temperatur in geschmolzenem Zustand befindet
539 Entzündbares organisches Peroxid

LITERATUR:

Eschke, R., Prüfungen von Verpackungen gefährlicher Güter im Überseeversand. neue verpackung 35 (1982), 466-467

Derselbe, Methoden des Korrosionsschutzes. Hamburger Hafennachrichten Nr. 37, Sept. 1982

Grundke, G., Warenschäden im Modell. Zur Anwendung der Modellbetrachtung von Warenschäden. Leipzig o.J. (1982)

Langpaap, F., Verpackung aus Wellpappe. Hamburger Hafennachrichten Nr. 45, Nov. 1981

Mielke, H., Welches Gut in welchen Container? Hamburger Hafennachrichten Nr. 17, April 1982

Petzold, J.D., Holzkisten für Schwergüter. Hamburger Hafennachrichten Nr. 24, Juni 1981

Sandhäugl, Doris, Mittel und Methoden zum temporären Korrosionschutz von Metallerzeugnissen durch Verpackung - technologische und ökonomische Probleme. Diss.WU Wien 1983.

Thiede, J., Durchgeführte Vorversuche und Ergebnisse im Rahmen der Untersuchung an Schwergutholzkisten. neue verpackung 9 (1982), 1-7

2.4 Gütesicherung

In Form der Verpackung haben wir bereits ein wesentliches Merkmal zur Gütesicherung kennengelernt. Gütesicherung als solche umspannt allerdings einen wesentlich größeren Rahmen, nämlich die Qualitätsplanung,-kontrolle und -sicherung während sämtlicher Phasen der Produktion und Transposition. Denn es genügt nicht nur Qualitätsware zu erzeugen, sie muß auch bei voller Qualitätserhaltung bis zum Verwender und Letztverbraucher gelangen, soll sie ihren vollen Nutzen entfalten können.

Gemäß unserem transpositionswirtschaftlichen Ansatz beschränken wir uns hier auf die Qualitätssicherung im Handel, einschließlich Lager und Versand, und berücksichtigen die Qualitätssicherung in der Fertigung nur so weit, als sie den Einkauf direkt berührt. Über den Qualitätsbegriff wurde bereits ausführlich gesprochen (vgl. S. 30) . Anbieterseitig,also unter dem Blickwinkel des Handels gesellen sich zur Produktqualität noch andere Qualitätsforderungen, die in ihrer Summe oder richtiger durch ihr Zusammenwirken den gewünschten Erfolg, und zwar auf Dauer berechnet, erbringen. Es treten zur Sach- und Anmutungsqualität der Ware noch Dienstleistungsqualitäten vor bzw. beim Verkauf (Verkaufsanbahnung, informative Werbung, Verkaufsgespräch, Beratung, Präsentation) und Dienstleistungsqualitäten nach dem Verkauf (Garantie,Service, Wartung, Kundenbetreuung) hinzu. Schreiben wir zur Verdeutlichung in mathematischer Schreibweise

w = technische Sachqualität
x = imponderable Anmutungsqualität
y = Dienstleistungsqualität vor und beim Verkauf
z = Dienstleistungsqualität nach Verkauf

so ist die Qualität $v = f(w,x,y,z)$ umfassend definiert.
In nachstehender Abbildung fassen wir die wichtigsten Komponenten zusammen, die einen umfassenden waren- und leistungsbezogenen Qualitätsbegriff aus der Sicht des Warenhandels aufbauen.

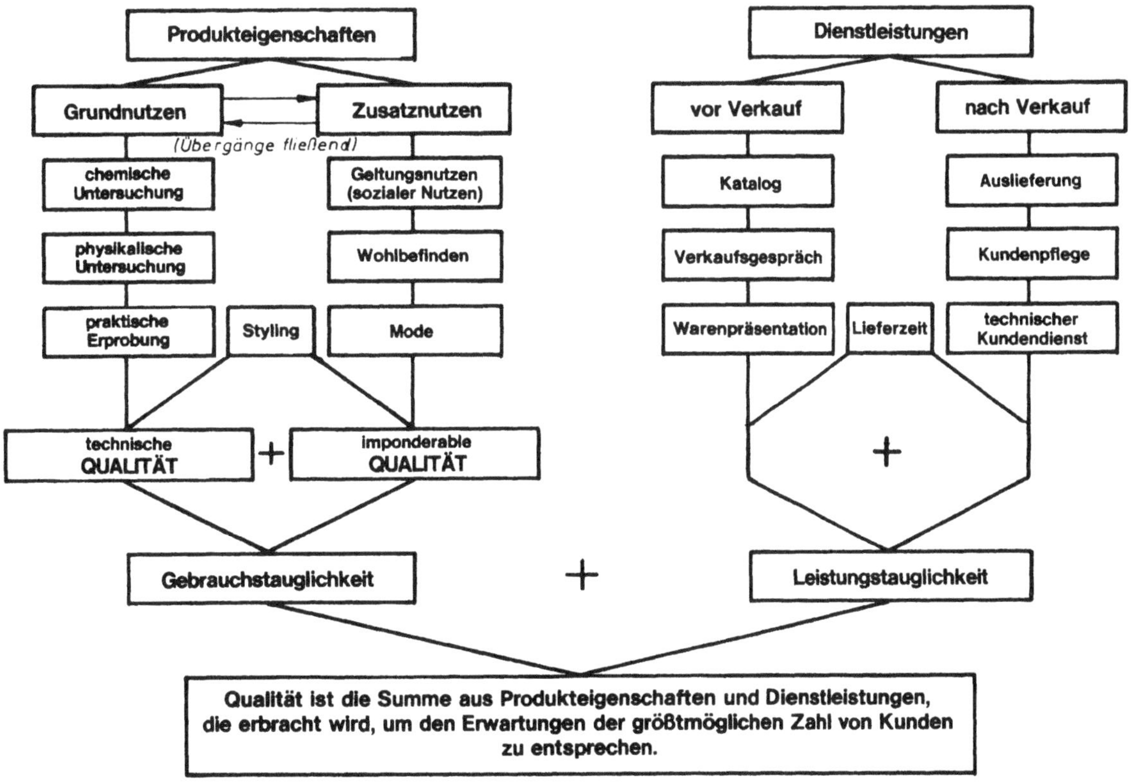

(aus Lisson)

Gütesicherung umfaßt alle technischen, organisatorischen, rechtlichen und sonstigen Maßnahmen sowie Vorschriften, durch die das erwünschte Qualitätsniveau erzielt und gehalten wird. Diese Maßnahmen beginnen bei der Produktion (im weitesten Sinn) und erstrecken sich auf sämtliche Phasen der Transposition und Distribution. Die Erfahrung zeigt, daß eine Gütesicherung umso wirksamer wird, je unabhängiger sie von unternehmensinternen Einflüssen bleibt. Ein mögliches Organisationsschema sieht daher folgendermaßen aus.

Direktion Gütesicherung

Qualitätsplanung	Qualitätsprüfung	Qualitätskontrolle
Fehlererfassung Fehlerverhütung Datenprogramme Qualitätskosten Methoden zur Ergebnisverbesserung Wertanalyse Qualitäts-Informationswesen	Textil Elektro,Weiß- und Braunware Hartware Elektronik Verpackung und Transportsicherheit usw.	Wareneingangsprüfung Außenprüfung,Inland Außenprüfung,Ausland Endkontrolle Verpackungsprüfung Wartungsprüfung

Die hier unter Qualitätsprüfung angeführten Produktsparten mögen in etwa für ein Großkaufhaus, Warenhaus oder den Versandhandel typisch sein. Unter Außenprüfung/Inland bzw. Ausland ist die Prüfung und Kontrolle der inländischen bzw. ausländischen Produzenten oder Zulieferer gemeint.

Die Qualitätsplanung bearbeitet vor allem die Rückmeldungen der übrigen Stellen und Abteilungen, und erstellt aus diesen Rückkopplungen, Anregungen und Vorstellungen die Ziele und Pläne der Gütesicherung. Dazu bedient sie sich aller modernen betriebswirtschaftlichen Methoden und Erkenntnisse, wie etwa der Wertanalyse, der Methoden der Kostenerfassung und Kostenrechnung einschließlich geeigneter EDV-Programme. Ein wesentlicher Punkt besteht in der Abstimmung der Prüf- und Kontrolltätigkeiten nach Kosten-Nutzen und Effizienzüberlegungen. Welche Kostenarten und Kostenstellen im Zusammenhang mit der Prüf- und Kontrolltätigkeit in einem großen Handels- oder Versandhaus anfallen, möge nachstehende Übersicht zeigen, wobei eine mögliche Rangfolge der Kosten aufscheint.

Beispiele einer Aufstellung der Qualitätskosten (nach Lisson)

Lfd. Nr.	Rangfolge i.d. Gruppe	Tätigkeit
		I. Verhütungskosten
1.1	2	Prüfplanung
1.2	3	Prüfanweisungen aufstellen
1.3	4	Entwicklung der Prüfgeräte
1.4	6	Qualitätsschulung
1.5	1	Instandhaltung langlebiger Werkzeuge
1.6	5	Instandhaltung kurzlebiger Werkzeuge
		II. Prüf- und Beurteilungskosten
2.1	5	Eingangsprüfung
2.2	10	Eingangsprüfung im Labor
2.3	6	Labor- und Meßkosten
2.4	1	Überwachung
2.5	3	Prüfung
2.6	4	Prüfung in der Fertigung
2.7	2	Prüfung in der Montage
2.8	9	Material für die Prüfungen

2.9	7	Begutachtung der Erzeugnisse
2.10	11	Prüfkosten außerhalb des Betriebes
2.11	8	Instandhaltung u. Eichung der Prüfgeräte
		III. Fehlerkosten
3.1	2	Ausschuß
3.2	1	Nacharbeit
3.3	4	Lieferantenfehler (Ausschuß und Nacharbeit)
3.4	6	Materialbeschaffung (Kosten für verworfenes Material)
3.5	5	Ingenieurarbeiten für Qualitätsprobleme
3.6	3	Reklamationen
3.7	7	Kundendienst

Die Kosten zeigen dabei die deutliche ABC-Verteilung der nachstehenden Abbildung.

Pareto-Verteilung der Einzelkosten (nach Masser)

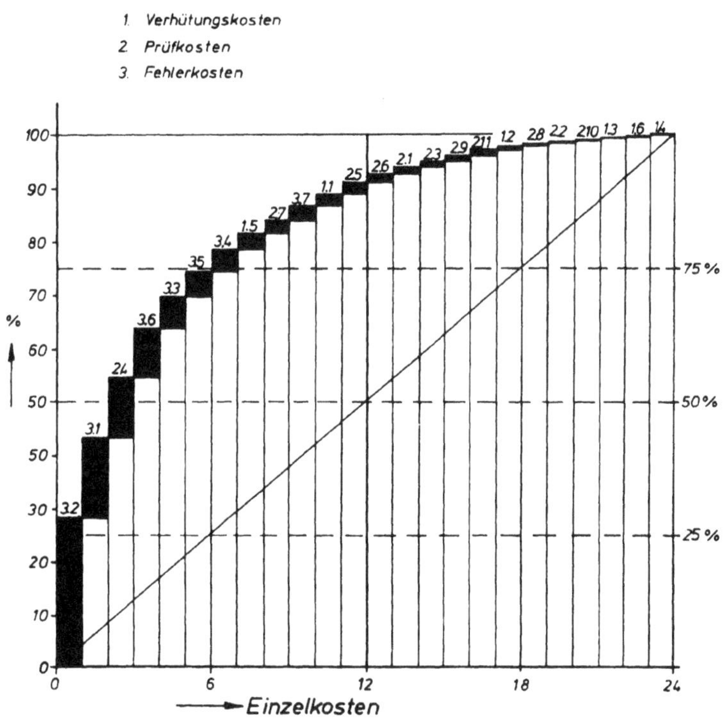

(aus Lisson)

Die Hauptverursacher der Kosten sind demnach in den fehlerhaften Produkten (Ausschuß, Reklamation, Lieferantenfehler) und den Fehlerbehebungen (Nacharbeit) zu sehen. Sie gilt es deshalb in erster Linie zu vermeiden durch Prüf- und Kontrollmaßnahmen, am besten aber durch Verhütungsmaßnahmen, die noch dazu am billigsten sind und die fehlerhaften Produkte erst gar nicht entstehen lassen. Dieses Idealziel kann in Wirklichkeit aber nicht immer erreicht werden. Daher bleibt die Warenprüfung und Kontrolle eine wichtige Komponente der Gütesicherung.

2.41 WARENPRÜFUNG UND KONTROLLE

Prüfung oder Kontrolle wird durchgeführt, um fehlerhafte Waren zu entdecken, auszuscheiden oder auszubessern. Dabei lassen sich je nach zugelassener Toleranz verschieden schwere Fehler unterscheiden. Eine mögliche Einteilung wäre die in

- überkritische Fehler, d.h. solche Produktfehler, welche die Sicherheit oder Gesundheit der Benützer oder Verbraucher gefährden.
- Hauptfehler können zum Ausfall des Produktes führen und dessen Verwendung oder Verbrauchszweck wesentlich herabsetzen.
- Nebenfehler beeinträchtigen Verwendung oder Verbrauch nur geringfügig oder bestehen nur in geringen Abweichungen von der Norm.

Zum Schutz vor Unfällen und zur Erhöhung der Sicherheit von Produkten gibt es eine Reihe von Vorschriften, wie die nachstehende Zusammenstellung zeigt.

Übersicht 15	Schutzvorschriften
Fahrräder DIN 79100	Belastung von Fahrradrahmen, Bremsen und Pedalen; Verletzungsschutz vor Ketten und Kanten; Fahrbereitschaftsanweisung
Nähmaschinen DIN 5321	Transporteinrichtungen; Standsicherheit, Betrieb und Wartung; Absicherung von Nähfuß und Antriebsriemen; elektrischer Schutz; Entstörung, Antriebschalter; Transporteinrichtungen; Betriebsbereitschaft-Anweisung
Druckkochtopf DIN 66065	Sicherheit von Behälter und Deckel; Verschluß; Verträglichkeit von Werkstoff (mit Kochgut); Korrosionsschutz; Pflege und Sicherheitseinrichtungen, Anweisungen
Heimwerkzeuge DIN 66069	Belastbarkeit von Griff, Gestell; Verletzungsschutz vor Kanten, bewegten Teilen; Elektroschutz; Entstörung (Antrieb, Schalter); Verwendungs-, Beanspruchungs-Anweisung
Grillgeräte DIN 66077	Festigkeit von Griffen, Schwenkvorrichtungen; Standsicherheit (Windlast); Verletzungsschutz vor Kanten, heißen Teilen; Rostschutz; Gitterabstände; Gefahrenhinweis
Elektrische Geräte VDE 0730	Sicherung der Kontakte; Standfestigkeit; Schutz vor Kanten und bewegten Teilen; Elektroschutz; Entstörung, (Antrieb, Schalter); Korrosionsschutz; Anschlußleistungen und Dimensionen; Leistungsschild; Verwendungs- und Gefahrenshinweis
Leitern VBG-Nr. 74	Festigkeit und Abstand von Stufen und Sprossen; Standsicherheit; Spreizsicherungen; Korrosionsbeständigkeit; Hockerhöhe
StVO	Festigkeit der Karosserie, Innenteile; Verletzungsschutz, innen und außen; Entstörung (Zündung, Geräte); ergonomische Ausmaße; Fabriksschild, Anweisungen; allgemeine Betriebserlaubnis
Postvorschriften für technische Geräte	Elektroschutz; Entstörung der Geräte; Festlegung der Empfangsbereiche; Allgemeine Rundfunkgenehmigung

Vor der eigentlichen Prüfung ist zu entscheiden, ob Vollprüfung aller Gegenstände eines Loses, einer Serie, Partie usw. oder nur an einer Stichprobe geprüft werden soll. Allgemein gilt, daß nur hochwertige und zu überkritischen Fehlern neigende Produkte, Teile etc. vollgeprüft werden. Von Großserien insbesondere von Bauteilen, Verbrauchsgütern und Massenbedarf werden dagegen Stichproben gezogen. Bei Prüfungen mit möglichen Rechtsfolgen müssen immer paarweise und zwar ein Prüf- oder Kontrollmuster und ein Referenzmuster, das zur Gegenkontrolle dient, gezogen werden.

Das Ziehen von Stichproben geschieht nach Stichprobenplänen, die nach Verfahren der mathematischen Statistik erstellt werden. In der Handelspraxis genügt meist eine Einfach- oder Doppelstichprobe. Die durchschnittliche Anzahl der Teile, die aus einem Los geprüft werden muß, ist bei gleicher Losgröße und gleicher Prüfsicherheit mit doppelter Stichprobe ca. 20-25% kleiner als bei Prüfung mit einfacher

Stichprobe. Die reinen Prüfkosten sind also bei doppelter Stichprobe kleiner. Andererseits werden an das Prüfpersonal höhere Anforderungen gestellt, das Verfahren ist schwieriger und erfordert bessere Ausbildung des Personals (höhere Personalkosten).

Das Schema eines Prüfganges für einfache bzw. doppelte Stichprobe sieht folgendermaßen aus:

Einfach-Stichprobe
Schema des Prüfganges

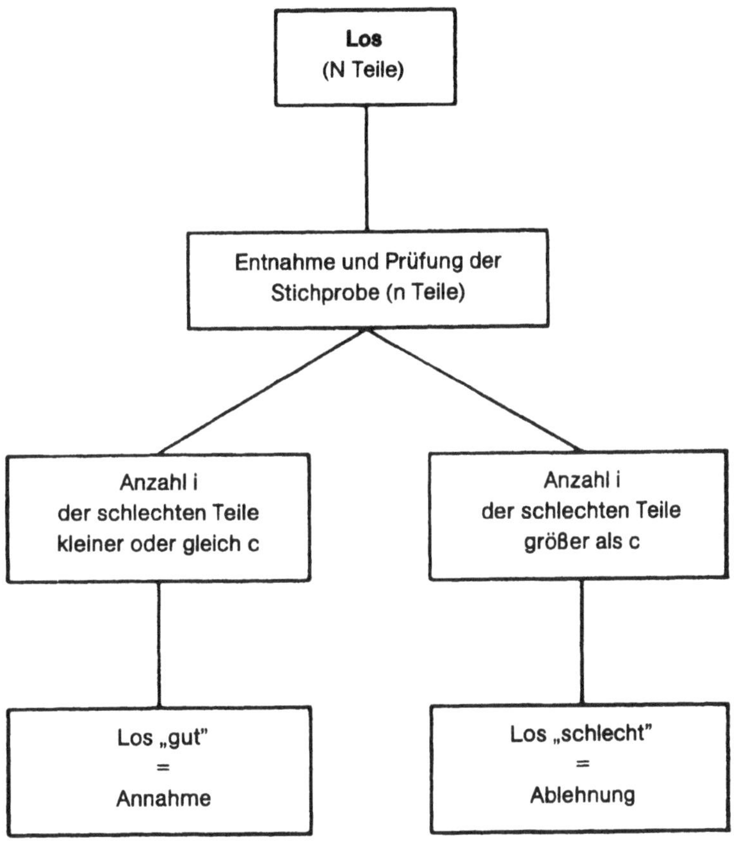

N = Losgröße
n = Stichprobengröße
c = höchstzulässige Fehlerzahl bzw.
Annahmezahl. Zahl der zugelassenen fehlerhaften Einheiten in der Stichprobe
i = gefundene Zahl der fehlerhaften Einheiten in der Stichprobe

(aus Lisson)

Doppelt-Stichprobe

Schema des Prüfganges

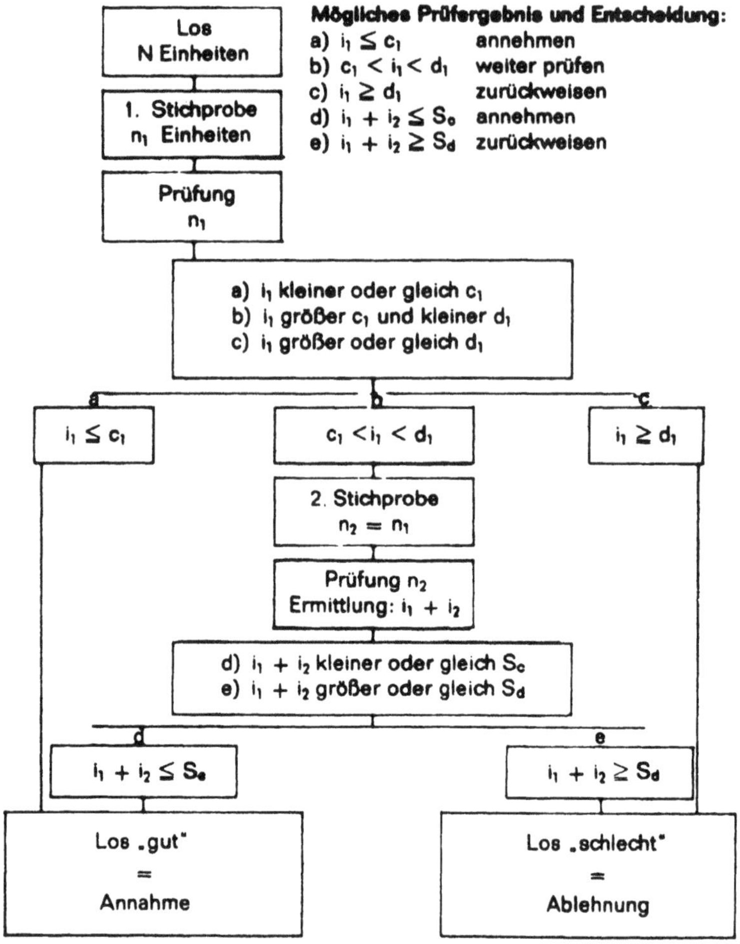

N = Losgröße
n = Stichprobengröße
c_1 = Zahl der zugelassenen fehlerhaften Einheiten in der 1. (2.) Stichprobe
d_1 = kleinste Zahl der nicht zugelassenen fehlerhaften Einheiten in der 1. Stichprobe
i = gefundene Zahl der fehlerhaften Einheiten in der Stichprobe

S_c = Zahl der in der ersten und zweiten Stichprobe zusammen zugelassenen fehlerhaften Einheiten
S_d = kleinste Zahl der nicht zugelassenen fehlerhaften Einheiten in der 1. und 2. Stichprobe zusammen

(aus Lisson)

Zwei Stichprobenpläne, die vom Versandhaus Quelle nach DIN 40 080 verwendet werden, mögen zeigen, wie die Verhältnisse in der Praxis aussehen.

WARENGATTUNG: **Zubehörteile, Ersatzteile, Betriebsmittel, Verpackungsmaterial**

	Einfach-Stichprobenpläne				Doppel-Stichprobenpläne										
N	WAK (mindest) WEK (verschärft)		WEK (normal)				WAK (mindest) WEK (verschärft)				WEK (normal)				
	n	c	n	c	n_1	n_2	c	d	Sc	Sd	c	d	Sc	Sd	
2 - 8															
9 - 15															
16 - 25															
26 - 50															
51 - 90			2	0											
91 - 150			3	0											
151 - 280			3	0											
281 - 500			5	0											
501 - 1200			5	0											
1201 - 3200			8	0											
3201 - 10000			8	0											
10001 - 35000			13	0											
35001 - 150000			13	0											
> 150000			13	0											

N = Losgröße, n = Stichprobengröße, c = Annahmezahl, d = Rückweiszahl, Sc = Annahmezahl nach 2. Stichprobe, Sd = Rückweiszahl nach 2. Stichprobe

WAK = Warenausgangskontrolle, WEK = Wareneingangskontrolle

WARENGATTUNG: **Fernsehgeräte (schwarz/weiß)**

	Einfach-Stichprobenpläne				Doppel-Stichprobenpläne										
N	WAK (mindest) WEK (verschärft)		WEK (normal)				WAK (mindest) WEK (verschärft)				WEK (normal)				
	n	c	n	c	n_1	n_2	c	d	Sc	Sd	c	d	Sc	Sd	
2 - 8			3	0											
9 - 15	5	0	3	0											
16 - 25	5	0	3	0											
26 - 50	5	0	13	1											
51 - 90	20	1	13	1											
91 - 150	20	1	20	2	13	13	0	2	1	2	0	3	3	4	
151 - 280	32	2	32	3	20	20	0	3	3	4	1	4	4	5	
281 - 500	50	3	50	5	32	32	1	4	4	5	2	5	6	7	
501 - 1200	80	5	80	7	50	50	2	5	6	7	3	7	8	9	
1201 - 3200	125	7	125	10	80	80	3	7	8	9	5	9	12	13	
3201 - 10000	200	10	200	14	125	125	5	9	12	13	7	11	18	19	
10001 - 35000	315	14	315	21	200	200	7	11	18	19	11	16	26	27	
35001 - 150000	500	21	315	21	315	315	11	16	26	27					
> 150000	500	21	315	21											

N = Losgröße, n = Stichprobengröße, c = Annahmezahl, d = Rückweiszahl, Sc = Annahmezahl nach 2. Stichprobe, Sd = Rückweiszahl nach 2. Stichprobe

(aus Lisson)

Aus solchen Stichprobenplänen wird ersichtlich, daß eine Einfachstichprobe nur ausnahmsweise zwei Einheiten umfassen und eine Stichprobe von drei bis acht Einheiten (aus Losen von 91-10^4 Einheiten) keine fehlerhaften Zurückweisungen aufweisen darf, was wiederum eine entsprechende Fehlerdefinition bedingt. Eine doppelte Stichprobe wird erst nach Losgrößen von 90 Einheiten sinnvoll.

Aus den Stichprobenplänen folgt deutlich, daß bei teuren Untersuchungsobjekten wie etwa Fernseh- oder Haushaltsgroßgeräten,nicht zu reden von Autos etc., ein statistisch gesicherter Warentest u.U. aus Kosten- und Zeitgründen gar nicht mehr so leicht möglich ist, ein Umstand, der dem offiziellen Warentest schon gelegentlich angekreidet wurde.

Was nun die eigentlichen Prüfvorgänge anbelangt, so gibt es hier entsprechend der Waren- und Materialvielfalt ein reiches Spektrum an mechanischen, chemischen, physikalischen, physikalisch-chemischen, metallurgischen, elektrisch-elektronischen mikroskopischen und mikrobiologischen Verfahren, welche die Zusammensetzung, Anschlußwerte, Funktions- und Leistungseigenschaften eines Artikels mehr oder weniger genau zu erfassen gestatten. Dazu kommen noch Dimensionsangaben zu Ausführung, Aussehen, Finish usw., wohingegen Fragen des modischen Designes, des geschmackvollen Stylings zwar erwähnt, gewertet, aber nicht eigentlich geprüft werden können; in manchen Fällen ist jedoch eine Objektivierung durchaus möglich und wünschenswert (vgl. S. 64) .

Ein vieldiskutiertes Problem bildet der komplexe Gebrauchswert - oder die Gebrauchstauglichkeit des Prüflings - die, wie schon bei der Verpackungsprüfung angedeutet, durch Simulation ex ante oder durch Prüfung im Gebrauch ex post vorgenommen werden kann. Auch die Lebensdauer eines Produktes kann nur so erfaßt werden. Die Prüfmethoden sollen sich nach Möglichkeit an bestehende Normen, Standards usw. halten; in vielen Fällen wird aber eine mehr oder weniger starke Adaption an die jeweiligen tatsächlichen Gebrauchsweisen und -bedingungen erforderlich sein.

Oftmals gelingt es, aus Materialprüfungen am Werkstoff z.B. auf Bruch-, Zug-, Druck- und Biegungsfestigkeit (Elastizitätsmodul), auf Reißfestigkeit bzw. Streckgrenze, Reißdehnung, Schlagzähigkeit und Spannungsdeformationen etc. verbindlich zu schließen und auf diese Weise Aussagen zu den Güteeigenschaften einer Ware machen zu können. Im allgemeinen wird man aber noch verschiedene Funktions-, Handhabungs-, Energieverbrauchs-, Geräuschentwicklungsprüfungen etc. anschließen müssen. Sehr entscheidend für Garantieverpflichtungen, Serviceorganisation usw. ist die Reparaturanfälligkeit von Geräten, die durch folgendes Grundmodell charakterisiert werden kann.

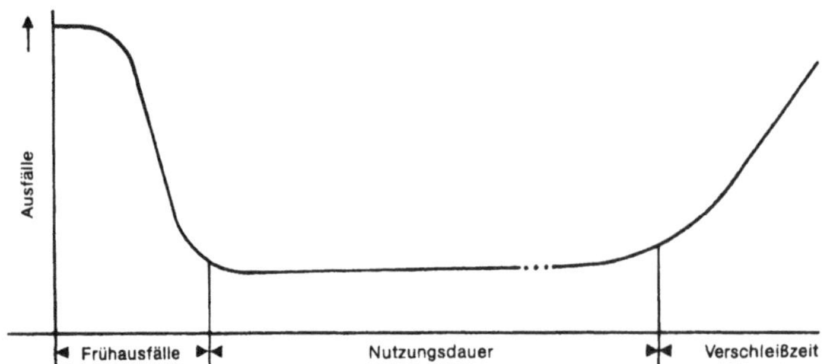

Grundmodell der Zuverlässigkeit (aus Lisson)

Danach sind vor allem die Anfangsphase der Nutzung und schließlich der Eintritt der eigentlichen Verschleißzeit, wo die erste Generalreperatur fällig wird, von besonderer Bedeutung. Die Warenprüfung soll besonders die Zahl der Frühausfälle minimieren, während es Sache der Produktplanung und Konstruktion ist, durch Hinausschieben der Verschleißzeit die Lebensdauer des Produktes zu erhöhen. Die Forderung nach langlebigen Produkten wird schon immer häufiger erhoben und kann vor allem durch bestimmte Materialsubstitutionen, durch leichtere

Zugänglichkeit und Austauschbarkeit von Verschleißteilen in modularer Bauweise erreicht werden. Diesen volks- und weltwirtschaftlich gerechtfertigten, vor allem im Hinblick auf künftige Rohstoff- und Energieengpässe anzustrebenden Zielsetzungen, stehen aber vorderhand meist noch zu hohe Kosten und individuelle Prestigebedürfnisse entgegen.

2.42 SENSORIK

Eine Sonderstellung in der Warenprüfung und Kontrolle nimmt die Sensorik oder organoleptische (Sinnen)prüfung im Bereich der Nahrungs- und Genußmittel ein. Sie kann Entscheidendes zur Objektivierung der Lebensmittelqualität beitragen und ist seit jeher in bestimmten Bereichen üblich (Weinprobe, Kaffeeverkostung etc.). Es geht hier um sehr subjektive, bei Lebensmitteln aber besonders ins Gewicht fallende Qualitätsmerkmale wie Geschmack, Geruch, Aroma, Konsistenz, strukturelle Eigenheiten und nicht zuletzt um Aussehen, Appetitlichkeit und Gesamteindruck, die nur auf diese Weise kontrollierbar werden. Wenn der subjektive Eindruck des Einzelnen auch nur bedingt zuverlässig erfaßbar bleibt, so läßt sich das durchschnittliche Geschmacksempfinden mit hinreichender Genauigkeit reproduzierbar messen, mithin objektivieren. Zur Durchführung objektivierter Sinnenprüfung sind verschiedene Methoden entwickelt worden.

Zunächst gilt es, geeignete Prüfpersonen ausfindig zu machen. Dazu eignen sich Erkennungs- , Schwellenwert- und Fehlererkennungstests.

Der Erkennungstest bietet stark verdünnte Lösungen der Grundgeschmacksarten (süß, sauer, salzig, bitter) oder der reinen Aromastoffe zum Riechen oder Schmecken an (z.B. Aprikosen, Apfel, Kaffeearoma).

Im Schwellenwerttest werden diese Testsubstanzen in steigenden Konzentrationen beginnend mit fast unendlicher Verdünnung zur Erkennung vorgesetzt. Sie dienen dazu, "Geschmacksblinde" besonders häufig bei (bitter) ebenso wie überempfindliche und somit nicht repräsentative "Zungenroboter" als Prüfpersonen auszuscheiden. Als Testsubstanzen für beiderlei Arten von Tests kommen in Frage Zucker, Weinsäure, Kochsalz und Koffein oder Süßigkeitstest mit Apfelsäften, die durch ihren natürlichen Gehalt an Fruchtzucker und Fruchtsäuren geringe Mengen an zugesetztem Zucker erheblich maskieren können.

Im Fehlererkennungstest sollen typische Geschmacksfehler bestimmter Produkte sicher erkannt werden. Dazu verwendet man am besten "sensorische Standards" z.B. Milch mit Lichtgeschmack, den man leicht durch Bestrahlung von Milch in einem Quarzgefäß mit UV (Höhensonne) aus 20 bis 30 cm Abstand gewinnen kann. Andere Standards können der Literatur entnommen werden.

Die eigentlichen Prüfmethoden kann man einteilen in solche für geringe Qualitätsunterschiede, für die allgemeine Qualitätsansprache und in die Profilanalyse.

Die Methoden zur Erkennung geringer Qualitätsunterschiede dienen besonders der innerbetrieblichen Prüfung z.B.

- zur Erkennung der Auswirkung kleiner Rezepturänderungen
- zur Erkennung verschiedener Rohstofflieferungen oder Lieferanten
- zur Beurteilung der Auswirkung kurzfristig verlängerter Lagerdauer
- zur Eignungsprüfung verschiedener Verpackungen, Folien etc.

Im Duo-Test erhält der Prüfer zwei verschlüsselte Proben, die ihm unbekannte Standard- oder Kontrollprobe und die eigentliche Analysenprobe. Die Auswertung aufgrund von Mehrfachurteilen verschiedener Prüfer erfolgt über eine Binominalrechnung bzw. durch tabellarische Ablesung. Die reine Ratewahrscheinlichkeit beträgt allerdings noch 50%.

Der Triangeltest ist daher sicherer, denn er arbeitet mit zwei gleichen und einer abweichenden Probe. Zwei Analysenproben stehen einer Kontrollprobe gegenüber oder umgekehrt. Der Prüfer soll die abweichende Probe ermitteln. Die Auswertung auf statistische Verläßlichkeit geschieht wieder mittels Binominal-Tabellen.

Der Rangfolge-Test, wie er in der Kaffee- oder Teebranche sehr häufig eingesetzt wird, stellt die Aufgabe, eine mehr oder weniger erhebliche Anzahl ähnlicher Proben nach einem Merkmal oder auch nach mehreren Merkmalen in einer aufsteigenden Reihe zu ordnen. Dies mit einiger Sicherheit und womöglich unter Qualitätsansprache zu tun, setzt bereits große Übung und sensorisch Meisterschaft voraus. Die Auswertung erfolgt über spezielle nichtparametrische Rechenverfahren wie Concordanzkoeffizient und ähnliches. Die Methoden der allgemeinen Qualitätsansprache, die beschreibende und die bewertende Prüfung werden für zahlreiche Lebensmittel angewendet.

Die beschreibende Methode gibt zunächst möglichst umfassend Einzelmerkmale (Beschaffenheit, Fehler) und besondere Gütemerkmale an und dient speziell zur Erfassung des Gesamteindrucks von Spezialitäten und neuen Rezeptvarianten. Die Methode eignet sich auch zur Überwachung von Lagerversuchen (Frischgemüse, Frischfleisch), wenn keine ursprünglichen Vergleichsstandards mehr vorhanden sind.
Die Auswertung der Ergebnisse mehrerer Prüfer benützt den Medianwert (Zentralwert) und seine Streumasse.

Die bewertende Methode geht wie der Warentest (vgl. S. 63) vor, indem sie Produktbewertungen der verschiedenen Eigenschaften des Erzeugnisses an Hand ausgearbeiteter Güte- und Fehlertabellen vornimmt. Die um eine Fehleransprache erweiterte Punktebewertung erfordert geschultes Prüf- bzw. Fachpersonal, gibt aber repräsentative und zuverlässige Ergebnisse. So erfolgt z.B. die Zuerkennung des deutschen und österreichischen Weinsiegels nach solchen Prüfschematas. Ausgewertet wird durch Mittelwerts- und Streumaßberechnung.

Die Profilanalyse stellt die höchsten Ansprüche an die Prüfer, die gruppenweise miteinander im Gedankenaustausch stehend sich bemühen, die groben, feinen und allerfeinsten Aroma- und Geschmacksnuancen zu erkennen, zu beschreiben und auch in ihrer zeitlichen Abfolge (Anfangs-,Haupt- und Nachgeschmack) festzulegen. Diese weitestgehende Analyse wird häufig mit dem Bestreben verbunden, aus den Schmeckergebnissen in immer besserer Annäherung das Prüfgut selbst "aufzubauen", d.h. neue Geschmackskomponenten zu entdecken und schwierige Rezepturen zu entwickeln.

Eine spezielle Prüfmethode besteht in der Ausgiebigkeitsprüfung z.B. von Rum im Grog, Tee usw.,wo immer stärkere Verdünnungen auf geschmacklich noch befriedigende Eindrücke geprüft werden. Die Sensorik bietet somit ein reichhaltiges Instrumentarium an, nicht nur zur Qualitätskontrolle, sondern auch zur Qualitätsentwicklung in Richtung auf höherwertige Produkte durch geeignete Auswahl und Kombination der Produktkomponenten.

2.43 WERTANALYSE

Auch das Ziel der sogenannten Wertanalyse (value analysis) besteht in der Verbesserung der Produktqualität. Ihr Anwendungsbereich erstreckt sich in erster Linie auf fertige oder in Planung stehende Erzeugnisse, Komponenten und Bauteile vorwiegend technischer Art. Es handelt sich hier also ebenfalls um eine Art Prüf- oder Kontrollprogramm, das allerdings hauptsächlich auf die einzelnen Stufen des betrieblichen Fertigungsprozesses kostensenkend einwirken will, wobei die Produktqualität nicht nur erhalten, sondern nach Möglichkeit verbessert werden soll.

Von anderen Rationalisierungsmethoden unterscheidet sich die WA durch ihre strikte Produktbezogenheit und ihren methodischen Ansatz, der ein wohl definiertes Stufenprogramm im Teamwork (gruppendynamische Effekte) vorsieht. Die in der WA üblichen Begriffe, Ziele und Methodenschritte sind bereits genormt (ÖNORM A 6750, A 6751), wobei als WA-Objekte nicht nur Erzeugnisse, sondern auch Herstellungsweisen, Produktionsmittel, Tätigkeitsfolgen und einzelne Tätigkeiten sowie Konzeptionen aller Art in Frage kommen.

Von der WA im engeren Sinne wird die Wertgestaltung am noch in Planung befindlichen Produkt unterschieden. Der Kern der WA besteht in einer systematischen Funktionsanalyse, wobei Haupt-, Neben-, unnötige, Ist- und Sollfunktionen unterschieden werden mit dem Ziel, die einfachste und zweckmäßigste Variante zur Zielerfüllung herauszufinden. Parallel dazu läuft die Kostenanalyse, ebenso in Ist- und Sollwerte gegliedert.

Das unter Leitung eines WA-Koordinators (eventuell durch einen Psychologen oder Gruppendynamiker unterstützt), in mehreren Sitzungen ablaufende Teamwork muß sich möglichst an einen WA-Arbeitsplan halten. Dieser Stufenplan gilt in seinen Grundsätzen für alle kreativ-innovativen Tätigkeiten intellektueller Art und soll daher hier kurz skizziert werden.

WA-Arbeitsplan

Grundschritt 1 Vorbereitende Maßnahmen	Teilschritt 1 Auswählen des WA-Objektes und Stellen der Aufgabe
	Teilschritt 2 Festlegen des Untersuchungszieles
	Teilschritt 3 Bilden der Arbeitsgruppe
	Teilschritt 4 Planen des Ablaufes
Grundschritt 2 Ermitteln des IST-Zustandes	Teilschritt 1 Informationen beschaffen und Beschreiben des WA-Objektes
	Teilschritt 2 Beschreiben der Funktionen
	Teilschritt 3 Ermitteln der Funktionskosten
Grundschritt 3 Prüfen des IST-Zustandes	Teilschritt 1 Prüfen der Funktionserfüllung
	Teilschritt 2 Prüfen der Kosten
Grundschritt 4 Ermitteln von Lösungsmöglichkeiten	Suche nach allen denkbaren Lösungsmöglichkeiten
Grundschritt 5 Prüfen der Lösungsmöglichkeiten	Teilschritt 1 Vorauswahl
	Teilschritt 2 Prüfen der Funktionserfüllung
	Teilschritt 3 Prüfen der Wirtschaftlichkeit
Grundschritt 6 Vorschlag und Verwirklichung	Teilschritt 1 Auswählen der Lösungsvorschläge
	Teilschritt 2 Empfehlen eines Lösungsvorschlages
	Teilschritt 3 Verwirklichen des Lösungsvorschlages

(aus ÖNORM A 6750)

Wesentlich für den Erfolg ist die Teamzusammensetzung, aus höchstens 10 - 12 und mindestens 3 - 4 Personen, wobei alle wesentlichen Planungs- und Fertigungssparten des Betriebes berücksichtigt werden müssen. Die folgende Abbildung soll zeigen, wie das nötige Spezialwissen und Könnnen der einzelnen Vertreter der verschiedenen Betriebsbereiche sich überschneidend und gegenseitig befruchtend bei der Teamarbeit zusammengefaßt und geschickt in die erwünschte Richtung gelenkt wird.

Der Auswahl des WA-Objektes kommt ebenfalls entscheidende Bedeutung zu, wobei man bei denjenigen Produkten beginnen wird, die infolge ihrer großen Zahl und/oder voraussichtlichen Kostenreduktion pro Stück und der gesamten Laufzeit in Jahren den größten Deckungsbeitrag erwarten lassen.

Die bisher bekannt gewordenen Erfolge an Einsparungen und Steigerungen des Unternehmenserfolges sind beträchtlich; sie betreffen hauptsächlich in großen Serien erzeugte Bauteile z.B. Lampenfassungen, Befestigungs- und Schutzteile, Relais, Verpackungsvarianten, ferner auch Dienstleistungen z.B. Angebotserstellungen u.ä.

Die WA kann grundsätzlich ad hoc durchgeführt oder, besonders in größeren Betrieben auch institutionalisiert werden. Es hat sich gezeigt, daß sie neben den angestrebten konkreten WA-Zielen wesentlich zur Verbesserung der innerbetrieblichen Kommunikation (Klimaverbesserung!) und gelegentlich in methodischer Ausweitung zur Reorganisation einzelner Abteilungen und ganzer Betriebe führen kann (Organisationsentwicklung).

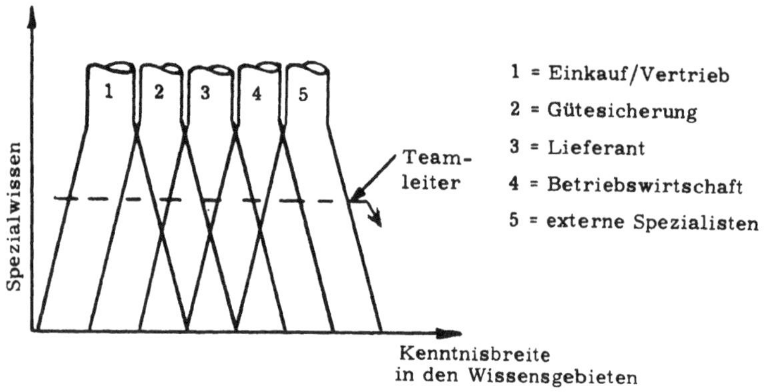

(aus Lisson)

LITERATUR

Gasthuber, H., Neue Wege im warenkundlichen Unterricht durch gebrauchswertanalytische Gruppenarbeit. Vortrag vor der Poln. Ges.f.Warenkunde, Krakow 1975.

Derselbe, Grundlagen der Gebrauchswertanalyse. I. Einführung in die Methode "Wertanalyse". Skriptum WU Wien 1977.

Grundke, G., Grundriß der allgemeinen Warenkunde II. Warenprüfung. 5. Aufl., VEB-Fachbuchverl. Leipzig 1988.

Haevecker, U., Objektivierung der Lebensmittelqualität durch Sensorik. In: Lisson a.a.O., S. 31-36.

Kiermeier, F., Haevecker, U., Sensorische Beurteilung von Lebensmitteln. J. F. Bergmann Verl. München 1972.

Lisson, A., Verbraucherschutz durch Gütesicherung. 3. Aufl., Quelle-Institut für Warenprüfung, Nürnberg 1977

ÖNORM A 6750 Wertanalyse - Begriffe, Methoden. 1. Oktober 1975. Österr. Normungs-Inst. Leopoldgasse 4, A-1020 Wien

Gassner, H., Wertanalyse - Darstellung des Systems an Hand der ÖNORM etc. Dipl.A. WU-Wien 1980

Wohinz, J., Wertanalyse. Physica Verl., Würzburg 1982

Wertanalyse Forum, Organ für Information und Erfahrungsaustausch des Arbeitskreises WA. Wifi-Wien, seit 1978

Witschek, G., Objektivierbarkeit sensorischer Lebensmittelprüfung etc. Dipl.A. WU-Wien, 1984

Lilie, H. u. Autorenkollektiv, Qualitätssicherung und Standardisierung - Handbuch. Verl. Die Wirtschaft, Berlin 1979

Jelinek, G., Sensorische Lebensmittelprüfung. Lehrbuch für die Praxis. Pattenson 1981

Lisson, A. (Hrsg.), Qualität die Herausforderung, Erfahrungen - Perspektiven. Springer Verl./Verl. TÜV, Rheinland 1987

2.5 Allgemeine Warenkunde

Wie schon in der Einleitung geschildert, bildet die allgemeine d.h. die mit den Welthandelsgütern (Rohstoffen, rohstoffnahen Produkten, Energieträgern usw.) befaßte Warenkunde die älteste Wurzel dieser Wissenschaft; der Terminus allgemeine Warenkunde wird auch noch in einem anderen Sinne nämlich unter besonderer Betonung des methodischen Aspekts gebraucht, wobei die allgemein anwendbaren Untersuchungs- und Behandlungsverfahren wie Klassifizieren, Prüfen, Verpacken, Transport, Lager und Warenumschlag im Vordergrund des Interesses volkswirtschaftlicher Art stehen.

2.51 LEITLINIEN UND AUSWAHLKRITERIEN

Auch im schulischen Bereich wird die allgemeine Warenkunde als wichtiger Teil der Berufsvorbildung und Ausbildung im Rahmen des höheren kaufmännischen Bildungswesens seit jeher anerkannt. Sie erhält durch die Einsicht in die Begrenztheit unserer natürlichen Ressourcen und der Bedeutung des Welthandels mit Roh- und Energiestoffen neuen Auftrieb. Auch sind die Zusammenhänge mit den übrigen Lehrfächern in mehrfachem Sinne gegeben. Mit der Technologie besteht ein enger Zusammenhang in Form der Gewinnungs- und Erzeugungsverfahren, der technischen Möglichkeiten des Transportes, den Lager- und Verteilungsprozessen. Die Waren werden hier als Erzeugnisse von Produktionssystemen und als Güter des Welthandels erfaßt, analysiert und im Zusammenhang studiert.

Die hier interessierenden Erzeugnisse und Welthandelsgüter können nach folgenden Merkmalskombinationen behandelt werden, wobei sich die Warentypologie - so nennen wir diese Art der Betrachtung - um eine Gruppierung der Ware nach verschiedenen Gesichtspunkten bemüht.

Übersicht 16 (nach Knoblich)

Warengruppierung nach

1. naturwissenschaftlich-technischen Merkmalen
   Merkmale der Herkunft und Beschaffenheit der Waren
      Waren pflanzlichen Ursprungs (Weizen, Holz, Hanf),
      Waren tierischen Ursprungs (Fleisch, Haut),
      Waren mineralischen Ursprungs (Eisenerz, Kies, Kochsalz).

      Natürliche (naturgegebene)Waren
      künstlich erzeugte (synthetische) Waren

      Waren mit gleichbleibender Beschaffenheit (Metalle, Chemikalien,Zement)
      Waren mit schwankender Beschaffenheit (Holz, Häute, Obst, Tabak, Wein)

      Vertretbare (fungible) Waren (Gold, Kupfer, Stahl, Baumwolle, Gummi, Zucker)
      Nichtvertretbare (infungible) Waren (Holz, Fisch, Obst)

   Physikalische Eigenschaften der Waren
      Waren mit gasförmigem Aggregatzustand (Leuchtgas, Erdgas)
      Waren mit flüssigem Aggregatzustand (Benzin, Milch, Wein, Salzsäure)
      Waren mit festem Aggregatzustand (Kohle, Zucker, Möbel, Kleidung)

      Gestaltlose (formlose, amorphe) Waren (Schüttgüter wie Mehl, Zement, ferner Flüssigkeiten und Gase)
      Gestaltete (geformte) Waren

      Eindimensionale (1-D) Waren (Garne, Draht, Seile)
      Zweidimensionale (2-D) Waren (Bretter, Bleche, Eternit, Papier)
      Dreidimensionale (3-D) Waren, besonders als Verbundstoffe (Stahlbeton, Whiskers, verstärkte Kunststoffe)

      Leichte Waren (Zigaretten, Dosenware, Papierware, Zeitung, Strümpfe, Glühbirne, Bleistift)

Mittelschwere Waren (Stühle, Einrichtungsgegenstände, Elektrogeräte, Fahrrad, Radio)
Schwere Waren (Automobil, maschinelle Anlagen, Eisenbahngerät)
Gewichtswaren (Fleisch, offener Käse, Obst)
Abgepackte Waren

Biotische Eigenschaften der Waren
Verderbliche Waren - Frischwaren (Obst, Gemüse, Milch, Fleisch)
Nichtverderbliche Waren - Dauerwaren (Zwieback, Konserven)

Mechanische Eigenschaften der Waren
Weiche, mittelharte bzw. harte Waren

Dehnbare bzw. nichtdehnbare Waren

Leicht zerreißbare bzw. reißfeste Waren

Leicht-, schwer-zerbrechliche, unzerbrechliche Waren

Gut-, schlecht-, nichtwärmeleitfähige Waren

Chemische Eigenschaften der Waren
Leicht brennbare (feuergefährliche), schwerer bzw. nicht brennbare Waren
Leicht, schwer bzw. nicht lösliche Waren
Hitzebeständige bzw. sich bei Hitze zersetzende Waren
Kälteempfindliche bzw. kälteunempfindliche Waren
Lichtempfindliche bzw. lichtunempfindliche Waren
Geschmacks- oder geruchsneutrale Waren bzw. geruchs- oder geschmacksempfindliche Waren
Verderbliche bzw. nicht verderbliche Waren (haltbare) Waren

Komplexe technische Merkmale der Waren
Unbegrenzt, begrenzt bzw. nicht lagerfähige Waren
Leicht bzw. schwer transportierbare Waren
Verpackungsbedürftige bzw. nicht verpackungsbedürftige Waren (Schüttgüter , Glas, Benzin)
Stoßempfindliche und unempfindliche Waren (Fernseher, Präzisionsgeräte, Taschenrechner)

2. Fertigungswirtschaftliche Warenmerkmale

Merkmale von Produktivwaren
Umlaufgüter-Anlagegüter (Waren mit kurzer bzw. langer Bindung)
Rohstoffe (Holz für Zellstoff), Werkstoffe
Hilfsstoffe (Leim, Beschläge bei Möbeln)
Betriebsstoffe (Schmiermittel, Büromaterial , Brenn- u. Treibstoffe)

Reinmaterial (Edelmetalle)
Teilweises Gewichtsverlust-Material (Stärkegewinnung aus Kartoffeln, Trocken- oder Kondensmilch, Holz im Sägewerk, Eisenerz im Hüttenwerk)
Totales Gewichtsverlust-Material (Brennstoffe, Schmiermittel)

Merkmale des Fertigungsablaufes und der Fertigungstechnik

Einsatzstoff (Rohstoff), Halbwaren (Zwischenprodukte, Halbfabrikate) bzw. Fertigwaren (Endprodukte)

Waren mit kurzer bzw. langer Fertigungsdauer

Waren der Individualfertigung (Einzelfertigung: Schiffe, Produktionsanlagen),
Waren der Serienfertigung (Kraftfahrzeuge , Elektrogeräte)
Waren der Massenfertigung (Walzwerkerzeugnisse, Zement, Papier, Bier)

Waren der verbundenen Produktion (Kuppelprodukte: Roheisen-Schlacke, Zucker-Rübenschnitte bzw. Kompensationsartikel: Ausnutzung der Betriebskapazität)
Waren der unverbundenen (isolierten) Produktion

Saisonprodukte (landwirtschaftliche Produkte)
Saisonunabhängige Produkte

Handwerkliche bzw. industriell gefertigte Waren

Techno-ökonomische Merkmale
Hauptprodukte (Kupfer), Nebenprodukte (Silber in Kupfererz), Abfallprodukte (Abraum,Abwässer)

Umweltfreundliche, umweltfeindliche Produkte (Elektroauto, Benzinauto)

Einwandfreie bzw. fehlerhafte Waren (Waren 1. Wahl, 2. Wahl usw.)

Material- bzw. arbeitsintensive Waren (Kunstfasern, Konfektion, Maßarbeit)

Genormte Waren (Normteile) bzw. nicht genormte Waren

Diese übersichtsartige Zusammenstellung von Merkmalskomplexen und Warenbeispielen spielen in der allgemeinen Warenkunde eine unterschiedliche Rolle. Zur Klassifizierung von Gütern eignen sie sich weniger, da sich vielfach Abgrenzungsschwierigkeiten und Überschneidungen ergeben.

Ein wichtiges Merkmal und Auswahlkriterium für volkswirtschaftlich wichtige Welthandelsgüter besteht zweifellos in ihrem volkswirtschaftlichen Gesamtwert und der wertmäßigen inländischen Warenbereitstellung, die sich aus der Summe der inländischen Produktion und dem Außenhandelssaldo ergibt. Für Österreich hat sich 1970 für die wichtigsten Warengruppen nach dem SITC-revised (Standard International Trade Classification) folgendes Bild ergeben.

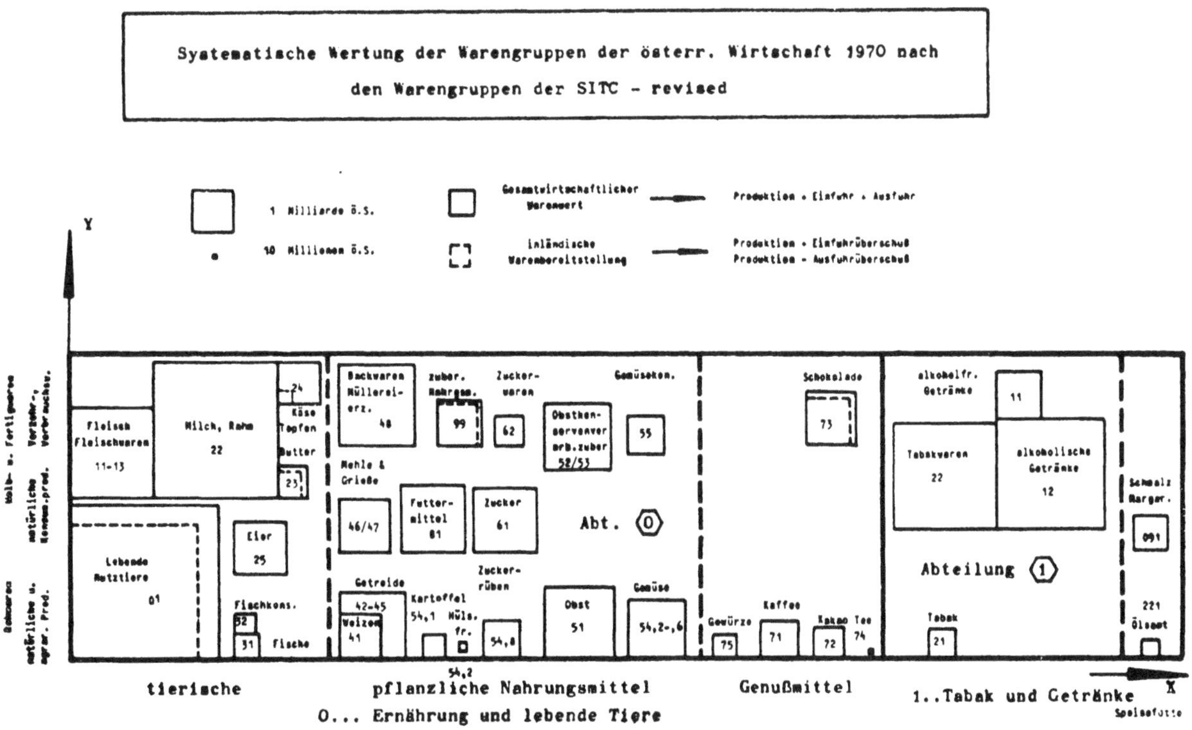

Versuch einer wertmäßigen Aufgliederung der österr. Warenwirtschaft

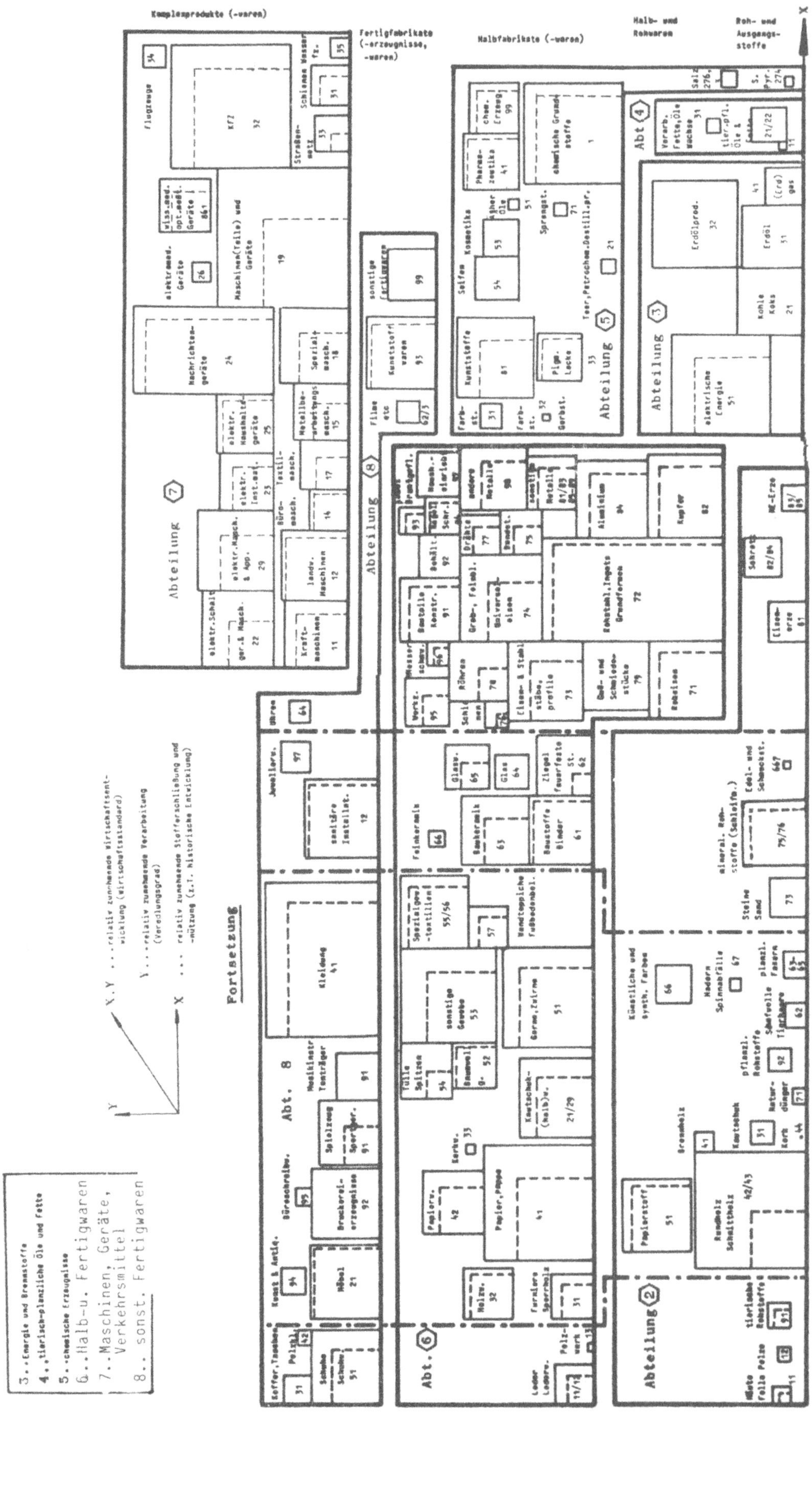
Fortsetzung
Abteilung 7
Abteilung 8
Abteilung 5
Abteilung 3
Abt. 4
Abt. 6
Abt. 8
Abteilung 2
2.... Rohstoffe
tierische
pflanzliche
mineralische
Erze
Metalle
X, Y ... relativ zunehmende Wirtschaftsentwicklung (Wirtschaftsstandard)
Y ... relativ zunehmende Verarbeitung (Veredlungsgrad)
X ... relativ zunehmende Stofferschließung und -nützung (z.T. historische Entwicklung)
3..Energie und Brennstoffe
4..tierisch-pflanzliche Öle und Fette
5..chemische Erzeugnisse
6..Halb-u. Fertigwaren
7..Maschinen, Geräte, Verkehrsmittel
8..sonst. Fertigwaren

Die weitere Entwicklung der österreichischen Warenwirtschaft kann dem Mengenindex der Sachgütererzeugung 1971/1986 und der Ein- bzw. Ausfuhr (1970/1986) entnommen werden.

MENGENINDEX DER SACHGÜTERERZEUGUNG

Wirtschaftsabteilungen und -klassen der Betriebssystematik 1968	1986 1971 = 100
Erzbergbau	247,8
Salzbergbau (einschließlich Sudsalzerzeugung)	199,2
Elektrizitätserzeugung	162,6
Gasversorgung	146,0
Bergbau auf Graphit, Talk, Gips usw.	137,5
Gewinnung von Steinen und Erden	135,7
Kohlenbergbau	84,3
Magnesitbergbau	68,9
Erdöl- und Erdgasbergbau	49,7
Erzeugung von Musikinstrumenten, Sportartikel u. Spielwaren	277,0
Erzeugung von elektrotechnischen Einrichtungen	248,4
Erzeugung von Transportmittel	216,9
Erzeugung von Chemikalien und chemischen Produkten	216,0
Erzeugung von Nahrungs- und Genußmitteln	211,4
Erzeugung von Waren aus Gummi und Kunststoffen	191,2
Erzeugung und Bearbeitung von Glas	189,4
Erzeugung von Metallwaren	185,2
Druckerei und Vervielfältigungen	181,1
Erzeugung und Verarbeitung von Papier und Pappe	178,7
Bearbeitung von Holz; Holzplattenerzeugung	174,9
Bearbeitung von Metallen, Stahl- und Leichtmetallbau	154,3
Erzeugung von Maschinen (ausgenommen Elektromaschinen)	154,2
Erzeugung von Getränken; Tabakverarbeitung	150,2
Erzeugung von feinmechanischen, medizinischen u. optischen Geräten, Uhren und Schmuckwaren	148,2
Verarbeitung von Holz	146,7
Erzeugung von Eisen und NE-Metallen (einschließlich Halbzeug)	142,9
Verarbeitung von Erdöl, Ergas und Kohle auf Derivate	113,0
Erzeugung von Bekleidung und Bettwaren	107,3
Erzeugung von Waren aus Steinen und Erden	106,8
Erzeugung und Reparaturen von Schuhen	100,0
Erzeugung von Textilien und Textilwaren	98,8
Erzeugung und Verarbeitung von Leder und Lederersatzstoffen	82,4

AUSSENHANDEL
Ein- und Ausfuhr nach Obergruppen

1970	1986	Obergruppen	1970	1986
in %			in %	
Einfuhr			Ausfuhr	
7,3	5,5	Nahrungs- und Genußmittel	4,5	3,7
18,6	14,1	Rohstoffe (einschl. elektr. Energie)	12,5	6,4
20,2	16,0	Halbfertige Waren	22,9	20,1
53,9	64,4	Fertigwaren	60,1	69,8
31,2	33,8	Maschinen und Verkehrsmittel	24,1	33,2
22,7	30,6	Andere Fertigwaren	36,0	36,6
18,7	20,6	Investitionsgüter	22,8	23,6
35,2	43,8	Konsumgüter	37,3	46,2
0,0	0,0	Sonstige Waren	0,0	0,0
100,0	100,0		100,0	100,0

Man sieht daraus,welche Bedeutung für die österreichische Volkswirtschaft die verschiedenen Warengruppen wie z.B. lebende Nutztiere, Milch und Rahm, Tabakwaren alkoholische Getränke, Rund- und Schnittholz, Papier und Pappe, Rohstahl sowie andere Grundstoffe hatten. Inzwischen dürfte sich auch in Österreich der Warenwert etwas zu höher veredelten Erzeugnissen und Handelswaren technisch-aufwendiger und intelligenter Produkte verschoben haben. Darüber wird die in Ausarbeitung befindliche volkswirtschaftliche Gesamtrechnung nach Art der Input-Output-Tabellen Auskunft geben; in diesem Zusammenhang wird auch eine Harmonisierung der staatlichen Produktions- und Außenhandelsstatistik erfolgen, wie dies in der BRD bereits geschehen ist (vgl. Audoklassys I, II).

Zum Abschluß dieses Kapitels sei die Inhaltsübersicht einer allgemeinen Warenkunde gegeben, die für die österreichischen Handelsakademien und Handelsschulen sowie die Lehrerausbildung gedacht ist.

Übersicht 17 Themenkatalog Allgemeine Warenkunde und Technologie

Anorganische Warenkunde und Technologie

Energie - die Voraussetzung
- Energieflußdiagramm Österreichs, Eigen- und Fremdversorgung, Sparmöglichkeiten
- Kohle und Kohlevergasung
- Erdgas, Erdgasverbund
- Erdöl- Vorratshaltung, Raffinerie Schwechat
- Elektrizität, Kraftwerkstypen, Turbinentypen, Äquivalenz- und Substitutionsmethode, Erzeugungs- und Verbrauchscharakteristiken
- Atomenergie, Haupttypen von Leistungsreaktoren, Uranwirtschaft,Fusionsenergie,
- Sonnenenergie, Heizung und Kühlung von Gebäuden, zentrale Konversion: Eletrizität, H_2, C_nH_m
- Energiebilanz der Erde, Energie und Gesellschaft

Eisen und Metall - eine Schlüsselindustrie
- Die österreichische Eisen- und Stahlindustrie, der Hochofen A in Linz, Rationalisierung im Hochofenprozeß, Direktreduktion
- Neue österreichische Stahltechnologien
- Begriffssystematik der Metallbe- und -verarbeitung
- Das metastabile Eisen-Kohlenstoff-System
- Stahlqualitäten nach DIN 17006
- NE-Metalle und Aluminium in Österreich
- Die Versorgung Österreichs mit Metallen, Metallbörse

Moderne Bau- und Werkstoffe
- Spezialbinder, Hohlziegel(elemente), Fertigbeton(elemente), Gasbeton, Isoliermaterial, Eternit
- Neue Porzellantechnologie - Fallbeispiel
- Glas als moderner Werk- und Packstoff

Rohstoffnutzung und Erhaltung der Biosphäre
- Lithosphäre, Zusammensetzung der Erdkruste, mineralische Rohstoffreserven
- Hydrosphäre, Wasserbedarf, Abwasserklärung und -reinigung
- Atmosphäre, Luftreinhaltung und Abluftbehandlung, Lärmbekämpfung
- Abfall und Müll, Müllentsorgung, Umweltschutz und Abfallwirtschaft, Umweltschutzgesetz

Organische Warenkunde und Technologie

Lebensmittel - Nahrung und Genuß
- Sortimentsgliederung des Handels bzw. nach Stoff- und Herstellungsgesichtspunkten
- Lebensmittelgesetz, Codex, Lebensmittelkennzeichnung, Handelsklassen, Qualitätssicherung und Verpackung, Sensorik
- Grundnahrungsstoffe, Nährwert - Genußwert - Geltungswert
- Die problematische Gruppe: Fleisch, Fisch, Tiefkühlware, Weißes Sortiment (Milch, Molkereiwaren, Brot und Backwaren,Teigwaren), Frischobst, Gemüse

Konserven-Konservierung, Fertiggerichte, Diätetika
Getränke - alkoholische und alkoholfreie, Spezialitäten, Gütesiegel
Genußmittel: Kaffee, Tee, Cacao (Welthandelsgüter), Instantgetränke, Schokolade und Konditoreiwaren, Delikatessen
Getreide, Ölsaaten, Zucker, Futtermittel (Welthandelsgüter)
Systematik der verfahrenstechnischen Prozesse der Lebensmittelindustrie (Bio- bzw. Gentechnologie)

Holz und Papier - Roh- und Werkstoff
Holz als Bau- und Werkstoff, Veredelungsstufen
Zellstoff, Schliff, Altpapier
Papier als Pack- und Bedruckstoff, Druckverfahren, Repro

Textil und Bekleidung - Nutzen und Mode
Natur- und Kunstfasern, Chemie- und Synthesefasern, Textilkennzeichnung
Garne, Zwirne (Spinnerei), Gewebe, Gewirke und Gestricke, Textilbenennungen
Begriffssystematik: Faser-Fachung-Verdrehung-Überkreuzung-Überschlingung-Rapport-Zuschnitt-Kleidung-Heimtextilien

Leder- und Rauhwaren - Gebrauchs- und Luxuswaren
Arten , Verwendung, Schuhkennzeichnung

Kunststoffe und Kautschuk
Massenkunststoffe, Natur- und Synthesekautschuk, Altreifenverwertung

Warenkundliche Übungsbeispiele
Produktdeklaration, vergleichender Warentest an:
(Elektro)Haushaltgerät und/oder
Unterhaltungselektronik (TV, Radiorekorder, Rechner)
Foto, Film
Schi-, Sportartikel etc.

LITERATUR

vgl. S. 7,9,10, ferner:

Hölzl, J., Zur Bibliographie der Warenkunde und Warenwissenschaft.Forum Ware, 6(1978), 212-222.

Derselbe, Versuch einer wertmäßigen Aufgliederung der österreichischen Warenwirtschaft. Österr. Betriebswirt 22 (1972), 161-179.

Derselbe, Bancher, E., Bau und Eigenschaften der organischen Naturstoffe. Springer Verl., Wien New York 1965.

Derselbe, Anorganische Warenlehre zu "Franke - Priesl - Rihs, Biologie und Warenkunde 1, Wien 1979.

Derselbe, Organische Warenlehre zu "Franke - Priesl - Rihs, Biologie und Warenkunde 2, in Bearbeitung

Knoblich, H., Betriebswirtschaftliche Warentypologie. Frankfurt/Main 1965.

AUDOKLASSIS - Produktion, Verbrauch, Außenhandel. Input-Output Vorbericht, Heft 1+ 2. Österr. Statist. Zentralamt Wien 1982, 1984

Statistisches Jahrbuch der Republik Österreich Jg. 23/1982, Jg. 28/1987

2.52 WARENBÖRSEN

Die in Übersicht 16 enthaltene Unterscheidung von fungiblen und nichtfungiblen+) Waren spielt für Warenbörsen eine wesentliche Rolle. Auch im Sinne der fachübergreifenden Thematik einer allgemeinen Warenkunde der Welthandelsgüter sei hier das Thema Warenbörsen aufgegriffen, umsomehr als solche Fragen zu den erklärten Zielen der früheren Warenkunde gehörten.

Warenbörsen gibt es nur in der freien Marktwirtschaft, die auch bei weitem den Hauptanteil des Welthandels bestreitet. Die wichtigsten Warenbörsen befinden sich in London, New York und Chicago. Nachstehend eine Liste der wichtigsten Warenbörsen und der an ihnen gehandelten Waren.

+) vertretbar bzw. nicht vertretbar

Ware	Wool Assoc. of the N.Y. Cotton Exch.	Winnipeg Commodity Exchange	Sydney Greasy Wool Futures Market	Rubber Trade Ass'n., London	Paris, Bourse de Commerce	Pacific Commodity Exchange	N.Y. Mercantile Exchange	N.Y. Cotton Exchange	N.Y. Coffee & Sugar Exchange	N.Y. Cocoa Exchange	Minneapolis Grain Exchange	London Wool Terminal Market Ass'n.	London Sugar Terminal Market Ass'n.	London Metal Exchange	London Corn Trade Ass'n.	London Commodity Exchange	London Coffee Terminal Market	London Cocoa Terminal Market Assoc.	L.P.G. Assoc. of N.Y. Cotton Exch.	Kansas City Board of Trade	Commodity Exchange Inc. N.Y.	Citrus Assoc. of N.Y. Cotton Exch.	International Money Mkt.	Chgo. Mercantile Exch.	Chicago Mercantile Exchange	Chicago Board of Trade
Aluminium														●												
Bauholz																									●	
Bauholz (studs)																										●
Baumwolle								●																		
Blei														●												
Citrusfrüchte																						●				
Eier						●																			●	
Flachssamen		●																								
Gerste		●													●											
Gold		●																			●					
Gummi				●																						
Hafer		●																								●
Hähnchen (gefroren)																										●
Hirse																									●	
Internat. Währungen																							●	●		
Kaffee									●								●									
Kakao							●			●								●								
Kartoffeln																									●	
Kokosöl						●																				
Kupfer														●							●					
Mais															●											●
Mastvieh																									●	
Nickel														●												
Palladium und Platin							●																			
Propangas																			●							
Quecksilber																					●					
Rapssamen		●																								
Rindfleisch (ohne Knochen)							●																			
Roggen		●																								
Schweine (lebend)																									●	
Schweinelenden (gefroren)																									●	
Silber														●							●					●
Silbermünzen							●																			
Sojabohnen																										●
Sojabohnen-Mehl					●																					●
Sojabohnen-Öl																●										●
Sperrholz																										●
Vieh (lebend)		●																							●	
Weizen											●									●						●
Wolle und Cops	●		●									●														
Zink														●												
Zinn														●												
Zucker					●				●				●													

Darunter befinden sich wichtige Welthandelsgüter, die in großen Mengen frei gehandelt werden, d.h. nicht monopolistischen oder staatlichen Eingriffen (Erdöl, Kohle, Erdgas, Eisenerz, Uran) aus welchen Gründen immer, ausgesetzt sind u.z.T. über weite Strecken transportiert werden müssen. Die Börse selbst ist lediglich ein Informations- und Organisationsplatz, an dem die Transaktionen nach Art von Versteigerungen erfolgen. Die Ware selbst braucht nicht zugegen sein, doch gibt es bei einigen Börsen angeschlossene Warenlager. Die Waren selbst werden genau spezifisiert, klassifiziert und überprüft.

Die Preisbildung erfolgt als Resultat von Angebot und Nachfrage, wobei Transaktionen für zukünftige Lieferung - eine Besonderheit der Warenbörse - den größten Teil der Handelsaktivitäten bestimmen. Diese auf Zukunft gerichteten sogenannten Termingeschäfte (auf 3 - 24 Monate, je nach Börse) schaffen die Möglichkeit auch für jene Marktteilnehmer am Preisgeschehen teilzunehmen, die nicht gerade zum gegenwärtigen Zeitpunkt über die Ware verfügen oder Lieferung beziehen wollen. So kann sich z.B. ein Fabrikant, der weder ausreichend über Lagerfläche noch Kapital verfügt, um seine Produktion (Verkäufe) für das kommende Jahr rohstoffmäßig abzudecken, durch einen Terminkauf an der Börse kursmäßig gegen eine Explosion der Preise absichern (Einkaufshedging). Ist der Kurs des Rohstoffes im nächsten Jahr zum Zeitpunkt des physischen Zukaufs der Ware gestiegen, kann der Fabrikant den Verlust auf der physischen Seite durch einen Gewinn an der Börse ausgleichen. Er kann sich somit gegen Kursschwankungen börsennotierter Rohstoffe absichern. Das gleiche gilt mit umgekehrtem Vorzeichen für das sogenannte Verkaufshedging.

Das Hedging (hedge = hegen, sichern) oder Deckungsgeschäft wird oft über berufsmäßige Börsenmakler (Brokers) abgewickelt, die sich durch On-line-Informationen mit den wichtigsten Warenbörsen über laufende Notierungen (Eröffnung, Tagesmittel, Schluß) sowie durch ihr statistisches Material, die ständigen Marktbeobachtungen und ihr Know-how dafür qualifizieren (Chart-Technik).

Damit alle Börsenteilnehmer, die sich kursmäßig absichern wollen, immer einen Kontraktpartner finden, der die genau entgegengesetzte Position einnimmt, wird die Teilnahme von Spekulanten am internationalen Börsengeschehen unter gegebenen, reglementierten Voraussetzungen allgemein als notwendig erachtet. So treffen sich an einem Ort Marktteilnehmer mit verschiedenen Zielvorstellungen, die sich über die Variable "Preis" ausgleichen. Alle anderen warenspezifischen und wirtschaftlichen Konditionen (Qualität, Liefer- und Zahlungsbedingungen) sind fixiert.

Nachstehende Übersicht faßt die wichtigsten Charakteristika der Warenbörsen zusammen.

Die Warenbörse ist eine Institution, wo technologisch und wirtschaftlich exakt standardisierte Produkte, an einen bestimmten Ort für sofortige und auch zukünftige Lieferung gehandelt werden		
Warenbedingungen	Marktvorteile	Börsenteilnehmer
Standardisierbarkeit der Waren bzw. Möglichkeit der Normung: sonst keine Fungibilität der Ware	Lagerfinanzierung der Rohstoffe	Bergwerksproduzenten Hütten und Raffinerien
International ähnliches Niveau der Verarbeitungstechnologien: Verwendung gleicher Rohstoffe und Halbfabrikate	Marktzugang für finanzschwache Teilnehmer durch Delegierung der Finanzierung	Halbzeugproduzenten Finalproduzenten Konsument
Transport und Lagerfähigkeit: kein Verderb oder Beschädigung, da Qualitätsabsprachen gelten müssen.	Zentraler konsumnaher Markt für ubiquitär nachgefragte aber nur punktuell geförderte oder produzierte Güter	Handel Schrotthandel

Geringer Sekundärkreislauf : sonst einseitige Stärkung der Nachfrager (ausgeglichene Position von Nachfrager und Anbieter)	Überwindung von großen Raum- und Zeitdistanzen ohne komplizierte Finazierungsprobleme	Sekundärproduzent Börsenmakler Banken Spekulanten
Geringe Substituierbarkeit: bzw. ganz bestimmter Anwendungsbereich		
Technischer Fortschritt: nicht sprunghaft, gemäß der Anpassungsfähigkeit der Börse	"Demokratische" Preisbildung durch nationalen und internationalen Zugang	

Warenbörsen haben durch ihre Lager, aber auch durch die Dimension der Terminkontrakte eine gewisse mengenmäßige und zeitliche Ausgleichsfunktion, die dazu beiträgt, extrem starke Preisschwankungen abzuschwächen. Ähnlich wirken Vorratslager, die auf Grund zwischenstaatlicher Abkommen angelegt werden, um bei Überangebot Waren aufzukaufen und einem Preisverfall entgegenzuwirken, während bei Überangebot (Preishausse) durch Warenverkäufe preisdämpfend eingewirkt werden kann.

Die in der Tabelle genannten Warenbörsen sind inzwischen vielfach konzentriert und zusammengefaßt worden, so z.B. in London zur London Commodity Exch. (LCE), in New York zur COMEX und NYMEX und ebenso in Chicago. Ferner seien noch die Tokyo Commodity Exch. for Industry (TOCOM) für Baumwolle, Gold, Palladium und Platin und Silber, sowie die Midamerica Commodity Exch. Chicago (MIDEX) für den Silbermarkt, auch in Kleinkontrakten erwähnt. Erdöl wird inzwischen an der LCE und der NYMEX gehandelt.

LITERATUR

Gibson Jarvie, R., The London Metal Exchange, A Commodity Market. Cambridge 1976 Deutsch von E. Maul, F. Knapp, Londoner Metallbörse, Frankfurt/M. 1978

Hirt, W., Praxis des Rohstoff-Termin-Geschäfts, Zürich 1976

Kernstock, F., Warenbörsen - Funktionsweise und Anwendung gezeigt am Beispiel der Londoner Metallbörse, Vorlesung Wirtschaftsuniversität Wien 1979

ANMERKUNG ZU 2.52 WARENBÖRSEN

Die Institution der Warenbörse hat sich im Laufe der geschichtlichen Entwicklung von den individuellen Warenmärkten großer Handelsplätze abgeleitet. Ein solches Handelszentrum des Mittelalters war z.B. Byzanz, das besonders für den Transithandel mit dem fernen und dem mittleren Osten eine Hauptrolle spielte. Im Mittelalter übernahmen die italienischen Stadtstaaten Venedig, Florenz und Genua diese Rolle, welchen schließlich die flandrischen Seestädte folgten. Hier gab es bereits große Lagerhäuser, und die Versammlungshallen der Ratshäuser oder auch eigens für diesen Zweck errichteten Gebäude dienten bereits dem Markt- und Börsenverkehr; es handelte sich hier noch ausschließlich um Kassageschäfte, d.h. die Kaufabschlüsse erforderten sofortige Lieferung und prompte Zahlung.

In Brügge traf man sich zu diesem Zweck - Abschluß von Geschäften und Austausch von Informationen - im Handelshaus der Familie van der Burse, woraus dann die "Börse" wurde. Im 16. Jahrhundert verlagerte sich die Geschäftstätigkeit nach Antwerpen, im folgenden Jahrhundert nach Amsterdam, wobei sich bereits eine räumliche Trennung der eigentlichen Geschäftstätigkeit und Abschlüsse der Kaufkontrakte von der nunmehr sehr genau bestimmten, standardisierten oder typisierten Ware ergab. Die Zusammenkünfte fanden regelmäßig und in gesetzlich geregelter Weise statt. In Antwerpen stellte sich die Gepflogenheit ein, die Lieferung der Ware auf einen späteren Termin zu vereinbaren, wobei sich mit der Entwicklung von Kreditbriefen und Wertpapieren im 17. Jahrhundert immer häufiger eine Trennung von Lieferung und Zahlung zu einem festen Preis und späteren Termin ergab und die Abschlüsse (Kontrakte) sogar schon vor dem Fälligkeitstermin weitergehandelt werden konnten.
So entwickelte sich in Amsterdam das Warentermingeschäft mit Kaffee, Kakao, Getreide und verschiedenen Gewürzen mit allen Feinheiten und Rafinessen einer heutigen Börse. Auch die mit dem Termingeschäft verbundene Spekulation erreichte zwischen 1620 und 1634 mit dem Tulpenzwiebel-Boom einen ersten spektakulären Höhepunkt.

Die Börsentätigkeit i.a. und das Warentermingeschäft wurden durch die schlagartige Verbesserung der Kommunikationsmöglichkeiten nach Einführung der Telegraphie und des Telephons wesentlich gefördert. Von den deutschen Warenbörsen des 19. Jahrhunderts in Augsburg, Köln, Bremen, Hamburg, Leipzig, Frankfurt und Berlin ist nur mehr die Baumwollbörse in Bremen übriggeblieben. Sie führt jedoch auch keine richtigen Börsengeschäfte mehr durch, sondern betätigt sich als Interessensvertretung und Schiedsgericht in Streitfragen sowie in Arbitrage (Feststellung der Wertdifferenzen für beste Qualitäten, Vermittlung von günstigen Ein- bzw. Verkaufsmöglichkeiten solcher Qualitäten); ein angeschlossenes Faserinstitut ist vor allem für Qualitätsprüfungen und Standardisierung zuständig, ferner werden Statistiken und allgemeiner Informationsaustausch zwischen Geschäftspartnern vermittelt.

In Österreich bestand niemals ein über Börsen organisierter Terminhandel mit Rohstoffen. Derzeit gibt es bei uns eine an die Wertpapierbörse angeschlossene allgemeine Warenbörse, in Wien auch eine Börse für landwirtschaftliche Produkte und in Oberösterreich eine Fruchtbörse, die abwechselnd in Linz und Wels zusammentritt.

An der Wiener Warenbörse werden aber schon seit vielen Jahren keine Börsengeschäfte mehr abgeschlossen. Die Kurse entstehen viel mehr durch Taxation eines Komitees aus Vertretern des Handelsministeriums, dem Börsensekretär als Vertreter der Börse und Sensalen, indem die tatsächlichen Geschäftsabschlüsse der vergangenen Woche retrospektiv betrachtet werden. Das Kursblatt erscheint einnmal wöchentlich und hat amtlichen Charakter. Folgende Produkte notieren an der Wiener Warenbörse: Schnittholz, Kolonialwaren, Leder, Häute, Felle, technische Lederartikel und Textilwaren.

Im Gegensatz dazu haben sich im angloamerikanischen Raum Warenbörsen nicht nur erhalten, sondern an weltumspannender Bedeutung sogar noch gewonnen. Wie bereits oben (S. 96) gesagt, sind es vor allem drei Plätze, die für Welthandelswaren, Rohstoffe (commodities) preis- und mengenmäßig von größter Bedeutung sind.

- die London Metal Exchange (LME)
- die Chicago Board of Trade(CBT) und
- die New York Commodity Exchange (Comex)

Die 1848 gegründete CBT ist die älteste von ihnen und weist ebenso wie die Comex einen Monatsumsatz von ca. 3 Mio. Kontrakten auf (Warenwert des Kontraktes ca. 20.000 Dollar). In USA werden jährlich an etwa zwei Dutzend Rohstoffbörsen über 600 Milliarden Dollar umgesetzt, größtenteils allerdings Papierkontrakte von Spekulanten. Die Börse und die Börsenfirmen leben jedoch vom Umsatz bzw. den daran gebundenen Transaktionsgebühren und sind daher an einer möglichst hohen Zahl von Kontrakten interessiert. Diese wieder wird von der Lebhaftigkeit der Preisentwicklung stimuliert, wie sie von risikofreudigem spekulativen Engagement einerseits und vom risikoscheuen Deckungsgeschäft der Produzenten und Verarbeiter in einem "natürlichen" Zusammenwirken der Gegensätze zum Nutzen beider zustandekommt.

Das für die Terminmärkte so typische Kennzeichen, daß jedem Kauf- oder Verkaufkontrakt ein entsprechender Gegenkontrakt gegenübersteht, sei in nachstehender Abbildung angedeutet.

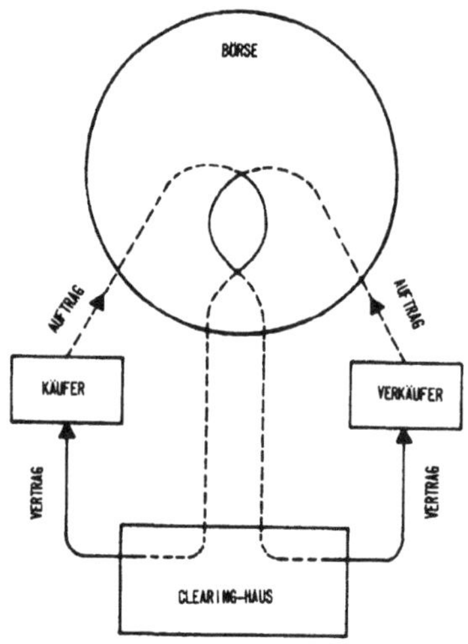

(aus Fuchs)

Die Kunden aus aller Welt geben dabei ihre Aufträge im allgemeinen über einen Makler (Broker) an die Börse weiter, wo sie nur im Börsengebäude selbst zu den Börsenstunden in Form von Versteigerungen mit offenem Aufruf abgewickelt werden. Der Ausgleich erfolgt über das Clearing-house, das die täglichen Geschäfte überwacht und als zentrale Verrechnungsstelle fungiert.

Die Comex ist seit 1933 aus der Fusion mehrerer spezialisierter Warenbörsen für den Terminhandel in Metallen, Gummi, Rohseide und Häuten entstanden und befindet sich seit 1977 im World Trade Center N.Y.

Die LME wurde 1877 im Lombard Court, seit 1962 in der Whittington Avenue eingerichtet, wo sie noch heute als Verein privater Art existiert und täglich ihre vier "Ringe" d.h. zwei Vormittags- und zwei Nachmittagssitzungen abhält. Der zweite

Vormittagsring (von 12,30 - 13,10 Uhr Normalzeit) ergibt den Weltpreis der notierten Metalle für die nächsten 24 Stunden.

An der LME und anderen Warenbörsen werden vor allem Nichteisenmetalle (Kupfer, Nickel, Blei, Zink und Zinn) sowie Aluminium in Form verschiedener Halbzeuge und auch Edelmetalle gehandelt. Seit jeher ist auch das Gold in Barrenform in Standardbarren good delivery (350-430 Troy Uncen d.s. 10,8 -13,4 kg, mindestens 995 Tausendstel fein, Seriennummer, Prüfschein, Prüfzeichen einer anerkannten Scheideanstalt) erhältlich. In Europa ist der Goldhandel noch hauptsächlich ein Kassenmarkt (spot-markt) geblieben, der in London seit 1919 von 3 Firmen der "London Bullion Brokers" beherrscht wird; das Fixing findet zwei mal täglich im Fixing Room des Bankhauses N.M. Rothschild & Sons statt. Ein Goldterminkontrakt soll auch an der LME eingeführt werden.

In den USA sind an der Comex Standardgoldbarren seit 1974 im Terminhandel erhältlich, desgleichen am International Monetary Market (IMM), einer 1972 gegründeten Tochter der Chicago Mercantile Exchange sowie an einigen anderen amerikanischen und kanadischen Warenbörsen. Comex und IMM beherrschen jedoch diesen Goldterminmarkt mit mehr als 10 Millionen Kontrakten (zumindestens 100 Uncen) pro Jahr, wobei jedoch nur ca. 2% der Kontrakte tatsächlich vom Produzenten und Verarbeitern realisiert werden. Offenbar hat die Goldhortung in den USA noch nicht den Umfang angenommen, wie in einigen leidgeprüften Ländern Europas und in anderen Erdteilen. (Naher und Ferner Osten, Indien, Südamerika).

Schon seit längerem, besonders aber von 1968 an haben die Züricher Großbanken (Schweizerischer Bankverein, Schweizerische Bankgesellschaft und Schweizerische Kreditanstalt) in Form eines "Goldpools" den physischen Goldmarkt an sich gezogen, wobei praktisch die gesamte Goldproduktion von Zürich aus verteilt oder dort gelagert wird. Man kann zwar auch in Zürich - wie in London - Terminkontrakte jedoch zu Tagespreis und nicht zum Zeitpunkt der Lieferung, als sogenanntes Kassengeschäft auf später (cash forward) abschließen. Diese modifizierten Terminkontrakte ermöglichen also keinen eigentlichen "spekulativen" Terminmarkt im amerikanischen Sinne. (futures market).

Der Goldmarkt und zwar sowohl der Kassen wie auch der Terminmarkt sind auch deshalb so interessant, weil sich hier ein weltweites Zusammenspiel von Banken und Börsen um den ganzen Erdball herum und damit rund um die Uhr ergeben hat. Aus Schweizer Sicht sieht dies so aus:

Geschäftszeiten im Goldhandel, ausgedrückt in Zürcher Zeit

Zürich	9.00–17.00
New York	14.00–21.00
Amerikanische Westküste	17.00– 1.00– 2.00
Hongkong	2.00– 8.30
Singapur	2.00– 9.00

(aus Fuchs)

Im übrigen gelten für alle Aktivitäten der Warenbörsen sehr strenge Regeln (rules), die von der Börsenleitung (board of governers) erlassen werden. Z.B. die streng klassifizierte und standardisierte Kontrakteinheit, die handelbaren Termine (meist drei Monate), die Preisabstufungen, welche meist "à la criée" erstellt werden, die höchstzulässigen täglichen Preisveränderungen, die Margeneinschußpflicht, das Liquidationsprozedere (Zahlung innerhalb von zwei Tagen) usw. Die strengen Vorschriften hinsichtlich der technischen Standardisierung der Waren als "Good delivery" lehnen sich meist eng an die Normen des British Standard Institute (BSI) bzw. des American Society for Testing Material (ASTM) an. Verstöße gegen die Börsenregeln werden rigoros mit Ausschluß von der Börse geahndet. Die Mitgliedschaft ist i.a. auf potente Produzenten und Verbraucher, Banken und Börsenmakler (Brokerfirmen) beschränkt, über die allerdings jedermann Zutritt erlangen kann. In Österreich ist Börseninländern allerdings kein derartiges Termingeschäft erlaubt.

Starke spekulative Preisschwankungen und Preisexzesse können durch sogenannte "locals" d.s. kapitalkräftige Einzelpersonen, auch corners genannt, verursacht werden, die zwar die Mitgliedschaft der Börse besitzen, aber keine Kundenaufträge übernehmen, sondern ausschließlich für eigene Rechnung aus Kursschwankungen Profit ziehen wollen.

Nachstehend sei eine alphabetische Zusammenstellung wichtiger Börsenbegriffe angloamerikanischer Prägung gegeben, die einen Einblick in den Ablauf des Börsengeschehens geben können.

<u>Backwardation</u> - Abschlag der Terminpreise gegenüber dem Preis für sofort lieferbare Ware;
<u>Bear</u> - Englisch für Bär, in der angelsächsischen Börsensprache das Sinnbild des <u>Baissiers</u>. Als Bear bezeichnet man jemanden, der auf fallende Kurse spekuliert;
<u>Broker</u> - Makler an den Rohstoffbörsen, welcher gewerbsmäßig als Vermittler in eigenem Namen, aber für die Rechnung seiner Kunden, Käufe und Verkäufe an der Börse gegen Kommission abschließt;
<u>Bull</u> - Englisch für Stier, Bulle, in der angelsächsichen Börsensprache das Sinnbild des Haussiers. Als Bull bezeichnet man jemanden, der auf steigende Kurse spekuliert;
<u>Cash</u> - ein Kontrakt, der am folgenden Tag zur Abrechnung und Aushändigung der "Warrant" fällig wird;
<u>Chart</u> - bzw. Chart-Technik - nach verschiedenen Gesichtspunkten aufgebaute graphisch-statistische Darstellungen des Kurvenverlaufs an den Rohwarenbörsen. Aus bestimmten charakteristischen Formationen versuchen die Marktanalytiker, Schlüsse über die künftige Kursentwicklung zu ziehen;
<u>Contango</u> - Aufschlag der Terminkurse gegenüber dem Kassakurs;
<u>Corners</u> - siehe Locals;
<u>Fluctuation margin</u> - Von der Kursentwicklung abhängige zusätzliche Marge zur initial marg (s.d.);
<u>F.O.B.</u>- Englisch für"free on board".- Eine F.O.B.-Preiskotierung bedeutet,daß der Verkäufer die Ware zu diesem Preis an Bord des Flugzeuges oder Schiffes im genannten Abgangshafen auf seine Kosten anliefert. Die von da weg anfallenden Transport- und Versicherungskosten sind vom Käufer zu tragen;
<u>Futures market</u> - Amerikanische Bezeichnung für den an Rohwarenbörsen abgewickelten Terminmarkt;
<u>Good delivery</u> - Englischer Ausdruck für gute Lieferung, d.h. Barren, welche den internationalen anerkannten Londoner Spezifikationen entsprechen;
<u>Initial Margin</u> - Beim Abschluß eines Termingeschäfts zu erlegende Sicherheitsmarge. Sie auch Fluctuation Margin;
<u>Kontrakt</u> - Standardisierte Abschlußeinheit an Rohwaren-Terminbörsen;
<u>Kontrakt monat</u> - Während im europäischen physischen Markt Terminabschlüsse für beliebige Verfalldaten abgeschlossen werden können, können Abschlüsse an den Rohwarenterminbörsen nur für eine Reihe von zum voraus bestimmten Fälligkeitsmonaten getätigt werden, wofür sich differenzierte Kurse herausbilden;

Limit move - An den Terminbörsen ist die höchstzulässige Schwankung eines Kurses gegenüber seinem Vortagesschluß reglementarisch begrenzt. Schöpft eine Kursbewegung diesen Spielraum nach oben oder unten aus, spricht man je nachdem von limit up oder limit down;

Limit order - Limitierter Auftrag, bei welchem der Auftraggeber den äußersten Preis, zu dem er zu kaufen oder zu verkaufen gewillt ist, vorschreibt;

Liquidation - Glattstellung bzw. Kompensierung eines Terminabschlusses durch eine entsprechende Gegentransaktion auf den gleichen Verfall. Man spricht von Short Liquidation, wenn Baissiers ihre Positionen eindecken und von Long Liquidation, wenn umgekehrt die Haussiers ihre Positionen verkaufen;

Locals - Inhalber eines Sitzes an einer amerikanischen Warenterminbörse, welcher jedoch nicht als Broker Abschlüsse für Kunden vermittelt, sondern sich mit Eigenpositionen für eigene Rechnung im Markt engagiert. Finanzstarke Locals können zuweilen das Marktgeschehen entscheidend beeinflussen;

Loco - Eine Preiskotierung loco bedeutet, daß die Ware spesenfrei am genannten Ort geliefert wird;

Long - Offene Kaufposition am Terminmarkt;ein Marktteilnehmer geht long oder ist long, wenn er auf Termin kauft bzw. eine Kaufposition auf Termin hält in der Hoffnung, später bei gestiegenen Preisen mit Gewinn verkaufen zu können. Siehe auch short;

Marge - Beim Abschluß eines Termingeschäfts zu erlegende Sicherheitsmarge zur Abdeckung des Kursrisikos. Siehe auch initial margin, fluctuation margin;

Margin call - Aufforderung des Brokers zur Erlegung zusätzlicher Margendeckung, wenn der auf einer offenen Terminposition eingetretene Buchverlust einen festgelegten Prozentsatz der Anfangsmarge erreicht;

Market order - Bestensauftrag bzw. Sensale ;

Open interest - Anzahl der an einer Terminbörse bestehenden offenen Positionen, ausgedrückt in der Anzahl offener Kontrakte, wobei jeweils 1 Kauf und 1 Verkauf als Einheit zählen. Das open interest erlaubt dem Marktanalytiker gewisse Rückschlüsse auf die technische Marktverfassung;

Physical gold market - Amerikanische Bezeichnung für den traditionellen, vorwiegend in Europa (Zürich und London) verwurzelten Goldmarkt,in welchem das Gold gegen Kassa in Form von effektiven Barren gehandelt wird, im Gegensatz zum amerikanischen Futures Market (s.d.), wo nur ein Bruchteil der abgeschlossenen Kontrakte bei Fälligkeit durch Lieferung erfüllt wird. Daher wird oft vom amerikanischen Terminmarkt als "Papiermarkt" gesprochen;

Prämie - Aufpreis, welcher normalerweise der Terminkurs gegenüber dem Kassakurs aufweist. In Ausnahmesituationen wie z.B. einem vorübergehenden akuten Mangel an sofort lieferbarer Ware kann die Prämie negativ sein, d.h.,der Kassapreis steigt über den Terminpreis. Siehe auch Contango/Backwardation;

Short - Offene Verkaufsposition am Terminmarkt. Ein Marktteilnehmer geht oder ist short, wenn er auf Termin verkauft bzw. eine Verkaufsposition auf Termin hält, oder mit anderen Worten leer verkauft in der Hoffnung, sich bei tieferen Preisen billiger eindecken zu können und so einen Gewinn zu erzielen;

Stoploss order - Auftrag des Kunden an den Broker oder die Bank, eine Hausse- oder Baisse-Position zur Begrenzung eines allfälligen Kursverlusts bestmöglich zu liquidieren, sobald der Kurs auf einen bestimmten Wert fällt. Diese Praxis ist im Rohwarenterminmarkt zufolge der oft heftigen Kursschwnakungen sehr verbreitet;.

Straddle - Gleichzeitiger Kauf und Verkauf ein und derselben Ware auf verschiedene Termine;

Swap - Gleichzeitiger Abschluß eines Komptantgeschäfts und eines Termingeschäfts;

Switch - Liquidation einer offenen Terminposition und Neuerrichtung dieser Position auf einen späteren Verfall;

Volume - Umsatz an den amerikanischen Terminbörsen, ausgedrückt in Anzahl Kontrakten. Je ein Kauf- und ein Verkaufskontrakt bilden eine Umsatzeinheit;

Warrant - ein vom Lagerhaus ausgestelltes Dokument, durch welches das Eigentum an einem bestimmten Warenlos an eine auf der Vorderseite genannte Person oder an einen "Inhaber" übertragen wird. Das Dokument ist börsenfähig und wechselt daher im Börsengeschehen oft schnell den Besitzer.

LITERATUR:

Anikin, A., Gold. Verl. Die Wirtschaft, Berlin 2. Aufl., 1882

Bremer Baumwollbörse, Wochenberichte

Fuchs, G., (Hrsg.), Gold, Rohstoff - Hortungsobjekt - Währungsmetall. Fritz Knapp Verl. Frankfurt/Main 1981

Gold. Schweizerischer Bankverein. Schweiz 1981

Gibbson - Jahrvie, G., Die Londoner Metallbörse - ein Warenmarkt. Deutsch von E. Maul, Fritz Knapp Verl. Frankfurt/Main 1982

Gruber, Verena, Die Londoner Metallbörse und ihre Bedeutung für die österreichische Nicht-Eisen-Metallwirtschaft. Diss. WU Wien 1982

Herzog, Christa, Ansätze der Darstellung und Analyse der Aspekte des Einflusses auf den Weltsilbermärkten, Diss. WU, Wien 1988

3 Der absatzwirtschaftliche Ansatz

Dem verwendungsbezogenen und dem beschaffungsorientierten Ansatz folgt nunmehr die auf Absatz zielende Blickrichtung der Warenlehre, die in der Ware in erster Linie den Träger des Umsatzes und der Gewinnspannen sieht. War es zuerst das Interesse des konsumtiven Verwenders und Letztverbrauchers und dann des rohstoff- und energieorientierten produktiven Verwenders und Transpositeurs, das im Zentrum warenbezogener Betrachtung stand, so geht es jetzt um die Interessen des Handels oder allgemeiner der Anbieter an ihrem Warenangebot, das so attraktiv als möglich gemacht werden soll. Wir sprechen hier absichtlich von Absatz und nicht Verteilung (Distribution), da es heute im Käufermarkt der westlichen Überflußgesellschaft viel weniger um reine Verteilungsvorgänge - solche wären am ehesten noch unter planwirtschaftlichen Verhältnissen zu erwarten - als vielmehr um aktive, ja agressive Strategien der Marktdurchdringung und -sicherung geht.

Der Warenbegriff ist mit der Handelssphäre am innigsten verbunden, weshalb die bisherigen Ansätze warenwirtschaftlicher Betrachtung neben den verwendungsmäßigen vor allem die marktgerechten Eigenschaften und die verkaufsbestimmenden Parameter einer Ware in den Vordergrund rückten. Poeschl's teleologische Warenkunde mit ihrer zentralen Stellung des Verwendungszweckes mündet im wesentlichen in eine Warensystematik als Ergebnis und berücksichtigt die absatzwirtschaftlichen Belange noch wenig.

Ähnliches gilt auch noch für die Programme der Warenwirtschaftslehre Grünsteidls und der Wirtschaftlichen Warenlehre Kutzelniggs, die ein ausgeglichenes Profil warenwirtschaftlicher Belange anstreben.

3.1 Die Warenwirtschaftslehre und Wirtschaftliche Warenlehre

Grünsteidl wollte die klassische Warenkunde zu einer Warenwirtschaftslehre mit drei Hauptthemenkreisen erweitert wissen, die sowohl inhaltlich als auch methodisch Vorteile ermöglichen sollte. Als Zielbereiche werden vier Themenkreise genannt. Der erste Themenkreis hat die Beziehung zwischen Ware und Mensch zu untersuchen, wobei fünf Hauptbeziehungen unterschieden werden:

- Bedarfsbeziehungen z.B. lebensnotwendige und Luxusbedarf mit variablen Grenzen
- Technische Beziehung z.B. schöpferische und technologische Beziehungen,
- Verarbeitungsgrad, gewonnene und erzeugte Waren
- Kommerzielle Beziehungen z.B. Werbeneigung
- Verwaltungsbeziehungen z.B. Monopol
- Soziologische Beziehungen z.B. Mode, Religion

Der zweite Themenkreis umfaßt die Beziehungen zwischen Ware und Raum, etwa in Form der klimatischen Gegebenheiten (Rohstoffvorkommen, regionale Bedürfnisstruktur und Qualitätserfordernisse) und örtliche Gegebenheiten (topographische Bedingungen, Verkehrslage, Risikofaktoren).
Der dritte Themenkreis umschließt die Beziehungen der Waren untereinander. Sogenannte Warengemeinschaften ergeben sich aus Rohstoff-, Verarbeitungs-, Qualitäts-, Lager- und Verpackungsgemeinschaften. Ferner werden angegeben Bedarfs- und Verkaufsgemeinschaften, technologische Warengemeinschaften, komplementäre oder negative Warengemeinschaften.
Der vierte Themenkreis schließlich betrifft die Beziehung Ware - Zeit, womit historische kulturgeschichtliche Entwicklungen sowie auch zeitgenössische Trends verschiedener Art mit Einfluß auf Warenveränderungen gemeint sind.

Dieses hier nur schlagwortartig skizzierte Rahmenprogramm einer Warenwirtschaftslehre wurde allerdings nicht weiter ausgeführt und ausgearbeitet. Es blieb daher im wesentlichen ein Postulat, das allerdings auf die weiteren Ansätze nicht ohne Einfluß blieb. Es sei nur auf die Theorie der Warenbeschreibung (Paass) u. auf die Warentypologie (Knoblich) verwiesen. Das Ziel des Warenwirtschaftslehre-Konzepts bestand offenbar in der Schaffung eines theoretischen Rahmens, innerhalb dessen Inhalt und Methoden der wissenschaftlichen Warenkunde ihren Platz finden können und gleichzeitig der Übergang von naturwissenschaftlich-technischer Beweisführung zu den wirtschaftswissenschaftlichen Ansätzen und Theorien erleichtert oder überhaupt erst ermöglicht wird; eine Absicht, die auch wir hier verfolgen.

Die Wirtschaftliche Warenlehre nach Kutzelnigg setzt es sich ebenfalls zum Ziel, die herkömmlichen Inhalte der klassischen Warenkunde in ein von wirtschaftlichen Belangen und wirtschaftswissenschaftlichen Fragestellungen geprägtes Ablaufschema zu bringen, und damit warenkundliche Inhalte wirtschaftswissenschaftlich akzeptabel zu machen. Ganz klar wird dies am Beispiel der Zigarette als Konsumware demonstriert. Dabei muß gleichzeitig zugegeben werden, daß dieser Merkmalsraster multipliziert mit der Anzahl der Waren, die eine solche Darstellung ermöglichen, bzw. erfordern würden, eine nicht mehr zu bewältigende Aufgabe darstellt.

Übersich 18 (nach Kutzelnigg)

Allgemeine Warenlehre

1 Allgemeine Kategorien und Klassifikation.

2 Die Bedürfnisse, die durch Waren befriedigt werden.

3 Die Waren als Naturprodukte und technische Erzeugnisse (Naturwissenschaftlich-technische Betrachtungen).
  Form und Gestalt
    Aggregatzustand,
    Warengeometrie,
    einfache und zusammengesetzte Waren,
    allgemeine Formprinzipien,
    stoffliche Eigenschaften,
    Gewinnung und Fertigung: Naturprodukte, Erzeugnisse.

4 Die Waren als Handelsgegenstände.
  Wirtschaftliche Gesichtspunkte bei der Gewinnung und Fertigung
    Rationelle Fertigung und Gewinnung:
    stoffliche Gesichtspunkte und Einkaufsfragen,
    verfahrensmäßige Gesichtspunkte,
    Normung und Typung,
    Bedachtnahme auf Funktionserfüllung:
    Schutz vor Unfällen und Gesundheitsschädigungen,
    Betriebssicherheit und störungsfreie Funktion,
    Beständigkeit gegen Klimaeinflüsse,
    formschöne Gestaltung, Mode.
    Verpackung, Lagerung und Distribution.
    Die Waren im Wettbewerb:
    Qualität, Verfälschung,
    anonyme Waren,
    Markenartikel,
    Die Waren im Gebrauch:
    Gebrauchsanweisungen, Garantie,
    Warenpflege,
    Wertminderung und Werterhöhung.
    Nichtvollwertige Waren.

5 Die Warenuntersuchung.

6 Staatliche und zwischenstaatliche Regelungen.
  Klassifikationen des Staates,
  Besteuerung, Monopol,
  Schutz des Verbrauchers,
  Warenbewirtschaftung,
  Zwischenstaatliche Regelungen.

7 Entwicklungstendenzen.

Besondere Warenlehre

Die absatzwirtschaftlichen Gesichtspunkte werden stärker, allerdings auch in eher kursorischer Weise in der Warentypologie (Knoblich)herausgearbeitet. Der warentypologische Merkmalsraster sieht hier folgendermaßen aus:

Übersicht 18a(nach Knoblich)

Merkmale der Absatzpolitik der Anbieter

Warenpolitik

Markierte Waren (Markenwaren von Waschmitteln, Zigaretten, Elektrogeräten, Fahrzeugen, Porzellanen)
Markenlose (anonyme)Waren (Kohle, Bauholz, Sand, Chemikalien, Nägel, Knöpfe, Obst, Gemüse)

Abgepackte Waren (SB-Artikel, Kosmetika, Konserven, Arzneimittel, bzw. lose Waren (Frischwaren: Obst, Gemüse, offener Wein, Wurst, Mehl, Zucker)

Ständig neu gestaltete bzw. längere Zeit gleichbleibende Waren

Technisch variable (progressive) bzw. konservative Waren

Sortimentspolitik

Eigenerzeugnisse bzw. Handelsware, Zukauf, passendes Ergänzungssortiment

Food bzw. Non-food

Kern-, Zusatz-, Randsortiment

Schnell- bzw. Langsamdreher

Werbepolitik

Nicht, kaum bzw. stark werbebedürftige Waren (Brötchen, Milch, Salz, Gemüse, Streichhölzer, Packpapier, Nägel, Schrauben, Brennholz bzw. Waschmittel, Zigaretten, alkoholische Getränke, Margarine, Arzneispezialitäten)

Gängige (altbekannte) bzw. neu einzuführende Waren (Brot, Obst, Bleistifte, Nägel, Knöpfe, Geschirr, Werkzeug bzw. neue Zigarettensorten oder Autotypen)

Normalartikel bzw. Aktionsartikel

Preispolitik

Waren mit ungebundenem (freien) Preis (Obst, Gemüse, bestimmte Fleischwaren, Spielwaren, Möbel , Textilien, Küchengeräte, Maschinen, Rohstoffe,z.T.)
Waren mit gebundenem (empfohlenen) Preis (Waschmittel),Parfümeriewaren, Zigaretten, Schokolade, Pharmazeutika, Kraftfahrzeuge, Filme, Grundnahrungsmittel)

Waren niedriger,mittlerer bzw. höherer Preislage (Luxusartikel, Feinkost, Modellkleidung bzw. Diskonter, Ramschläden)

Verlust-, Ausgleichs-, Aufschlagsartikel, Sonderangebote

Waren mit hoher bzw. niedriger Handelsspanne

Kreditpolitik

Teilzahlungs-, Ratenwaren bzw. barzahlungsbedürftige Waren

Wahl der Absatzwege und -methoden

Waren mit direkten bzw. indirekten Absatzwegen

Diese hier nur schlagwortartig anklingenden thematischen Gesichtspunkte wurden inzwischen zu einer abgerundeten Theorie des Produktmarketings durch Koppelmann ausgestaltet. Mit dem Produktmarketing (betriebswirtschaftliche Warenlehre) wird das Konzept einer Verbindung von Warenkunde und wirtschaftswissenschaftlichen Kernfächern endgültig fallen gelassen. Das Warenlehrekonzept wird durch ein Marketingkonzept ersetzt, die naturwissenschaftlich-technologischen Elemente weitgehend eliminiert und der teleologische Ansatz im Sinne einer funktionellen Betriebswirtschaftslehre des Absatzes transformiert.

Auf der Ebene der Warenverkaufskunde wurde von Voth eine sehr praxisnahe "Produktanalyse" für den Konsumwarenbereich vorgeschlagen, die auf Ansätze von Koppelmann und Küthe zurückgehend von warenwirtschaftlichem Interesse ist. Sie besteht aus 61 "Fragen an das Produkt", welche den Verkäufer oder Einzelhandelskaufmann zu ständiger Auseinandersetzung, Aus- und Weiterbildung anregen sollen.

Übersicht 18b (nach Voth)

Allgemeine Einordnung
- Name, Preis, Warengruppe, Art, Artikel

Absatz
- Position im Sortiment, absatzrelevante Charakterisierung (erklärungsbedürftig, diebstahlgefährdet, Such- oder Impulskauf, Neuheut etc.)
- Bedienungs-, Vorwahl-, Selbstbedienungsgeschäft
- Besondere Präsentation, fach- und kundenspezifische Besonderheiten

Verwendung
- Verwendungszweck, materialspezifische Vorteile/Nachteile, umweltfreundlich

Maße
- Leistung, Anschluß, Abmessungen, spezielle Angaben

Merkmale
- Farbe, Farbkombinationen, Harmonie, Kontraste
- Form, Muster, Zeichnung, Gestaltung
- Oberfläche, spezielle Ausführung und Veredelung
- Herstellung, umweltfreundlich, Herstellerimage, Konkurrenzprodukte

Genre
- Qualitätsstufe, Level
- räumlich-geographische Herkunft
- Design, Stilrichtung, Looks, Styling
- Neuentwicklung, Besonderheit, Pionierprodukte
- (registrierte) Warenzeichen, Gütezeichen, Rangfolge

Gebrauch
- Bedienungszeichen, Gebrauch- und Handhabungsanleitung, Pflegehinweise, umweltschonend, gesundheitsschützend
- Produktnachteile, Kundeneinwände, Kundenberatung
- Geschenkanlässe
- Zuempfehlung, Verbund- und Ergänzungswaren

Entsorgung
- Weiter- und Wiederverwendung, getrennte Sammlung, Umweltbelastung, Sonderabfall

LITERATUR

Grünsteidl, E., Von der Warenkunde zur Warenwirtschaftslehre. Der Markt (Wien) 20 (1966), 1-8

Derselbe, Dorfmeister, J., Über die zentrale Stellung der Ware in der Wirtschaft. Der Markt (Wien), 20 (1968),

Hofbauer, G. (Hrsg.), Die Ware im Weltbild der Wirtschaft. Festschrift für E. Grünsteidl zum 70. Geburtstag. Österr. Gewerbeverl. 1970

Koppelmann, U. (Hrsg.), Die Ware in Wirtschaft und Technik. Festschrift zum 65. Geburtstag v. A. Kutzelnigg Verl. Neue Wirtschaftsbriefe, Herne/Berlin 1968

Kutzelnigg, A., Die Zigarette als Modellfall der Wirtschaftlichen Warenlehre Franz Nowack Verl. Frankfurt/Main 1962

Voth, M., Warenverkaufen - Eine handlungs- und sprachorientierte Warenverkaufskunde f.d. branchengemischten Unterricht. E. Klett-Verl., Stuttgart 1987

3.2 Produktmarketing

Die neue Theorie hat als Grundlage nicht mehr die Ware als solche, sondern bezieht sich auf Produkte als betriebswirtschaftliche Determinante des Absatzes und entwickelt sich folgerichtig zu einem Produktmanagement und Produktmarketing. Dabei steht die Entwicklung einer geschlossenen Theorie der absatzrelevanten Produktplanung und Gestaltung im Vordergrund. Diese Entwicklung muß aus der Sicht des heute in den Industriestaaten vorherrschenden Käufermarktes einer Wohlstands- und Überflußgesellschaft gesehen werden. Die Theorieentwicklung ist eine Folge der produktions- und konsumwirtschaftlichen Verhältnisse, die in einer bestimmten Entwicklungsstufe zur Entdeckung des Marktes als Problem führen (vgl. S. 122) und daher eine Marketingtheorie auch um das Produkt herum entwerfen. Das Ziel solcher Überlegungen besteht in der Erstellung einer Datenmatrix für ein möglichst lang und breit am Markt erfolgreiches gewinnträchtiges Produkt. Zu diesem Zweck erweist sich allerdings das angloamerikanische Marketingkonzept wesentlich geeigneter als die traditionelle Warenkunde. Denn es geht hierbei viel weniger um Analysen und Beschreibungen von konstitutionellen und funktionellen Merkmalen, sondern vielmehr um werbewirksame Gestaltung, um Design und äußere Aspekte; insbesondere gilt dies für den Konsumgütermarkt, für den das Produktmarketing entworfen wurde. Ein entschiedener Vorzug dieser Theorie liegt in der besonderen Berücksichtigung der emotionellen, irrationalen und weitgehend imponderablen Effekte und Qualitätsmerkmale einer Ware, die von der traditionellen Warenkunde in der Tat vernachlässigt wurden. Sie spielen bei dem i.a. schwachen Wissensstand und der geringen Aufnahmebereitschaft der Konsumentenschaft (vgl. S. 58) für den Markterfolg eines Konsumgutes - man denke nur an die gewaltigen Werbeaufwendungen - eine entscheidende Rolle. Für einen Dauererfolg sind allerdings noch immer sachliche Ge- und Verbrauchseigenschaften einer Ware, ihre Berücksichtigung und Kenntnis eine wesentliche Voraussetzung.

Schon zeichnet sich eine neue produktionswirtschaftliche Entwicklungsstufe ab, die wieder mehr den überlegten und pflegerischen Umgang mit Gütern aller Art empfiehlt, und schließlich erzwingen wird. Das Produktmarketing nach Koppelmann versteht sich als ein qualitatives entscheidungsorientiertes Marketing-Submodell, das der erfolgreichen Entwicklung und Vermarktung von Produkten einer Unternehmung dienen soll.

entscheidungsorientiertes Marketing für Produktionsunternehmungen (nach Koppelmann)

Analyse der Marketinginstrumente (inklus. ihrer Variablen und Variablenmixe)

Analyse befriedigender oder optimaler Instrumentalkombinationen → Marketing-Mix

quantitative Modelle

qualitative Modelle

Produktmarketing als prozessual strukturiertes Modell zur Erleichterung von Entscheidungen, die mit der Entwicklung und Vermarktung von Produkten anfallen

andere Modelle

Der heute in Kreisen der Betriebswirtschaftslehre schon fast selbstverständliche entscheidungsorientierte Ansatz besteht im wesentlichen immer darin, daß Möglichkeiten - in unserem Fall prozessuale und situative Merkmale von Produkten und damit zusammenhängenden Aktivitäten - ausgemacht, beschrieben und check-listenartig zusammengestellt werden. Die Entscheidungen werden beispielhaft vorexerziert bzw. dem Leser als Rekombinationsaufgaben aus den Elementen dieses analysierenden und beschreibenden Materials anheim gestellt. Der oft so bedeutungsvoll herausgestellte Unterschied von entscheidungsorientiertem und bloß beschreibenden Ansatz erweist sich somit lediglich als graduell und nicht als essentiell verschieden.

Das Produktmarketing versteht sich als Problemlösungsaufgabe, die wie jedes initiative und innovative Vorgehen in logisch aufeinanderfolgende Aktivitätsphasengegliedert werden kann.

- Informationsgewinnung, konkretisiert als Produktanforderungsanalyse
- Planung, konzipiert als Produktgestaltungsanalyse
- Realisierung, zielführend als Produktvermarktungsanalyse
- Kontrolle, umschrieben als Angebotsanpassungsanalyse

In der ersten Phase geht es hauptsächlich um eine Anspruchsanalyse - um Ansprüche nicht mehr um Bedürfnisse. Als Beispiel der systematischen Anspruchsgliederung in Sach- und Anmutungsansprüche - letztere als besonders wichtig herausgestellt - **sei** die Anwendung auf Kinderoberbekleidung (KOB) angeführt.

Übersicht 19 (nach Koppelmann)

Anspruchssystematik	in Anwendung auf KOB
1. Sachansprüche	
Aktivitätsansprüche:	
Nutzungsbereitstellung	gute Aufbewahrungsmöglichkeit
Nutzungsvorbereitung	Anziehen, Gleiten, Verschließen
Ingangsetzen	
Inganghalten	
Außer Betriebnehmen	Öffnen, Ausziehen
Pflegen	Geringe Pflegebedürftigkeit,einfache und problemlose Waschbarkeit, Trockenbarkeit, Glättbarkeit
Reparieren	einfaches Reparieren (Farbe, Stopfen)
Passivitätsansprüche:	
technische Ansprüche	Strapazierfähigkeit, Rutschfestigkeit, Wetterbeständigkeit, Reiß-und Scheuerfestigkeit, Knickfestigkeit
Physiologische Ansprüche	Temperatur-, Feuchtigkeit-, Luft- u.Gefahrenschutz, Hautsympathie, Hautverträglichkeit (kein Kratzen), Leichtigkeit, Temperaturleitfähigkeit, Wärmehaltigkeit, Schweißaufsaugbarkeit, Luftdurchlässigkeit, Anpaßbarkeit, an Bewegung und Wachstum
2. Anmutungsansprüche	
Empfindungsansprüche:	
Wert	kostbar, erlesen, stilvoll, nobel
Zeit	nach dem neuesten Schnitt, klassisch, aktuell,
Besonderheit	extravagant, erlesen, selten, großartig
Ästhetik	komplettierend, kaschierend, harmonisch, adrett, akzentuierend, schick, schön, drollig, reizend, niedlich
Atmosphäre	spielerisch,lustig, lässig, zünftig, erholsam, verführerisch, provozierend, bezaubernd
Vertrauen	solide, robust, gediegen, reell
Überlegenheit	souverän, unvergleichlich
Antriebsansprüche:	
Gesundheit	wohlig, wärmend, naturrein, echt
Geborgenheit	heimelig, zärtlich
Selbstbestätigung	sportlich, schnittig, flott,
Besitzenwollen	habenwollen

Schaffensdrang	(wird mit Tunwollen zusammengefaßt)
Fürsorge	"nur das Gute schenken", "das Kind braucht doch"
Geselligkeit	
Neugierde	Streicheln wollen, "wie öffnet man die Tasche?"
Selbstbehauptung	selber machen, durchsetzen wollen
Daseinsansprüche:	
Tunwollen	zum Rutschen, Klettern usw., "verführt zum Spielen", sportlich
sich an Produkten freuen wollen	"das gefällt mir"
Selbstdarstellung	schenkbar, "Partnerlook" (Erwachsene und Kind), würdig, passend, "das sind wir uns schuldig"

Wie ersichtlich, sind die Ansprüche und ihre beispielhaften Ausprägungen auf sachliche Trage- und besonders gefühlsbetonte Wirk- und Aufmerksamkeitsbereiche abgestellt. Besonders die Anmutungsansprüche eignen sich hervorragend für werbliche Zwecke und werden durch die Werbung überhaupt erst den meisten Konsumenten bewußt. Zur sachlichen Gebrauchswertanalyse gesellt sich die psychologische Werbeanalyse, was am Beispiel eines Modeartikels auffällig zu Tage tritt.

Die Ansprüche lassen sich ganz allgemein auf aktivitäts- oder situationsbedingte Bereiche, auf Konsumententypen zurückführen und somit von soziologischen und/oder psychologischen Momenten ableiten.

Ein anderes Beispiel geht von der Unterscheidung in Marginal-, Standard- und -Topniveau aus.

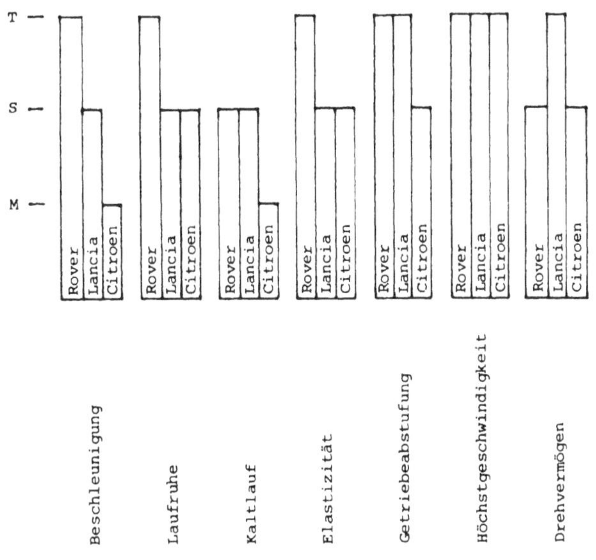

Niveau	Beschleunigungswerte von 0-100 km/h
Top (T)	≤ 9,0 sek.
Standard (S)	>9,0 bis ≤ 11,0 sek.
Marginal (M)	>11,0 sek.

Niveauschwerpunkte und Einteilungskriterien für verschiedene PKW's

(aus Koppelmann)

Auf diese Weise können Sachmerkmale gefühlsbetont dargeboten werden, was bei Prestigeobjekten von ausschlaggebender kaufbestimmender Bedeutung sein kann. Auch die übrigen berücksichtigten Eigenschaften wie Karosserie und Ausstattung (Modernität der Konzeption, Extravaganz der Karosserie), Handhabung und Bedienungskomfort, Fahrkomfort und Fahreigenschaften liegen an der Grenze gefühlsmäßig beurteilter Eindrücke, mit denen der Käufer seinen Kaufentschluß "begründet".

Damit soll keineswegs die Bedeutung derartiger "Produkteigenschaften" gemindert, sondern nur darauf hingewiesen werden, daß ihre Erfassung insoferne problematisch wird, als sie in Bereiche führt, die mit der Ware nur mehr sehr mittelbar zu tun haben. Eine psychologische oder soziologische Analyse führt von der Warenlehre wohl ebenso weit weg wie eine technische Detailuntersuchung, so wichtig eine jede von ihnen am richtigen Ort auch sein mag.

Zwischen Marginalitäts- und Topniveau lassen sich mehrere Produktgruppen typologisch einfügen wie nachstehende Übersicht zeigt.

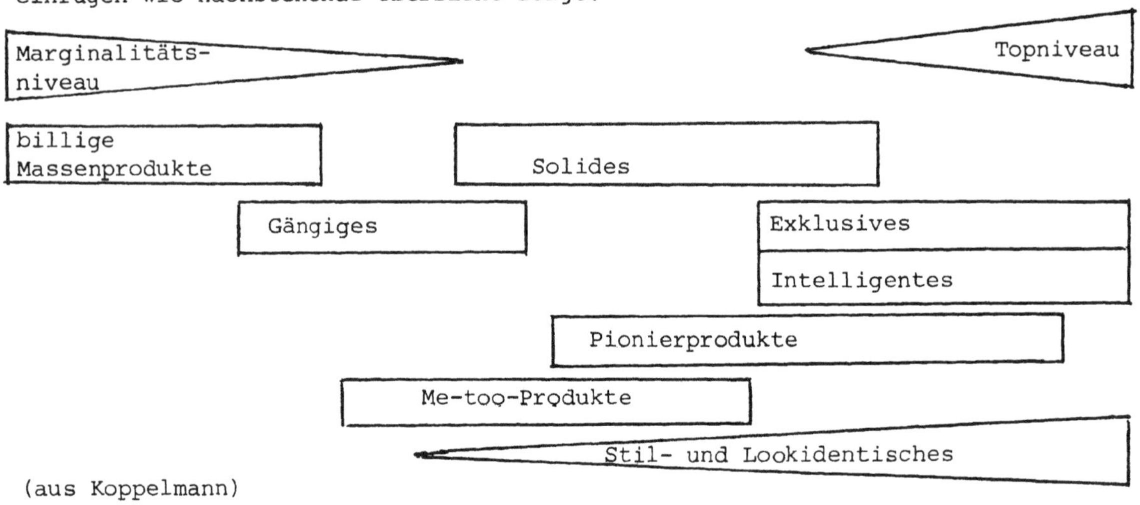

(aus Koppelmann)

Die genannten Produktgruppen sind folgendermaßen zu charakterisieren.

Übersicht 20 (nach Koppelmann)

	Produktgestaltung	Service	Distribution
billige Massenprodukte	geringer Neuigkeitsgrad; entkompliziert; niedrige Anmutungsqualität; stärker anonyme Produkte	starke Lieferbereitschaft geringer Kundendienst	indirekt; auf Massenabsatz spezialisierte Einzelhändler, reibungslose D'logistik
exklusive Produkte	hohe Anmutungsqualitäten, etwas niedrigere Sachleistungen	hohe Lieferzuverlässigkeit u. Qualität, Kundendienst, Garantie, Umtauschrecht	teilweise direkt; sonst Spezial- und Fachgeschäfte
intelligente Produkte	hohes Sachleistungsniveau, etwas niedrigere Anmutungsqualität, hohe techn. Entwicklungsstand	Qualifiziertes Kundendienstpersonal, hohe Lieferbereitschaft, -zuverlässigkeit und -qualität	vorwiegend indirekt über Spezialgeschäfte Versorgungsreife durch technische Logistik
solide Produkte	Langlebigkeit, geringer Zierart, bewährte Problemlösungen, weniger neue Konzepte	breiter Kundendienst, hohe Lieferqualität, umfangreiche Garantie	vorrangig indirekt über Fachhäuser, Warenhäuser, Fachgeschäfte

gängige Produkte	einfache, biedere Produkte, im Trend liegende Produkte	hohe Lieferbereitschaft	Großformen des Einzelhandels mit Spezialisierung auf Massenabsatz
stil- u. lookidentische Produkte	meist hohe Anmutungsqualität	meist hohe Lieferqualität	adäquate Einzelhandelsformen
Pionierprodukte	neue Problemlösungen (Sach- und Anmutungsqualität)	umfangreiche Garantie	direkt, sonst alle Einzelhandelsformen mit Ausnahme von Diskontern
Me-too-Produkte	Nachahmung erfolgversprechender Pionierprodukte auf ähnlichem oder niedrigerem Niveau	hohe Lieferbereitschaft	Einzelhandelsformen des mittleren und unteren Niveaus

Diesen Produktgruppen werden typische Umsatzkurven tendenziell zugeordnet.

(aus Koppelmann)

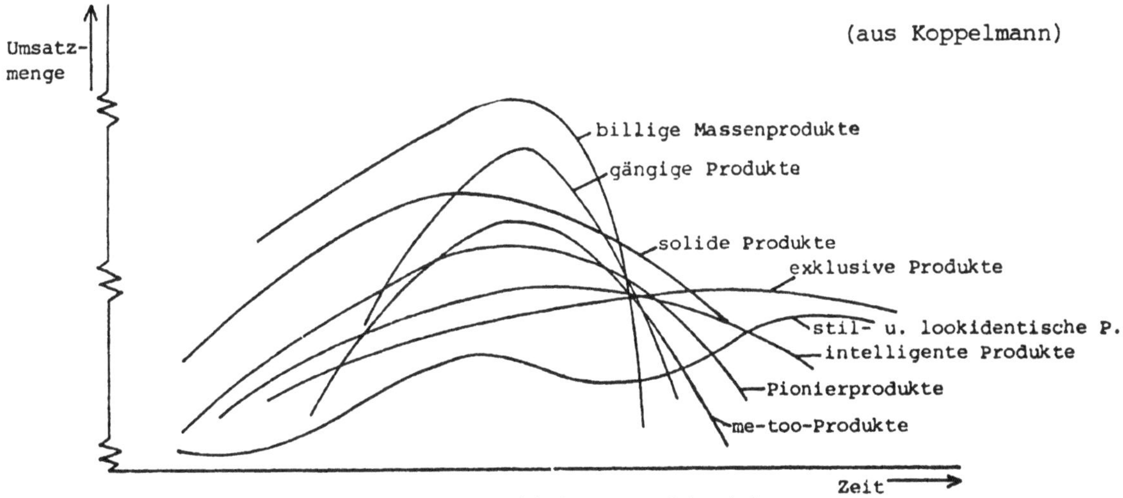

Tendenz der Umsatzkurven verschiederen Produktziele

Was nun die Planung und Gestaltung von Produkten im Hinblick auf ihren Markterfolg anbelangt, so können verschiedene Mittel unterschieden werden. Von besonderer Bedeutung im Bereich der Konsumgüter sind dabei jene Gestaltungsmittel, die das äußere Erscheinungsbild der Ware am stärksten beeinflussen; denn der Konsument, in den meisten Fällen ein Laie, wird durch das Äußere, den optischen Eindruck - durch Präsentation und Werbung noch besonders hervorgehoben - am stärksten angesprochen und wünscht bei Prestigeobjekten diesen Eindruck auch auf andere zu übertragen. Es sind daher die primären Gestaltungsmittel: Stoff/Material, Form und Farbe, welche die ansprechende Aufmachung, das modische Design oder die gediegene Qualität unmittelbar signalisieren. Unterstützt wird dieser 1. Eindruck durch geeignete Zeichen (Schrift, Bild, Muster, Dekor), die als weiteres unterstützendes und erklärendes Gestaltungsmittel hinzutreten, wie nachstehende Abbildung andeutet.

Die komplexen Gestaltungsmittel gehören mehr dem "inneren" Bereich d.h. der chemischen Zusammensetzung oder dem konstruktiv-technischen Aufbau (mechanisch, elektrisch) an, von dem der Konsument in der Regel nur insoweit Kenntnis nimmt, als der Verbrauch (Genuß) oder die Betätigung der Bedienteile die erwartete Wirkung oder Funktion auslöst. Eine echte gestalterische Beschäftigung mit diesen komplexen Mitteln stellt z.B. eine Aufgabe der

Wertanalyse (vgl. S. 118) unter besonderer Betonung der Funktionsanalysen dar.

Mittel der Produktgestaltung

- elementare Mittel
  - originäre Mittel:
    - Stoff/Material
    - Form
    - Farbe
  - derivative Mittel:
    - Zeichen
- komplexe Mittel
  - prinzipielle Mittelkombinationen:
    - Funktionsprinzipien
    - Konstruktionsprinzipien
    - historische Lösungsprinzipien
  - konkrete Mittelkombinationen:
    - Produktteile

(aus Koppelmann)

In nachstehender Übersicht seien einige anmutungshafte Stoffwirkungen zusammengestellt, um zu zeigen, was mit dem Gestaltungsmittel Stoff/Material erreicht werden kann.

Übersicht 21 (nach Koppelmann)

Wahrnehmungsbezogene Stoffwirkungen	Vorstellungsbezogene Stoffwirkungen
optische: leicht,schwebend,massiv, fest,ruhend, trennend	stimmungsfördernde: sicher,haltbar,solide, schützend
haptische: weich,hart,fest,kalt, warm,trocken	gesundheitsfördernde: sauber, reinlich, frisch
akustische: knisternd,knackig, klirrend, satt	traditionelle: gewohnt,echt,unverfälscht
gustatorisch/olfaktorische: rund,voll,herb,ledern	individuelle: exotisch,gemütlich,wärmend, geborgen
konatische: auffallend, faszinierend, Neugierde weckend, interessant	beeindruckende: mächtig,überlegen,selbstbestätigend
	demonstrative: anspruchsvoll, geschmackvoll, edel
	anpassende: konform, üblich, gewöhnlich

Es dürfte nicht schwer sein, zur ersten Gruppe von Stoffwirkungen Beispiele beizubringen (Werkstoff: Holz, Metall, Kunststoff, Textilien usw.), wobei jedoch bereits die Bearbeitung der Oberfläche, Färbung, Glanzeffekte usw. miteingehen. Noch mehr dürfte bei der 2. Gruppe dies der Fall sein, wo offensichtlich modische und Design -Elemente mit ins Spiel kommen.

Die nachstehende Zusammenstellung bezieht sich auf die bekannten Stimmungswerte von Farben, die natürlich produktgestalterisch und werblich viel genützt werden.

Farbe	Distanzwirkung	Temperaturwirkung	Stimmungswirkung	Hygienewirkung
blau	Entfernung	kalt	beruhigend	sauber,rein
grün	Entfernung	sehr kalt bis neutrale	sehr beruhigend	frisch
rot	Nähe	warm	sehr aufreizend und beunruhigend	--
orange	sehr nahe	sehr warm	anregend	--
gelb	Nähe	sehr warm	anregend	--
braun	sehr nahe (einengend)	neutral	anregend	schmutzig
violett	sehr nahe	kalt	agressiv, beunruhigend, entmutigend	--

Von zeichnerischen Gestaltungsmitteln lebt in erster Linie die Werbebranche, deren Erfindungsreichtum bekanntlich keine Grenzen kennt. Zeichen dienen aber auch informativer Werbung, und seriöser Warenkennzeichnung (vgl. S. 58) .
Ein wesentliches Moment der Produktgestaltung bildet die Kombination aller dieser Gestaltungsmittel zu typischen Mustern, sogenanntem Design , zu Looks, zur Mode, und Stilformen (styling) usw.; in ihnen dominiert der anmutungshafte gefühlsbetonte Charakter ohne allerdings völlig funktioneller und konstruktiver Elemente zu entbehren.

Wenn man unter Looks Stilformen der Gegenwart versteht und nicht bloß vergängliche Modeströmungen, so könnten im Spannungsfeld männlich-weiblich etwa folgende Looks untergebracht werden.

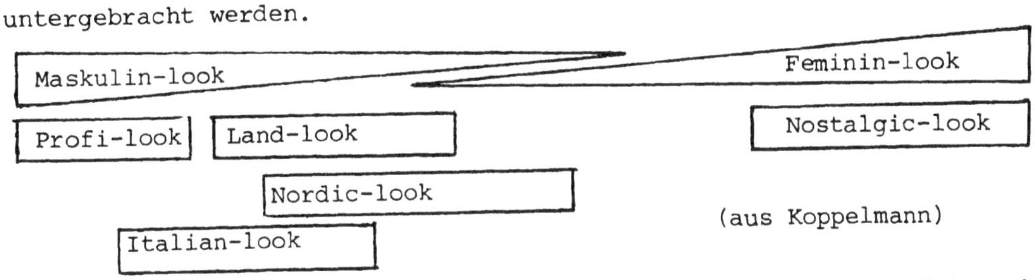

(aus Koppelmann)

Es kommt nicht von ungefähr, daß hier angloamerikanische Ausdrücke gebraucht werden, die sich eben aus dem Marketing-Konzept mit seiner auf Modernität und Äußerlichkeit zielenden Aktivität gleichsam von selbst ergeben. Sollen sie doch den Blick einfangen, den Kauf- und Besitzwunsch anfachen, zu Impulskäufen möglichst ohne Überlegung und Berücksichtigung tatsächlicher Bedürfnisse und wirklichen Nutzens verleiten.

Man mag zu solchen Erscheinungsformen stehen wie man will, so bleibt doch die Tatsache ihrer Existenz und ihrer enormen Wirkung bestehen, die einst echten Stilen von Dauer zukam. Zahlreich sind nun diese Ausformungsmuster besonders in der Möbelbranche, bei Einrichtungs- und Haushaltsgegenständen (Porzellan, Steingut usw) ferner auch bei technischen, Hobby- und Bastelgeräten (Profilook). Sie entsprechen dem momentanen Zeitgeschmack und schmeicheln dem Sozialprestige.

Koppelmann hat diese bekannten Looks in das Parametergerüst aus Traditionalität, Härte und Eleganz auf folgende Weise positioniert.

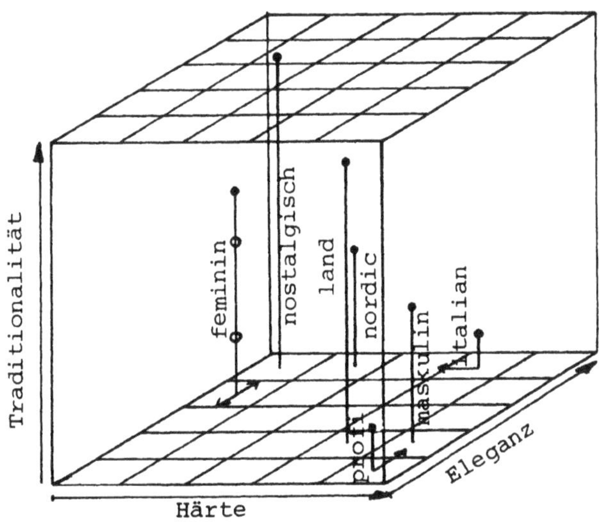

Zur Positionierung verschiedener Looks

(nach Koppelmann)

Die folgende Zusammenstellung gibt nochmals eine Aufgliederung dieser Parameter nach den wichtigsten Gestaltungsmitteln. Für Designer und Produktplaner läßt sich diese Analyse gefühlsbetonter Produktmerkmale in Bezug auf Gestaltungsmittel, Realisationsformen, -möglichkeiten und Beispielen noch ausweiten und vertiefen.

Übersicht 22 (aus Koppelmann)

Gestaltungsmittel / Gefühlsdominanz	Stoff	Form	Farbe	Zeichen	Funktionsprinzipien	Konstruktionsprinzipien	historische Lösungen	Produktteile
Wertvolles	edle, bekannt teure, exquisite Werkstoffe, Veloursteppiche	traditionelle, handwerkliche Formen, z. B. geschwungene Holzarmaturenbretter	satt, dunkle Farben, Metallic-Farben, z.B. Anthrazitmetallic	historische Zeichenformen, z. B. Mercedes-Stern	professionelle perfekte; z.B. mechan. Benzineinspritzung	solide, bekannte, z.B. Achtzylindermotor	massive, bewährte Bedienteile	Normteile nur unsichtbar, sonst hochqualif. Teile
Zeitbetontes z.B. Modernes	neue Werkstoffe, z.B. PU-geschäumte Stoßzonen	zeitgemäße, z.B. Keilform	alle im Trend liegenden, z.B. Sicherheitsfarben	im Trend liegende Zeichen, z.B. das "alte" Fordemblem	neue, z.B. Turboaufladung	neuere, vorteilhafte, z.B. Frontantrieb	im Trend liegende, z.B. Kippschalter	geringe Normteile, z.B. geschmiedete Alufelgen
Besonderheit	exotische Werkstoffe z.B. Lederpolster	ausgefallene, exquisite, z.B. Citroen CX-Form	auffällige unübliche, z.B. goldmetallic-schwarz	ungewöhnliche, z.B. *f* von Pininfarina	seltene, raffinierte, z.B. selbstanlegende Sicherheitsgurte	eigenwillige, z.B. Mittelmotor	neuwirkende, z.B. Check-up-Board	Zubehör, z.B. Zentralverriegelung, Magnetkoppelung der Türen
Ästhetisches, z.B. "Harmonie"	"passende" Stoffkombinationen, z.B. des Materials von Lenkrad und Armaturenbrett	ausgewogene Formen, z.B. "stimmiges" Armaturenbrett	Komplementärfarben, oder Ausstattung Ton-in-Ton	--	--	--	"historische" Formen, z.B. nur Druckknöpfe	passende, z.B. Zusatzbeleuchtung
Atmosphärisches z.B. Heiteres	leichte, unprätentiöse Werkstoffe, z.B. Jeansbezüge	leichte, verspielte, überraschende; Sitze im 2 CV	helle, bunte, z.B. Schonbezüge	lustige Inhalte z.B. Buggy/Chopper	--	--	"spaßige" Bedienteile, bei Autos verboten	Golfball als Schaltknauf bei Golf-GTI
Vertrauensvolles	haltbare, bekannte, z.B. Chrom-Nickel-Stoßstangen	traditionelle, solide, z.B. Stufen-Heckform	keine popigen, z.B. Beigetöne	Worte in antiqua, bekannte Wortinhalte, z.B. VW-Derby	bekannte, bewährte, z.B. Otto-Motor	bewährte, z.B. 6-Zylinder V-Motor	solide, hist. z.B. Drehschalter	viele Markenprodukte, z.B. Batterie, Vergaser
Überlegenes	"hochkarätige" Werkstoffe z.B. Ganzalu-Motor	professionelle, z.B. Front- u. Heckspoiler	keine bunten, z.B. matt-schwarze Motorhaube	Imageträchtige fremdsprachige, z.B. Alpina-Aufklebefolie	professionelle, z.B. thermogesteuerter Kühlventilator	nach dem neuesten Stand, z.B. 4-ZylinderBoxermotor (Lancia)	professionelle hist., z.B. Scheinwerfer nach Lenkeinschlag	hochqualitative, z.B. Chrom-Nickel-Stahl-Auspuff

Hinsichtlich des Zusammenhanges von Produkt- und Distribution sowie der übrigen Instrumental-Variablen und Variablen-Ausprägungen der Vermarktungsinstrumente, aus dem der produktadäquate Vermarktungsmix abzuleiten ist, lassen sich nur allgemeine Angaben machen. Zahlreiche Kombinationen scheinen möglich und denkbar, wobei die produktbezogenen Komponenten als Produktausstrahlungseffekte in Erscheinung treten. Als solche gelten beispielsweise für Konsumgüter

geringe Haltbarkeit
hohe Empfindlichkeit
große Bedarfsmenge
hohe Bedarfsintensität
Marktneuheit
starke Produktkonkurrenz
hoher Leistungswandel
starke Saisonabhängigkeit
starke Modeabhängigkeit
hohes Leistungsniveau
hohe Produktbekanntheit
hohes Image

hoher Individualisierungsgrad
starke Kompliziertheit
schwierige Inbetriebnahme
lange Nutzungsdauer
hohe Nutzungshäufigkeit
starke Abmessung
hohe Nutzungsgefährdung
große Bedarfsdichte
große Bedarfsweite
große Erklärungsbedürftigkeit
hoher Präsentationsaufwand
starke Produktgefährdung

Die gesperrten produkt- und marktbezogenen Merkmale werden für besonders wichtig gehalten. Mit diesen und weiteren ins Kalkül gezogenen Marktparametern erweist sich die Theorie des Produktmarketings als funktionelle Betriebswirtschaftslehre des Absatzes. Es sei keineswegs bestritten, daß diese Theorie dem Produktmanager von Nutzen sein kann. Es bleibt nur die Frage offen, ob die Beherrschung der Branchenrealität in Wirklichkeit nicht doch auch noch andere Kenntnisse erfordert.

Unreflektiert bleibt bei dem allen die zugrundeliegende Wertordnung, mit der die Marketingstrategien ihre Zielsetzungen verfolgen.

Die japanischen Erfolge im weltweiten Marketing i.a. und im Produktmarketing im besonderen verdienen allerdings besondere Beachtung. Yoshida schlägt ein ganzheitliches Produktmarketing mit einem erweiterten Produktbegriff vor.

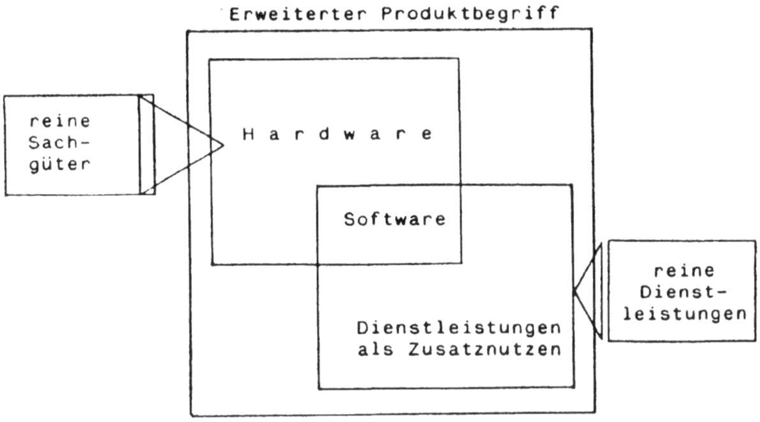

Was in der Einleitung (S.) als Objektdienste erwähnt und hier als Zusatznutzen durch Dienstleistungen bezeichnet wird, kann in folgende nutzenstiftende Funktionen aufgegliedert werden:

- Vermittlungsfunktion der (zeitlichen und räumlichen) Güterverfügbarkeit
- Wert- und Funktionssteigerung bzw. -erhaltung
- Vermittlung von Produktinformationen.

Die Überwindung der zeitlichen und räumlichen Diskrepanz gilt als die ureigentliche Aufgabe des Handels, betrifft hier aber vor allem produktspezifische und produktdifferenzierende Marketingleistungen. Zwei Beispiele aus japanischen Warenhäusern: aufgrund eines gut organisierten Auslieferungsnetzes ist die Zustellung und (Geschenks-)Verpackung der gekauften Ware gratis; Exklusivläden wie 'Takashimaya' bieten Sprüngli-Konfekt aus der Schweiz oder Fauchon-Delikatessen aus Paris zur Wintergeschenkszeit per Lufttransport direkt dem Verbraucher an. In diesem Zusammenhang gehören auch Versandgeschäft und Katalogverkauf, oder "24-hours-shop".

Unter Wert- und Funktionssteigerung fallen auch Serviceleistungen wie Reparatur, Wartung, Inspektion, Reinigung usw. Neuerdings will man diese Dienste nicht nur bloß anbieten, sondern schon von der Konstruktionsphase her in das Produkt einbauen (built in services) wie z.B. wartungsfreie Canon-Kopierer. Rigorose Kontrolle der Herstellungsqualität und Minimierung der Reparaturanfälligkeit erlauben verlängerte Garantieleistungen und trotzdem Kosten- bzw. Preisvorteile.

Bei Produktinformation geht es um Kundenberatung und -schulung von Gebrauchstechnik und -methodik besonders bei technisch anspruchsvollen Geräten. Der Trend geht zu benutzerfreundlichen Produkten, die solche Zusatzleistungen durch einfache Bedienung möglichst überflüssig machen sollen wie z.B. Kompakt-Kameras. Dieser Trend spielt besonders bei Computerprogrammen eine Rolle, wie andererseits Videoprogramme, CD etc. zu wirksamer Produktinformation herangezogen werden können. Einer stärkeren "Immaterialisierung" sachlicher Produktelemente steht eine zunehmende "Materialisierung" der Dienstleistungen gegenüber. Für Neuprodukt-Informationen gibt es in Japan Spezial-Zeitschriften "Shohin yohoshi", welche auf Produktinformation spezialisierte Massenzeitschriften darstellen.

LITERATUR

Backhaus, K., Fallstudien zum Investitionsgüter-Marketing, Verl. Vahlen München 1977.

Koppelmann, U., Marketing. Düsseldorf 1974.

Derselbe, Grundlagen des Produktmarketing. Verl. W. Kohlhammer, Stuttgart,Berlin, Köln, Mainz 1978, 2. neubearb. Aufl. 1987

Yoshida, J., Produktinnovation japanischer Unternehmungen im Rahmen des ganzheitlichen Produktmarketings. Diss. WU Wien, Service Fachverl. 1988

3.3 Warenverkaufskunde

Die Warenverkaufskunde (Küthe) versucht die Theorie des Produktmarketings und Produktmanagements auf die Erfordernisse des Einzelhandels, des Verkäufers und Kaufmanns zu transponieren, wobei auch eine stärkere Berücksichtigung warenkundlicher Inhalte versucht wird. Wenn es der Managementtheorie in erster Linie um den produktadäquaten Marketingmix und die dazu erforderlichen planerischen und produktgestalterischen Aktivitäten geht, so steht hier in der Verkaufspraxis die wirksame Produktpräsentation und das auf den Konsumenten abgestimmte Verkaufsgespräch im Vordergrund.

Auch dazu wird ein vierstufiger Weg eingeschlagen
- Informationssuche: nach Produkt- und Kundenmerkmalen, Untersuchung vom Hersteller stammender und neutraler Produktinformationen
- Informationsordnen: nach verschiedenen Leistungs- oder Zweckgruppen quer durch das Konsumsortiment
- Informationsumgang: Beschreiben, Prüfen und Formulieren
- Informationsanwendung: Verkaufsgespräch und Warendarbietung

Gegenüber der traditionellen Verkaufskunde mit Käufer- und Verkäufertypologie, Psychologie und Soziologie sowie der üblichen Warenhandelsbetriebskunde besticht die Warenverkaufskunde durch ihre vitale Modernität der Sach- und Warenbeispiele. Die besondere Betonung der werblich so wichtigen Anmutungsqualität kommt Darstellung wie Inhalt zu gute. Die konsequent durchgezogene teleologische Systematik harmonisiert allerdings nicht immer mit der in der Praxis üblichen branchenmäßigen Abgrenzung von Betrieben und Warengruppen.

Auf ein einfaches Schema gebracht, lassen sich die zwei gegeneinanderwirkenden Ordnungsprinzipien nach üblichen Branchen- und Warenklassen einerseits,und nach Anspruchsniveau andererseits unterscheiden;

Übersicht 23

Gruppierungs- und Klassifizierungsbeispiele
aus dem Konsumwarenbereich

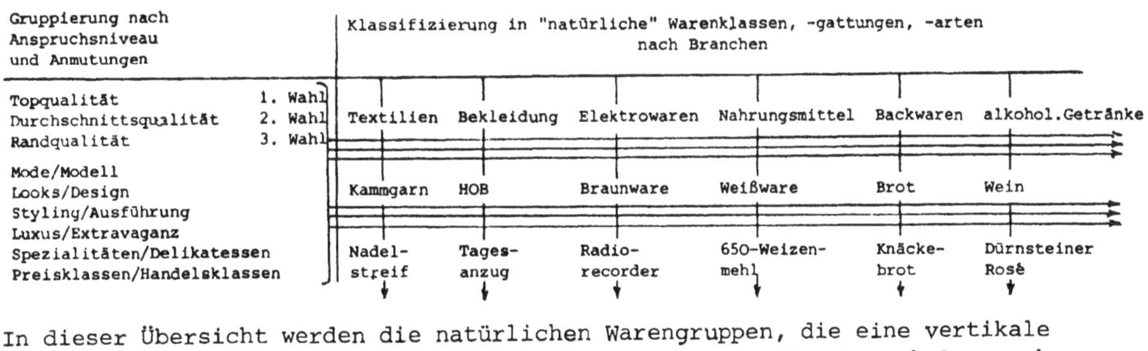

In dieser Übersicht werden die natürlichen Warengruppen, die eine vertikale hierarchische Begriffsleiter bilden, quer durch das Sortiment nach Anspruchsniveauxoder Anspruchsqualitäten unterteilt; solche Gruppierungen werden nicht nur in den verschiedenen Angebotsstufen (exquisite City-Geschäfte, Warenhaus, Diskonter) sondern selbstverständlich auch im Sortiment des Einzelhandelsgeschäfts wirksam. Das Produktmarketing und die Warenverkaufskunde bevorzugen die horinzontale durchgehende Gliederung, da sich diese für eine geschlossene systemimmanente Warenteleologie besser eignet, und eher homogene sortimentsneutrale Absatzstrategien ermöglicht . Dabei sei das Sortiment als das konkrete Angebot eines bestimmten Betriebes definiert, während die Sortimentpalette (Warenpalette) als Oberbegriff z.B. das Angebot eines Warenhauses umfaßt; mit Kollektion ist dagegen eine repräsentative oder auf einen bestimmten Zweck abgestimmte Sortimentsauswahl gemeint.

Sortimentspalette

Sortiment 1 Kollektionen | Sortiment 2 Kollektionen | Sortiment 3 Kollektionen

Das Bocholter Modell der Warenverkaufskunde (Voth) geht von der Sortimentsgestaltung eines Betriebes aus. Fachgeschäfte tendieren zu einem engeren und tiefen, Warenhäuser (alles unter einem Dach) zu einem flacheren und breiten Sortiment. Jene führen weniger Warengruppen und -arten, dafür aber viele Artikel verschiedener Hersteller, Qualitätsstufen, Größe-, Leistungs- und Preisabstufungen usw., während das Warenhaus fast alle Warengruppen und viele Warenarten mit einer beschränkten Artikelauswahl und -ausführung anbietet.

Nächst der Warenplatzierung hängt der Verkaufserfolg entscheidend von der Einleitung und Gestaltung des Verkaufsgespräches ab. Das ist besonders im Bedienungnsgeschäft (Fachgeschäft mit Fachberatung) der Fall, pflegt jedoch auch im Vorwahlgeschäft und zunehmend auch bei Selbstbedienung von Bedeutung zu sein. Es wird ein 3-, gelegentlich auch 4-stufiger Aufbau des Verkaufsgespräches vorgeschlagen:

- Produktmerkmal nennen ... Material
- Produkteigenschaften erwähnen ... Materialeigenschaften
- Kundenanspruch aufgreifen ... z.B. Bequemlichkeit

Eine Hauptrolle spielen hierbei die Produktmerkmale und ihre Aufbereitung zu verwendungsgerechten Verkaufs- und Nutzungsargumenten. Es werden 11 Produktmerkmale unterschieden, die sich an die primären und komplexen Gestaltungsmittel nach Koppelmann (S.) anschließen, diese jedoch weiter aufgliedern und mit zahlreichen Beispielen aus verschiedenen Branchen - jedoch ohne Lebens mittel und Getränke - verwendungs- und situationsbezogen anreichern.

Die im folgenden Schema aufscheinenden Produktmerkmale sollen bei der Kundenberatung und im Verkaufsgespräch dazu dienen, die vorteilhaften Eigenschaften hervorzuheben, welche den Kundenansprüchen möglichst nahe kommen und dem jeweiligen Verwendungszweck am besten entsprechen.

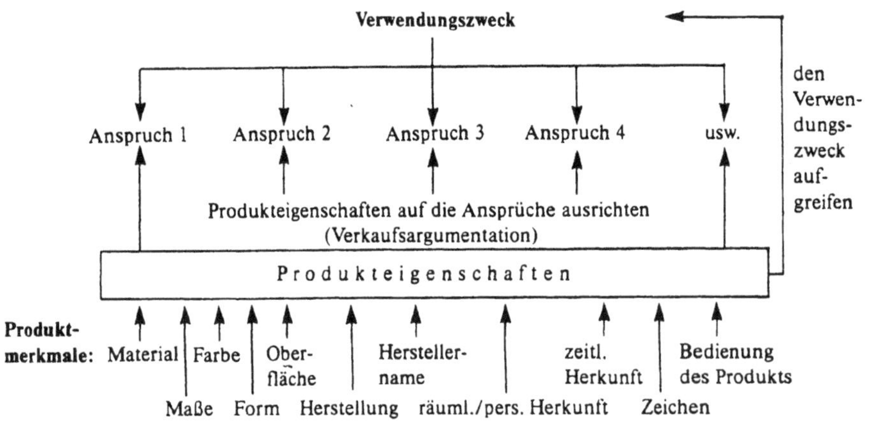

(aus Voth)

LITERATUR

Jennen, H.P., Verkaufen - Strategie und Taktik der Verkaufskunst. Econ-Düsseldorf 1977.

Koppelmann, U., Produktmarketing und Warenverkaufskunde. Berlin-Bielefeld-München 1976.

Küthe, E., Warenverkaufskunde für den branchengemischten Unterricht. Verl. H. Stam, Köln-Porz 1976.

Derselbe, Lebensmittel anbieten und verkaufen. M. Gehlen Bad Homburg vor der Höhe 1980

Schelenz, F., Verkaufskunde für den Einzelhandel. Winklers Verl. Gebr. Grimm, 13, Aufl., Darmstadt 1975.

Derselbe, Verkaufskunde auf psychologischer Grundlage. 14.Aufl., Darmstadt 1972.

Stecher, A., Verkaufskunde. 5.Aufl., E. Russ, Bregenz o.J.

Melber, Th., Schreiter, W., Mehr verkaufen. Verkauf und Absatzmarketing im Einzelhandel. M. Gehlen Bad Homburg vor der Höhe 1981

Voth, M., a.a.O.

Beck - Foeckeler - Naumann, Verkäufer - Ware - Kunde. Eine Warenverkaufskunde für den branchengemischten Unterricht, Verl. H. Stam, Köln 1986

3.4 Spezielle Warenkunde

Im Gegensatz zur allgemeinen Warenkunde, die den rohstoffnahen Bereich der Welthandelsgüter abdeckt, stellt die spezielle Warenkunde im wesentlichen auf den Fertigwaren- bzw. Konsumgüterbereich ab, den sie in branchenmäßigen Warengruppen in ähnlicher Weise wie die allgemeine Warenkunde behandelt.

3.41 LEITLINIEN - SYSTEMATIK

Die Darstellung beginnt im allgemeinen mit der Herstellung, Gewinnung und schreitet über Zusammensetzung, Funktion und Konstruktion zu Ge- und Verbrauch. Sie orientiert sich also in erster Linie an Sachmerkmalen (Sachqualität), aus der sie die Verkaufsargumente sowie Verbrauchshinweise ableitet.

Die spezielle Warenkunde ist ebenso wie die Verkaufskunde vorrangig für den Verkäufer und Einzelkaufmann gedacht. Sie basiert daher auf der Ätiologie der Ware, beginnt ihre Erklärungsmodelle mit der Herstellung und endet mit der Verwendung; dies hindert freilich nicht, im Verkaufsgespräch den umgekehrten Weg zu gehen, der dann kausal abgesichert, und argumentativ überzeugend untermauert werden kann. Natürlich ist es richtig, daß den Kunden nebst Anmutungskomponenten vor allem Gebrauchs- und Verwendungsmöglichkeiten interessieren, und weniger Herstellungs- oder funktionale Gesichtspunkte. Eine sachliche Verkaufsargumentation wird indessen ohne kausale Regression wenig glaubhaft ausfallen.

Was die Analyse und Artikulation der Kaufmotive anbelangt, so ist dies Gegenstand der Verkaufskunde mit ihrem psychologischen und soziologischen Repertoire. Die spezielle Warenkunde geht mithin von der berechtigten Annahme aus, daß ein sachlich zufriedengestellter, auch ein dauernder Kunde bleiben wird, und zieht den Dauererfolg dem Augenblickserfolg vor.

Häufig wird eine Zweiteilung des Konsumgüterbereiches in Lebensmittel und Industriewaren vorgenommen, so vor allem in der speziellen Warenkunde der osteuropäischen Staaten. Hier geht es in erster Linie um Lehrprogramme für Führungspersonal in der Zirkulationsphäre der staatlich gelenkten, planwirtschaftlich organisierten Warenverteilung, wobei Fragen der Qualitätserhaltung und Sortimentsgestaltung eine große Rolle spielen. Es geht auch hier um die Abstimmung des Angebots auf die Nachfrage.

Aber auch unter marktwirtschaftlichen Gegebenheiten hat die branchenmäßig gegliederte Darstellung der speziellen Warenkunde noch immer ihre Berechtigung für die Schulung des Verkaufspersonals und Einzelkaufmanns, der doch in erster Linie als sach- und fachkundiger Berater des Kunden wirken sollte. Statt die Gutgläubigkeit und Unwissenheit des Konsumenten durch psychologische Raffinesse und soziologischen Spürsinn zu kurzfristigen Scheinerfolgen auszunützen, wird der seriöse Handel seine Aufgabe auch in der Rationalisierung des Konsumentenverhaltens sehen (rechtliche Aspekte).

Von den traurigen und beschämenden Verhältnissen in manchen Entwicklungsländern sei lieber gar nicht gesprochen. Doch auch dort und gerade dort könnte eine sachliche Warenkunde vieles in der Warenverteilung bessern.

Die Warenbereiche, die von der speziellen Warenkunde behandelt werden, überschneiden sich und decken sich vielfach mit dem Interessensbereich der Konsumwarenkunde. Eine strenge inhaltliche Trennung scheint kaum möglich und sinnvoll. Wertvolle Beiträge zur speziellen Warenkunde finden sich in zahlreichen Fachbüchern naturwissenschaftlich-technischer, beruflich-gewerblicher und hauswirtschaftlicher Art verstreut, was das Auffinden oft erschwert, aber die Aktualisierung erleichtert. Im übrigen sei auf die Übersicht 2 S. 8 verwiesen. Auch die Literaturhinweise sind im wesentlichen dieselben (vgl. S. 11, 12), wobei in der speziellen Warenkunde rechtliche Aspekte eine immer größere und wichtigere Rolle spielen.

4 Gesamtwirtschaftlicher Ansatz

4.1 Entwicklungsstufen der Produktions- und Warenwirtschaft

Das wirtschaftliche Geschehen beruht im makro- wie im mikroökonomischen Bereich auf dem Vorgang der Produktion, worunter bekanntlich die systematische Herstellung materieller und immaterieller Güter sowie die Bereitstellung bestimmter damit zusammenhängender Dienstleistungen zu verstehen ist. Ermöglicht wird diese Leistungserstellung durch die sinnvolle d.h. wirtschaftlich erfolgreiche Kombination der Produktionsfaktoren Arbeit, Kapital und Material. In der betriebswirtschaftlichen Produktionstheorie spielen die Produktionsfaktoren Arbeit und Material (Rohstoffe, Betriebs- und Hilfsstoffe) einschließlich Energie und Betriebsmittel sowie Anlagen, Grund und Boden infolge der weitgehenden Substituierbarkeit durch Kapital - ein Grunddogma der klassischen Produktionstheorie - die Rolle von Kosten- oder Ertragsfaktoren.

4.11 DIE VORINDUSTRIELLE PRODUKTION

Die vorindustrielle Produktion landwirtschaftlicher oder handwerklicher Art beruht im wesentlichen auf der Nutzung bzw. Bearbeitung natürlicher Ressourcen mittels menschlicher Arbeit, wobei der eigentliche Engpaß in der menschlichen Arbeits-und Leistungskraft bestand. Dies verhinderte i.a. eine übermäßige Inanspruchnahme der natürlichen Hilfsquellen, wenngleich es an Beispielen zerstörerischen Verhaltens und Werkens im Laufe der Geschichte nicht fehlt. In eine einfache Formel gebracht lassen sich die Verhältnisse etwa so charakterisieren (Gruhl):

$P = N + A$

wobei P die Produktion (Produkte, Dienstleistungen)
N das Naturpotential (Boden, Bodenschätze, Luft, Wasser, Sonnenenergie frei und gebunden usw.)
A die menschliche Arbeitskraft bedeutet.

4.12 DIE INITITATIVE INDUSTRIELLE PRODUKTION

Die Wirtschaftstheorie des letzten Jahrhunderts sah in der ökonomischen Produktion lediglich ein Ergebnis von Arbeit und Kapital, wie dies etwa durch die Cobb-Douglas-Funktion ausgedrückt wird. Die Produktionstheorie degeneriert damit zu einer bloßen Kostentheorie. Ihre Aufgabe besteht nicht in der Erklärung der Produktion als solcher, sondern in der Entwicklung mengenmäßiger Relationen zwischen Input (Produktionsfaktoren) und Output (Produktion), die durch Bewertung in Kosten- bzw. in Ertragsrelationen übergeführt werden.

Das Fehlen einer echten Theorie der Produktionsfaktoren läßt aber gerade jene Fragen offen, die durch eine Produktionstheorie beantwortet werden sollen, warum etwa eine Substitution von Produktionsfaktoren überhaupt möglich ist, worauf die Wertschöpfung im Produktionsbereich zurückzuführen ist, und letztlich auch die Frage nach dem Zweck und den Folgen produktiver Tätigkeit.
Die Produktionsfunktion kann formelmäßig als
$P = K + A$ oder genauer $P = K + A^{\alpha}.K^{1-\alpha}.F^{rt}$
geschrieben werden, wobei K das Kapital und F den technischen Fortschritt bedeutet.[1)]
Man kann in diesen Ansätzen eine erste Entwicklungsphase wirtschaftstheoretischer Modellvorstellungen erblicken, in der Produkte fast ausschließlich als Systemelemente der Unternehmen selbst d.h. als Verursacher von Kosten und Erträgen betrachtet wurden. Das zentrale Problem bestand in der Produktion, mithin in der Fertigung, im technischen, organisatorischen und betriebswirtschaftlichen Sinn. Dieser Ansatz spiegelt einerseits das naturwissenschaftlich-technische Weltbild und andererseits die am Ertragsgesetz orientierte ökonomische Vorstellung der klassischen industriellen Entwicklungsperiode der Zivilisationsgesellschaft wider. Auch die mathematische Durchformung der neuklassischen Produktionstheorie hat Fortschritte gemacht und vor allem die Abhängigkeit der Produktionsfaktoren bei verschiedenen Einsatzbedingungen, insbesondere unter Einwirkung des technischen Fortschrittes untersucht.

1) t = Zeit, α und r sind statistisch ermittelte oder geschätzte Konstanten

Die Produktionsfunktionen werden als homogene vollkommen teilbare Größen mit abnehmender Produktivität bei partieller Faktorvariation aufgefaßt. Die Produktionsfunktion lautet nunmehr

$P = f(\lambda \bar{K}, \lambda \bar{A}) = \lambda^{\varepsilon} \bar{P}$ $\bar{P}, \bar{K}, \bar{A}$ = durchschnittl. Produktoutput bzw. Kapital-, Arbeits-Input
λ = Proportionalitätsfaktor $0 < \varepsilon < 1$ = Elastizitätskoeffizient

Bei einer proportionalen Änderung des Einsatzes der Faktoren Arbeit und Kapital ergibt sich, ausgehend von einer gegebenen Produktmenge P, eine Niveauelastizität; sie gibt an, in welchem Maße die Produktmenge (Output) in Abhängigkeit von den proportionalen Einsatzfaktoren (Input) variiert; ε kann dabei nur zwischen 0 und 1 variieren. Allerdings kommt wegen Überlinearität abnehmende Grenzproduktivität nicht in Betracht. Solche Produktionsfunktionen liefern im K-A-Diagramm Produktionsisoquanten als Projektionslinien des "Produktionsgebirges". Streng genommen handelt es sich hierbei um die mathematische Erfassung eines Blackbox-Modells der Input-Output-Relationen, keinesfalls aber um irgendwelche Kausalerklärungen der Produktionszusammenhänge. Denn nicht der kausale, sondern der mathematische Funktionsbegriff mit seiner Vertauschbarkeit von unabhängiger und abhängiger Variablen entspricht der Produktionsfunktion. Gerade die Substituierbarkeit der Produktionsfaktoren durch Kapital wird heute, je länger je mehr, in Frage gestellt.

4.13 DIE EXZESSIVE INDUSTRIELLE PRODUKTION

Die Verbesserung der technischen und ökonomischen Kenntnisse sowie ihre Verwertung in den Unternehmen führte zu einer ungeheuren Steigerung von Produktion und Angebot sowohl hinsichtlich der Produktarten als auch der Produktmengen. Sättigungserscheinungen auf Verbraucherseite waren die Folge und führten zur Entdeckung des Marktes als Problem. Die produktionsorientierte wurde durch absatzorientierte Betrachtungsweise des aus den USA kommenden Marketings während der letzten Jahrzehnte ersetzt (vgl. S. 141) . Diese zweite wirtschaftstheoretische Phase des überproportionalen, vielfach exponentiellen Anstieges der Produktion ist insbesondere als ein Erfolg geeigneter Marketingstrategien zu verbuchen, denn es gelang die gesellschaftliche Durchlaufgeschwindigkeit der Produkte zu erhöhen, wobei sich die technische u. psychische Lebensdauer der Produkte rapide verkürzte.

4.14 DIE LIMITIERTE INDUSTRIELLE PRODUKTION

Die damit zwangsläufig verbundene außergewöhnliche Zunahme des Rohstoff- und Energieverbrauches auf der einen und der Zerfalls- oder Abfallprodukte auf der anderen Seite führte zwangsläufig zur Entdeckung der natürlichen Umwelt als produktionsgefährdeten und der natürlichen Ressourcen als produktionsbegrenzenden Faktor. In dieser dritten Phase zivilisatorischer Entwicklung kommt es zum Aufbau eines allgemeinen Umweltbewußtseins, zur Erfassung und Definition von Emmissions- und Immissionswerten (MEK und MIK = entsprechende Maximalwerte, MAK = maximale Arbeitsplatzkonzentration) sowie zur Diskussion der Social costs als neu zu Buche schlagende externe Kostenfaktoren. Wollte man die skizzierten Verhältnisse abermals durch eine Formel ausdrücken, so könnte dies vereinfacht so geschehen (Gruhl):

$$P = N/(1+U_V) + A\,(E/Z_1 + R/Z_2 + W)\,U_S$$

wobei U_V die Umweltverschmutzung bzw. Umweltverderbnis, E die Energie (Energieträger), R die Rohstoffe, Z_1 Z_2 die Zeiten für welche der Vorrat bei bestimmtem Verbrauch reicht, W die Wiederverwendung (Recycling im weitesten Sinne) bedeuten.

U_S sind die Umweltschutzmaßnahmen bzw. deren Aufwendungen; als Nebenbedingungen gilt $U_S < U_V$, wobei U_S als prinzipiell optimierbar gilt. In dieser Formel scheint bereits der Zeitfaktor auf, der auf die Gerichtetheit bzw. Einmaligkeit dieser Vorgänge verweist.

Das zuerst vorwiegend-technisch-naturwissenschaftlich, später rein ökonomisch bestimmte Weltbild erhält nunmehr zunehmend eine politische Dimension. Es wird vom Gegensatz der Einzel- und Gruppeninteressen mit dem Gesamtinteresse als

Gemeinwohl, mithin von den Spannungen zwischen den sozialen Schichten im nationalen und sogar globalen Rahmen geprägt. Obwohl die Probleme dieser dritten Phase praktisch wie theoretisch bestenfalls erst ansatzweise gelöst erscheinen, zeichnet sich bereits ab, daß eine Lösung nur durch den Einbezug einer Reihe weiterer Systemgrößen und zwar besonders einer Differenzierung und Erweiterung des Umweltbegriffes möglich ist. Es gilt nunmehr, alle wichtigen vom ökonomischen Produktionssystem ausgehenden Impulse mit den von ihnen bewirkten Veränderungn der kulturellen und politischen Zustände der Gesellschaft in Verbindung zu bringen, und das alles auf seine natürlichen Grundlagen und Grenzen zu verweisen. Wenn überhaupt, dann kann dies nur durch eine systemtheoretische Betrachtungsweise gelingen.

LITERATUR

Gruhl, H., Ein Planet wird geplündert - die Schreckensbilanz unserer Politik. S. Fischer, Frankfurt/Main 1975.

Kruck, A., Produkte als systembeeinflussende Faktoren - zur Notwendigkeit einer neuen Betrachtungsweise ökonomischer Aktivitäten. Diss. WU Wien 1976.

Raffée, H., Marketing und Umwelt. C.E. Poeschel Verl., Stuttgart 1979

Gruhl, H., Das irdische Gleichgewicht - Ökologie unseres Daseins. Erb Verl., Düsseldorf 1982

ANMKERUNG ZU 4.1 ENTWICKLUNGSSTUFEN DER PRODUKTIONS- UND WARENWIRTSCHAFT

Die orthodoxe Produktionsfunktion der ökonomischen Theorie faßt bekanntlich das Sozialprodukt (P) aus Sachgütern und Dienstleistungen als ein Ergebnis der Kombination der wichtigsten Produktionsfaktoren auf. Als solche gelten in der Makroökonomie (Volkswirtschaftstheorie) das Arbeitspotential der Bevölkerung (A) und Kapital (K), welches ein Resultat des Sparens infolge Konsumverzichts darstellt. In allgemeiner Schreibweise lautet die makroökonomische Produktionsfunktion daher

$$P = f(A,K)$$

damit erweist sich der maximale Produktionserfolg allein abhängig vom optimalen Einsatz der Arbeitsleistung und Sparleistung der Bevölkerung und damit letztlich von der Bevölkerungszahl, der Bevölkerungspyramide etc.

Allerdings zeigte sich besonders kraß in der Wachstumsphase nach dem 2. Weltkrieg, daß die Produktion auch bei gleichbleibender und sogar abnehmender oder geringer gewordener Bevölkerung ein starkes Wachstum in quantitativer und qualitativer Hinsicht aufweisen kann. Man führte dies auf das rapid steigende Niveau des allgemeinen Wissens und Könnens zurück und brachte dies in der orthodoxen Produktionsfunktion durch einen neuen Faktor: dem "technischen Fortschritt" (F) zur Darstellung; die Produktionsfunktion lautet daher nunmehr (vgl. S. 155)

$$P = f(A,K,F)$$

Die dieser heutigen Auffassung zugrunde liegende Denkweise hat eine lange und bewegte geistesgeschichtliche Entwicklung, die noch keineswegs an ihr Ende gelangt ist. Wie die Wirtschaftstheorie immer erst ein nachträgliches Ergebnis praktischer, wirtschaftlicher und politischer Entwicklungen im Laufe der Geschichte ist, so war es auch mit der ersten makroökonomischen Lehre mit Anspruch auf umfassende Analyse der Wirtschaftsprozesse, nämlich der Lehre von der Physiokratie, d.h. der "natürlichen Ordnung" aller wirtschaftlichen Vorgänge, die im 18. Jahrhundert von Francois Quesnay (1694-1774), dem Leibarzt Ludwig XVI. gegründet und von A. R. J. Turgot (1727-1781), einem der letzten Finanzminister des ancien régime vollendet wurde. Diese Lehre rückte, sehr zum Unterschied von der heutigen Auffassung, die Natur in Form des fruchtbaren Bodens als pars pro toto in den Vordergrund und sah in ihm neben der Arbeit den wesentlichen Produktionsfaktor. Wesentlich für diese Betrachtungen war die landwirtschaftliche Überschußproduktion, welche der fruchtbare oder fruchtbar gemachte Boden als sogenannte "Bodenrente" erbrachte. Offenbar handelt es sich dabei um die Leistung echter Zinsen, welche ein natürlicher Kapitalstock unter Umnständen sogar umsonst im allgemeinen aber nur erbringt, wenn er pfleglich behandelt wird.

Diese im Grunde - wie wir heute wieder sehen sehr richtige und wesentliche Lehre - unterlag indessen der konkurrierenden Schule des Merkantilismus völlig, der sich im 17. Jahrhundert vor allem in England entwickelte. An erster Stelle ist hier der Philosoph John Locke (1632-1704) zu nennen, der nicht nur auf seine Zeitgenossen, sondern auch noch auf die folgenden Generationen einen bestimmenden Einfluß ausübte. Er nahm eine sehr bezeichnende Akzentverschiebung von der Bodenfruchtbarkeit zum Arbeitseinsatz vor, indem er feststellte, daß eine Ertragssteigerung nur in einem genauen Verhältnis zu einem Mehreinsatz an Arbeit zu erzielen ist. Gleichzeitig erfolgte damit auch ein Übergang von der Sichtweise einer stationären Wirtschaft mit im wesentlichen gleichbleibenden Kosten und Erträgen zu einer dynamischen Wirtschaft, die mit jährlichen Kosten - und Ertragszuwächsen rechnet. So früh also datiert das Wachstumsdenken in der Wirtschaftstheorie, welches das noch aus der Scholastik stammende naturrechtliche Gedankengebäude in Zukunft ersetzen sollte. Basierten die scholastischen Wertvorstellungen noch auf der Idee der Gerechtigkeit in der Verteilung der Güter und Lasten, so fand nun das dynamische Wachstumsdenken seine Rechtfertigung in dem Streben nach Vermehrung des Besitzes durch ständige Ertragszuwächse; als Vehikel zur Erreichung dieser Ziele werden folgerichtig jene "kleinen Stücke gelben Metalls" erkannt (J. Locke), in denen sich nunmehr die Differenz von monetärem Ertrag und monetären Aufwand, also der Gewinn mißt. "Auf diese Weise wird das Geld 'kapitalisiert', d.h. so angelegt, daß nach einer gewissen Zeit nicht nur die ursprüngliche Geldsumme oder Hauptsumme (Kapital = capitalis pars debiti) zurückfließt, sondern auch eine Nebensumme in Form des Zinses oder des Gewinnes erwirtschaftet wird." (Binswanger S.164).

Der Trick besteht bei dieser Vorgangsweise darin, daß sich nunmehr Geld als die eigentliche Wachstumsgröße in Form der Zinseszinsrechnung, mithin exponentiell wachsend präsentiert, wobei gleichsam unbemerkt ein "alchemistischer Transmutationsprozeß von Natur in Geld", desgleichen von Arbeit in Geld stattfindet. Kapital, genauer Geldkapital ist ab nun der wahre Protheus, der sich wie in der griechischen Mythologie auf der Stelle in alles Denkbare und Wünschbare verwandeln kann. Wir sprechen heute von der Substituierbarkeit der Produktionsfaktoren und meinen damit, im wesentlichen die Ersetzbarkeit von Arbeit - und von allen möglichen anderen Einsatzfaktoren - durch Kapital.

Die Naturgrundlage schlägt sich seit Adam Smith (1723-1790) zwar noch als sogenanntes Realkapital zu Buche, viel wesentlicher und folgenreicher war und ist jedoch der Besitz und die Verfügbarkeit von Geldkapital - ursprünglich auf Goldbasis, heute in harter konvertierbarer Währung.

Es ist hier nicht der Ort, den weiteren Gang der Theorieentwicklung über David Ricardo (1722-1823), Robert Malthus (1766-1834) u.a. nachzugehen, nur daran sei erinnert, daß sie letztlich zu den beiden eingangs angeführten Produktionsfunktionen und weiteren ergänzenden Feinheiten (vgl. oben S. 156) geführt hat. In ihrer entwickelten Form

$$P = f(A,K,F)$$

besitzt sie zwei Wachstumsgrößen, nämlich K (Kapital) und F (technischer Fortschritt) die beide - und dies ist nun sehr wesentlich - in systemtheoretischer Sicht von dem Elementarfaktor "Information-Struktur-Negentropie" dominiert sind.

Die allgemeine Systemtheorie kennt bekanntlich drei Elementarfaktoren, die jedes Realsystem zusammensetzen:

- Materie, d.s. alle stofflichen Komponenten
- Energie einschließlich menschlicher, physischer und geistiger Arbeit
- Information auch als Struktur oder (Neg)entropie faßbar.

Während die beiden ersten als sogenannte konservative Flußgrößen nur veränderbar, nicht aber de novo machbar oder völlig vernichtbar sind, gilt dies für letztere nichtkonservative Größe sehr wohl. Niemand wird bezweifeln, daß Information oder Struktur tatsächlich neu geschaffen, oder umgekehrt völlig vernichtet, vergessen, für immer verloren werden kann. Darin und nur darin liegt letzten Endes das Geheimnis des unbegrenzten Wachstums jener beiden wirtschaftlichen bzw. technischen Größen, des (Geld)Kapitals in Form seiner Verzinsung und des unaufhörlichen technischen Fortschritts, auf die das Vertrauen und der Glaube unserer Zeit beruht. Dieser Glaube aber trügt. Denn in Wirklichkeit gibt es immer mehr ein unauflösliches Ganzes aus jenen drei Elementarfaktoren, denn eine Vermehrung der Information oder Hebung des Strukturniveaus ist immer auch letzten Endes mit zusätzlichen Stoff- und Energieaufwendungen sowie einer überproportionalen Entropievermehrung durch Dissipation und Desintegration von Stoffen und Energien verbunden. Der so lange übersehene und noch immer vielfach ignorierte Zusammenhang von Kapital und Naturgrundlagen macht sich neuerdings wieder unübersehbar bemerkbar; einerseits in den besorgten Bestandsaufnahmen an regional oder weltweit verfügbaren Naturressourcen und Umweltkapazitäten (z.B. Global 2000) und andererseits in den altbekannten Inflationserscheinungen, welche die Kapitalverzinsungen schließlich überall einzuholen pflegen, ja sogar überholen können.

Der technische Fortschritt besteht ganz offenbar - vielleicht noch einsichtiger als die Kapitalvermehrung durch Verzinsung - seiner Natur nach in Informationsgewinn und Strukturaufbau, im Schaffen von Wissen und Können, worin ja gerade die Stärke der fortgeschrittenen Industrienationen liegt. Zwar hat es den Anschein, daß mit dem technischen Fortschritt die spezifischen Material- und Energieverbräuche pro erzeugter Einheit sinken; neue Technologien und Produkte wie z.B. die Elektronik und ihre Geräte benötigen in der Tat vergleichsweise ganz geringe materielle Einsätze, besonders wenn sie auf die Wertschöpfung der Produktionseinheit bezogen werden. Es darf aber nicht übersehen werden, daß gerade diese informationsverarbeitenden Komponenten und Geräte vielfach zur Automatisierung von großtechnischen Produktions- und Nutzungsvorgängen dienen, durch deren Beschleunigung indirekt die Stoff- und Energiedurchsätze erhöht werden, womit in vielen Fällen ein quantitatives und nicht nur, wie vielfach behauptet wird,ein qualitatives Wachstum der Produktions-und Verbrauchsvorgänge initiiert wird.

Schon längst geht es bei der Diskussion um die Naturgrundlage der Produktion nicht mehr bloß um die Bodenfruchtbarkeit in Form der Bodenrente, oder der land- und forstwirtschaftlichen Gewinnchancen - die z.B. bei uns nur durch komplizierte und schwierig auszuhandelnde Marktordnungen gerade noch aufrecht zu erhalten sind - sondern um ganz andere massive Verbräuche und Abbauvorgänge von Naturressourcen, die immer deutlicher den unverkennbaren Charakter von begrenzten Kapitalstöcken annehmen, von denen wir - wie lange noch? zehren.

Binswanger (a.a.O., S. 172) sieht daher zurecht in einer Revision des Kapitalbegriffs den wesentlichen Ansatzpunkt für eine Kritik und Neufassung der herkömmlichen Produktionsfunktionen. "Es gilt den Begriff des Realkapitals wieder in seine zwei Bestandteile zu zerlegen, nämlich in den Bestandteil des anlagesuchenden Geldes und den Bestandteil der "Realien", in die das Geld investiert wird. Zu den Realien gehören neben den Werkzeugen, Maschinen und Gebäuden, die wir als Investitionsgüter bezeichnen, auch der Boden und die übrigen Ressourcen, die die Natur bereitstellt. An die Stelle des einen Begriffs Kapital sind daher das Geld im Sinne des Geld-Kapitals, die Investitionsgüter und die Natur zu setzen. Die Produkte im engeren Sinn umfassen dann sowohl Nahrungsmittel und Konsumgüter (C) wie Investitionsgüter (I). Alle Faktoren, die in der Produktionsfunktion erscheinen, sind aber Output und Input, Produkt und Produktionsfaktor zugleich. Dies gilt insbesondere auch für das Geld (G), das als Produkt der Banktätigkeit erscheint, aber als Kredit bzw. Kapital Produktionsfaktor ist. Es gilt auch für die Natur (N), ohne die nichts produziert werden kann, die aber durch den Produktionsprozeß selber wieder verändert wird. Das gleiche gilt schließlich auch für die Arbeit (A) und den technischen Fortschritt (F). Aus diesen Gründen kann eine Kurzformel der Produktionsfunktion, welche die Wirklichkeit adäquat wiedergeben soll, nur implizit geschrieben werden. Diese Kurzformel könnte etwa lauten:

$$f(C,I,A,F,G,N) = 0$$

In dieser Formel muß die Möglichkeit der Transmutation von Natur in Geld beachtet werden:

$$N \rightarrow G$$ "

Um den Sinn der Formel noch zu verdeutlichen, der ja darin besteht, die Verflechtung und Abhängigkeit der Komponenten des Produktionsprozesses von den natürlichen Grundlagen wiederzugeben, sei sie, indem wir wieder P = I+C setzen, folgendermaßen geschrieben:

$$f(P,A,F,G)+\varphi(N)=0$$

Wie oben erwähnt, handelt es sich im Sinne der allgemeinen Systemtheorie bei F (technischer Fortschritt) und G (Geldkapital) um informationelle Größen nichtkonservativer Art, die daher einerseits verschwinden, andererseits aber auch ins Unendliche vermehrt werden können. Es gilt daher

$$F \to \infty$$
$$G \to \infty$$

Das hieße aber nun, daß bei Transmutation von $N \to G$ auch $N \to \infty$, was offenbar in Widerspruch zur Wirklichkeit steht. Es kann folglich die Transmutation von $N \to G$, von Natur(grundlagen) in Geldkapital nur in begrenzter Weise gelten. Die "wunderbare Verwandlung" von N in G, wie sie sich klassischerweise in der Geldkapitalverzinsung ausdrückt, ist heute nur mehr durch Überbeanspruchung natürlicher Zuwächse und/oder durch Abbau begrenzter Naturressourcen realisierbar. Ein Übergang auf regenerierbare, sich erneuernde Naturressourcen und Möglichkeiten der Substitution von Stoffen und Energien, bietet wohl einen Ausweg, falls es gelingt, ihn rechtzeitig zu beschreiten.

Nach obiger revidierter Produktionsfunktion müssen sich Produktion und Naturgrundlagen - beide im weitesten Sinn des Wortes-wenigstens über längere Zeiträume und innerhalb größerer Wirtschaftsgebilde die Waage halten. Produktion und Naturgrundlagen kehren allerdings nicht wie ein Kreislaufprozeß wieder an ihren Ausgangspunkt zurück, sondern werden in bestimmten Entwicklungslinien, allenfalls in wellenartigen Bewegungen zu einer Linie des Gleichgewichts einpendeln, die man auf einem möglichst hohen Niveau sehen möchte.

$$f \sim y = \text{const.}$$

Eine solche Konstanthaltung auf hohem Niveau gelingt jedoch auch nur unter den Bedingungen eines offenen Systems, dem von außen ständig Negentropie zufließt, die den Entropiezuwachs der natürlichen und artifiziellen Produktionsvorgänge nicht nur ausgleicht, sondern noch wesentlich überkompensiert. Dabei wird es sich in erster Linie um Energiezuflüsse aus "ewigen" Energiequellen handeln. Dies war bisher die Sonnenenergie als Strahlung und in Speicherform (Kohlenstoff bzw. Kohlenwasserstoffverbindungen) und wird es wohl auch in Zukunft bleiben müssen, unterstützt durch neue Alternativen wie Kernenergie (Fission + Schneller Brüter, Fusion), Erdwärme Gezeiten.

Damit ist aber auch nur eine allerdings essentielle Seite der Naturgrundlagen (N) angesprochen, welche die Menschheit, insbesondere der industriealisierte Teil derselben bedarf. Denn es kommen noch Nahrungsmittelversorgung, Transport, Verteilung und vieles andere hinzu, deren Aufrechterhaltung, Um- und Neugestaltung nur in einer friedlichen von Vernunft und freier Entscheidung regierten Welt möglich sein wird.

LITERATUR :

Binswanger, Ch., Natur und Wirtschaft. In: Frieden mit der Natur. Hrsg. v. K.M. Meyer-Abich. Herder Feiburg, Basel,Wien 1979 S. 149-173

Global 2000 - Der Bericht an den Präsidenten. Deutsche Ausgabe, Zweitausendeins Frankfurt 1981

Brown, L.R., Zur Lage der Welt - Daten für das Überleben unseres Planeten. Worldwatch Institute Report, Washington, Deutsch v. G. Michelsen, S. Fischer Verl. Frankf./M. 1987

Internationaler Umweltatlas, World Resources Institute, Washington, Deutsch: Jahrbuch der Welt - Ressourcen, Analysen, Berichte, Daten, Bd.1, ecomed Verl., Landsberg/Lech 1988

Faber, N., Niemes, H., Stephan, G., Entropie, Umweltschutz und Rohstoffverbrauch. Springer Verl., Berlin/Heidelberg/N.Y./Tokyo 1983

4.2 Das techno-ökonomische Produktionssystem

Das techno-ökonomische Produktionssystem von Sachgütern und Dienstleistungen ist in das Natursystem der Biosphäre und mit dieser in die Litho-, Hydro- und Atmosphäre eingebettet. Diese Tatsache ist lange Zeit übersehen oder jedenfalls nicht beachtet worden.

Die folgende Abbildung soll schematisch die qualitativen Unterschiede zwischen dem Produktion-, Gebrauchs-, Beseitigungs-Prozeß (PGB-Prozeß) einer entwickelten industriellen Hochenergiegesellschaft und einer vorindustriellen (handwerklich-bäuerlichen) Gesellschaft aufzeigen.

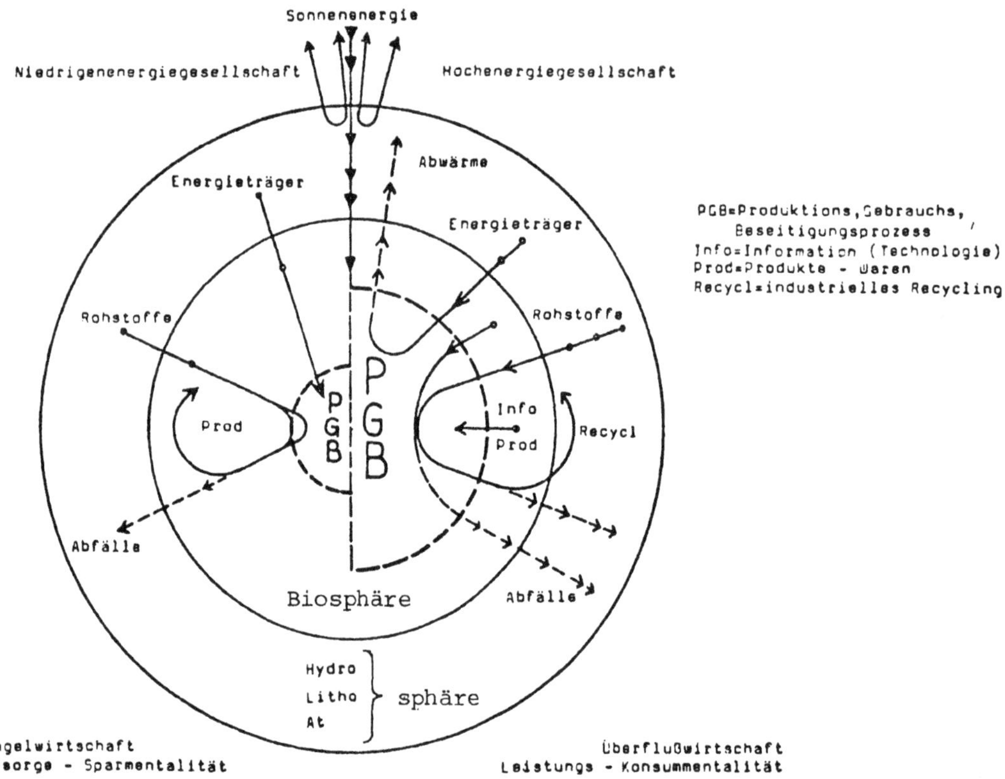

Das PGB-System breitet sich vor allem auf Kosten der Biosphäre und ihrer Nachbarsphären aus. Die Biosphäre wird durch die Entwicklung der Technik bzw. Technologie, durch den ungehinderten Einsatz von Roh- und Energiestoffen sowie dem weltweiten Gebrauch der Produkte und Welthandel gefährdet. Die Erzeugung von Produkten, der Handel mit Waren und der Ver- und Gebrauch von Gütern aller Art geht mit dem Schwund von natürlichen Ressourcen und gesunder Umwelt einher, wobei sich insbesondere Abfälle, Abgase und Abwärme als gefährliche Bedrohung erweisen dürften.

Als ernstes Problem stellt sich auch das exponentielle Bevölkerungswachstum dar, das in den Industriestaaten zwar schon abklingt, in den Entwicklungsländern aber zum Teil noch ungebrochen anhält. Dem entspricht ein exponentielles Wachstum des Verbrauchs an Rohstoffen, an Energie und Umwelt.

Die Begrenztheit der planetaren Grundlagen stellt sich unter 2 Aspekten:
- unter der vor allem in den Industriestaaten diskutierten Begrenzung der materiellen Ressourcen und der begrenzten Belastbarkeit der Umwelt
- unter dem Blickwinkel der sozio-ökonomischen Problematik ungleicher Wohlstandsverteilung sowohl innerhalb der Staaten als auch zwischen den Industrie- und Entwicklungsländern (Nord-Südgefälle).

4.3 Die Umweltsphären

Unser Planet wird neuerdings als "Raumschiff Erde" bezeichnet, um anzudeuten, daß Leben und menschlisches Dasein nur hier auf Dauer möglich ist. Wir kennen lediglich die oberflächennahen Bereiche unserer Erde genauer und können sie für unsere Zwecke nützen. Man unterscheidet eine Litho-, Hydro- und Atmosphäre zwischen denen die Biosphäre, der auch der Mensch und seine Produkte angehören, eingebettet ist Wir erinnern uns in diesem Zusammenhang an die vier Elemente der Alten: Erde, Wasser, Feuer (Energie)und Luft - wieder Lebens- und Schaffenselemente für uns Heutige!

4.31 LITHOSPHÄRE

Während die feste Erdkruste (granitartiges Sial der Kontinente, basaltartiges Sima der Ozeane) eine 30 bis 40 km dicke Schicht bildet, erreichen Schürfarbeiten nur selten eine Tiefe von 2 bis 3 km und Bohrungen wurden bisher auf 7 bis 10 km abgeteuft. Die Lithosphäre birgt damit die mineralischen und hier vor allem die metallischen Roh- und Werkstoffe sowie die fossilen und metallischen Energieträger. Die meisten von ihnen sind zwar, einmal gewonnen und verwendet in gewissem Ausmaße recyclisierbar, aber von den Baustoffen abgesehen, nur in begrenzter Menge vorhanden bzw. zugänglich. Zwar besagt das Gesetz von der Erhaltung der Materie (und Energie), daß in einem geschlossenem System Stoffe (und Energie) prinzipiell nicht verloren gehen, sie jedoch durch den PGB-Prozeß (vgl. S. 162) größtenteils derart verdünnt, stofflich verändert und/oder auf ein niedriges Energieniveau gebracht werden, daß weder eine technische noch eine wirtschaftliche Möglichkeit der Wiedergewinnung besteht. Metalle lassen sich allerdings, sofern sie nicht im komplexen Verbund (Verbundwerkstoffe, komplizierte Konstruktionen) oder an unzugängliche Stellen verlagert wurden in einem gewissen Ausmaß recyclisieren. Derzeit werden in den Industrieländern Recyclisierungsraten bei Kupfer und Aluminium durchschnittlich zwischen 42 und 36% verzeichnet. Substitution zwischen Metallen ähnlichen Gebrauchswertes ist in gewissen Fällen möglich und künftig verstärkt zu erwarten. Brennstoffe, ausgenommen Kernbrennstoffe schließen eine Wieder- oder Weiterverwertung völlig aus.
Aus den bisher bekanntgewordenen Zahlen geht die große Unsicherheit hervor, die hier besteht und daher auch zu ganz verschiedenen, optimistischen wie pessimistischen Interpretationen und Voraussagen führt. So viel dürfte aber sicher sein, daß für Eisen und Aluminium praktisch unbeschränkte Mengen zur Verfügung stehen, während die Situation bei Silber, Blei, Zink, Quecksilber, Kadmium, Zinn,Wolfram, Antimon und möglicherweise auch bei Kobalt im Hinblick auf die geographische Verteilung und bei weiterhin exponentiell wachsendem Bedarf (dynamischer Index!) Anlaß zur Beunruhigung gibt. Bei Erdöl und zum Teil auch bei Erdgas ist die Lage schon jetzt insofern prekär, als Westeuropa und Japan zu mehr als 80% auf Einfuhren aus dem Mittleren Osten und Afrika angewiesen sind.

4.32 HYDROSHPHÄRE

Während die Lithosphäre für den Menschen und seine Wirtschaft in erster Linie als Vorratslager mineralischer Rohstoffe, ferner durch ihre oberflächlichen Verwitterungen zu Erden, land- und forstwirtschaftlich nutzbaren Böden und als Siedlungsfläche von Bedeutung ist, stellt die Hydrosphäre mit ihren Meeren und Ozeanen, den Oberflächen- u. Grundwässern sowohl Lebensraum für Tiere und Pflanzen als auch einen unentbehrlichen biologischen und technischen Grundstoff dar. Reines Süßwasser ist für das Leben der Landpflanzen und Tiere einschließlich des Menschen eine unabdingbare Voraussetzung.
Nächst dem Trinkwasser spielt das sogenannte Brauchwasser für Industrie, Gewerbe und Landwirtschaft eine entscheidende Rolle. In Großstädten werden heute 200 bis 300 l, in Spitzenzeiten bis 450 l/Kopf und Tag Trinkwasser verbraucht. Die Industrie benötigt für die Erzeugung von 1 kg Kunststoff bis zu 500 l, von 1 kg Papier bis zu 3.000 l Brauchwasser. Das Trinkwasser stammt in den Industrieländern heute schon zur Hälfte aus Grundwasser und zunehmend auch aus Oberflächenwasser von Seen und Flüssen, das Brauchwaser kommt zur Gänze aus Oberflächen- und Grund-

wässern - von der gelegentlichen Verwendung von Brackwasser oder entsalztem Meerwasser abgesehen. Das gebrauchte und meist mit Schmutzfracht beladene Wasser muß wieder den Oberflächenwässern zugeleitet werden. Namentlich in hochindustriealisierten dichtbesiedelten Gebieten reicht die natürliche Selbstreinigung der Gewässer nicht mehr aus, die Schmutzfracht der kommunalen und der industriellen Abwässer zu beseitigen. Es ist Abwasserbehandlung notwendig.

4.33 DIE ATMOSPHÄRE

Die Lufthülle unseres Planeten reicht in starker Verdünnung bis in Höhen von 400 km und darüber. Sie ist schichtenförmig aufgebaut und bietet mit ihrem Sauerstoff und CO_2-Gehalt nicht nur die Grundlage der Atmung der Lebewesen und Kohlensäureassimilation der Pflanzen sondern auch noch eine lebenswichtige Schutzfunktion gegen die Höhenstrahlung sowie eine Temperatur- und druckausgleichende Wirkung. Sie ist auch das Medium der Witterungserscheinungen und beeinflußt das äußere Erscheinungsbild unseres Planeten entscheidend (Satellitenaufnahmen)!

Luft wird als Oxidations- und Kühlmittel bzw. Wärmeüberträger in vielen industriellen Produktionen in großen Mengen benötigt. So werden z.B. zum Verblasen von einer t Cu im Konverter 9000 m^3 Luft benötigt! Besonders in industriellen und städtischen Ballungszentren wird die Luft durch Abgase und Stäube so stark belastet, daß Maßnahmen zur Luftreinhaltung bereits am Ort der Entstehung der Schadstoffe - hier die einzige Möglichkeit - ergriffen werden müssen.

4.34 ABFALL - MÜLL

Neben Abwasser und Abgasen stellen noch die festen und schlammförmigen Abfälle sowie der kommunale Müll ein wesentliches Umweltproblem dar.
Den größten Teil an Abfall bildet der Hausmüll (kommunaler Müll). Die anfallende Müllmenge zeigt eine deutliche jahreszeitliche Periodizität; auch unterscheidet sich die Zusammensetzung des Hausmülls deutlich zwischen Stadt und Land bzw. Groß- und Kleingemeinden.
Zieht man in Betracht, daß die jährlich anfallende Menge steigende Tendenz aufweist, so kann man ermessen, welche ungenützte Rohstoffquellen im Hausmüll vorliegen.
Bis jetzt erfolgt die Müllentsorgung hauptsächlich durch kommunale Sammlung und geordnete oder auch ungeordnete Deponie, in den größeren Städten zusätzlich durch Müllverbrennung oder Rotte zu Kompost. Die Kompostverwendung bzw. der Absatz stoßen jedoch noch auf Schwierigkeiten. Die Verbrennung bringt zwar Energiegewinn (Fernwärme, Elektrizität) und Materialverdichtung, stellt aber eine Rohstoffvernichtung der organischen Bestandteile dar. Es wurden daher Modelle zur getrennten Sammlung der häufigsten und wichtigsten Komponenten (Altpapier: Zeitungen, Kartonagen etc., Bunt- und Weißglas, Kunststoffe, NE-Metalle) vorgeschlagen. Ebenso gibt es bereits großtechnische oder halbtechnische Anlagen zur Trennung des Gesamtmülls in seine sämtlichen Komponenten.
Wichtig erscheint die Gewinnung von Fasermaterial zur Papier- und Kartonproduktion, von Altglas, von Eisen- und NE-Metallen, Kunststoffen und organischem Material (Futtermittelerzeugung!), wozu noch Energierückgewinnung erfolgen kann.

Die Müll- und Sonderabfallentsorgung stellt einen wesentlichen Bestandteil des Umweltschutzes dar. Sie kann und soll zu einem umfassenden Konzept der Abfallwirtschaft erweitert werden, die einen nicht unwesentlichen Beitrag zur Rohstoff- und Energieeinsparung leisten kann. Die volkswirtschaftlich und umweltrelevanten Stoffkreisläufe, die im Rahmen einer solchen Abfallwirtschaft anfallen, seien in der folgenden Abbildung verdeutlicht.

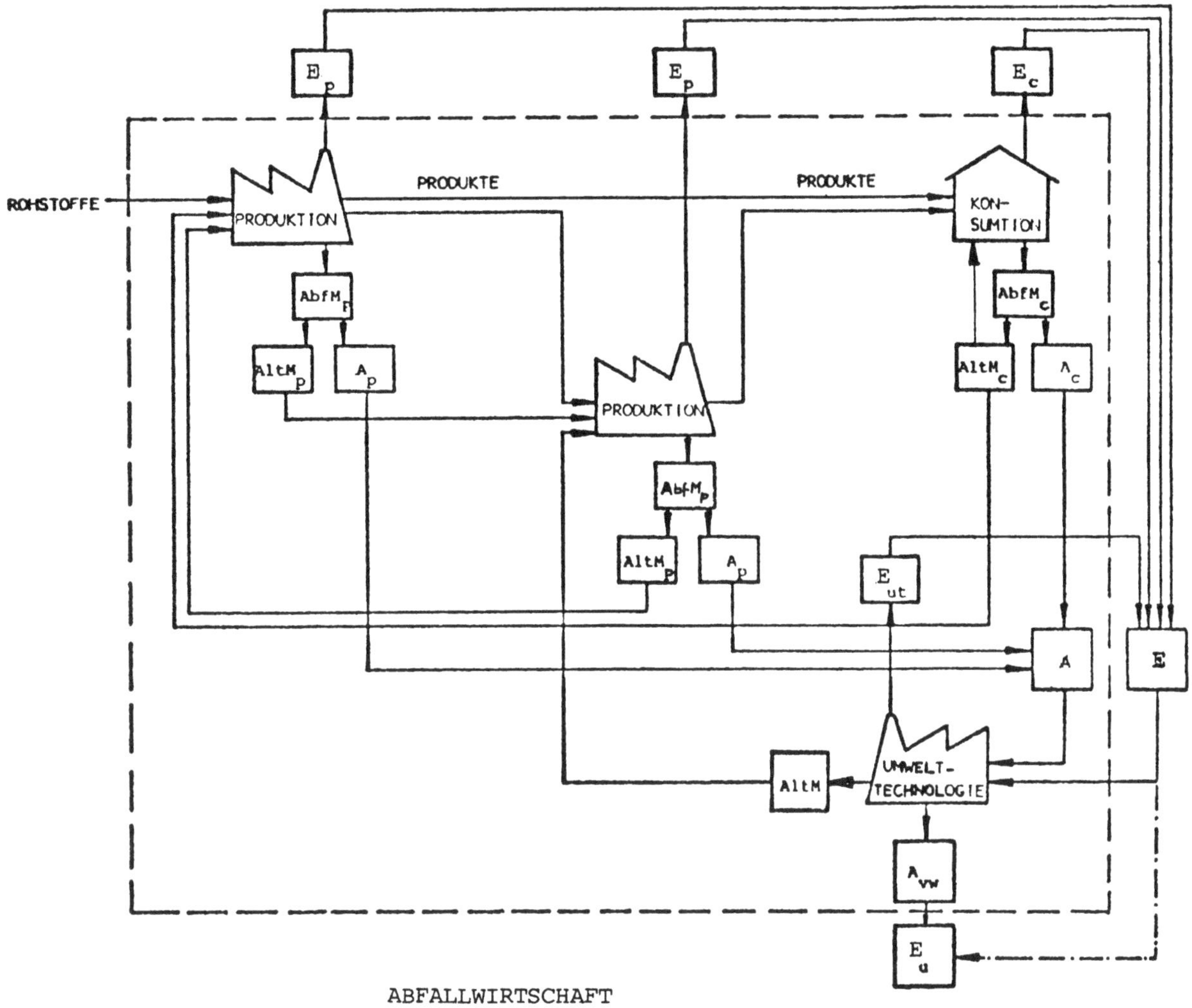

ABFALLWIRTSCHAFT

AUS PRODUKTION		AUS KONSUMTION		AUS UMWELTTECHNOLOGIE	
E_p	Emissionen, Verluste zB. Abgase	E_c	Emissionen, Verluste zB. Abwasser	E_{ut}	Emissionen, Verluste zB. Abwasser
$AbfM_p$	Abfallmaterial	$AbfM_c$	Abfallmaterial zB. Müll	AltM	Altmaterial verwertbar zB.Schrott a.Müllverbr.
$AltM_p$	Altmaterial verwertbar	$AltM_c$	Altmaterial verwertbar zB Altpapier	A_{vw}	Abfall Volkswirtschaftlicher Abfall
A_p	Abfall unverwertb.zB.Schlamm	A_c	Materialabfall unverwertb.zB.Restmüll	E_u	Umweltrelevante Emission mit Umwelttechnologie
A	Abfall unverwertbar			E	Umweltrelevante Emission ohne Umwelttechnologie

Hier käme es auf einen entschiedenen Gesinnungswechsel jedes Einzelnen, daneben aber auch der maßgebenden politischen Entscheidungsträger an, die nicht mehr im unbedingt quantitativen Warenwirtschaftswachstum das Ziel erblicken sollten, sondern in einer qualitativen Verbesserung und sinnvollen Nutzung der Waren (langlebige, und recyclingfreundliche Produkte). Wir sollten echte Gebrauchswerte bei voller Nutzung der Bedarfsgüter und weniger Prestige- und andere Scheinwerte anstreben! Die Warenkunde kann zur Rationalisierung des Konsumentenverhaltens und der Konsumwirtschaft Entscheidendes beitragen.

Ein wirksames Mittel des Umweltschutzes ist die Umweltschutzgesetzgebung. Sie wird in Österreich nach dem Annexprinzip gehandhabt (vgl. S. 46).

Beachtung verdient ferner sogenannter Sonderabfall, d.i. fester und/oder flüssiger Abfall, dessen schadlose Beseitigung (Sammeln, Transport, Behandlung) gemeinsam mit Müll wegen seiner Beschaffenheit und/oder Menge ohne spezielle Aufbereitung nicht möglich ist.

Zum Sonderabfall zählen z.B. Autowracks, Altreifen, Altöle, Krankenhausabfälle, Industrieschlämme, Tierkadaver, Abfall der Massentierhaltung, radioaktiver Abfall, ausgeschiedene Munition etc. Für die verschiedenen Arten von Sonderabfall sind besondere Vorschriften und Vorkehrungen (spezielle Verbrennungs- oder Aufbereitungsanlagen, Sonderdeponien) notwendig, die größtenteils erst erlassen bzw. getroffen werden müssen.

LITERATUR:

Pindur, Felicitas, Maria, Die Abfallwirtschaft als sozietäres Problem - rechtliche Aspekte einer wirtschaftlichen Problematik. Diplomarbeit WU-Wien 1978.

Vogel, G., Der Beitrag des Recyclings zur Stabilisierung des techno-sozio-ökonomischen Systems - Möglichkeiten und Grenzen der Abfallwirtschaft. Diss. WU-Wien 1978

4.4 Rohstoffschonung

Die Tatsache der Begrenztheit wichtiger Ressourcen sowohl in regionaler wie in globaler Hinsicht erfordert Maßnahmen zu ihrer pfleglichen Behandlung und Schonung im weitesten Sinne des Wortes. Zu den Rohstoffen gehören auch die wichtigsten Energieträger, die nur im begrenzten Ausmaße vorhanden sind. Man muß hier von Vorräten sprechen z.U. von Rohstoff- oder Energiequellen, die innerhalb des menschlichen Zeithorizontes unerschöpflich bleiben, wie z.B. Sonnenenergie, bestimmte Baustoffe etc.

Auf welche Weise können nun vorhandene und noch auffindbare Rohstoff- und Energievorräte wirksam geschont und für eine möglichst lange Zeit verfügbar gehalten werden? Folgende Möglichkeiten bieten sich an

- Verringerung der Abbauraten bzw. Senkung des Verbrauchs ganz allgemein; diese Politik wird z.T. von den Erdölproduzenten bereits eingeleitet
- bessere Effektivität (höherer Wirkungsgrad) der Gewinnung und Nutzung
- Recycling z. B. von Metallen (Abfallwirtschaft), Nutzung von Abwärme
- Substitution vor allem im Bereich der Werkstoffe, jedoch auch der Energieformen, -arten und -träger;
- Verringerung des Roh- und Werkstoffanteiles in Endprodukten
- langlebige reparaturfreundliche Produkte

4.41 RECYCLING - SUBSTITUTION

Beispiele für den (energetischen) Vorteil des Recyclings im Sinne von Wiederverwendung für gleiche oder der Weiterverwendung für andere Zwecke gibt es viele. Es sind bereits zahlreiche Möglichkeiten und Technologien des Recyclings bekannt, die jedoch dort ihre Grenze finden, wo die energetischen bzw. die Kostenaufwendungen an die erzielbaren Einsparungen heranreichen. Denn jedes Recycling (Sammlung, Transport, Aufarbeitung) ist wie jede Technologie mit Energieverbrauch und Kosten verbunden.

Für ein modernes Gebrauchsprodukt (z.B. PKW) gibt es folgende Möglichkeiten:

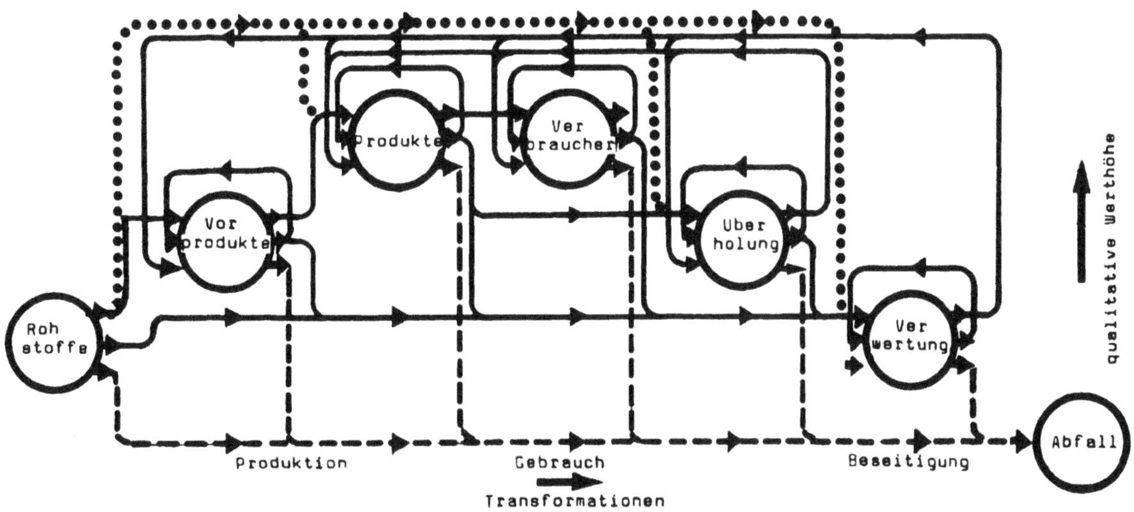

Mögliche Recyclingschleifen (aus BRAES und HAMM)

Die Abbildung zeigt auf der Abszisse die Lebensphasen der Transformationen eines Produktes im Produktions-, Gebrauchs-, Beseitigungs- (PGB)Prozeß. Die ausgezogenen Linien geben den Materialtransfer und die denkbaren Recyclingschleifen wieder. Jede Phase ist zunächst mit jeder anderen laufend verbunden und hat eine direkt in sich geschlossene Recyclingschleife (Rücklaufmaterial). Aus der Überholung und (Altmaterial)verwertung lassen sich ebenfalls Rezyklisierungen zu den vorhergehenden Phasen durchführen (Ausbaumaterial). Besondere Bedeutung für langlebige Produkte hat die Rückführung von Teilprodukten bei der Überholung und die Verwertung der Altteile. Der nichtverwertbare zu beseitigende Abfall ist in der Abbildung strichliert, der direkte Rohstoffeinsatz punktiert.

In Zukunft wird neben der Rückführung und Verwertung (Recycling) auch die Substitution d.i. die technisch und wirtschaftlich vertretbare Ersetzung von Roh- und Werkstoffen eine immer wichtigere Rolle spielen.

4.42 LANGLEBIGE PRODUKTE

Die Langlebigkeit von Gebrauchsgütern kann durch verschiedene Maßnahmen, die allerdings in der Regel Mehrkosten verursachen, erreicht werden. Schwachstellen müssen erkannt und beseitigt werden. Der Einsatz besonderer Werkstoffe, verbesserte Fertigungsmethoden und namentlich die leichte Austausch- bzw. Reparierbarkeit von Verschleißteilen kann Entscheidendes zur Lebensverlängerung beitragen. So könnten z.B. bei PKW's für 20 Jahre Lebensdauer und 300.000 km Fahrstrecke mit Karosserie aus feuerverzinktem Stahl eine 5%ige Energie- und 55%ige Materialersparnis bei einem Mehrpreis von ca. 22% erzielt werden. Für Aluminiumlangzeit-Autos: 20% Energieersparnis, 65% Materialersparnis, 30% Mehrpreis.

LITERATUR:

Braes, H.H., Hamm, L., Forschungsprojekt Langzeitauto - wie lange sollen Autos leben? Bild der Wissenschaft 3/1978, S. 74-82.

Schröttner, J., ökonomische und soziale Konsequenzen einer Entwicklung zum Langzeitauto - eine Technikfolgen-Abschätzung unter Verwendung eines modifizierten System-Dynamics-Ansatzes. München Florenz 1980

4.5 Systemdenken

Die komplizierten Zusammenhänge, die den gesamtwirtschaftlichen Ansatz beherrschen, lassen sich am besten systemtheoretisch begreifen.

4.51 CHARAKTERISIERUNG VON SYSTEMEN

Danach besteht ein definites System aus einer abgrenzbaren Teilmenge von Elementen, die durch Beziehungen miteinander verknüpft sind und sich dadurch von der Umgebung abheben. Der Ausdruck "Teilmenge" soll deutlich machen, daß ein solches System aus einer endlichen, wenn auch nicht immer angebbaren Anzahl von Elementen besteht, und hinsichtlich seines Umfanges sowie der räumlichen Ausdehung begrenzt ist. Ein solches System kann geschlossen oder offen sein, je nach dem es mit seiner Umgebung in einem Beziehungszusammenhang bzw. einem Stoff-, Energie- und Informationsaustausch steht oder nicht.

Ein indefinites System dagegen hat keine angebbaren räumlichen und/oder zeitlichen Grenzen und ist damit insoferne offen als es mit seiner Umgebung zusammenfällt.

Die Elemente eines Systems bestehen entweder aus Einheiten, die als nicht weiter teilbar angesehen werden oder abermals aus Teilmengen (Subsystemen) in Bezug auf das System als Gesamtmenge. Die Elemente können weiterhin - und dies ist wesentlich - reale Objekte (z.B. Gegenstände, Phänomene , Prozesse) oder Begriffe d.h. gedankliche Konzepte von realen Objekten oder Bewußtseinsinhalten sein, wobei eine gegenseitige Abhängigkeit gegeben ist. Die diskursive Erfassung und Feststellung von Realobjekten setzt das Denken in Begriffen und Worten heraus. Und dieses wieder erhält seine Inhalte aus der Erfahrung (der eigenen oder tradierten) mit den realen Gegebenheiten der Umwelt. Die Auffassung der Systemelemente als Einheiten oder Teilmengen von Einheiten hat Konsequenzen auf die Art und Ausgestaltung der zwischen ihnen möglichen Beziehungen. Zwischen Einheiten sind determinierte Beziehungen möglich, während Mengen oder Teilmengen untereinander auf dem Wahrscheinlichkeitsbegriff beruhende stochastische Beziehungen erlauben. Letztere können leicht, bedingt durch die Art der Beziehungsverknüpfung oder die Unzulänglichkeit der Mengenerfassung, bis zum allgemeinen "Rauschen" degenerieren, d.h. bis zur Beziehungslosigkeit transformiert und damit vernichtet werden.

Für die theoretische Behandlung von Systemen in Form operabler Systemanalysen ist vor allem die determinierte Beziehungsverknüpfung von Systemelementen wichtig, während die stochastischen Methoden eher der Elementarerfassung insbesondere von Mengenelementen dienen.

Neben der Unterscheidung von realen und begrifflichen Systemelementen sowie von determinierten und stochastischen Beziehungen spielen noch der Zeit- und der Raumfaktor eine wesentliche Rolle. Denn es ist zwischen statischen d.h. in einer bestimmten Zeitperiode unveränderten und dynamischen in einer bestimmten Zeitperiode mehr oder weniger rasch veränderlichen Systembeziehungen und Systemelementen zu unterscheiden. Die Dauer der Zeitperiode (Zeiteinheit) ist als systemimmanente Größe von entscheidender Bedeutung und als solche nur im konkreten Fall angebbar.

Theoretisch läßt sich jedes statische in ein dynamisches System überführen, wenn nur die Zeitperiode entsprechend ausgedehnt wird und umgekehrt.

Ebenso spielt der Raumfaktor, absolut und relativ für die Systembegrenzung und die Ausgestaltung von Realsystemen die allergrößte Rolle. So ist z.B. das Phänomen des Lebens an bestimmte molekulare Dimensionen und Wechselwirkungen, an gewisse Makromoleküle und submikroskopische Strukturen und ihre koordinierte Funktion gebunden. Die neuere Kosmologie führt uns in strenger Abhängigkeit von Zeit und Raum die Entstehung der atomaren Materie über das Leptonen-, Hadronen- zum Photonenzeitalter und seiner Ausdehnung zu den Urnebeln und Himmelskörpern der verschiedensten Größe vor Augen, wobei es offen bleibt, ob wir im Universum ein definites o. indefinites System vor uns haben.

Solche Überlegungen führen zur Unterscheidung mehrerer Arten von Systemen:

4.52 BEGRIFFSSYSTEME

a) Statische Begriffssysteme

In einem statischen Begriffssystem aus verbalen Elementen gelten logische (generische, partitive und assoziative) Merkmalsbeziehungen. Es ergeben sich auf diese Weise Ordnungssysteme nach Art von Klassifikationen, die mono- bis polyhierarchisch, serial oder nach einer thesaurusartigen Mischstruktur aufgebaut sein können (vgl. S. 141)

Ein Begriffssystem, das im wesentlichen auf quantitative Größen und Beziehungen reduziert ist, kann als mathematisches System bezeichnet werden. In ihm findet sich als allgemeinster Ausdruck einer Beziehung der mathematische Funktionsbegriff $y = f(x)$. Der Funktionsbegriff der Mathematik ist seinem Wesen nach statisch, da er nur die zeitlos existenten Beziehungen zwischen unabhängiger (x) und abhängiger Größe (y) - diese sind prinzipiell gleichrangig und umkehrbar - widerspiegelt. Bei Einführung des Zeitfaktors als unabhängiger Größe ($x = t$) gewinnt der Funktionsbegriff scheinbar dynamischen Charakter.

b) Dynamische Begriffssysteme

sollen reale Wirksysteme modellhaft abbilden; auch hier lassen sich rein verbale Begriffssysteme und vorwiegend auf quantitative Elemente und Beziehungen reduzierte mathematische Systeme unterscheiden.

Beispiele für verbale dynamische Systeme bietet jede wissenschaftliche Abhandlung, die in ihrem Text induktive oder deduktive Aussagen über Gegenstände und Vorgänge der äußeren und inneren Realität in Form von Theorien und Hypothesen entwickelt, um damit Ausschnitte der Wirklichkeit modellmäßig vereinfacht, abzubilden oder zu erklären. Hierher mögen auch alle übrigen Schöpfung des menschlichen Geistes insbesondere diejenigen künstlerischer Art zu rechnen sein, die ja auch ein Abbild des menschlichen Lebens und seines Rahmens geben wollen.

Für quantitative dynamische Begriffssysteme reicht als Grundbeziehung der mathematische Funktionsbegriff nicht mehr aus. Für dynamische Begriffsmodelle ist vielmehr die Rückkopplungsbeziehung (feed back) charakteristisch. Die durch Informationstransfer bedingte Steuerungsfunktion der Rückkopplung bewirkt einseitig gerichtete Vorgänge. Es handelt sich damit um echte dynamische Modelle, welche die unvermeidliche, zwangsläufige und unentrinnbar wirkende Zeit voll berücksichtigen.

Zwischen Rückkopplung und Kausalbeziehung besteht ein direkter Übergang, wie folgende Abbildung beispielhaft verdeutlichen soll.

Es hängt von der Schärfe der Betrachtung ab, ob man an einer Kausalbeziehung nur den Ursache/Wirkung-Zusammenhang erkennt oder darüber hinaus die Rückwirkung auf die Ursache (Wechselwirkung) oder schließlich die echte Rückkopplung höheren Vernetzungsgrades wahrnimmt.

In nachfolgender Abb. werden durch Quadrate angedeutete Vorräte (Summen, Integrale) über ventilartige Durchflußraten (Differenzen) durch Informationsflüsse rückgekoppelt, wobei positive und negative Rückkopplung unterschieden wird. (vgl. S. 208)

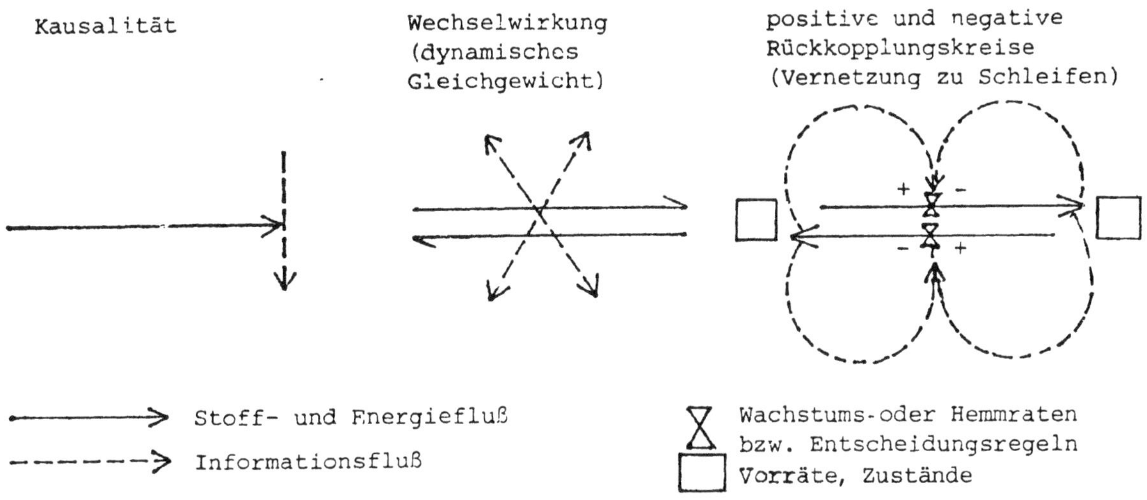

4.53 REALSYSTEME

a) Statische Realsysteme,
die sich innerhalb einer bestimmten Zeitperiode nicht ändern, weisen nicht selten eine räumliche Ordnungsstruktur auf. An ihnen läßt sich oftmals eine strukturell-repetitive Beziehung bzw. gitterartige Raumstruktur abbilden oder ableiten. Der Zustand oder Systemcharakter solcher Realsysteme ist durch eine mehr oder weniger hohe Ordnung gekennzeichnet, der auf der Wiederholung eines definierten Elementarbereiches beruht, wie dies für Kristalle oder parakristalline Strukturen typisch ist. Repetitive Strukturen finden sich vor allem in Naturkörpern, aber auch bei Produkten (Artefakten) z.B. Textilien (Bindungsarten), bei Bauten (Ziegelmuster, Module) usw. Kennzeichnend hierfür bleibt der starre Zusammenhalt bzw. die fixe Beziehung der Strukturelemente zueinander.

Eine andere Art der räumlichen Struktur statischer Realsysteme besteht in der Zusammensetzung des Ganzen aus Teilen. In der Terminologie sind diese Art von Systemen als ontologische Bestandssysteme bekannt, die den logisch-generischen Abstammungssystemen gegenübergestellt werden.

Bestandssysteme werden gerade im wirtschaftlichen Sachbereich der Produkte und Waren häufig angetroffen, wie z.B. im Modulbauprinzip, im Maschinenbau usw. Daraus erhellt auch, daß nicht nur räumliche, sondern auch funktionelle Zusammenhänge vom Teil zum Ganzen gegeben sind. Funktion im Sinne von Wirkung hat aber bereits den Charakter eines dynamischen Geschehens.

b) Dynamische Realsysteme
Abstammungssysteme sind bereits ihrem Wesen nach dynamische Systeme. So entwickelt sich z.B. aus einer Blüte auf gesetzmäßig (kausale) Weise die Frucht, die zwar kein Teil der Blüte ist, sich aber von einem Teil der Blüte (Karpelle Fruchtknoten) ableitet. Abstammungssysteme finden sich vor allem in der Natur und ihren Produkten, sind jedoch auch in der Welt der Artefakte weithin anzutreffen. Es sei nur auf die Verarbeitung und Verwendung der Rohstoffe zu Halb- und Fertigfabrikaten erinnert, die zwar nicht von den Vorprodukten abstammen, aber gemäß den stofflichen und physikalischen Möglichkeiten entwickelt und den Bedürfnissen gemäß erzeugt, zusammengesetzt und gefertigt werden.

Hier muß nun nochmals auf die entscheidende Rolle des räumlichen Aufbaues und der Dimensionierung bei Realsystemen verwiesen werden. Wird nämlich innerhalb eines gegebenen Realsystems die Auflösung bis in Subsysteme und Elemente letzter Ordnung getrieben, so bewirkt dies schließlich die Auflösung jeder deterministischen Systembeziehung in solche zufälliger Art, die eine Bestimmung bestenfalls stochastisch mittels Wahrscheinlichkeitswerten gestattet. Die Ablösung der Kausalbeziehung durch den Zufall bedeutet, vom Systemelement her gesehen, die Aufhebung der Gesetze (Gesetzmäßigkeiten) und den Übergang zur Freiheit des Geschehens. Andererseits ist das Aufgehen eines Systems in ein übergeordnetes

Suprasystem von der Einengung der bisherigen Systemfreiheiten und der Einführung neuer Gesetzmäßigkeiten begleitet. Dieser pendelartige auf- und abbauende Vorgang, den wir in der Natur und in den menschlichen Verhältnissen wiederholt beobachten können, ist ebenso Voraussetzung wie Ergebnis des Stufenbaues der realen Welt; jede Stufe trägt die folgende höhere und fließt in sie ein, jede Stufe gibt und jede empfängt.

In der dynamischen Entfaltung der Entwicklungsstufen läßt sich sehr deutlich der rhythmische Wechsel von Zufall und Freiheit von einer niedrigeren Stufe zu sinngebender zweckdienlicher Gesetzmäßigkeit auf einer höheren Stufe nachweisen und damit ein Ausgleich von scheinbar unvereinbaren Gegensätzen herbeiführen. Dies nicht nur zu erkennen, sondern im täglichen Leben mit unseren Mitteln und Möglichkeiten nach Kräften zu üben, sind wir alle aufgerufen. Damit zeigt uns die systemtheoretische Betrachtungsweise - hier freilich nur skizziert - den Rahmen, innerhalb dessen sich die wirkliche und gedachte Welt beschreiben läßt.

4.54 ALLGEMEINE SYSTEMTHEORIE

Aus der allgemeinen Systemtheorie ist bekannt, daß Realsysteme auf die konservativen Grundgrößen Stoff-Energie und die nichtkonservativen Größen Entropie-Information rückführbar sind. Entropie wurde in der Thermodynamik als Richtungsgröße des Wärmeüberganges definiert, da Wärme freiwillig nur vom wärmeren zum kälteren Körper übergeht, niemals umgekehrt. Die ursprünglich rein thermodynamische Grundgröße "Entropie" hat durch die allgemeine Systemtheorie eine breitere Anwendung erfahren. Ursprünglich als derjenige Teil der inneren Energie eines Körpers oder eines Realsystems verstanden, der nicht in Arbeit umgesetzt werden kann, wird sie als dimmensionslose Kenngröße des Wahrscheinlichkeitszustandes eines Systems oder Systembereiches, ferner auch mit der Strukturhöhe und dem Informationsinhalt eines Systems in Zusammenhang gebracht. Wenn ein System sich selbst überlassen einem Maximum an Entropie zustrebt, so bedeutet dies bekanntlich Annäherung an eine maximale Unordnung, also Abbau des frei verfügbaren Ordnungs-, Struktur- oder Informationsgehaltes eines Systems. Gleichzeitig nimmt der Freiheitsgrad der Systemelemente zu, das Beziehungsgefüge wird zunehmend vom Zufall beherrscht. Über die kleinsten möglichen Systemelemente läßt sich in der Regel keine bestimmte sondern nur mehr eine wahrscheinliche, stochastisch bedingte Aussage machen. Vollkommene Desorientierung der Systemelemente ist gleichbedeutend mit ihrer völligen Freiheit.

Entropie bezeichnet somit eine ganz bestimmte Richtung der Systemänderung sowie den Grad, den sie erreicht hat. Die Entropiezunahme kann in erster Näherung durch den Energieverbrauch gekennzeichnet werden. Die Energieanalyse von Produkten und Produktionsvorgängen scheint daher auch die einzige operable Möglichkeit der näherungsweisen Entropieerfassung. Eine Systemänderung in Richtung auf Ordnung bedeutet Abnahme von Entropie, mit anderen Worten Zunahme der Negentropie. Die Strukturiertheit und der Informationsinhalt nehmen dabei zu. Die Systemelemente verlieren an Freiheitsgraden, gewinnen dafür an Bestimmtheit der Beziehungen; der Zufall wird vom Gesetz, von sinn- und zweckgerichteter Kausalität abgelöst.

Aus dem 2. Hauptsatz der Thermodynamik folgt, daß der geordnete Zustand eines Systems oder Systembereiches nur durch überproportionale Energieentnahme aus dem Umfeld erreicht, Struktur nur durch überproportionalen Strukturabbau erzielt werden kann. Deuten wir Negentropie als Informationsgehalt,so muß zwischen zwei Arten von Informationen unterschieden werden.

- originäre Informationen (Gesetzesinformation , Riedel) oder schöpferische Information
- redundante Information o. repetitive ,unwesentlich abgewandelte Information

Damit sind die drei Hauptkategorien der allgemeinen Systemtheorie genannt.

- Stoff , Material (Materie)
- Energie in allen Formen und Arten, menschliche Arbeit
- Entropie/Negentropie bzw. Strukturabbau/Informationsgewinn

Die Verwandtschaft bzw. Identität von Entropie und Information drückt sich auch darin aus, daß beide als dimensionslose Logarithmen definiert sind: Entropie = log (W)+) und Informationseinheit bit = log dualis d.h. Logarithmus der alternativen Entscheidung, bezogen auf die möglichen alternativen Entscheidungen.

In Realsystemen tritt Struktur oder Information in verschiedenen Bindungsformen auf:

- gebunden an Naturkörper z.B. Kristallgitter, koordinative Strukturen in Erbinformationen der Nukleinsäuren etc.
- gebunden an Artefakte und zwar sowohl in Form geistiger Produkte als auch realer Produkte (Sachgüter, Waren, Dienstleistungen)

Eine Systemanalyse, die den Anforderungen der allgemeinen Systemtheorie gerecht wird, muß demnach eine Analyse des Stoffflusses, des Energieflusses und des Informationsflusses sowie ihrer wechselseitigen Beziehungen beinhalten; wie läßt sich nun der Zusammenhang mit den Produktionsfaktoren der klassischen Produktionstheorie herstellen?

Keine Schwierigkeit bereitet der Produktionsfaktor Material, der sich im Systemfaktor Stoff- und Energiefluß weitgehend wiederfindet. Bezüglich Energieanalyse sind in den letzten Jahren bedeutende Fortschritte und Ergebnisse zu verzeichnen, wenngleich hier bereits verstärkt das aus der Kostenrechnung wohlbekannte Zurechnungsproblem zu Tage tritt. Undurchsichtiger werden die Beziehungen, wenn auch die menschliche Arbeit, insbesondere die geistige, organisatorische, die Managementaktivität usw. ins Kalkül gezogen wird. Offenbar ist hier auch der Systemfaktor Information (Informationsfluß) wesentlich mitbeteiligt.

Nun zum Produktionsfaktor Kapital i.e. Sinn nämlich als Preise, Kostengerüst usw.; diese klassische Substitutionsgröße par excellence stellt genaugenommen die Meßeinheit für den Tauschwert als Resultante aus Knappheit und Substitutionsmöglichkeit der drei Systemfaktoren Stoff, Energie und Information dar, wobei dem Informationspotential (Marktkenntnis, Managementqualität, technisches Know-how) besonderes Gewicht zukommt.

Der Tauschwert als Fixpunkt von Substitutions- und Knappheitsrelationen bezieht sich - und dies ist wesentlich - auf die momentane oder jedenfalls kurzfristige Bedarfs- oder Verfügbarkeitssituation der Produktionsfaktoren, der Güter usw.; ist doch bekanntlich der Marktpreis eines Gutes (= Tauschwert im engeren Sinne) das Resultat aus Angebot und Nachfrage, und insoferne dem Zeigerausschlag eines Meßgerätes vergleichbar, das die (vorübergehende) Erreichung eines dynamischen Gleichgewichts innerhalb verschieden gerichteter Kraftfelder anzeigt.

Die klassische Produktionstheorie bzw. Produktionsfunktion berücksichtigt den Zeitfaktor nur scheinbar (vgl. S. 155) in Wirklichkeit reduziert sie ihn auf punktuelle, kurzfristige Inkremente zur Charakterisierung von Knappheits- und Substitutionskonstellationen. Hier bringt nun die allgemeine Systemtheorie eine entscheidende Änderung durch Ausweitung des Zeithorizontes ein, indem nunmehr der Systemfaktor Information auch als Entropie (Negentropie) in Erscheinung tritt und damit die Irreversibilität von Prozessen und Vorgängen dezitiert kennzeichnet. Die zunächst nur aus momentanen Konkurrenzpressionen erwachsende Knappheit der Mittel (Kapitalausstattung) wächst sich so langzeitlich zu einem unentrinnbar wirkenden Selektionsfaktor aus! Die Betrachtungsweise der allgemeinen Systemtheorie steht also im Widerspruch mit der monetären Lenkungsgröße der wirtschaftlichen Realität, deren engen Zeithorizont die täglichen Währungsparitäten, deren zeitliche Punktualität die stündlichen Börsennotierungen wohl am schlagensten beweisen. So erweist sich denn die monetäre Lenkungsgröße (Zahlungsmittel in jeglicher Form) als die Resultante aus rechtzeitig verfügbaren Informationen und "Energie" in Form von unternehmerischer Initiative, Risikobereitschaft usw., die aus dem Stoff-Energie-Informationskomplex jene Erzeugnisse zur Bedürfnis- und Anspruchsbefriedigung hervorbringt, die wir als Waren bezeichnen.

+) Eigentlich k. log W, wobei k = Boltzmannkonstante = $1{,}38 \cdot 10^{-23}$ J/K und W = thermodynamische Wahrscheinlichkeit eines idealen Gaszustandes.

LITERATUR

Bertalanffy, L. von, General System Theory, Foundation, Development, Applications. Braziller,New York 1968, deutsche Übersetzung bei Vieweg Braunschweig 1970.

Georgescu-Roegen, N., The Enthropy Law and the Economic Process. Cambridge Mass. 1974.

Kruck, A., Produkte als systembeeinflussende Faktoren - zur Notwendigkeit einer neuen Betrachtungsweise ökonomischer Aktivitäten. Diss. WU Wien 1976

Riedl, R., Die Strategie der Genesis. Piper, München - Zürich 1976.

Ropohl, G.(Hrsg.), Systemtechnik - Grundlagen und Anwendung. C. Hanser Verl. München - Wien 1975.

Sachsse, H., Anthropologie der Technik. Vieweg, Braunschweig 1978.

Georgescu-Roegen, N., Entropiegesetz und ökonomischer Prozeß im Rückblick. Schriftenreihe d. Inst. f. Ökologische Wirtschaftsforschung GmbH, Berlin 5/87

Seifritz, W., Wachstum, Rückkopplung und Chaos - eine Einführung in die Welt der Nichtliniarität und des Chaos. C. Hanser Verl. München/Wien, 1987

4.6 Statische Systeme

Bei Klassifikationen handelt es sich immer um ihr Wesen nach statische Systeme, da sie ihren Zweck nur dadurch erfüllen, daß sie Ordnung und zwar eine feste definierte Ordnung in die Welt der schwankenden Dinge und Begriffe zu bringen bemüht sind. Andererseits zeigt die Notwendigkeit der Aktualisierung und Harmonisierung von Klassifikationen die Grenzen dieser Tendenz zur Invarianz auf.

4.61 WARENKLASSIFIKATION

In einer hierarchischen Klassifikation, wozu auch die wichtigsten Warenklassifikationen zählen, erfolgt die Bildung einer Stufenordnung durch wiederholtes Zusammenfassen kleinerer Gruppen zu immer größeren Gruppen nach Ähnlichkeitsmerkmalen. Die aus der Systematik von Naturgegenständen (Pflanzen, Tieren) bekannten wichtigsten taxonomischen Einheiten (Art, Gattung, Familie, Klasse, Ordnung, Bereich) werden auch in der Warenklassifikation angewendet. Es sind dies die Warenart und Warengattung (Familie) sowie die Warenbereiche (Klasse, Ordnung, Abteilung).
Dabei ist aber folgendes zu beachten. Die konkrete Ware (Produkt) als der Einzelgegenstand,ob nun Unikat oder Plurikat (vgl. S. 34) ist eine Realität, die beschrieben, bezeichnet, benannt und abgebildet werden kann bzw. werden muß.
Bei der Warenart, Gattung, Familie usw. handelt es sich dagegen primär um ein geistiges Konzept, einen Begriff, der durch hierarchisierende Abstraktion gebildet wird. Die durch Abstraktion erhaltene und eine Definition verbal fixierte Warenart stellt den ersten Allgemeinbegriff in der Begriffshierarchie dar, auf den wir bei dem begrifflichen Ordnen (Klassifizieren, Systematisieren) der Waren- oder Produktvielfalt treffen. Die Warenart muß mehrere Einzelgegenstände (Unikate und/oder Seriengegenstände, Artikel, Sorten usw.) umfassen, zwischen denen ein Vergleich der wesentlichen, ähnlichen oder gleichen Eigenschaften möglich und sinnvoll ist. Daraus und aus dem analogen Vergleich nahe verwandter Warenarten - wobei nicht mehr Eigenschaften sondern Merkmale verglichen werden - beruht der vergleichende Warentest (vgl. S.57).

Im vergleichenden Warentest, dessen Hauptanwendung im Konsumgüterbereich liegt und der in abgewandelter Form als Materialprüfung bei Roh- und Baustoffen oder als Prüf-, Einführungs- und/oder Anwendungstest auch im Produktivgüterbereich wiederkehrt, sehe ich ein brauchbares Abgrenzungskriterium des Artikelart-, Gattungs- oder Familienbegriffes gegen die höheren Hierarchiestufen der Klasse, Ordnung, Abteilung, Bereich usw. Diese höheren hierarchischen Stufen sind untereinander nur mehr sehr bedingt funktional vergleichbar (Abb.).

So scharf nun theoretisch diese Unterscheidung zu sein scheint, so zweifelhaft mag sie manchmal in der Wirklichkeit und Praxis ausfallen (in Abb. daher Strichlierung!). Die Unterscheidung von Unikat- und Seriengegenstand bzw. verschiedener Serien untereinander beruht zunächst auf den Angaben der Produzenten als den eigentlichen Sachverständigen. Bei dem Anbieter ist es vor allem der Fachhandel und der Handel schlechthin, der seine Unterscheidungen hinsichtlich Artikelarten, Handelsmarken und dergleichen trifft, während der Verwender/Konsument (meist als Laie) diese Einteilung passiv übernimmt.Schon der Handel, mehr noch der Konsument legen einen gröberen Raster an die Artikelunterteilung an(Gekeler).
In Abb. u. ist dieser Fall geringer Unterschiede zwischen quasi-identischen Artikeln in Form der Symbolzeile b_1 bis b_k dargestellt. Sind die Unterschiede der Eigenschaften nach Zahl und Art gering, empfiehlt sich das Artikelkonzept (Individualbegriff). Werden aber die Eigenschaften bzw. Merkmalsunterschiede häufiger und/oder größer, so wird stärkere Abstraktion zum Allgemeinbegriff notwendig. Diese besteht eben in der Hervorhebung der Gemeinsamkeiten und Weglassung der als unwesentlich angesehenen Ungleichheiten. Der erste Allgemeinbegriff in der hierarchischen Begriffsleiter ist die Warenart oder allgemein die Art (=Species), wie wir das bei der Aufstellung von biologischen Arten (Pflanzen, Tierarten) kennen, wo zwischen den Individuen verhältnismäßig zahlreiche deutliche, jedoch zufallsbedingte Unterschiede bestehen. Nehmen wir z.B.

Hierarchie von Benennung und Begriff in der Warenklassifikation
(Verhältnis von Realität und Begriff, Beschreibung und Definition)

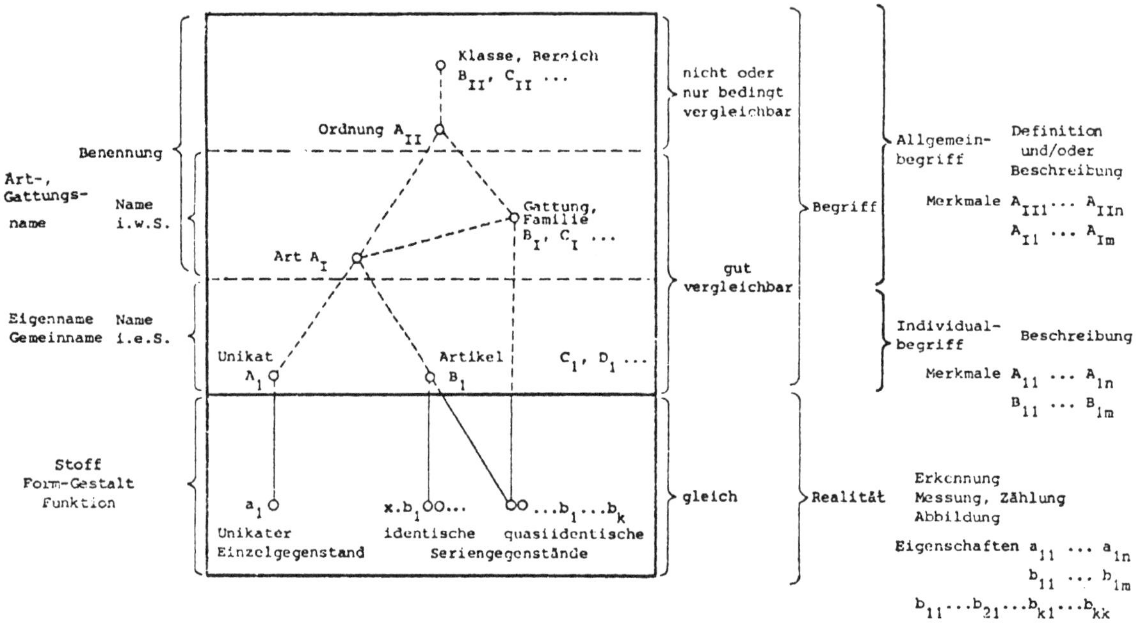

"Äpfel",einen typischen Allgemeinbegriff der Gemeinsprache; ihm entspricht der wissenschaftliche Artbegriff bzw. Artname Malus domestica,dem wieder zahlreiche Subspecies, Sorten, Rassen usw. angehören. Eine bestimmte Apfelsorte z.B. Delicious-Rot entspricht bereits dem einheitlichen Artikelkonzept, noch mehr die entsprechende Handelsklasse. Die zufälligen Unterschiede der hier vorliegenden einzelnen Äpfel (Einzelgegenstände) werden immer geringer; in Abb. oben gehen die Eigenschafts- und Merkmalsindizes m, n, gegen 0 und k gegen 1. Aus dem Allgemeinbegriff der Art wird der Individualbegriff des Artikels und umgekehrt der stufenweise Übergang vom Individual- zur ersten Stufe der Allgemeinbegriffe eingeleitet (Deduktion-Induktion).

Auch im Bereich der höheren Allgemeinbegriffe gibt es eine mehr oder weniger ausgeprägte hierarchische Stufung in Ordnung, Klasse, Abteilung usw. Dies hängt sehr stark von der jeweiligen Warengruppe (Branche) und besonders davon ab, für welche Zwecke (Zielgruppen oder Verwendungen) klassifiziert wird.

Als Beispiel für die Definition einer Warenart sei die Definition einer Maniküreschere nach der Bundesmaterialkatalogisierung gegeben, (vgl. S. 77)
Schere, Manikür-; Scissors, Manicure;
19340 (Namen-Code)
Eine Schere mit zwei scharfen spitzen Schneiden, die in Richtung der Drehachse abgebogen sind.

Als nächste hierarchische Stufe könnte die Warengattung"Schere" angeführt werden. Diese weiterführende Hierarchisierung zur Ordnung, Klasse usw. hängt, wie schon erwähnt, von derProduktgruppe (causa materialis)+)und der Zielvorstellung oder dem Verwendungszweck der Klassifikation (causa finalis)+)ab. Es kann also kein allgemeinverbindliches Klassifikationsschema angegeben werden, zumal nicht nur die Zahl und Struktur der zu wählenden Hierarchiestufen (causa formalis)+),

+) 4 Kategorien des Aristoteles

sondern auch die Klassifikationskriterien d.h. die wesentlichen gruppenbildenden Merkmale, der Klassifikator, wählbar bleiben. Diese wiederum hängen eng zusammen mit der erstrebten Wirksamkeit (causa efficiens) und den Zielvorgaben zur Erstellung der Klassifikation. Zweck und Ziel bzw. Verwendungszweck und Zielgruppe bedingen einander, wobei besonders an die Stadien des Lebensweges einer Ware und die damit zusammenhängenden Zielgruppen zu denken ist: Produzenten, Handel, Lager, Transport, Beschaffung, Konsumenten, Wieder- und Weiterverwertung an privaten, öffentlichen und staatlichen Stellen,Ämtern usw. Gar nicht so selten sehen wir in der Praxis, daß jeder Betrieb und manchmal sogar jede Abteilung ihre eigene Teile-, Produkt- oder Warenklassifikation benützt.

4.62 HARMONISIERUNG VON WARENKLASSIFIKATIONEN

Die Tatsache dieser vielen Waren- und Materialklassifikationen wirft nun bei der zwischenbetrieblichen Kommunikation und zwischen den großen internationalen Klassifikationen die Frage der Harmonisierung auf, worauf besonders Gekeler und O'Connor verwiesen haben, wobei sie Wege und Möglichkeiten aufzeigten, um die gegenwärtige unbefriedigende Situation zu überwinden.

Eine umfassende Klassifikation von Sachgütern stellt offenbar ein kompliziertes weitläufiges und daher schwieriges Problem dar. Sie kann grundsätzlich, wie jede Aufgabe der Erkenntnisgewinnung, deduktiv oder induktiv angegangen werden. Der deduktive Ansatz, wie ihn am ausführlichsten Hillmann zu erstellen versuchte, führt zu allgemeinen zweifellos berücksichtigungswerten Grundsätzen und Ergebnissen, die in der Praxis allerdings mit ihrer Vielfalt an Aufgabenstellungen und der ungeheuren Menge an Dingen und Daten, die es zu beherrschen gilt, relativ unwirksam bleiben müssen. Andererseits bieten die vorliegenden branchenmäßigen, nationalen oder internationalen Warenklassifikationen und Produktverzeichnisse ein umfangreiches und verwirrendes Material, sodaß ein einzelner Bearbeiter keine Chance hat, in effektiver Weise harmonisierend einzuwirken. Solche Klassifikationen werden von Organisationen erstellt und getragen, die ihre eigenen Ziele und Interessen verfolgen, andererseits aber doch durch ihren Sachverstand das einzige echte, empirische Material liefern, über das wir verfügen. Oben wurde auf die Tatsache hingewiesen, daß Waren und Produkte oder ganz allgemein Sachgüter entweder als Unikate oder Plurikate (echte oder quasi-identische Seriengegenstände) auftreten. Sie stellen das eigentliche Material jeglicher Waren- oder Produktklassifikation dar und bedürfen daher besonderer Berücksichtigung. Sie sind als materielle Gegenstände die primären Systemelemente jeder Warenklassifikation. Trotzdem beginnen die meisten Klassifikationen nicht mit diesen primären, sondern mit sekundären Systemelementen d.h. mit Warengruppen; und hier beginnen bereits die Differenzen, die zur Inkompatibilität so vieler Warenklassifikationen führen.

Ein materieller Gegenstand ist durch eine Reihe von Eigenschaften charakterisiert, die entsprechend gewichtet und gereiht als Merkmale diesen Gegenstand identifizieren, beschreiben und damit als Begriff definieren (vgl. S. 34) . Die verbal-logische "Besitzergreifung" eines Gegenstandes, die schon mit der bloßen Benennung oder Bezeichnung verbunden ist, geht notwendigerweise mit Gruppenbildungen aus dem Umkreis der bezeichneten Ware einher, die zu hierarchischer Einordnung führt. Als gruppenbildendes Merkmal wird gewöhnlich das wichtigste, kennzeichnendste Merkmal herangezogen, das den ersten Systemifikator (genus proximum) ergibt.

Es hängt somit von der Reihung und Wertung der Merkmale ab, zu welcher Klassenbildung wir kommen. Die Reihung erfolgt gemäß der Zielsetzung und dem Zweck, der mit der Klassifikation verfolgt wird. Die Mannigfaltigkeit der Zwecke führt in erster Linie zur Inkompatibilität der Klassifikationen, wobei allerdings auch Überlegungen zur Überschaubarkeit, Machbarkeit, ferner Gruppeninteressen und nationale Rücksichten, schließlich auch geschichtliche Entwicklungen das Ihre beigetragen haben und weiterhin beitragen. Wählt man einen bloß begrifflichen, d.h. allein auf den Vergleich von Merkmalen abstellenden Ansatz, so beruht die quantitative Zuordnung der Elemente auf einer vagen Zuordnung zu den einzelnen Klassen. Es stehen hier die Merkmalsrelationen (Ober-, Unter- und Nebenordnungen, Verwandtschaftsähnlichkeit u.ä.) im Vordergrund des Interesses. Beziehungen zwischen verschiedenen auch nicht kompatiblen Klassifikationen lassen sich so leichter herstellen, etwa im Sinne von Querverweisen. Solcherart sind z.B. Thesaurusversuche, wie sie nachstehend erläutert werden. Nach seiner Funktion ist ein Thesaurus ein Mittel zur terminologischen Kontrolle und dient damit einerseits der Übersetzung von der natürlichen Sprache in eine in ihrer Ausdrucksfreiheit eingeschränkte Systemsprache (Dokumentationssprache) und andererseits der Rückübersetzung von der System- in die natürliche Sprache. Nach seiner Struktur ist ein Thesaurus ein kontrolliertes dynamisches Vokabular von bedeutungsmäßig und generisch verbundenen Termini, das umfassend einen spezifischen Bereich abdeckt.

Zur versuchsweisen Erstellung von Teilen eines Warenthesaurus wurden die folgenden Warenverzeichnisse bzw. Waren- (Produkt-, Material-) Klassifikationen herangezogen:

- Kompass, Schweiz/Suisse - Liechtenstein, Produkte
- Brüsseler Zolltarif
- Bundesmaterialkatalogisierung, St. Augustin bei Bonn
- Bundeseinheitliche Artikelnumerierung des ban(Gesamt)-Systems, CCG*)

Aus den Warenverzeichnissen stammen die Benennungen der Waren oder Warengruppen und deren Bezeichnungen bzw. Benummerung. Nur ausnahmsweise wurden neue Benennungen von Warengruppen eingeführt.

Der Thesaurus gliedert sich in drei hierarchische Ebenen, eine obere (oberste), eine mittlere und eine untere (unterste), auf denen die Thesaurusversuche, insgesamt fünf, in der angedeuteten Weise durchgeführt wurden. Auf der obersten Ebene steht der Versuch eines Gesamtthesaurus, während auf der mittleren und unteren Ebene je zwei ausgewählte Waren- bzw. Artikelgruppen zu Teilthesauri bearbeitet wurden. Die Abbildung deutet an, daß noch sehr viele andere Waren- und Artikelgruppen vorhanden sind, die zu Teil- oder Gruppenthesauri geformt werden müßten. (Vgl. nächste Seite).

Beispiele für den strengen Mengenansatz liefert dagegen die Referenzliste von Industrie- und Außenhandelsstatistik der BRD, oder die Zuordnung der SITC zu den handelsstatistischen Nummern in Österreich (vgl. S. 123) .

GEGENÜBERSTELLUNG DES WARENVERZEICHNISSES FÜR DIE INDUSTRIESTATISTIK (WI) MIT DEM WARENVERZEICHNIS FÜR DIE AUSSENHANDELSSTATISTIK (WA) JAHR 1976

Steinkohle
Steinkohle verwertb Foerd

WI 2112 10	Steinkohle verwertb Foerderung
WA 2701 110	Anthrazit
WA 2701 190	andere Steinkohle
	Steink Briketts
WI 2112 40	Steinkohlenbriketts
WA 2701 900	Steinkohlenbriketts u. dgl.
	Steink Koks Retortenkohle
WI 2116 11	Steinkohlen Zechenkoks
WI 2116 14	Steinkohlen Huettenkoks
WI 2116 17	Steinkohlen Gaswerkskoks
WA 2704 110	Steinkohlenkoks f Elektroden
WA 2704 190	andere Steinkohlenkoks
WA 2705 000	Retortenkohle

Für die 1924 Positionen der SITC/R2 besteht eine vollständige Kompatibilität (1-zu-1-Entsprechung) zu den Tarifnummern und Unterpositionen des Brüsseler

*) Centrale für Coorganisation, Köln

Hierarchische Ebene	Objektmenge
Obere	Warengesamtheit
Mittlere	Warengruppe
Untere	Artikelgruppe

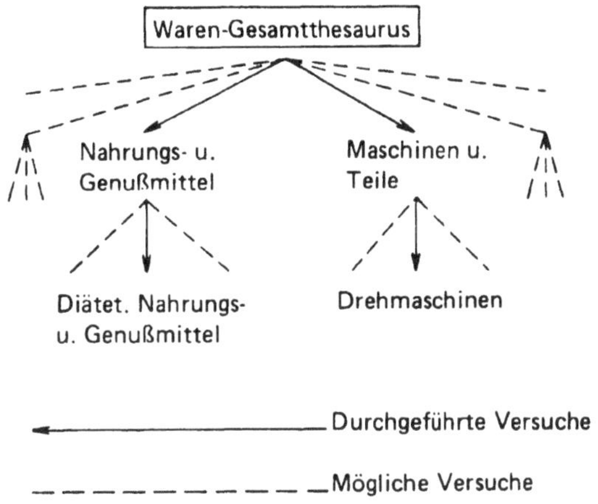

Vertikal- und Horizontal-Gliederung der Gruppenthesauri

Endpassage des **Waren-Gesamtthesaurus**

Internationale Relatoren:

bt broader term
nt nearer term
rt related term
tt total term
pt partitive term
ct contiguous term
use
uf used for

Spezielle Relatoren:

≫ siehe
≪ siehe unter
> siehe auch
< siehe auch unter

k Kompass-Hauptindustriegruppen, zweistellig
b Brüsseler Zolltarif-Kapitel, zweistellig
m BMatKat-Materialgruppe, zweistellig
ban-Gesamtsystem-Warenbereich, zweistellig

....

Steinbrueche; Industrie d Steine u Erden
  use Industrie d Steine u Erden; Steinbrueche k33
  < Baugewerbe k40

Steine u Erden b25
  uf Erden etc.
  ≪ Industrie d Steine u Erden; Steinbrueche k33

Tabak u Tabakerzeugnisse b24; 98 ban12
  ≪ Tabakindustrie k22

Tabakindustrie k22
  ≫ Tabak u Tabakerzeugnisse b24; 98 ban12
  > Genussmittel b09; 18; 24ban12

Tapeten etc.
  use Anstrichf Lack Tapet Bodenbel Klebst ban72-77 m72; 80 b32

Teerprodukte etc.
  use Bergbau; Erdoel- und Teerprodukte k32

Textilien
  < Konfektion u Ausruestung; Schuhindustrie k24

Textilien; Bekleidg u Zubeh ban19-29; 36 m83; 84 b58-60
  ≪ Textilindustrie k23

Zolltarifs (BTN), seit 1950 CCCN (Customs, Cooperation, Council, Nomenclature); letztere wird von 135 Ländern als Zolltarifsgrundlage offiziell verwendet, was auch der Grund war, weshalb die Customs Cooperation die Erstellung eines Harmonized Systems (HS), das mit Ergänzungen 1984 fertiggestellt wurde, übernommen hat.
Das System soll die internationalen Handelstransaktionen durch Vereinheitlichung der Warenterminologie und -codierung für Transport und Lager (Faktura, Packlisten, Versandanzeigen), für Zoll- und Außenhandelsstatistik und nicht zuletzt für die Geschäftsanbahnung (internationales Marketing, Technologietransfer) wesentlich erleichtern. Es liegt auf der Hand, daß hier nahe verwandte Zielsetzungen hinsichtlich Funktion wie auch Inhalte (Welthandelsgüter!) vorliegen und daher tatsächlich eine echte Angleichung verbunden mit einer Modernisierung der CCCN im Bereich des Möglichen liegt. Das System wird alle wichtigen Handelsgüter, wenn auch nicht immer in der größten Feinheit der Aufgliederung, jedoch wie bisher mit strengen Ein- und Ausschließungen umfassen. Die Frage eines Universalsystems ist damit aber noch nicht gelöst, es sei denn, man begnüge sich mit einem relativ groben Raster. Denn sobald andere Merkmale, Funktionen oder Interessen den Klassifikator bilden, tritt der bekannte Effekt der Differenzierung, Aufspaltung und Inkompatibilität abgesonderter Eigensysteme auf. Auch die Idee eines übergeordneten Baukastensystems muß unter dem selben Aspekt gesehen werden; es könnte wohl auch nur in den oberen Kategorien und bei prinzipiell ähnlichen Klassifikatoren als Bezugsgröße dienen. Eben dies aber ist bei auseinanderstrebenden Zielsetzungen nicht gegeben.

4.63 PRODUKTINFORMATIONSSYSTEME - DATENBANKEN

Nach einer Feststellung des US-amerikanischen Komitees für wissenschaftliche und technische Kommunikation (SATCOM) ergibt sich folgende Gegenüberstellung von relevanter zu bekannter Information eines fiktiven Fachmannes in den Jahren 1930 und 1960:

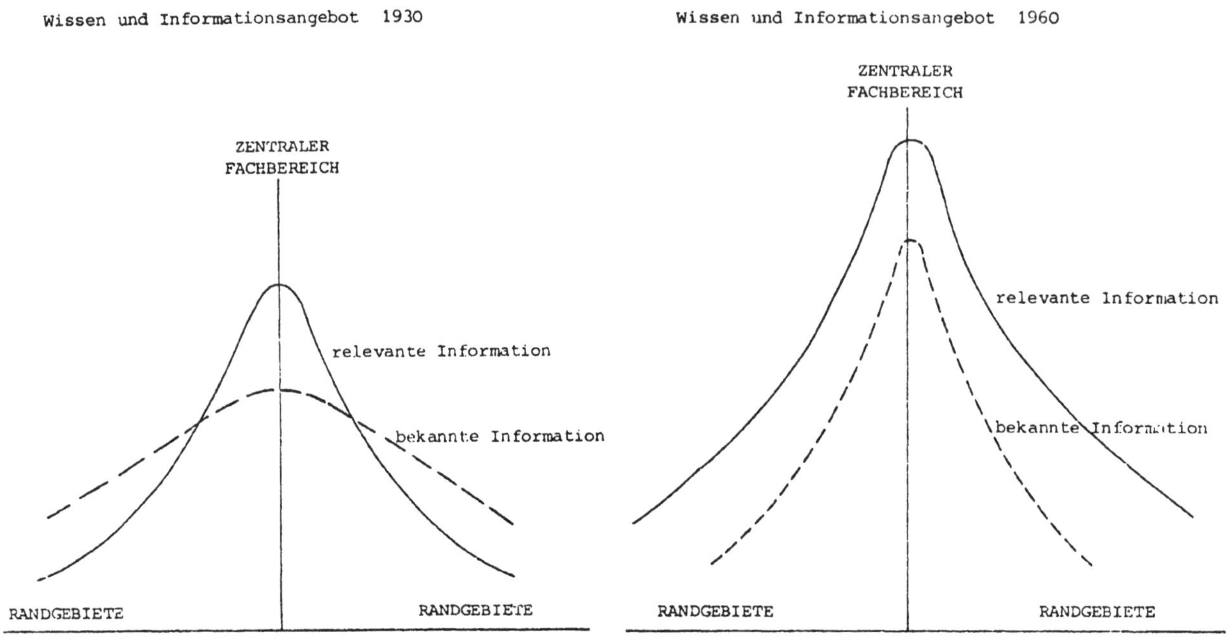

Das Wissen des angenommenen Fachmannes hat mit Hilfe der modernen Methoden der Wissens- und Informationsvermittlung wohl stark zugenommen und damit auch die Menge der bekannten Informationen, trotzdem ist der Abstand zur Menge der relevanten Information größer statt kleiner geworden, da auch die Menge der relevanten Informationen enorm zugenommen hat. Nicht nur im zentralen Fachbereich ist diese starke Steigerung zu vermerken, auch in den fachlichen Randgebieten ist der Zuwachs an relevanter Information beachtlich. Die verlangte Wissensbreite hat sich also vergrößert.

Hat auch das Wissen des Fachmannes zugenommen, so ist doch der früher festzustellende Überhang zur Universalität völlig verschwunden. Das frühere Breitenwissen des Fachmannes ist einem stark ausgeprägten Spezialwissen gewichen. Da, wie oben festgestellt, aber die relevante Wissensbreite stark gestiegen ist, kommt es auf diesem Gebiet nun zu einem besonders starken Informations- bzw. Wissensdefizit. Hier versucht nun ein Produktinformationssystem (PIS) Hilfestellung anzubieten.

Ein PIS besteht aus einem geordneten Produktbeschreibungssystem (PBS) bzw. dessen Erarbeitung und Aktualisierung sowie aus der zielgerechten Anwendung und zielgruppenadäquaten Vermarktung. Über Produktbeschreibung und Klassifikation wurde das Wesentliche bereits gesagt (vgl. S. 37). Hier soll eine zusammenfassende Darstellung dessen gegeben werden, was ein solches System zu einer lebensfähigen wirtschaftlichen Einheit von allgemeiner Bedeutung werden läßt. Nachstehende Zusammenstellung zeigt die Organisation eines PIS.

Institutionen	Anbieter (Händler) (Hersteller)	Informationsdienst		Abnehmer, Interessent
Informationsfluß	Daten- - - - - - Quelle	Verarbeitung - - und - - - Organisation	Vermittlung - - - - - -	Datenausgabe - - - →
Aufgaben d. I.D.	Beschaffungsorganisatorische Fragen	Strukturierung der Informationen (PBS)	Absatzorganisatorische Fragen: Handel, Marktkontakte	Datenlogistik

Der Informationsdienst als Marktinstitution betreibt und organisiert das PIS, wo weitreichende Kontakte zu den Anbietern und Abnehmern notwendig werden. Der Informationsdienst unterbricht teilweise den herkömmlichen Anbieter-Abnehmer-Kontakt im Bereich der Produktinformation und greift strukturierend in den Informationsfluß ein. Der Informationsdienst erbringt damit alle betrieblichen Grundfunktionen:

Beschaffung
Produktion
Absatz

Im Rahmen der Beschaffung von Produktinformationen steht der Informationsdienst im Kontakt zu den Anbieterorganisationen. Es müssen alle jene Daten beschafft werden, die zur verwechslungsfreien und umfassenden Beschreibung des Produktes innerhalb des PBS notwendig sind.

Der Informationsdienst wird versuchen alle Anbieter einer von ihm erfaßten Produktgruppe zur Teilnahme am PIS zu bewegen, um damit den Informationsempfängern eine umfassende Informationsmöglichkeit zu bieten. Die Vergleichbarkeit der Produkte ist ja ein bestimmendes Element des PIS, daher sollten auch alle vergleichbaren Produkte enthalten sein.

Im Beschaffungsbereich gilt es, die Informationsqualität abzusichern. Das geschieht einerseits dadurch, daß die Anbieterdaten durch prüfende Institutionen abgesichert werden (im übrigen lehnen datenvermittelnde Institutionen i.d. R. die Haftung für die Angaben ab), andererseits achtet der Informationsdienst darauf, daß die Daten jeweils dem aktuellsten Stand entsprechen, d.h. der Anbieter wird verpflichtet, auch im eigenen Interesse jede Leistungsänderung dem Informationsdienst mitzuteilen.

Die "Produktion" des Informationsdienstes bezieht sich auf die Strukturierung der Daten. Die Informationen werden verarbeitet und organisiert. Der erste Schritt dazu ist die Entwicklung eines PBS, das auf die Interessen von Anbieter und Abnehmern abgestimmt ist, wofür die Analyse der Marktsituation und die beschaffungs- und absatzseitigen Kontakte grundlegende Voraussetzungen sind. Der Informationsdienst hat nicht nur im Interesse der Sender und Empfänger auf die Marktgegebenheiten einzugehen, sondern auch im wohlverstandenen eigenen Interesse, weil er dadurch den Weg für die Einführung des PBS und damit die wirtschaftliche Basis für die Existenz des Informationsdienstes schafft.

Der zweite produktive Schritt des Informationsdienstes ist nach der Entwicklung des PBS die Verarbeitung der beschafften Produktdaten. Sobald die Produkte einheitlich strukturiert beschrieben sind, erhebt sich die Frage nach der "Aufmachung" für den Absatz. Auch in diesem Punkt ist eine Zielgruppenorientierung notwendig.

Die Möglichkeiten reichen von der schriftlichen Übermittlung bis zu den im Computer gespeicherten und per Terminal vom Empfänger jederzeit abrufbaren Produktdaten.

Die Absatzaufgaben des Informationsdienstes sind prinzipiell dieselben, wie sie jeder Betrieb wahrnehmen muß. Durch die Marktforschung kennt der Informationsdienst den potentiellen Abnehmer und seine Bedarfsstruktur. Bezugnehmend auf diese Bedarfsstruktur spricht er ihn durch Werbung (direct mail, Anzeigen in Fachzeitschriften etc.) an und versucht seine Leistung - die systematische und vergleichbare Produktbeschreibung in zielgruppenorientierter Aufmachung - abzusetzen.
Aus dieser Betrachtung lassen sich die folgenden Forderungen ableiten, die aus Anbieter- und Abnehmersicht an den Informationsdienst gestellt werden müssen, damit eine einwandfreie Realisierung des PIS gewährleistet ist:

1. Der Informationsdienst muß eine wertfreie Beschreibung der Produkte sichern und zwischen den Interessensphären der Anbieter stehen. Durch die Wertneutralität wird er aber nicht nur allen Anbieterinteressen, sondern vor allem den Nachfrageinteressen gerecht. Die Gefahr, daß der Informationsdienst in den Einflußbereich eines Anbieters gerät oder gar von einem solchen etabliert wird, ist groß. Dadurch würde das PIS zum Absatzinstrument des Anbieters und die Zielsetzung nicht nur verfehlt sondern umgepolt.

2. Das PIS hat die Interessen von Anbietern und Nachfragern einzubeziehen. Diese Bestrebung sollte ihren Niederschlag insbesondere im PBS finden, d.h.
   - die Auswahl und Ordnung der Merkmale muß auf die Interessen der betroffenen Stellen abgestimmt sein,
   - die Benennung muß geregelt und terminologisch abgesichert sein, so daß Mißverständnisse und Verwechslungen ausgeschlossen sind,
   - die Handhabbarkeit des Systems muß im Rahmen der durch das Übertragungsmedium restringierten Möglichkeiten optimiert werden,
   - die Vergleichbarkeit der Produkte soll als bestimmendes Element der PBS gut gewährleistet sein,
   - das PBS muß durch laufende Aktualisierung immer (periodisch) auf den neuesten Stand gebracht werden.

3. Das PIS sollte möglichst alle Anbieter der zu beschreibenden Produktgruppen enthalten, um Informationslücken zu vermeiden. Diese Informationslücken müßten sonst durch den Empfänger mit erheblichem Arbeitsaufwand gedeckt werden, wenn er an den nicht beschriebenen Produkten Interesse hat.

4. Der Informationsdienst spricht mit seiner Leistung eine Zielgruppe an. Diese Zielgruppe hat einen Informationsbedarf an einer beschränkten Zahl von Produktgruppen. In diesem Zusammenhang wäre es wünschenswert, wenn das PIS durch sein Angebot das gesamte Interessensprofil des Nachfragers abdecken könnte, um für den Empfänger einen Beitrag zur Verringerung der Informationsmedienvielfalt zu leisten.

Abschließend sei eine tabellarische Zusammenfassung von 5 in Österreich und Westeuropa vertretenen Produktinformations- bzw. -dokumentationssystemen gegeben, die den Aufbau und die Wirksamkeit solcher Systeme demonstrieren soll.

Die in dieser Tabelle zusammengestellten PIS weisen hinsichtlich ihres klassifikatorischen Teils unterschiedliche Qualitäten auf. So hat z.B. die Patentklassifikation mit einer sich ständig mehrenden Fülle von unzusammenhängenden Details zu tun (rund 1,000.000/Jahr auf der ganzen Welt), die nach historisch gewachsenen Klassifikationsprinzipien so geordnet werden, daß sie durch EDV rasch wieder auffindbar sind.

Informationssystem / Kriterienkatalog	EXACT	MPD*)	TECHNISCHE DOKUMENTATION (ÖPWZ)	ÖSTERR. PATENTAMT	INPADOC
1) Gegenstand und Zielsetzung: Sachgebiet	Elektronik	Firmendaten; Produktdaten, -terminologie	14 ausgewählte Sachgebiete d. Technik	Patentwesen, Patentrecht	Patentwesen
Gegenstand	Prüfberichte über elektron. Bauteile	Informationen f. Außenhandel	Technische Literatur	Patentdokumente u.verwandte Lit.	Patentdokumente
Ziel/Zweck	Auswahlhilfestellung, Qualitätsverbesserung	Angebots- und Lieferantennachweis	Literaturübersicht	Information Patentwesen, Patentdokumente	Information über/aus Patentdokumente(n)
2) Organisation besteht seit:	1967	1978 in Neustruktur	ca. 1960	1899	1972
Systemverankerung Rechtsnorm	internationale privatwirtschaftliche Vereinbarung	Chamber Net Europe SA Brussels	Teil des ÖPWZ/ Gemeinnütziger Verein	selbstständ. Amt d. Rep. Österreich (§ 58, Abs.1 Patentgesetz.)	Ges.m.b.H., Vertrag zwischen WIPO und Republik Österreich
Internationalität	stark	stark	sehr gering	mittel	stark
EDV-Anwendung	gering (?)	hoch	keine	gering	hoch
Organisationsgrad	gering	mittel	gering	mittel	hoch

*) MPD = Multilingual Product Description, Bundeswirtschaftskammer Wien, Version Dezember 1988

Informationssystem / Kriterienkatalog	E X A C T	MPD	TECHNISCHE DOKUMENTATION (ÖPWZ)	ÖSTERR. PATENTAMT	I N P A D O C
3) Informationsgehalt	Prüfberichte über elektron. Bauteile und Stellungnahmen der Herstellerfirmen (z.T.)	Anbieter, Abnehmer, handelsübliche Bezeichnungen und Daten	bibliograph. Daten und Kurzfassungen (Abstracts) techn.Literatur	Patentblätter Patentschriften einschläg. Fachliteratur	bibliograph. Daten von Patentdokumenten, Patentdokumente
Art der Information	Alternativ-, Entschlußinformation	Anregungsinform., Geschäftsanbahnung	Anregungs-, Probleminformation	Anregungs-, Probleminformation	Anregungs-, Problem-, Alternativinf.
Artikelbeschreibungen	ja	nein	nein	--	--
4) Teilnehmer- u. Benützerkreis	Verwender el. Bauelemente	Handelskammern u. ihre in-/ausländ. Töchter	hauptsächl. österr. Klein- u. Mittelbetriebe	Patentanwälte, Patentberichterstatter, Industriebetriebe, INPADOC	Patentämter, Großunternehmen, **int. Organisationen** staatl. Stellen
System ist offen/geschlossen	geschlossen/ offen	geschlossen	offen	offen	geschl./offen
Anzahl d. Benutzer	ca. 80, davon 2 in Österreich	7 nationale HK u. mehrere 100 Verzweigungen	ca. 260	unbekannt	keine Angab.

Informationssystem / Kriterienkatalog	E X A C T	MPD	TECHNISCHE DOKUMENTATION (ÖPWZ)	ÖSTERR. PATENTAMT	I N P A D O C
5) Arbeitsweise:	Versand von Prüfberichten (+ Stellungnahmen) an Mitglieder	Telex, Datenträger auf PC-Basis	Versand von Literatur-"hinweisen"	Veröffentl. v. Patentschrift. u. Patentblättern Recherchendienst Bibliothek	Angebot div. aktiver u. passiver Informat. Dienste Überwachungen, Sonderdienste
Abfrageform	(Austausch)	gerichtet	gerichtet	absolut	absolut
Tätigwerden	aktiv	aktiv	aktiv/passiv	aktiv/passiv	aktiv/passiv
Regelmäßigkeit	nein	ja	ja	ja	ja
Zusammenarbeit mit anderen Institutionen	GIDEP	A, B, F, GB, I, NL, SP	nein	Patentämter INPADOC	Patentämter
6) Organisation der Daten:					
Datenerfassg. durch/von	Mitglieder	HK/Mitglieds-Exportfirmen	Redakteur der TD	Patentanmeldg. veröffentl. Patentdok.	Patentämter
Richtlinien f. Datenerfassg.	ja (unverbindl.)	ja, länderweis	nein	ja	ja
Systeminterne Datenverarbeitung	nein	ja, Übersetzungen, Harmonisierung	bedingt	bedingt	ja

Informationssystem / Kriterienkatalog	E X A C T	MPD	TECHNISCHE DOKUMENTATION (ÖPWZ)	ÖSTERR. PATENTAMT	I N P A D O C
(Forts.6)					
Verwendetes Ordnungssystem	?	HS-CCCN	Dezimalklassifikation	Int.Cl.(IPC) Öst. Pat. Cl.	Int.Cl. (IPC) nat.Cl.
Datenspeicherg. auf	Magnetband, Microfiche	Disketten, Platten	Karte	Kartei, Microfilm	Magnetband, Microfilm
Datenabgabe in Form von	Papierkopien, Mikrofiches	Datensichtgeräte Drucker	Literaturhinweiskarten, Papierkopien, Originallit.	Amtl.Veröffentlichungen, Papierkopien	Magnetband, Microfiche, Microfilm, Papierkopien
7) Finanzierung durch	Mitglieder (Informationsgeber u. -nehmer)	Kammerbeiträge (AF)	ÖPWZ, Informationsnehmer	Patentgebühren usw., Informationsnehmer, öst. Staat	Informationsnehmer, österr. Staat.
Einflußnahme der Geldgeber auf Information	keine	keine	keine	keine	keine
Kosten für Informationsnehmer	ca. 21.000,-- ö.S./p.A.	unterschiedlich	320,--ö.S./p.A. je Sachgebiet	4.000 ö.S. pro Rechercheantr. sonst keine	je nach Inanspruchnahme bis 160.000,-- p.A.
Kosten für Informationsgeber	keine (sind Mitglieder zu 21.000,--)	keine	keine	Patentgebühren	keine

Informationssystem / Kriterienkatalog	E X A C T	MPD	TECHNISCHE DOKUMENTATION (ÖPWZ)	ÖSTERR. PATENTAMT	I N P A D O C
8) Ergebnisse, Erfahrungen, Kritik Beurteilung					
Objektivität	++	++	++	++	++
Aktualität	+	++	+	+	++
Flexibilität	+	++	+	-	+
formale Optimierg.	+	+	+	-	++
Grad d. Zielerreichung	+	+	+	+	++
Zukunftsaussichten	+	++	(+)	+	++

Legende: ++ ... sehr hoch
+ ... mittel
- ... nicht vorhanden bis gering

Abkürzungen: EXACT = International Exchange of Authenticated Electronic Componente Performance Test Data
GIDEP = Gouvernment-Industry Data Exchange Programm, USA
SfB = Samarbetskomiten för Bygguardsfragor (Koordinationsgruppe für Bauwirtschaft, Schweden)
ÖPWZ = Österr. Zentrum für Wirtschaftlichkeit und Produktivität
TD = Technische Dokumentation
INPADOC=International Patent Documentation Center
WIPO = Weltorganisation für geistiges Eigentum UN/Genf
IPC = Internationale Patent Classification

Abkürzungen (Fortsetzung):
HK = Handelskammer(n)
HS-CCCN = Harmonised System - Custom Cooperation Council Nomenclature (Brussels)
AF = Außenhandelsförderungsbeitrag (3 Promill des Warenwertes)

Größere Produktinformationssysteme, die mittels EDV erstellt und zugänglich gemacht werden, können auch als Datenbanken bezeichnet werden. Derartige Datenbanken zur Erschließung aktueller Informationen gibt es bereits in verschiedenen Gegenstands- und Interessensbereichen. Sie erlangen zunehmende Bedeutung für den Aufbau und die Erschließung von Datensammlungen (Data Base) auch zum Zwecke systemtheoretischer Überlegungen, Analysen und Modellierungen. Ein solches Datenprogramm, das sich allerdings mehr auf Roh- und Energiestoffe bzw. Energiestrategien in Zusammenhang mit den natürlichen Ressourcen bezieht, sei hier kurz erwähnt.

Es wird von der IIASA (International Institute for Applied Systems Analysis) in Laxenburg unter dem Titel WELMM (Water, Energy, Land, Materials and Manpower) erstellt und soll dazu dienen, den verantwortlichen Regierungen und sonstigen Auftraggebern Entscheidungsunterlagen für langfristig wirksame Projekte von großer volkswirtschaftlicher Bedeutung zu liefern. Die aufgenommenen Daten werden dabei gesichtet, gewertet, gefiltert und schließlich anwendungsorientiert bearbeitet, um als Entscheidungsgrundlage optimal dienen zu können. Es wird hier eine dreifache Erhebung weltweit durchgeführt und zwar in Form

- einer Ressourcen-Datenbank (Resource Data Base) über die Verfügbarkeit primärer Rohstoffe und Energiequellen,
- einer Komponenten Datenbank (Component Data Base) zur Erfassung der Einsatzstoffe und Materialien sowie der Betriebsmittel (Kapitalgüter) für die Produktion,
- einer Anlagen-Datenbank (Facility Data Base) zur Erfassung der Erfordernisse zum Bau und Betrieb von Kraftwerken.

Als Beispiel einer bereits aufbereiteten WELMM-Analyse seien die beiden folgenden Tabellen angeführt.

WELMM-Analyse für einen Leichtwasserreaktor mit Kühltürmen; Uran-Tagbau

Ressourcen / Bedarf	Charakteristik	Urangewinnung	Uranaufbereitung	Brennelem. Transport	Verstromung	Abfallbeseitigung (Wiederaufbereitung)	Summe
Wasser	$10^3\ m^3$/MWa(e)	0,278	0,381	-	23	0,016	23,7
Energie	Wirkungsgrad	0,95	$7{,}04.10^{-3}$	1,00	0,32	eingeschl. in Aufbereitung	$2{,}14.10^{-3}$
	Hilfseinrichtungen MWa(th)/MWa(e)	$4{,}01.10^{-3}$	0,126	$1{,}73.10^{-5}$	-	$1.56.10^{-4}$	0,13
Land	temporär zerst.	79,7	1,35	-	6,30	0,62	88,0
	ohne zerst.	175	10,3	-	41,7	11,4	238,3
	Summe	255	11,7	-	48,2	12,0	326,3
	permanent m^2/MWa(e)	23,4	$9{,}2.10^{-2}$	-	6,30	1,06	30,9
Material	Bau {Metalle	$5{,}58.10^{-3}$	0,39	-	1,85	$8{,}25.10^{-3}$	2,25
	Bau {Beton etc.	$1{,}83.10^{-2}$	0,315	-	12,4	$6{,}59.10^{-3}$	12,7
	t/MWa(e)						
Personal	Bau (gelernt)	2,53	15,21	-	518,10	6,52	542,4
	Betrieb u.Wartung	115	90,1	-	250	31,2	486,3
	Mann-Stunden/MWa(e)						

WELMM-Analyse für ein Kohlekraftwerk mit Entschwefelung und Kühltürmen; Kohle-Untertagbau (USA, N-Appalachian)

Ressourcen / Bedarf	Charakteristik	Kohlegewinnung	Kohleaufbereitung	Kohle-Transport	Verstromung	Abfallbeseitigung	Summe
Wasser	$10^3\ m^3$/MWa(e)	0	0,38	0	14,4	2,30	17,1
Energie	Wirkungsgrad	1,00	0,964	0,985	0,37	-	0,351 (net. 0,344)
	Hilfseinrichtungen MWa(th)/MWa(e)	$2{,}13.10^{-2}$	$6{,}52.10^{-3}$	$3{,}50.10^{-2}$	0	-	$6{,}28.10^{-2}$
Land	temporär zerstörend	1500-3900	33,6	116	108	108	1.900-4.300
	m^2/MWa(e) ohne Zerst.	600-3000	-	233	-	-	800-3.200
	Summe	4500	33,6	349	108	108	4.990
Material	Bau {Metalle	1,31	-	0,954	2,08	-	4,34
	Betrieb {Beton etc.	-	-	-	6,82	-	6,82
	und Wartung	-	-	-	247	-	247
	t/MWa(e)						
Personal	Bau (gelernt)	46,71	-	21,14	376,8	-	444,6
	Betrieb und Wartung	1620	49,3	92,1	407	-	2170
	Mann-Stunden/MWa(e)						

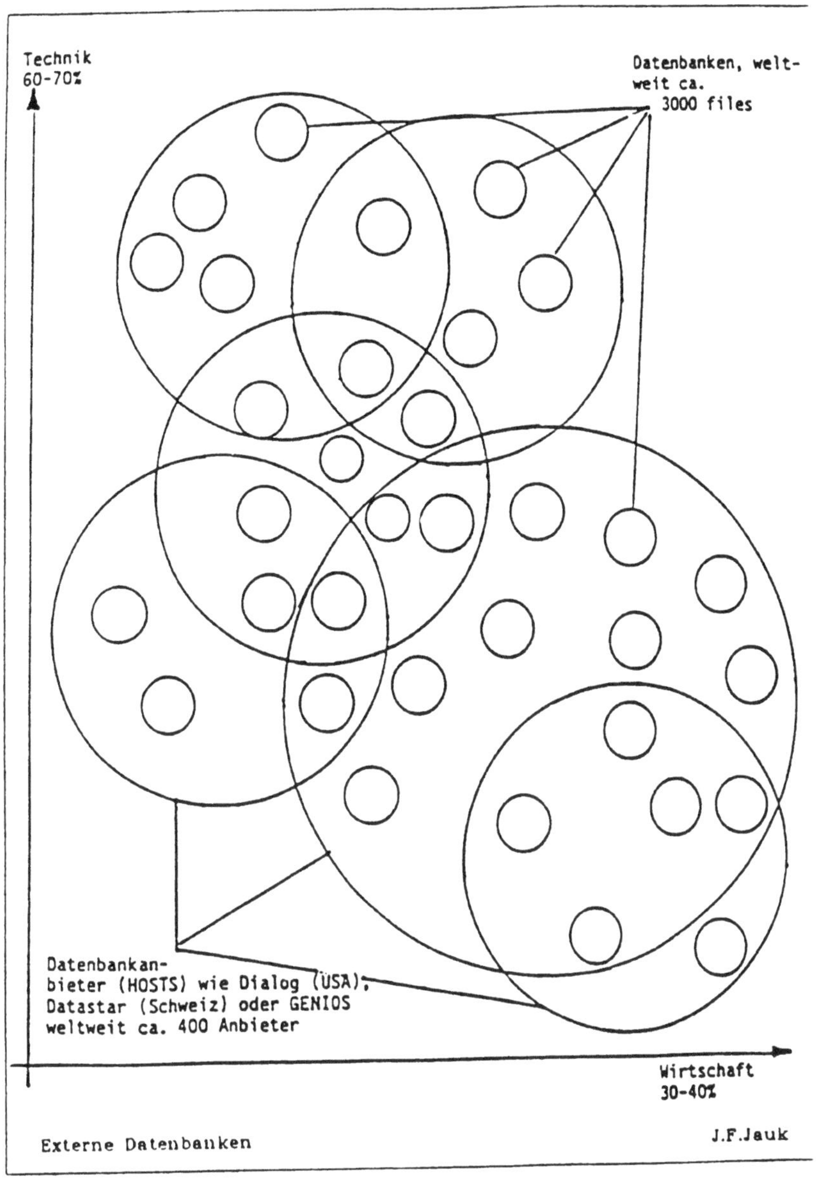

QUELLE: VERSUCHSPROJEKT DER FIRMA ALCATEL AUSTRIA 1987

Inzwischen gibt es bereits eine ganze Reihe von Produktdatenbanken, die ebenso wie die meisten US-Datenbanken privatwirtschaftlich betrieben werden.

- Das umfangreichste Angebot bilden Computer-Hardware und -Softwaredatenbanken
- ihnen folgen elektronische Produkte wie Schaltkreise, Halbleiter und ähnliche Bauteile
- noch relativ selben sind traditionelle Industrieerzeugnisse wie z.B. Maschinen, Elektroartikel, Bauerzeugnisse, Pharmaka, Chemieprodukte sowie hochwertige Ver- und Gebrauchsgüter.

Durch die größere Verbreitung der Datenbanknutzung in den USA gehören dort auch Nahrungsmittel, gebrauchte Erzeugnisse des gehobenen Bedarfs, Ersatzteile u.ä. mehr zu den offensichtlich erfolgreich angebotenen Datenbanken.

Die Nutzung von Datenbanken ist an eine Reihe technischer, organisatorischer und rechtlicher Voraussetzungen gebunden. Alle Datenbanken, also auch die Produktdatenbanken sind auf einem Großrechner, einem sogenannten Host aufgelegt, der sie verwaltet und aktualisiert. 100 und mehr Datenbanken verschiedener Art können durch einen Host angeboten werden (vgl. Abb.). Es ist auch durchaus möglich, daß sich einzelne Hosts überschneiden, d.h. eine bestimmte Datenbank wird von mehreren Hosts aufgelegt. Der Kontakt zu den Hosts wird über spezielle Hochleistungsnetze (Datenautobahnen) ermöglicht. In Österreich und der BRD ist dies das DATEX-P-System der österreichischen Post bzw. der Deutschen Bundespost. Über diese Kennung wird auch die Nutzungsgebühr abgerechnet. Zunehmend wird nicht mehr die Rechenzeit sondern die Zahl der erfolgreichen Recherchen verrechnet. Der Informationsaustausch mit dem Host, also das Senden von Befehlen und Empfangen von Daten wird heute überwiegend mit einem PC in einer speziellen Kommunikationssoftware abgewickelt. Der Zugang von dort zum DATEX-P-Netz ist über die Telefonleitung mit Hilfe eines Akkustikkopplers oder eines Modems erreichbar.

LITERATUR:

Dungl, D., Theorie und Praxis von Produkt- und Patentinformation Diss. WU Wien, 1978.

Gekeler, O., Herdt, K.-D., Oberender, W., Warenkatalogisierung und Kommunikation über die Ware. Pullach/München 1974.

Grenon, M., Lapilonne,B., The WELMM Approach to Energy Strategies and Options IIASA, Laxenburg, Austria, RR 76-79, Dec. 1976.

Hillmann, H., Grundlagen einer Warensystematik. Herne/Berlin 1971.

Hölzl, J., Versuche zur Erstellung eines Warenthesaurus. Intern. Classificat. 3(1976), 23-32.

Lang, Friedrich, H., Dokumentation und Information - Probleme der Bildungsorganisation, IBB - Bulletin 7/1971.

Markowski, U., Produktbeschreibungssystem für Kompaktkläranlagen - Entwurf eines Produktbeschreibungssystems für Kompaktkläranlagen und Vorschläge zur Produktinformationsrationalisierung im Bereich Umweltschutz. Diss. WU Wien 1978.

O'Connor, R.M., Commodity Classification and Naming. National Computing Centre. Ltd. Manchester, 1974.

Gegenüberstellung des Warenverzeichnisses für die Industriestatistik (WI) mit dem Warenverzeichnis für die Außenhandelsstatistik (WA). Stand 1978 hrgg. v. Statist. Bundesamt Wiesbaden, Stuttgart und Mainz.

Statistik des Außenhandels. Zuordnung SITC - hst. Nr. - Obergruppen. Stand Jänner 1978, bearbeitet und herausgegeben vom Österr. Stat. Zentralamt, Wien.

Studien zur Klassifikation, Bd. 1-18, Gesellschaft für Klassifikation e.V., Frankfurt/Main 1977-1988, INDEKS-Verl.

Warenordnung und Produktinformation im Dienst der Wirtschaft - ein Sammelband. Institut für Technologie und Warenwirtschaftslehre, WU-Wien, 1979.

Salton, G., Mc Grill, N.J., Information Retrieval - Grundlegendes für Informationswissenschaftler, Mc Graw-Hill Book, Hamburg etc. 1987

Matner, H.-J., Produktdatenbank-Führer für Ein- und Verkauf. Verl. TÜV Rheinland, Köln 1988

Derselbe, Entwurf eines Produktinformationsdienstes für Umweltschutzmeßgeräte, VWGÖ, Wien 1982

Kompass, Schweiz-Suisse-Liechtenstein. 2 Bd. 38. Ausg. 1988/89, Kompass Schweiz Verl., Zürich, Gockhausen

Handausgabe Österreichischer Gebrauchszolltarif, 13. Ergänzung, Grenz-Verl., Wien 1989

Informationen - Materialamt der Bundeswehr. St. Augustin bei Bonn

4.7 Dynamische Systeme

Die Kybernetik als die Wissenschaft von Wirkungs- und Schaltgefügen, bildet die bisher erfolgreichste Anwendung der Systemtheorie (vgl. S. 172) auf technisch-naturwissenschaftliche Prozeßabläufe. Sie führte zur Auffindung bestimmter Schaltschemata und deren Realisierung in Form der Meß- und Regeltechnik mittels elektronischer Steuerung und pneumatischer oder hydraulischer Schaltvorrichtungen.[1] Als grundlegendes Konzept kybernetischer Regel- und Steuertechnik darf der Rückkopplungsmechanismus bezeichnet werden. Das Prinzip der Rückkopplung liefert darüber hinaus ganz allgemein die wichtigste Art der Verhaltenslenkung eines Systems überhaupt (Riedel). Der Rückkopplungskreis oder -schleife kann auch als Umweg, jedoch als förderlicher prozeßbeschleunigender Umweg gedeutet werden (Sachsse);es geht um den Einsatz und Gebrauch von Hilfsmitteln, Kunstgriffen,bis zu Optimierungsstrategien im allgemeinsten Sinne, die dem System Vorteile gegenüber dem Umfeld (dem Konkurrenten) verschaffen.

4.71 ARTEN DYNAMISCHER REALSYSTEME

Die allgemeine Systemtheorie unterscheidet mehrere Systemtypen, die in aufsteigender Folge betrachtet, Entwicklungsreihen steigender Komplexität darstellen.

Die erste morphostatische Gruppe umfaßt die mono-, mulit- und ultrastabilen Systeme; die zweite morphogenetische Gruppe besteht aus dem äquifinalen, dem selbstorganisierenden, dem selbstdifferenzierenden und dem polyadaptiven Systemtyp.

Monostabile Systeme, kurz auch stabile Systeme genannt, vermögen bestimmte Gleichgewichtszustände gegenüber Störungen aufrechtzuerhalten. Die wesentlichste Eigenheit stabiler Systeme besteht darin, daß der Gleichgewichtszustand nur so lange bewahrt wird, als Störungen, für die das System konstruiert wurde, auftreten d.h. nur so lange die Umwelt sich nicht entscheidend verändert. Im einfachsten Fall läßt sich ein monostabiles System auf einen einzigen Rückkopplungsmechanismus reduzieren, der es, meist in Kombination von Vorwärtskopplung (Steuerung) und Rückkopplung (Regelung) gewissen Störungen bestimmter Intensität gegenüber stabil hält. Treten andere oder über eine Grenzintensität hinaus gehende Störungen auf, geht die Fähigkeit der Stabilisierung verloren.

Das stabile System ist als mechanistischer Systemtyp anzusehen, und daher auch in artifiziellen d.h. machbaren durch den Menschen konstruierten Real- und Begriffssystemen anzutreffen. Maschinen, Apparate, Vorrichtungen usw., die mit Steuerungs- und Regeleinrichtungen versehen sind, gehören zu diesem Systemtyp ebenso wie Modelle, Programme und jegliche Software, die den Anspruch erheben, natürliche oder artifizielle Prozeßabläufe abzubilden, oder zu steuern (dynam. Begriffssysteme).

Ein monostabiles System besitzt zwar auch eine gewisse,infolge seiner starren Struktur jedoch begrenzte, Reaktionsfähigkeit, die sich nicht zur autonomen Adaption erheben kann. Monostabile Systeme können sehr wohl wider Erwarten (counter intuitive) reagieren, sich bei geänderter Umwelt aber nicht grundsätzlich neu gestalten. Solche Änderungen bleiben nachträglichen von außen an das Modell oder den Apparat vom Moderator oder Konstrukteur herangebrachten Systemmanipulationen vorbehalten. In dieser Weise wirken z.B. bestimmte apparative Schaltvorrichtungen oder logische Schaltfunktionen. In der dynamischen Systemtheorie nach Forrester werden solche Steuer- oder Zusatzfunktionen eingeplant und festgesetzt, können sich aber nicht von selbst adaptiv ändern oder Systemänderungen bewirken. Solche oder ähnliche Forderungen an ein Modell, welcher Art auch immer zu stellen, heißt die Grenzen eines Modellansatzes überschätzen. Ein Modell ist notwendigerweise immer ein nach innen wie nach außen begrenzter und vereinfachter, meist aggregierter Ausschnitt aus der mehr oder weniger komplexen Wirklichkeit. Die Komplexität der Wirklichkeit ist sowohl in räumlicher wie auch in zeitlicher Hinsicht gegeben, wodurch das Unvorhersehbare, das Überraschungsmoment nie ausgeschlossen werden kann. Die nicht restlose Durchschaubarkeit eines Realsystems und ebenso seines Umsystems ist in den meisten dinglichen Systemen vorhanden und eine Tatsache.

1) auch elektrische (servomotorische) oder mechanische Vorrichtungen

An die monostabilen Systeme reihen sich als Vervielfältigung die multistabilen Systeme . Das ultrastabile System hat durch eine "Lenkung zweiter Ordnung" die Fähigkeit der Adaption d.h. es kann auch gegenüber Störungen, für die es nicht konstruiert wurde, durch autonome systemimmanente Veränderungen seiner Verhaltensweise oder Lenkungsstrategien (Programmwechsel) das alte Gleichgewicht wieder erreichen oder einen anderen Gleichgewichtszustand mit neuen variablen Werten einnehmen. Das ultrastabile System ist damit in der Lage,sich einer veränderten Umwelt anzupassen, d.h. in einer dynamischen Umwelt stabil zu bleiben. Polyadaptive Systeme sind nur eine weitere Differenzierungsmöglichkeit der ultrastabilen Systeme, gleichsam eine Multiplikation derselben und von ihnen nur graduell verschieden. Als höher strukturierte lernende Systeme bestehen sie aus ähnlich gearteten koordinativ zusammenwirkenden Subsystemen, die sich ihrerseits an die Umgebung adaptieren (trial and error).

Ähnlich verhält es sich mit der zweiten morphogenetischen Gruppe von Systemen, die im äquifinalen System ihre relativ höchste und im selbstdifferenzierenden System die einfachste Entwicklungsstufe besitzen. Hier tritt abermals wie beim Übergang vom monostabilen zum ultrastabilen System ein essentieller Entwicklungs- oder Komplexitätssprung auf. Er ist gleichbedeutend mit dem Übergang von der unbelebten zur belebten Organisationsstufe der Natur und ihrer weiteren Entwicklungen bis herauf zum Menschen und den menschlichen Vergesellschaftungen. Als wesentliches Kennzeichen gilt ihre Eigendynamik in Form von komplexer Reproduktion (Vererbung/Mutation), Wachstum und Entwicklung (phäno- und genotypische Differenzierung/Selektion) in individueller und soziologischer Hinsicht. Es sind dies nicht nur lernende, sondern auch zielsuchende beziehungsweise ziel- und zwecksetzende Systeme, wobei sich die Zielsetzung aus der rückgekoppelten Auseinandersetzung mit der Umwelt schrittweise im Sinne einer Optimierung aller zur Erhaltung und Überlegenheit des Systems förderlichen Eigenschaften aufbaut. Das wichtigste Mittel dazu ist bei höheren Systemen die Lernfähigkeit, d.h. die Möglichkeit die Erfahrungen aus den Rückwirkungen zu speichern, zu ordnen und gegebenenfalls rasch zu Optimierungsstrategien einzusetzen. Rückkopplungen kanalisieren so selbsttätig eine Zielsuche und Zielfindung, die den größten Selektionsvorteil in der Auseinandersetzung mit dem Umfeld und den Mitkonkurrenten garantiert.
Systeme dürfen nicht für sich allein gesehen werden. Sie befinden sich in einem Umfeld, das wiederum aus Systemen von gleichem, über- oder untergeordnetem Range gemäß dem Stufenbau der Welt besteht. Sie bedingen einander, stützen oder bekämpfen sich gleichzeitig. Wie der Gleichgewichtszustand ständig bedroht erscheint, so auch die einzelnen Systeme, deren Existenz daher nicht nur auf Selbstbehauptung, sondern auf Überlegenheit gegenüber anderen benachbarten und vergleichbaren Systemen besteht. Jedem System eignet daher ein Wachstumsimpuls, der nur mit ihm selbst zerstört werden kann.

ANMERKUNG ZU 4.71 ARTEN DYNAMISCHER REALSYSTEME

EIGENSCHAFTEN DYNAMISCHER REALSYSTEME

Die Biosphäre und die in sie eingebettete menschliche Gesellschaft gehören zweifellos zu den höchstorganisierten Systemtypen, für die eine kaum zu überbietende Komplexität der inneren Strukturen und Beziehungen charakteristisch ist.Auf dieser inneren und äußeren Strukturvielfalt beruht nicht zuletzt die hohe Stabilität solcher Systeme. Dies nachzuweisen und im Detail zu untersuchen, ist das Hauptanliegen der Ökologie, d.i. derjenigen Wissenschaft, welche die Zusammenhänge und Abhängigkeiten der Elemente und Beziehungen natürlicher Populationen (einschließlich des Menschen) untersucht.

So sind sich z.B. die Ökologen einig, daß die genetische Verarmung durch Verringerung der Artenzahl in einer Lebensgemeinschaft oder durch Verringerung der genetischen Vielfalt z.B. durch Ausrottung von Wildrassen die Gefahr der Destabilisierung biologischer Systeme herbeibeschwören. Ökologische Katastrophen wie z.B. das Auftreten von Agrarseuchen, bei denen genetisch verarmte Rassen hochertragsfähiger Hybrid-Getreidesorten durch neu adaptierte Schädlinge weitgehend ausfallen könnten, gewinnen so an Wahrscheinlichkeit. Tatsächlich sind es im ganzen nur etwa zwei Dutzend Pflanzenarten, von denen der Großteil der Weltbevölkerung ernährt werden muß. Ebenso ist die Angst, daß eine virulente und gegen Arzneimittel resistente Krankheiten große Verheerungen bei Mensch und Tier anrichten könnten nicht ganz von der Hand zu weisen.

Auf der wechselweisen Abhängigkeit von Stabilität und Vielfalt beruht auch die Wirkung eines ökologischen Puffers, wie ihn die Biosphäre par excellence repräsentiert. So bewirkt z.B. die Pflanzendecke mit ihren Wurzelräumen ein Aufsaugen der Niederschläge und verhindert damit Überschwemmungen und/oder Erosionen der fruchtbaren humosen Bodenschichten und damit den Verlust der Ackerkrume. Diese Pufferwirkung der biologischen Substanz spielt besonders in den wärmeren Klimazonen, wo die chemischen Reaktionen und Zersetzungsvorgänge organischer Materie rascher verlaufen, eine ganz wichtige Rolle. Die hierbei ablaufenden Zusammenhänge sind äußerst komplex, sodaß jede Verarmung eines Ökosystems die Kapazität des ökologischen Puffers tendenziell herabsetzt.Überweidung, Kahlschläge und verschiedene Formen der Überkultivierung durch Monokulturen bilden bekannte Beispiele der Zerstörung ökologischer Systeme (Verkarstung, Lateritisierung tropischer Böden, Ausbreitung von Sandwüsten).

Ebenso wie die natürlichen Lebensräume umso kristenfester werden, je vielfältiger sie aufgebaut sind, und je vollständiger alle "ökologischen Nischen"besetzt werden, geht es auch mit der menschlichen Gesellschaft im allgemeinen und den Volkswirtschaften im besonderen. Eine Volkswirtschaft erweist sich umso weniger krisenanfällig, je mehr Erwerbszweige nebeneinander bestehen und zwar sowohl solche, die durch Spezialisierung der Konkurrenz ausweichen können (Marktnischen!), als auch solche, die durch Teil- oder Nichtspezialisierung eine größere Flexibilität bewahren und sich rasch den geänderten Bedingungen oder neuentstehenden Marktlücken anzupassen vermögen. Hierin besteht eine unleugbare Stärke der Klein- und Mittelbetriebe, wie sie in der österreichischen Volkswirtschaft zahlenmäßig weit überwiegen.

Eine Volkswirtschaft ist also gut beraten, wenn sie eine größtmögliche Branchenvielfalt anstrebt, um durch Diversität binnenwirtschaftliche Stabilität zu garantieren. Im Außenhandel dagegen gilt es, die internationale Konkurrenz zu unterlaufen, indem nicht Wirtschaftszweige erhalten oder aufgebaut werden, auf denen ohnehin schon eine Überkapazität besteht (Stahl und Eisen, Autos und Motoren, Zellstoff und Textil), sondern Branchen mit "intelligenten Produkten" und hoher Wertschöpfung (Elektronik, Spezialmaschinen, maßgeschneiderte Anlagen und Geräte in Kleinserie oder Sonderausführung, innovative Einzelanfertigungen usw.), für die noch echte Bedürfnisse u.a. auch in Entwicklungsländern bestehen, zu forcieren. Die besten Erfolge werden diejenigen haben, die sich den Eigenarten und Wünschen der potenteillen Handelspartner anpassen, geradeso wie ein Organismus an die Besonderheiten seines Symbiosepartners.

Vielfalt und Stabilität natürlicher Systeme bedingen auch deren Belastbarkeit, wie sie von der Populationsbiologie untersucht wird und als Malthusianische oder

Wachstumslogik in Erscheinung tritt. In der Populationsbiologie wurde dieser Begriff in mehrfacher Weise entwickelt und experimentell untersucht. Der einfache Fall eines Input- Outputmodells wurde auf Fälle mit mehr als einer Inputressource, ferner auf verschiedene Arten von Ressourcen sowie auf mehrere Populationen erweitert. Bekannte Beispiele multipler Populationen sind etwa das Konkurrenzmodell, das Räuber-Beute-Modell u.a.

Zur Frage des Verhältnisses von Bevölkerungswachstum, Ressourcenverzehr und Umweltbelastung läßt sich aus solchen Tierexperimenten folgendes ableiten: Innerhalb eines Systems mit endlichen Ressourcen und begrenzter Belastbarkeit kommt es

- zur Stabilisierung bei Erreichung oder auch noch unterhalb der Belastbarkeitsgrenze
- zu Schwankungen bei Erreichung oder geringfügiger Überschreitung der Belastbarkeit
- zum Aussterben oder nur unvollständiger Erholung bei Überforderung bzw. Überschreiten der Belastbarkeit

Stabilisierung stellt sich nur ein, bei überwiegender oder ausschließlicher Nutzung sich erneuernder Ressourcen (allenfalls unterstützt durch Recyclisierung und Substitution) und bei einer Population, die durch Räuber, Parasitismus oder reproduktionsbeschränkenden Verhaltensweisen (z.B. Verteidigung gegen Feinde) unter Kontrolle gehalten wird. Schwankungen ergeben sich aus der Phasenverschiebung intertependenter Populationen z.B. im Räuber-Beute-System. Der Eingriff des Menschen stört gewöhnlich die Ausgewogenheit der vielfältigen Konkurrenz- und Kontrollmechanismen. Dies führt früher oder später zu immer größeren Pendelausschlägen und schließlich zum Zusammenbruch des Systems, wie z.B. das explosionsartige Vermehren von Insekten, wenn die natürlichen Feinde dezimiert wurden oder das Verhungern pflanzenfressender Säugetiere nach Ausrottung großer Raubtiere usw.

Nach dem Belastbarkeitskonzept entscheidet vor allem die Verfügbarkeit der am engsten begrenzten Ressourcen über das künftige Schicksal des Systems. Häufig setzt nämlich eine einzige lebenswichtige Ressource engere Grenzen als alle anderen wie z.B. Wasser, in Wüstengebieten. Wird diese Wachstumsgrenze beseitigt, so führt dies alsbald zu einem Wachstum, das sich so lange beschleunigt, bis andere Ressorcengrenzen auftauchen, und andere Populationen in Mitleidenschaft gezogen werden.(z.B. hypertrophes Algenwachstum oder sogenannte Algenblüte durch Einleiten phosphathältiger Abwässer und das Auftreten anaerober Verhältnisse nach ihrem Absterben).

Diese aus den natürlichen Lebensgemeinschaften von Pflanzen und Tieren gewonnenen Erkenntnisse der Populationsdynamik lassen ceteris paribus Folgerungen auf die menschliche Tätigkeit insbesondere wirtschaftlicher Art zu. wie sie sich bei der Gewinnung von Rohstoffen, der Erzeugung,Verteilung und im Verbrauch von Gütern und Dienstleistungen ergeben. Die Begriffe: Vielfalt, Stabilität und Belastbarkeit spielen auch in wirtschaftlichen Überlegungen eine große Rolle.

LITERATUR:

Lötsch, B., Lernen vom Lebendigen. Journal (Wien), Okt. 1982, S. 5-6, bzw. Fernschule der Landwirtschaft (Innsbruck), Informations- und BeratungsschriftNr. 2

4.72 QUANTITATIVE MODELLANSÄTZE

Die Beschäftigung mit quantitativen Modellen, die den Rohstoff- und Technologiefaktor in einem makro- oder mikroökonomischen Szenario enthalten, sollte nicht als müßige Spielerei abgetan werden. Diese Modelle stellen wahrscheinlich das wirksamste, wenn auch am schwierigsten erstell- und handhabbare Instrument zur Durchleuchtung gesellschaftlicher Systeme dar; damit wird auch die Beurteilung der Folgewirkungen des Einführens oder Auslaufens von Technologien und Produkten besser als bisher möglich.

In der technischen und zivilisatorischen Entwicklungsphase, in der sich die Menschheit heute befindet, ist es im Hinblick auf die Probleme, die sich in den nächsten Jahren und Jahrzehnten auftun, nicht mehr ratsam, alles treiben zu lassen oder den "selbstregulierenden" Marktkräften und politischen Mechanismen blind zu vertrauen. Es erscheint notwendig, sich nicht nur mit der Vergangenheit, sondern auch mit der Zukunft wissenschaftlich zu befassen. Dabei darf aber Zukunftsforschung (Futurologie) nicht mit Vorhersage oder gar Wahrsagerei verwechselt werden, sondern hier geht es um das Durchspielen verschiedener Alternativen und ihrer Folgewirkungen, vor allem aber um ein kausales Verständnis dieser Entwicklungen immer unter der Voraussetzung klar definierter Systemstrukturen und Prämissen.

Wenden wir uns nun wieder dem Produktionsprozeß, dem techno- und sozioökonomischen System auf der Suche nach operablen Modellen zu, so kann dies im begrifflich-verbaler oder mathematisch-quantifizierender Weise geschehen. Ersteres bietet sich bei psychologischen, normativen und politologischen Untersuchungen an, während quantifizierenden Methoden überall dort der Vorzug zu geben ist, wo Zählungen und Messungen vorliegen bzw. Quantifizierung nicht auf unüberwindliche Schwierigkeiten stößt.

Im folgenden werden wir uns auf vier verschiedene Arten quantitativer Modellansätze beschränken, von denen jeder auf seine Art versucht, wirtschaftliche, damit auch warenwirtschaftliche Abläufe in quantitative Beziehungen aufzulösen und vereinfacht aber eindeutig darzustellen.

Ökonometrie

Die Ansätze der Ökonometrie gehen von Daten der Wirtschaftsstatistik aus, die sie aufgrund makroökonomischer Theorien in ein mathematisches Gleichungssystem einbringt, deren relevante Variablen aus den Wirkungszusammenhängen abgeleitet werden. In der reduzierten oder Prognoseform läßt sich das ökonometrische Gleichungssystem in Matrizenschreibweise zu einer linearen Gleichung zusammenfassen.

$$y(t) = C.z(t) + v(t)$$

Der Spaltenvektor y (t) gibt die endogene durch das Modell zu erklärende Variable für den prognostizierten Zeitpunkt an. Der Spaltenvektor z (t) bezeichnet dagegen die vorherbestimmte Variable, welche sich aus den exogenen Variablen und den verzögert-endogenen Variablen zusammensetzt.
v (t) repräsentiert eine (latente) Störvariable, die alle modellexternen Einflußgrößen berücksichtigt oder berücksichtigen soll. Der Parameter C bedeutet die Koeffizientenmatrix der ökonometrischen Gleichungen und wird in der Regel nach mathematisch-statistischen Schätzmethoden (Methode der kleinsten Quadrate, Maximum-Likelhood-Methode) errechnet, worin eine Hauptaufgabe ökonometrischer Arbeit besteht.
Die stochastische Natur dieser Konstanten macht die Linearität des Gleichungssystemes notwendig, da nichtlineare ökonometrische Modelle große methodische Probleme aufwerfen . Dies und die offensichtliche Strukturinvarianz gereichen ökonometrischen Modellen zum Nachteil, wozu noch kommt, daß diese häufig den Erfordernissen der mathematischen Lösungstechniken eher angepaßt werden als den abzubildenden Realitäten oder zu lösenden Problemen. Die Regressionsgleichungen der Ökonometrie spiegeln häufig keine Kausalbeziehungen wider, sondern beruhen auf im einzelnen ungeklärten Black-box-Zusammenhängen, auch wenn sie von der Linearität der Gleichungen abgehen, wodurch aber ihre analytische Beherrschung schwierig, ja unmöglich wird.

Die lineare Programmierung

LP ist eine ökonometrische Methode zur Optimierung einer linearen Kostenfunktion unter Beachtung linearer Randbedingungen, die nicht überschritten werden dürfen. Dazu werden Gleichungs- bzw. Ungleichungssysteme formuliert, die iterativ mittels EDV gelöst werden können. Es ergibt sich somit ein den Randbedingungen entsprechendes Kostenoptimum, mithin ein statischer Optimalzustand, der allerdings unter bestimmten Annahmen für längere Intervalle im Sinne von Trendextrapolation fortgeschrieben werden kann.

Das von der südamerikanischen Bariloche-Stiftung veranlaßte Herrera-Skolnik-LP-Modell hat deutlich normativen sozialpolitischen Charakter und will in erster Linie die Grundbedürfnisse (Nahrung, Wohnung, Bildung) der vernachlässigten Mehrzahl der Menschheit durch gesellschafts- und wirtschaftspolitische Maßnahmen auf ein akzeptables Niveau bringen. Die Grenzen und Hindernisse werden nicht in den materiellen Ressourcen, sondern in den gegenwärtigen wirtschaftlichen Machtverhältnissen und politisch-ideologischen Gesellschaftsordnungen gesehen. Die mittels LP für jedes Jahr optimierten Modellzustände werden gemäß den Zielvorgaben fortgeschrieben. Die Ergebnisse für verschiedene Weltregionen betreffen hauptsächlich sozio-ökonomische Indikatoren, darunter auch Kalorien/Kopf und Wohnungseinheiten/Familie.

Input-Output-Analyse

Die IO-Analyse nach W. Leontief kann als Spezialfall der Ökonometrie angesehen werden. Sie beruht auf der sektoral gegliederten volkswirtschaftlichen Gesamtrechnung, die in Matrizenform die Bezüge (Inputs) und Lieferungen (Outputs) der Sektoren in den Spalten bzw.Zeilen angibt. Im intermediären Bereich werden aus ihnen Input- und Output-Koeffizienten berechnet, wobei die Auswirkungen von Änderungen einzelner oder mehrerer Wirtschaftssektoren mittels Berechnung unendlicher Reihen angegeben werden können. Die exakte Lösung erfolgt in der Praxis durch EDV anhand von Gleichungssystemen.
Die IO-Analyse fußt somit auf der Strukturinvarianz der IO-Koeffizienten, welche statische Querbeziehungen von Tabellenwerten in formal-funktionaler Weise wiedergeben. Das wichtigste Anwendungsgebiet der IO-Analyse liegt in der Vorbereitung von Wirtschaftsprognosen, Wirtschaftsplänen und komplexen wirtschaftspolitischen Entscheidungen , wozu allerdings eine Dynamisierung des Modells insoferne notwendig wird, als Annahmen über die zeitliche Veränderung der Input-Koeffizienten zu treffen sind. Die Anwendungen der IO-Analyse z.B. für MSG (Multi-Sectoral Growth) haben solche weiterführende Annahmen zur Voraussetzung, die Methoden der Ökonometrie übernehmen, ja sogar komplizierte Rückkoppelungen (Feed-back-Verflechtungen) enthalten. Damit aber ist der Übergang zu dem nächsten Modellansatz gegeben.
Als Beispiel sei das Leontief-IO-Weltmodell genannt, das im Auftrag der UNO im Zusammenhang mit dem RIO-Bericht (Reform of International Order) von mehreren Autoren unter Leitung von W. Leontief in mehrjähriger Arbeit erstellt wurde. Für jede der 15 Weltregionen wird ein Submodell mit 175 Gleichungen gebildet, von denen die Gleichungen 32 bis 74 mit IO-Koeffizienten bzw. -tabellen arbeiten. Sie beziehen sich auf 43 Commodities und zwar Agrarprodukte, Rohstoffe, Rohstoffveredelungen, Handelswaren und nichtgehandelte Güter.

Neuronale Netze (neuronal nets = NT)

Das tableau économique von Quesnay (1758, vgl. S.) - eine Vorstufe der volkswirtschaftlichen IO-Analyse - wurde in Analogie zum menschlichen Blutkreislauf entworfen.

In neuerster Zeit dient das menschliche Gehirn als Vorbild für Lösungen von Aufgaben, bei denen unsere bisherigen Computer versagen. Diese arbeiten nämlich sequentiell, auch bei Parallelführung, d.h. sie lösen die numerischen (digitalen) Rechenschritte im oftmaligen Durchlaufen hintereinandergeschalteter Logikelemente, allerdings sehr rasch (in MHz) und in absoluter Präzision. Gerade darin liegt ihre Stärke aber auch ihre Schwäche. Computer vertragen bekanntlich keine abweichenden oder fehlerhaften Eingaben, können nicht selbständig korrigieren, keine assoziativen Beziehungen herstellen, Ähnlichkeiten oder auch Abstraktionen vornehmen.

Dies ist ein Vorrecht des menschlichen Gehirns, aufgrund seiner Struktur, indem es ein überaus hochkomplexes Netzwerk aus ca. 10^9 Nervenzellen (Neuronen) darstellt, die untereinander über Nervenstränge und Synapsen verbunden sind. Jedes Neuron besitzt außerdem ca. 10.000 Dendriten für Signal-Inputs. Den Neuronen kommt die Aufgabe zu, die Signale aufzusummieren und gemäß einer bestimmten digitalen oder analogen Schwellenlogik in Signal-Outputs umzuwandeln, die noch durch sogenannte synaptische Faktoren geschwächt oder verstärkt werden können.

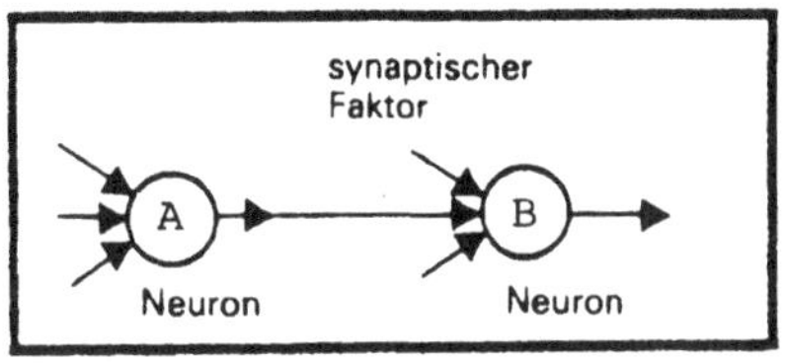

Ein computerartiger Nachbau solcher Netze läßt sich annähernd dadurch bewerkstelligen, daß die Neuronen mit ihrer Schaltlogik durch geeignete Elektronikbausteine (Mikroproessoren) und die Nervenbahnen durch sukzessive Parallelschaltungen simuliert oder direkt durch leitende Verbindungen realisiert werden. 2-, 3- bis mehrschichtige Netze mit gerichteten Signalflüssen oder Feedback-Funktionen können auf diese Weise realisiert werden.

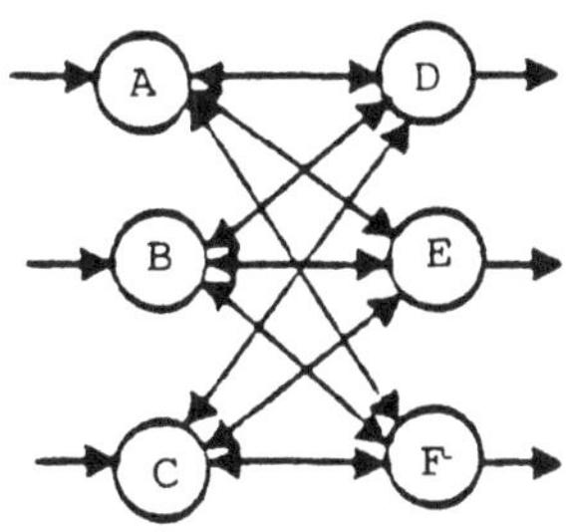

Zweischichtiges Netzwerk mit Feedback-Funktion

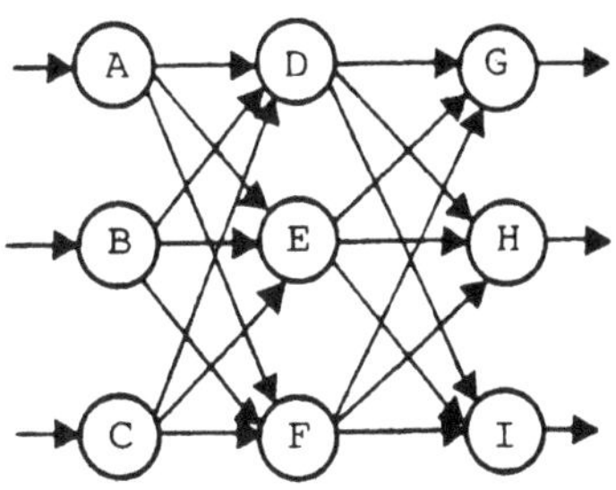

Dreischichtiges Netzwerk

Die ersten Versuche, solche Netzstrukturen mit normalen Computern rechnerisch zu simulieren, erwiesen sich sehr rasch als Fehlschläge, da die kombinatorische Vielfalt (n!) einfach nicht zubewältigen ist.

Aber auch die technische hardwaremäßige Lösung bietet beträchtliche Schwierigkeiten, die hauptsächlich an den zahllosen Überkreuzungen isolierter Leitungen liegen. Das Gehirn löst das Problem elegant, indem es in der äußeren weißen Substanz die isolierten Leitungsbahnen und in der grauen Substanz die Neuronen konzentriert.

Die Chip- und Leiterplattentechnik ist ihrem Wesen nach zweidimensional (Planartechnik) und kann höchstens und auch nur sehr begrenzt auf Sandwichbauweise ausweichen. Trotzdem sind bereits jetzt Elektronikkarten mit 1.000 "Neuronen" und bei der Hypercub-Maschine 64.000 Neuronen um allerdings 1 bis 2 Mio. $ erhältlich.

NT zeichnen sich durch echte Lernfähigkeit aus; vor allem ist hier der Umstand von Interesse, daß mit NT die "kombinatorische Explosion" bei Optimierungsaufgaben elegant umgangen werden kann, da die strukturierten Energieflüsse im NT auf dem schnellsten Weg nach wenigen Rechenschritten zu einer stabilen Energiefunktion (optimale Lösung) führen. Potentielle Anwendungen: Mustererkennung (Echtzeit-Sehen, Hören), Abstrahieren (Klassifizieren, Koordinieren), Sprachübersetzungshilfen usw.

ANMERKUNG ZU 4.72 QUANTITATIVE MODELLANSÄTZE

Eine Möglichkeit über bloß qualitative Ansätze und Ansichten hinauszukommen, bieten quantitative Modellrechnungen, die es sich zur Aufgabe machen, das wirtschaftliche Geschehen in rechnerisch faßbare Strukturgrößen aufzulösen und auf diese Weise besser durchschaubar und verständlich zu machen; nicht zuletzt könnten dadurch den Entscheidungsträgern rationale Entscheidungshilfen und eine Abschätzung der Folgen alternativer Entwicklungspfade geboten werden.

ERGÄNZUNG ZUM LP-BARICHLOCHE-WELTMODELL

Als Zielvariable gilt in diesem von Herrera Skolnik erstellten Modell die Lebenserwartung, die durch optimale Allokation von Arbeit und Kapital maximiert werden soll. Diese beiden Eingabedaten werden auf 5 volkswirtschaftliche Sektoren (Landwirtschaft, Wohnbau, Erziehung, sonstige Güter und Dienstleistungen sowie Kapitalbildung) verteilt und die demographischen Entwicklungen für vier Weltregionen errechnet: Industrienationen, Lateinamerika, Afrika und Asien.

Als grundlegende Produktionsfunktion für alle Wirtschaftssektoren und alle Regionen dient die Cobb-Douglas-Produktionsfunktion (vgl. S. 155) , wobei ein automatisches Wachstum in-folge technischen Fortschrittes angenommen wird. Folgende technologiebedingte Wachstumsraten werden postuliert: Investitionsgüter 1,5%, Nahrung 1%, Wohnung 1%, Bildung 1,5%, sonstige Güter und Dienstleistungen 1%.

Die dem Modell zugrundeliegende komlexe Beziehungsstruktur geht aus folgender Feststellung der Autoren hervor: "die einzig wahrhaft adäquate Kontrolle des Bevölerungswachstums ist die Verbesserung der grundlegenden Lebensbedingungen Herrera et al p.8). Die für die Lebenserwartung und die Geburtenziffer verwendeten Gleichungen geben deren wechselweisen Abhängigkeit vom Schulbesuch (Zahl der Schulkinder von 6-18/Gesamtbevölkerung von 6-18), der Geburtenziffer, vom Anteil der Arbeitskräfte in der Landwirtschaft und im sekundären Sektor, der täglichen Pro-Kopf-Kalorienaufnahme und der Wohnungsziffer (Anzahl der Häuser/Gesamtbevölkerung) wider. Die Regeln für die Optimierungsallokationen sind verhältnismäßig komplex, da die durchschnittliche Lebenserwartung nicht viel über 70 Jahre hinausgehen darf und auch die Anteile der einzelnen Sektoren nicht unter- bzw. überschritten werden dürfen. (Sonstige Güter- ind Dienstleistungen $\geq$ 45%, Kapitalsektor $\leq$ 25% des Bruttosozialprodukts). Im übrigen sind die natürlichen Ressourcen zu konstanten Kosten unbeschränkt verfügbar, die technologischen Verbesserungen sowie die Umwelterhaltung erfolgen ebenfalls kostenlos. Die Einkommen werden innerhalb einer Wirtschaftsregion völlig gleich verteilt! Einige Ergebnisse dieses Modells sind in meiner "Anorganischen Warenlehre und Technologie" S. 59 angeführt.

Ein weiteres erwähnenswertes Ergebnis dieser Modellrechnungen besteht in der Beurteilung der Wirksamkeit internationaler Entwicklungshilfe in Form eines Ressourcentransfers aus den Industrienationen zu den ärmeren Entwicklungsländern. So wurde z.B. angenommen, daß die Entwicklungshilfe nach Asien und Afrika 1980 mit einer Anfangsrate von 0,2% des BSP startet und jährlich um 0,2% bis zu stattlichen 2% des BSP anwächst. Die Ergebnisse bleiben jedoch enttäuschend: Wohl wird der Lebensstandard zum Zeitpunkt des Transfers erhöht, kann jedoch die Verhältnisse in den Entwicklungsländern nicht entscheidend beeinflussen. Die internationale Wirtschaftshilfe würde unter den gegenwärtig in den meisten Entwicklungsländern herrschenden Bedingungen nur dazu beitragen, die Ausgaben privilegierter Sektoren - darunter auch der Aufrüstung - zu steigern, die Lebensbedingungen der breiten Bevölkerungsschichten jedoch nicht verbessern; dies könnte erst unter den Modellbedingungen sozialer Gleichheit (vgl. oben!) erreicht werden.

Die Modellkonstruktion entspricht offenbar der Grundeinstellung eines humanistisch orientierten Sozialismus, der dafür plädiert, die Schicksalsfragen der Menschheit nicht in letztlich unüberwindlichen physisch-physikalischen Barrieren der Naturressourcen - und Umweltproblematik zu sehen, sondern in den sozialen und politischen Diaparitäten zu suchen. Die Schlußfolgerungen laufen somit auf Forderungen hinaus, wie sie u.a. auch der Club of Rome unter dem Schlagwort des "Neuen Lernens", d.h. eines Umdenkens und grundsätzlichen Umwertens, mithin einer Abkehr vom Materialismus und rücksichtslosem Egoismus der einzelnen und einzelner Interessensgruppen (pressure groups) sieht.

Was die Validierung und Prüfung des Modelles in Bezug auf ja bereits abgelaufene (historische) Perioden betrifft, so hat die Simulation von 1960-1970 zufriedenstellende Werte ergeben, wobei jedoch in der Modellrechnung die Optimierungsstrategien ausgesetzt wurden, sodaß die Validierung zweifelhaft bleibt. Im übrigen kann die Dokumentation des Weltmodells als ausreichend bezeichnet werden, da die zugrundeliegenden Gleichungen publiziert, überprüft und von anderen Interessenten benützt wurden (vgl. Global 2000)

ERGÄNZUNG ZUR IO-ANALYSE

Die typische Form der IO-Matrix oder IO-Tabelle besteht in der quadratischen Anordnung der zu einzelnen Wirtschaftsbereichen gehörigen Inputs und Outputs (vgl. Abb.)

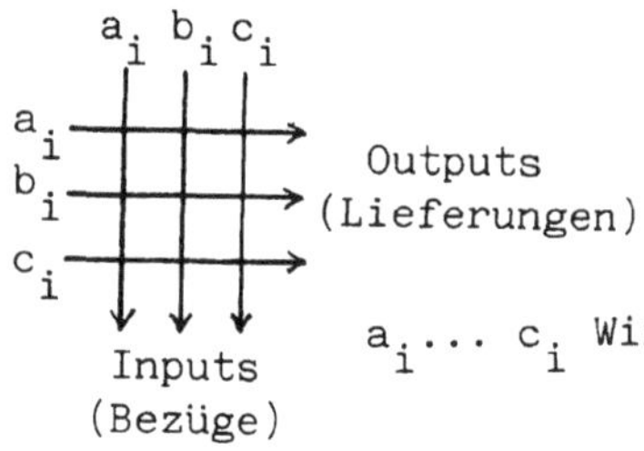

a_i... c_i Wirtschaftsbereiche bzw.-aktivitäten

Die Inputs und Outputs bzw. Bezüge und Lieferungen müssen zunächst in physischen Größeneinheiten (Anzahl bzw. Stückzahl oder Zahl und Dimension) angegeben werden; daraus werden IO-Koefizienten errechnet, indem diese physischen Werte durch die Spalten- bzw. Zeilensummen dividiert werden. Diese IO-Koefizienten bilden das Strukturgerüst der Verflechtungen innerhalb der betreffenden Wirtschaftsbereiche ab.

Betrachtet man z.B. die österreichische Volkswirtschaft, so sieht eine IO-Tabelle in physischen Größen bzw. Werteinheiten vereinfacht folgendermaßen aus:

Provisorische IO-Tabelle für Österreich 1976 (Mrd. ö.S.)

	Intermediäre Lieferungen				Endnachfrage			
	LW	IG	DL	HA	heimische	Export	Minusimport	BPW
LW	0,42	34,34	2,47	0,12	25,54	2,57	-10,94	54,49
IG	13,36	188,52	41,25	12,56	504,47	150,77	-201,02	678,36
DL	1,67	108,45	65,86	15,98	103,36	9,54	-8,18	342,31
H	2,6	43,39	9,75	3,04	79,36	8,34	-3,51	128,86
Summe	18,04	374,70	319,28	31,70	712,73	171,22	-223,65	1204,02
Wertschöpfung	36,45	303,65	223,03	97,16				
BPW	54,49	678,36	342,31	128,86				

Gleiche IO-Tabelle für Österreich 1964

	LW	IG	DL	HA	heimische	Export	Minusimport	BPW
LW	1,03	19,87	1,74	0,00	12,90	1,00	-6,60	29,94
IG	5,10	92,15	16,56	3,95	136,65	36,64	-51,71	239,34
DL	1,16	17,67	9,70	5,17	60,67	1,83	-1,36	94,84
H	0,72	7,34	2,20	0,70	30,55	1,08	-0,56	42,03
Summe	8,01	137,03	30,20	9,82	240,77	40,55	-60,23	406,15
Werts.	21,93	102,31	64,37	32,21				
BPW	29,94	239,34	94,84	42,03				

LW = Land- und Forstwirtschaft, IG = Industrie u. Gewerbe, DL = Dienstleistungen, H = Handel, BPW = Bruttoproduktionswert.

Im linken Quadranten der stark vereinfachten bzw. hochaggregierten Tabelle, wird der intermediäre Sektor dargestellt. Hier empfängt jeder Wirtschaftsbereich von jedem Wirtschaftsbereich und gibt jeder an jeden, um produzieren und wirtschaften zu können. Darin erschöpfen sich jedoch nicht alle Aktivitäten, sondern viele gehen direkt an den Endverbrauch bzw. an die Endnachfrage, wobei zwischen heimischer und ausländischer Nachfrage (Export, Import bzw. deren Saldo) unterschieden wird.

Um nun aber die quadratische Darstellung herzustellen, müssen die Spaltenvektoren der Inputs in analoger Weise ergänzt werden. Dies geschieht durch Angabe der Wertschöpfung, die grob in Arbeits-einkommen und Nettoproduktion aufgegliedert werden können. Der Bruttoproduktionswert muß dann als Zeilen- und Spaltensumme in beiden Quadranten gleich sein.

Aus den Zahlenangaben in physischen Größen oder Werteinheiten lassen sich als erster Schritt einer IO-Analyse, wie schon angedeutet, IO-Koeffizienten errechnen. Sogenannte Verteilungskoefizienten ergeben sich, wenn die einzelnen Tabellenwerte durch die Zeilensummen (Bruttoproduktionswert der einzelnen Wirtschaftsbereiche) dividiert werden.

- T e c h n i s c h e K o e f f i z i e n t e n werden erhalten, indem man die einzelnen Tabellenwerte durch den Bruttoproduktionswert der zugehörigen Bereiche dividiert.
- L e o n t i e f I n v e r s e n ergeben sich, wenn alle Vorleistungsverflechtungen berücksichtigt werden, damit ein bestimmter Wirtschaftsbereich eine Einheit seiner Produktion an die Endverwendung ausliefern kann. Die Leontief Inversen sind daher immer $\geq$ Technische Koeffizienten, da sie nicht nur die unmittelbar vorgeschalteten Wirtschaftsbereiche, sondern alle indirekt beteiligten Wirtschaftspartner miteinbeziehen. Bezugsgröße ist also die Endverwendung.

Die quadratische Matrix der IO-Koeffizienten charakterisiert die Material- und Dienstleistungsbilanzen bzw. die durch Lieferungen und Bezüge wechselweise miteinander verflochtenen Wirtschaftsbereiche zum Zeitpunkt ihrer Erhebung. Sie stellen somit ein statisches Abbild, gleichsam eine Momentaufnahme der Austauschbeziehungen miteinander verbundener Wirtschaftsbereiche dar; sie bilden damit die zu einem bestimmten Zeitpunkt bestehende Struktur wirtschaftlicher Beziehungen quantitativ ab. Unter der Voraussetzung konstanter Struktur dieses Beziehungsgerüstes lassen sich die Auswirkungen von Veränderungen (Zu- oder Abnahme von Lieferungen und/oder Bezügen) einzelner oder auch mehrerer Wirtschaftsbereiche auf alle übrigen berechnen. Denn es ist leicht einzusehen, daß eine Veränderung auch nur einer Lieferung oder eines Bezuges sich auf alle übrigen in ganz bestimmter Weise auswirken muß. Die IO-Koeffizienten wirken dabei nacheinander als Multiplikatoren auf die nachgeordneten Bezüge und diese wieder auf die nachgeordneten Lieferungen, sodaß sich als Algorithmus die Berechnung von Reihen mit rasch abnehmenden Gliedern ergibt.

Der dieser Näherungsrechnung zugrundeliegende Algorithmus läßt sich mit einem linear homogenen Gleichungssystem lösen; bei größeren Tabellen allerdings nur durch EDV-Einsatz. Derartige Modellrechnungen werden zur Prospektion verschiedener Wirtschaftsbereiche und -aktivitäten schon vielfach genützt.

Volkswirtschaftliche IO-Tabellen werden meist nur in größeren Zeitabständen, bestenfalls in aufeinanderfolgenden Jahren erstellt. Dabei ergeben sich charakteristische Änderungen der Koeffizienten-Matrix und zwar infolge der geänderten wirtschaftlichen Verhältnisse, wie sie sich u.a. aus technologischen Änderungen ergeben. Solche Veränderungen können auch modellhaft für Wirtschaftsprognosen vorgenommen bzw. unter bestimmten Annahmen errechnet werden. IO-Tabellen und IO-Modelle können auch in warenwirtschaftlicher Hinsicht wertvolle Erkenntnisse bringen, handelt es sich doch hierbei um Material- und Energiebilanzen und deren Veränderungen im Rahmen ihrer gesamtwirtschaftlichen Verflechtungen. In diesem Zusammenhang sei folgende Aufgliederung der Koeffizienten-Matrix vorgenommen.

Gliederungsbeispiel der MATERIAL- UND DIENSTLEISTUNGSFLÜSSE

a_i....Roh- und Hilfsstoffe
b_i....Halb- und Fertigprodukte
c_i....Dienstleistungen (öffentliche Dienste)
d_i....Wertschöpfung (Arbeitseinkommen, Nettoproduktion)

Der Index i bedeutet verschiedene Stoffe, Produkte und Dienstleistungen, die den entsprechenden Aktvitäten zugeordnet sind. Eine solche IO-Tabelle läßt sich nicht mehr in physischen Größen, sondern nur mehr wertmäßig (in Geldeinheiten) aufstellen. Bei den Stoffflüssen kann dabei sehr wohl zwischen schnellen und langsamen Materialbewegungen bzw. zwischen Umlauf- und Anlagevermögen unterschieden werden. Streng genommen entsprechen nur erstere dem der IO-Tabelle zugrundeliegenden Gedanken von Stoff- und Dienstleistungsbilanzen, denn diese weisen eine solche Geschwindigkeit auf, daß sie über ein Jahr oder auch kürzere Zeiträume erfaßt werden können. Deshalb stellen in der volkswirtschaftlichen Gesamtrechnung - das bevorzugte Anwendungsgebiet der IO-Rechnung - die Materiallieferungen und Dienstleistungen im Sinne des Umlaufvermögens den eigentlichen Erfassungsgegenstand dar. Ihnen stehen als Bestandsgrößen das jeweilige Anlagevermögen (Betriebsmittel, Anlagen, Liegenschaften usw.) gegenüber. Diese gehen nur zum Teil und nicht unterscheidbar in die IO-Tabelle - als nicht eigens ausgewiesener Anteil der Erfassungsgrößen ein. Über den Anteil der Investitionsgüter an den materiellen Vorleistungen (=Erfassungsgrößen) lassen sich nur Schätzungen aufgrund des jeweiligen Verhältnisses von Umlauf- zu Anlagevermögen machen. In der fehlenden Trennung von Fluß- und Bestandsgrößen liegt ein gravierender Mangel der IO-Analyse, der teilweise dadurch behoben werden kann, daß dynamische Systemmodelle ergänzungsweise zum besseren Verständnis der Kausalzusammenhänge gebildet werden.

Der Anwendungsbereich von IO-Tabellen liegt in erster Linie im makroökonomischen Bereich der volkswirtschaftlichen Gesamtrechnung, im Vergleich regionaler oder sektoraler volkswirtschaftlicher Entwicklungen u.ä. Auch mikroökonomische Anwendungen z.B. an Großunternehmen sind denkbar, werden aber wegen der größeren Fluktuation der benötigten Daten aus den einzelnen Betriebsbereichen bzw. wegen der Schwierigkeit in der Erfassung der Datenbasis kaum durchgeführt. Erst bei höherer Aggregation zeigen die Bilanzgrößen jene Stabilität, die ein sinnvolles Arbeiten mit ihnen erlaubt.

Bei der Darstellung und Aufgliederung größerer IO-Tabellen wird häufig zwischen Make- und Absorptionsseite unterschieden. Diese entsprechen im wesentlichen dem intermediären Bereich der stofflichen Produktion einerseits und dem Dienstleistungsbereich als Wertschöpfung bzw. Nachfrage (**Erlöse- Verbräuche**) andererseits; sie nehmen auf diese Weise folgende Gestalt an:

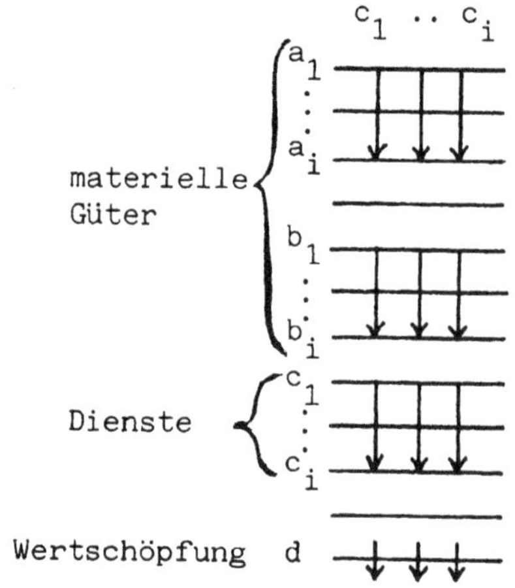

Absorptions-Matrix

Als Beispiel sei der öffentliche Bereich der österreichischen Volkswirtschaft herausgegriffen. Wir geben eine schematische Darstellung der Absorptionsmatrix, die eine Aufgliederung in Güter (a_i, b_i) Dienste (c_i) und Wertschöpfung (d_i) und in öffentliche dienste (c_j) sowie Erlöse + Eigenkonsum (d_j) aufweist. Die IO-Statistik der Produktionskonten für die öffentlichen Dienste (österr. Statitst. Zentralamt, Vorberichte, Heft 4, Wien 1983) stellt z.B. in der Absorptionsmatrix 102 Produkte und 40 Dienstleistungen, zusammen also 142 Güter, 21 verbrauchenden öffentlichen Aktivitäten gegenüber; dagegen werden in der Make-Matrix nur 19 Güter und 36 Dienstleistungen den 21 produzierenden öffentlichen Aktivitäten gegenübergestellt, was naturgemäß der geringeren Sachgüterproduktion im öffentlichen Bereich einerseits, und den stärker ausgeprägten Dienstleistungen andererseits - diese allerdings hauptsächlich für den Eigenkonsum - entspricht.

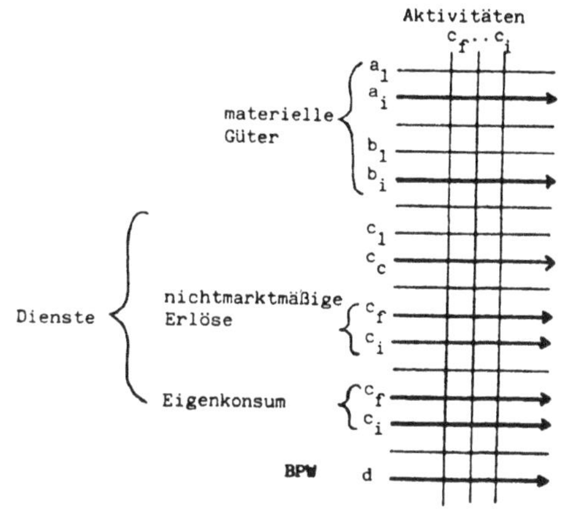

MAKE-MATRIX

Eine aktuelle makroökonomische Anwendung der IO-Analyse sei abschließend erwähnt. Es handelt sich um eine Studie zur vieldiskutierten Frage der Verkürzung der Wochenarbeitszeit von 40 Stunden auf 35 Stunden; die Analyse wurde im Auftrag der österreichischen Bundesregirung von W. Leontief, Begründer der IO-Rechnung und Nobelpreisträger von 1973 erstellt wurde.

	Stand von 1976	Projektionen für 1990				
		40-Stunden-Woche		35-Stunden-Woche		
		keine zusätzliche Technisierung	größtmögliche Technisierung	keine zusätzliche Technisierung	mittlere Technisierung	größtmögliche Technisierung
Verbrauch (Milliarden Schilling)	738	1180	1190	1113	1114	1148
Investitionen	197	365	365	365	365	365
privater Verbrauch	416	654	675	596	607	619
Konsum der öffentlichen Hand	133	172	174	162	163	168
Exporte	255	619	624	584	585	603
Importe	262	631	648	595	605	606
Bruttoinlandsprodukt pro Beschäftigten (tausend Schilling)	229	366	390	326	340	341
Pro-Kopf-Einkommen (tausend Schilling)	101	150	159	131	136	137
wochentliche Arbeitszeit (Stunden)	42,1	39,6	39,9	35,2	35,3	35,3
Arbeitslose (tausend Personen)	55	220	386	29	165	76
Beschäftigte (tausend Personen)	3222	3221	3056	3413	3277	3366

Für die Wirtschaft Österreichs sind hier verschiedene Projektionen für das Jahr 1990 zusammengestellt, die an Hand eines numerischen IO-Modells berechnet wurden (Preise von 1976). Die Spalte links zeigt den tatsächlichen Stand der österreichischen Wirtschaft im Jahre 1976 (bei einer Wochenarbeitszeit von 42,1 Stunden). Die beiden ersten Spalten spiegeln jeweils eine projezierte Situation im Jahre 1990 wider. Bei der linken Spalte wurde angenommen, daß der Grad der Technisierung nicht über den 1976 schon erreichten Stand hinausgeht; in der zweiten Spalte dagegen läßt sich ablesen, wie sich umfassende technische Innovationen auswirken würden, die mit Hilfe von größtenteils importierten Anlagen alle 1980 verfügbaren Möglichkeiten ausschöpfen könnten. Die Folgen - Anstieg des Bruttosozialproduktes und Pro-Kopf-Einkommens um den Preis wachsender Arbeitslosigkeit - lassen sich durch Einführung der 35-Stunden-Woche mildern, wie die Projektionen in den drei rechten Spalten zeigen. Erstens: Nach 1976 verändert sich der Technisierungsgrad nicht mehr (links). Zweitens: Es kommt zu einer Technisierung wobei die maximalen Möglichkeiten von 1980 zu 50% realisiert werden - wiederum mit größtenteils importierten Anlagen (Mitte). Und schließlich drittens: die Technisierung schöpft alle Möglichkeiten aus und schreitet auf der Basis von größtenteils selbsterstellten Anlagen rasch voran. Eine solche volle Technisierung würde natürlich bei unveränderter wöchentlicher Arbeitszeit das größte Bruttosozialprodukt für das Jahr 1990 ergeben, wenn auch nur 10 Milliarden Schilling mehr als die Variante mit unverändertem Technisierungsgrad (auf dem Niveau von 1976). Eine Verkürzung der wöchentlichen Arbeitszeit könnte - selbst bei voller Technisierung - die Arbeitslosenquote auf rund 2% im Jahre 1990 drücken, allerdings zu Lasten des Bruttosozialprodukts bzw. des Pro-Kopf-einkommens. Dieses würde nämlich fast im gleichen Ausmaß wie die Wochenarbeitszeit - nämlich um ca. 12,5% abnehmen.

Damit spricht diese Modellrechnung dafür, daß eine Reduktion der Arbeitslosigkeit auf ca. 2% sowohl bei keiner zusätzlichen als auch bei höchster Technisierung nur dann erreichbar ist, wenn gleichzeitig mit der Einführung der 35-Stunden-Woche auch die Löhne und Gehälter in etwa gleichem Ausmaß gekürzt werden - ein zwar wenig erfreuliches, aber nicht unerwartetes oder unverständliches Ergebnis.

ERGÄNZUNG ZUM LEONTIEF-IO-WELTMODELL

Dieses IO-Modell wurde aus der Einsicht entwickelt, daß die Zukunft der Weltwirtschaft grundsätzlich nicht vorhersagbar ist. Es ist jedoch möglich, ein Modell nach ausdrücklichen Zielvorgaben zu erstellen, das in voller innerer Konsistenz so zu konstruieren wäre, daß es gemäß dieser Zielvorgabe Richtlinien für zukünftige Entwicklungen angibt. Es handelt sich also um ein normatives Modell, das hinsichtlich seiner mathematischen Formulierung aus einer großen Anzahl simultaner linearer Gleichungen mit mehr Unbekannten als Gleichungen besteht, wobei die Struktur vergleichsweise einfach,aber der Umfang sehr groß ist. Durch exogen gegebene Werte für Schlüsselvariablen wird dann die Zahl der Gleichungen gleich der Anzahl der Variablen gemacht, sodaß eine Lösung computermäßig errechnet werden kann.

Das Sammeln der Daten und Auffüllen von Datenlücken war eine besonders anspruchsvolle Aufgabe, desgleichen die Schätzung der IO-Koeffizienten für die künftigen Jahre, was durch Befragung zahlreicher Technologieprognostiker geschehen ist. Gelegentlich bedarf es hier, wie auch bei anderen Modellkonstruktionen eines sicheren "Gefühls" für die Auswahl der Daten und die Konstruktion der Szenarien.

Das Modell liefert eine Art von Checkliste für volkswirtschaftliche Aktivitäten und wirtschaftspolitische Entscheidungen, die für das erwünschte weltwirtschaftliche Wachstum erforderlich wären (vgl. anorgan. Warenlehre S. 59). Die Kapazität des in seiner Struktur und seinen Annahmen besonders hinsichtlich der Dynamik der IO-Koeffizienten schwer durchschaubaren Modells wurde nach Angaben der Modellschöpfer in Folge mangels an Zeit und Mittel noch nicht voll ausgeschöpft. Auch konnten die eigentlich sensiblen Einflußgrößen, die die Modellrechnung und damit die Ergebnisse am stärksten beeinflussen noch nicht ausgeschieden werden.

Hinsichtlich der bisherigen Ergebnisse ist festzuhalten, daß die Entwicklungsländer unerhörte Investitionsraten errreichen und durchhalten müssen,bei niedrigem privaten Verbrauch,um den Abstand zu den Industrieländern zu überbrücken oder zu mildern. Die Agrarerzeugung müßte in den Niedriglohnländern Lateinamerikas und Asien mehr als 500%, in den zentralen Planwirtschaften Asiens um 400-500% zunehmen!

In Bezug auf die mineralischen Rohstoffe gibt sich das Modell optimistisch, unterstellt ein aktives Recycling für mineralische Rohstoffe und einen teilweisen Ersatz von Erdöl bzw. Erdgas durch Kernenergie mittels Kohleverflüssigung und Kohlevergasung bis 2000. Die erhöhten Kosten werden in einem Preis-Nebenmodell berücksichtigt.

Die Umweltproblematik ist technisch und kostenmäßig inerhalb gewisser Grenzen bewältigbar, wobei für die Entwicklungsländer ein konventioneller Entwicklungspfad wirtschaftlich günstiger ausfällt als ein umweltschutzintensiver Ansatz durch Technologietransfer aus Industrieländern.

Durch dieses Modell wird in letzter Konsequenz ein innerer Wandel gesellschaftlicher, politischer und institutioneller Art in Richtung auf einen humanen Sozialismus als Voraussetzung einer neuen Weltwirtschaftsordnung zur Realisierung der geschilderten Veränderungen gefordert.

ERGÄNZUNG ZU NT

Die IO-Analyse kann ebenfalls als einseitig gerichtetes Beziehungsnetz aus mehreren (theoretisch unendlich vielen), gleichen, in ihrer Gewichtung aber rasch abnehmenden Schichten - und somit als stark vereinfachtes NT gedeutet werden.

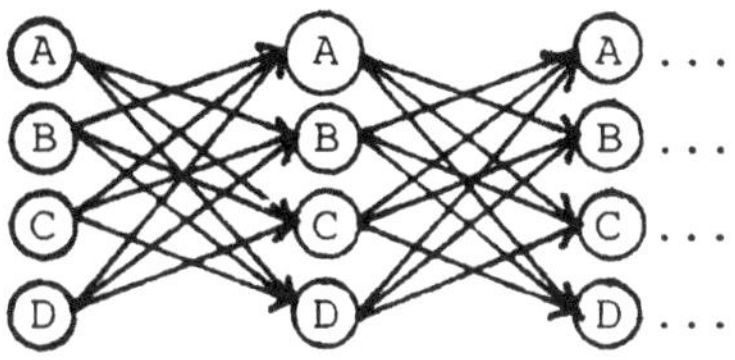

IO-Netz

Vergegenwärtigt man sich das Grundschema der quadratischen IO-Matrix (S.), so gibt A Outputs an B, C, D und empfängt Inputs von B, C, D; diese werden aufsummiert und gemäß der Schaltlogik (Produktionsfunktion, Technologie) von A wieder an B, C, D abgegeben; das gleiche gilt für B, welches A, C, D beschickt und ebenso von ihnen beliefert wird usw., usw. Die theoretisch unendlich vielen Schichten entsprechen dabei der unendlichen Reihenentwicklung von Leontief-Inversen. Die Schaltlogik der Systemelemente (Wirtschaftszweige) A, B, C, D bleibt konstant, da diese per definitionem in der IO-Analyse mit den Zeilen und Spalten der Matrix identisch sind.

Es ergibt sich somit die IO-Matrix als gerichtetes Beziehungsnetz schichtidentischer Systemelemente mit starrer Schaltlogik, womit bereits die wesentlichen Unterschiede zu den eigentlichen NT ausgesprochen sind. Diese besitzen nämlich individuelle Strukturelemente mit (elastisch) variabler Schaltlogik, die außerdem auch invers wirken kann. In diesem plastisch oder besser elastisch modifizierbaren, vielfältigen Beziehungsgerüst liegt die Ursache für die Leistungsfähigkeit neuronaler Netze und die Besonderheit ihrer Anwendung auf verschiedene Aufgabengebiete. Durch die Realisation mit lernfähigen Neurocomputern ergeben sich besondere Anwendungsbereiche, wie Optimierungs-, Identifizierungs- und Klassifikationsmöglichkeiten auch in ökonomischen Anwendungsgebieten.

LITERATUR:

Global 2000 - Bericht an den Präsidenten 2001 Frankfurt/Main 1980

Handbook of the Latin American World Model. Paris: Unesco, July 1977

Herrera, A.O. et al., Catastrophe for new society? A Latin American World Model Ottawa: International Development Research. Center 1976

Kramer, H., Input-Output-Analyse - ein neues Instrument der Wirtschaftsforschung. CA-Wirtschaftsberichte 9(1974) 1, 16-20

Leontief, W., Die Folge der Arbeitszeitverkürzung für Arbeitsplätze: Einkommensverteilung. Spectrum der Wissenschaft 11/1982, 153-156

Österreichisches Statistisches Zentralamt: Input-Outputstatistik, Vorbericht Heft 4, Produktionskonten für die öffentlichen Dienste, Make- und Absorptionsmatrizen, Wien 1983

Richter, J., Strukturen und Interdependenzen der österreichischen Wirtschaft. Ergebnisse der Provisorischen Input-Output-Tabelle 1976. Schrifternreihe der bundeswirtschaftskammer Heft 41, Wien 1981

Skolka, J., Die Anwendung der IO-Analyse. CA-Wirtschaftsberichte 9 (1974), 2, 24-29

Leontief, W., Technologiewahl und Ökonomie. Spektrum d. Wissenschaft 8/1985, 32-47

Stäglin, R., Input-Outputanalyse. Spektrum d. Wissenschaft 5/1985, 44-64

Wirtschaftspolitische Blätter 4(1985): Reale Input-Output-Rechnungen

Humpert, B., Neuronale Netzwerke - Ein neuer Stern am Computerhimmel? Technische Rundschau (Bern) 2/1989, 34-39

Malsburg van der, Chr., Flexible Automaten in neuronaler Architektur. Spektrum d. Wissenschaft 1/1988, 32-33

4.73 SYSTEMDYNAMIK (system dynamics)

J.W. Forrester benützt zur quantitativen Modellierung wirtschaftlicher Vorgänge die exakt analysierte Struktur des Regelkreises und deren Verflechtung zu vernetzten Schleifen. Für die Struktur des Regelkreises und des gesamten Modelles ist die Unterscheidung von konservativen Fluß- und Zustandsgrößen einerseits und nichtkonservativen Informationsgrößen andererseits wichtig. Erstere bestehen aus dem Stoff- und Energiefluß, die quantitativ nur durch Zu- und Abnahmen (Zustandsgrößen, Quelle/Senke;Raten) verändert werden. Die nichtkonservativen Größen werden durch den gerichteten Informationsfluß repräsentiert, die sehr wohl neu entstehen (originäre oder Gesetzesinformation vgl. S. 172) oder beliebig reproduziert (redundante oder repetitive Information) sowie vernichet, vergessen oder nicht mehr verstanden werden können. Wie oben erläutert besteht zwischen Information und Entropie ein enger Zusammenhang, sodaß die dynamische Systemtheorie die Auswirkung der Entropie zur Darstellung bringt und zwar durch ihre auf irreversible Endzustände zielende Entwicklungsrichtung.
Die Informationen liefern hierbei in Form von Hilfsgleichungen die Binde- und Steuerglieder zwischen den konservativen Größen und stellen damit wesentliche Bestandteile des Beziehungsgeflechtes der Modellstruktur. Sie repräsentieren sich analytisch als mathematische Funktionen oder empirisch als Tabellenfunktion sowie durch logische Funktionen. Die Verknüpfung erfolgt linear oder nichtlinear, was einen entschiedenen Vorzug gegenüber ökonometrischen Modellen ergibt; andererseits zieht die determinierte Systemstruktur den Verzicht auf statistische Verfahren nach sich - ein Hauptkritikpunkt des Forrester'schen Ansatzes.
Der antagonistische Charakter von Ökonometrie und Systemdynamik sollte allerdings nicht mit Unvereinbarkeit verwechselt, sondern darin vielmehr eine komplementäre Ergänzungsmöglichkeit gesehen werden. Da sich ökonomische Vorgänge als Mengenänderungen verstehen, kann die Ökonometrie wertvolle Hilfe bei der Erstellung systemdynamischer Modelle leisten und zur Datengewinnung sowie Modellvalidierung beitragen.

Andererseits werden ökonometrische Modelle immer häufiger im Sinne von Systemdynamik verwendet. Eine völlige Überführung oder nahtlose Vereinigung der beiden methodischen Ansätze scheint allerdings ausgeschlossen, sodaß bei Systemmodellierungen die Entscheidung zwischen stochastisch-ökonometrischer oder determiniert-systemdynamischer Vorgangsweise unvermeidlich bleibt.

Die charakteristischen Unterschiede lassen sich etwa so formulieren: systemdynamische Modelle verknüpfen einige wenige konservative Flußgrößen durch verhältnismäßig zahlreiche informative Hilfsvariablen in einem Geflecht von Rückkopplungsschleifen von kausalem Erklärungswert; Ökonometrie dagegen und insbesondere die IO-Analyse verbindet zahlreiche konservative statistische Größen über ein eher lockeres i.a. lineares Beziehungsgeflecht formal-funktionaler Art (Abb. unten).

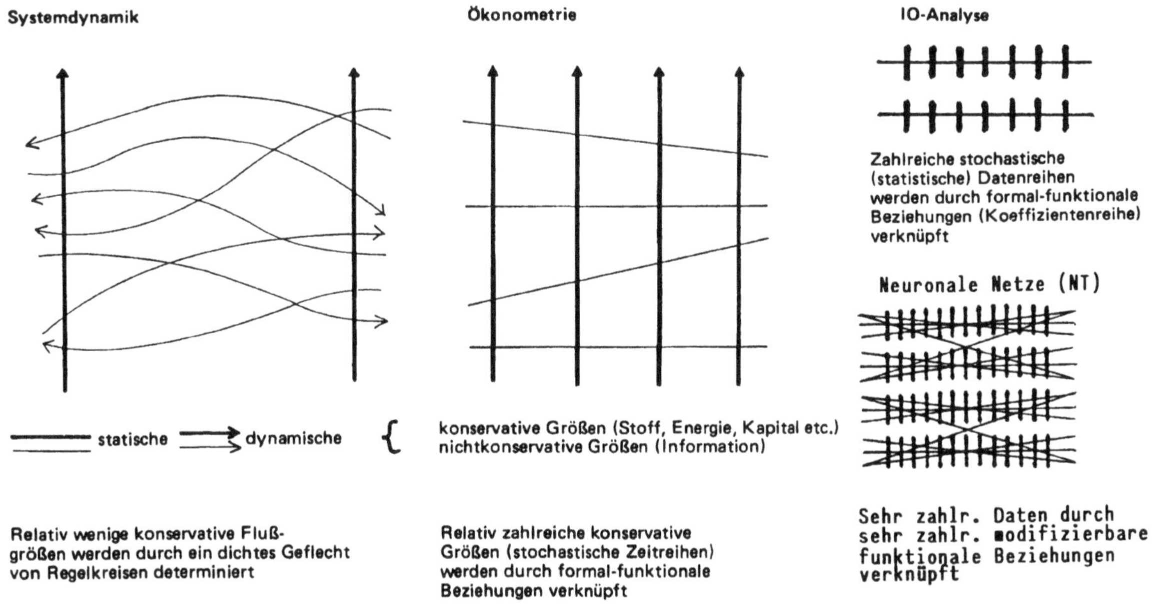

Für die Systemdynamik ist ein Computerprogramm (Dynamo) mit eigener Symbolik und Notation entworfen worden, welches das Konstruieren und Verstehen von Modellen wesentlich erleichtert. Der Eindrücklichkeit halber sei im folgenden das Wesentliche dieser Symbolik kurz zusammengefaßt; weitere Einzelheiten müssen der Originalliteratur entnommen werden.

Symbole des Dynamo-Programms

Konservative Größen			nichtkonservative Größen		
Zeichen	Buchstabe	Bedeutung	Zeichen	Buchstabe	Bedeutung
	L (Level)	Zustand, Vorrat Summengleichung Integralgleichung		A (Auxiliary)	Information Hilfsgleichung
	R (Rate)	Entscheidung, Rate Differenzengleichung Differentialgleichung		A	exogene Information etc.
		Quelle/Senke (unerschöpfte Vorräte, Zustände)			Informationsfluß
			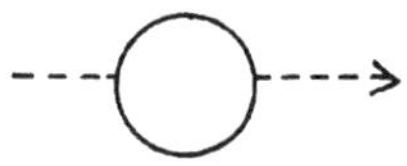		Informations-transformation
		Fluß des Stoff/Energie/Informations-Komplexes	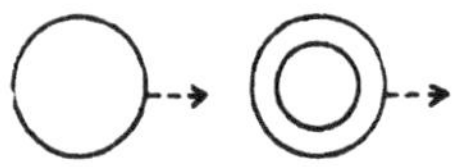		transformierte Information

Rückkoppelung

ausführliche Darstellung	vereinfachte Darstellung
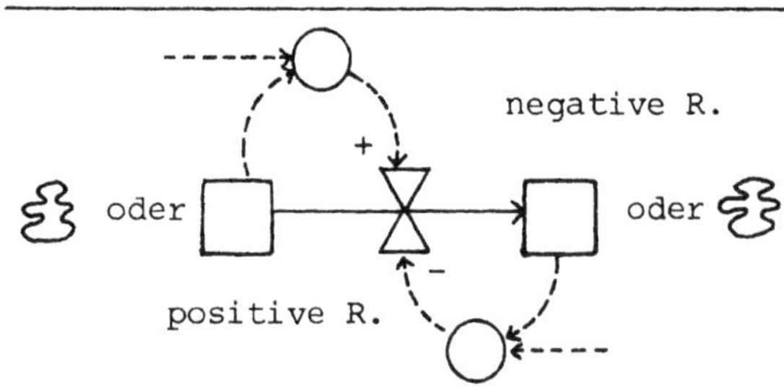	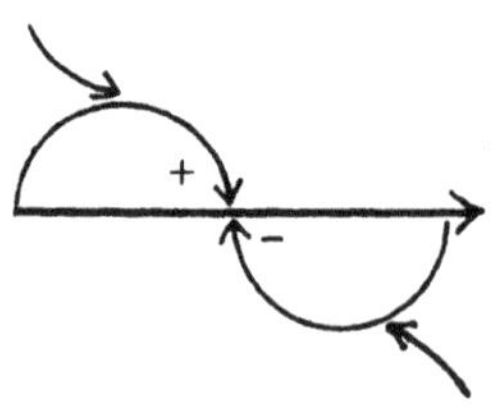 vgl. nächste Abb.!

Forrester, J.W., Principles of Systems. Cambridge Mass. 1968; deutsch von E. Zahn, Grundzüge einer Systemtheorie, Gabler Wiesbaden 1972.

ANMERKUNG ZU 4.73 SYSTEMDYNAMIK (SYSTEM DYNAMICS)

Etwa seit 1956 bis Ende der 60er Jahre hat J.W. Forrester am Massasuchetts Institute of Technology (MIT) eine Modelltheorie entwickelt, die er System dynamics - Systemdynamik bzw. dynamische Systemtheorie nannte. Sie befaßt sich mit der Erstellung computisierbarer Modelle "geschlossener" Systeme aus miteinander vernetzten Rückkopplungskreisen. Derartige Systemstrukturen lassen sich in allen Bereichen der Natur, der Technik und der Wirtschaft auffinden.

Die dynamische Systemtheorie besteht in der geeigneten Hintereinanderschaltung von Zustandsgrößen - ausgedrückt durch Integrale bzw. Summengleichungen - und von Flußgrößen - ausgedrückt durch Differenziale bzw. Differenzengleichungen Der Übergang vom Differenzial zur Differenz und vom Integral zur Summe wird durch den Einsatz des Computers möglich und erforderlich, um analytisch nicht mehr lösbare Gleichungen mit praktisch hinreichender Genauigkeit berechnen zu können. Es stehen also Summengleichungen für Zustandsgrößen (Level, L);siewerden in der Symbolsprache des Dynamo-Programms (vgl. Abb. auf vorhergehender Seite)als Quadrat oder Rechteck im Flußdiagramm gekennzeichnet. Zustände ändern sich nur durch Zu- und Abflußraten die durch Differenzialgleichungen repräsentiert sind und zeichnerisch im Flußdiagramm durch ventilähnliche Symbole gekennzeichnet sind (Rate, R). Die Raten können auch als Entscheidungsregel für Handlungsalternativen interpretiert werden.

Die dynamische Systemtheorie unterscheidet grundsätzlich zwischen konservativen und nichtkonservativen Flußgrößen. Erstere sind physisch-materieller Natur und ändern sich nur durch Zu- und Abflußraten. Es handelt sich hier z.B. um Stoffe, Energien,Personen,Zahlungsmittel und überhaupt um Güter aller Art sowie auch um quantifizierbare reale Größen wie Verfahren, Technologien usw., die als materialisierte Informationen aufgefaßt werden können. Im Diagramm wird der Fluß konservativer Größen durch eine ausgezogene Linie abgebildet. Pfeile geben die Flußrichtung an, wobei sie von einem Zustand oder einer Quelle ausgehen und in einem Zustand oder einer Senke (negative Quelle) enden (vgl. oben).

Bei den nichtkonservativen Flußgrößen dagegen handelt es sich um Informationen, welche schematisch durch gestrichelte Pfeile abgebildet werden. Sie gehen von Zuständen aus, in Richtung auf Raten, welche durch eben diese Informationen gesteuert werden. Informationen unterliegen bei ihrer Verarbeitung keinem direkten Verbrauch, sie lassen sich beliebig vermehren (Reduplizieren bzw. Redundanz) und werden auch de novo gebildet oder auch spurlos vernichtet z.B. nicht mehr verstanden oder vergessen. Der schöpferische oder kreative Prozeß besteht im wesentlichen in der Neuschaffung von Information. Durch diese Eigenschaft zeigt sich u.a. die innere Verwandtschaft oder Isomorphie mit den Entropiebegriff, dem systemtheoretischen Maß für Ordnungs- und Strukturzustände bzw. Änderungen.

Das Strukturelement der Systemdynamik ist der Regelkreis oder die Rückkopplungsschleife: diese Struktureinheit entsteht dadurch, daß ein (System)zustand durch einen Informationsfluß z.B. in Form von Hilfsvariablen bzw. Hilfsgleichungen die Flußrate (Entscheidung) so steuert, daß die reale Flußgröße (Handlung) im positiven oder negativen Sinne beeinflußt und somit eine Zu- oder Abnahme bewirkt wird.

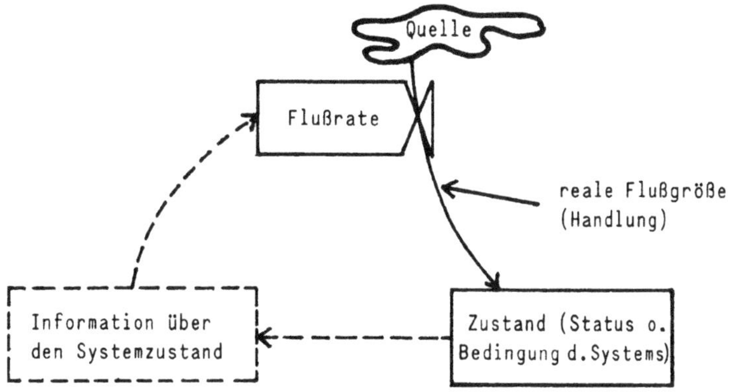

Rückkoppelungsschleife

Der Aufbau eines Modells wird dadurchbewerkstelligt, daß mehrere solche Rückkopplungsschleifen hintereinander, nebeneinander und ineinander geschaltet werden, wobei die Hilfsgleichungen in sinnvoller Weise die Vernetzungen der Rückkopplungsschleifen übernehmen. Die Kunst des Modellschöpfers besteht darin, auf solche Weise ein Realsystem möglichst wirklichkeitsgetreu abzubilden. Die Schwierigkeit bei der Erstellung solcher Modelle ist eine mehrfache: einmal erfordert die Auswahl der Flußgrößen (Zustände bzw. Vorräte und Raten bzw. Entscheidungsregeln), der für das System wichtigsten Parameter, sehr viel Scharfsinn und Urteilsvermögen gepaart mit Sachverstand und gründlicher Kenntnis der modellhaft abzubildenden realen Gegebenheiten. Nicht weniger diffizil gestaltet sich die Verflechtung der Regelkreise mittels geeigneter Hilfsvariablen und entsprechend formulierter Hilfsgleichungen (Auxiliaries, A vgl. Schema auf Seite 208) , die im Diagramm als Kreise eingezeichnet werden. Modelltheoretisch stellen die Hilfsvariablen Erweiterungen oder Ergänzungsgrößen der Raten dar; sie können auch exogen als unabhängige Variablen definiert sein, wobei sie dann durch konzentrische Doppelkreise gekennzeichnet sind.

Weitere grundsätzliche Schwierigkeit besteht in der Quantifizierung von an sich qualitativen Eigenschaften, Einflußgrößen oder Charakteristiken, die notwendigerweise in einem definierten und damit quantifizierten Zusammenhang gebracht werden müssen. In allen Fällen wird man versuchen, empirische Daten ausfindig zu machen, oder sich allgemein einsichtiger Plausibilitätsüberlegungen, Expertenmeinungen, -befragungen usw. anzuschließen und auf diese Weise versuchen, quantitative Zusammenhänge in Tabellen oder Kurvenform zu konstruieren. Auch eine Reihe logischer Funktionen (verschiedene Schaltfunktionen) oder formalisierte Funktionen (Verzögerungen, Dämpfungen usw.) können hierfür herangezogen werden.

Für die rechnerische Behandlung müssen sämtliche Variablen durch Gleichungen ausgedrückt werden. Durchnummeriert und mit einer Buchstabengruppe gekennzeichnet, werden somit jene Gleichungen formuliert, welche die quantitativen Zusammenhänge z.B. in der Art des Dynamo-Programms oder auch in Fortran wiedergeben. Die Zustands- und Ratenvariablen müssen mit Anfangswerten versehen sein, die ebenso wie gewisse Kenngrößen der Hilfsvariablen als Konstanten (C) aufzufassen sind. Besonders wichtig sind im Dynamo-Programm sogenannte Tabellenfunktionen, mit denen nichtlineare Zusammenhänge, die empirisch belegt sind, oder aus Plausibilitätsgründen gefolgert werden, und für systemdynamische Modelle typisch sind. Die Regeln, nach denen die Variabeln zu benennen und die Gleichungen zu formulieren sind, wurden zu dem sogenannten DYNAMO-Compiler einem für Zwecke der Systemdynamik zugeschnittenen Computerprogramm zusammengefaßt; es kontrolliert die Modellansätze auf formale Fehler, rechnet die Ergebnisse numerisch und druckt sie graphisch aus.

DAS DYNAMO-PROGRAMM

Sämtliche Variablen sind Zeitvariablen. Da es sich bei den Hauptvariablen um Summen- und Differenzengleichungen handelt, müssen zunächst sogenannte Inkremente, d.s. regelmäßig aufeinanderfolgende gleiche Zeitabstände definiert werden. Ihre Kennzeichnung erfolgt formal durch die Buchstabenfolge J,K,L, wobei die aufeinanderfolgenden Zeitintervalle zwischen ihnen mit JK, KL gekennzeichnet werden. Diese Zeitdifferenz, auch als Lösungsintervall oder Inkrement bezeichnet, gibt die Schritte der Modellrechnung durch Computersimulation an. In diesen Schritten erfolgt die numerische Auflösung des gesamten Gleichungssystems in regelmäßigen Abständen. Das Inkrement wird mit DT bezeichnet und entspricht dem dt der Differenzialgleichung. Es ist innerhalb gewisser Grenzen freiwählbar und nur für das jeweilige Modell und seine Berechnung von Bedeutung. Für die Dynamik des realen Systems, das durch das Modell abgebildet werden soll, gilt in der Regel eine andere, längere systemimmanente Zeiteinheit als Abbildungsraster auf der Zeitachse. Das Inkrement soll aus modelltheoretischen Gründen ca. 1/5 bis 1/10 des Zeitrasters des abzubildenden Realsystems betragen. Soll z.B. das Realsystem jährlich fortgeschrieben werden, so genügt ein Inkrement von 1-2 Monaten. Je kleiner das Inkrement gewählt wird, umso höher steigt die Rechengenauigkeit, d.h. die Annäherung an die Infinitesimalrechnung; zugleich nimmt aber auch die Rechenarbeit zu, müssen doch sämtliche

Gleichungen des Modells für jeden der aufeinanderfolgenden Lösungsintervalle aufgelöst bzw. numerisch durchgerechnet werden, eine Aufgabe, die erst mittels EDV praktisch durchführbar wurde. Die vom Computer gemäß dem vorgegebenen Lösungsintervall (DT)durchgeführte schrittweise Rechnung ergibt bei geeigneter Wahl des Inkrements in aller Regel eine für die praktischen Anforderungen vollkommen ausreichende Genauigkeit der Ergebnisse eines Modelldurchlaufes.

Im DYNAMO-Programm werden die Rechenoperationen wie folgt angegeben: Addition +, Substration mit -, Multiplikation mit *, Division mit /. Dieses Zeichen wird gelegentlich auch bei Tabellenfunktionen als Trennstrich verwendet. Die Verwendung der ( ) wie üblich; Bezeichnung der Dezimale durch . z.B. .25; Bezeichnung der Exponenten durch E bzw. -E und Zahl der Potenz.

Eine Zustandsgleichung hat folgende Form:

Z.K = Z.J. + (DT)(ZR.JK - AR.JK)
Z = Zustandsgröße (in Einheiten)
Z.K = Neuer Wert des Systemzustandes zum Zeitpunkt K (in Einheiten)
Z.J = Früherer Wert des Systemzustandes zum Zeitpunkt J (in Einheiten)
DT = Dauer des Intervalls (Inkrement) zwischen J und K (Zeit)
ZR = Zuflußrate (Einheiten/Zeit)
ZR.JK= Zuflußrate im Intervall JK (Einheiten/Zeit)
AR = Abflußrate (Einheiten/Zeit)
AR.JK= Abfluß im Intervall JK

Die Zustandsgleichung besagt also, daß einer neuer Systemzustand gleich dem alten Zustand + Saldo aus Zu- und Abfluß ist.

Die Ratengleichung sieht so aus:

R.KL = f(Zustände und Konstanten)
R = Rate (Einheit/Zeit)
KL = Zeitintervall unmittelbar nach dem Zeitpunkt K (Zeit)
f = beliebige Funktion

Die Ratengleichungen werden somit allein von Zuständen, deren Anfangswerten und anderen allenfalls auch exogenen Konstanten bestimmt, die sich aus Informationsflüssen des Systems oder aus seinem Umfeld ergeben, wodurch sich die Dynamik des Systems aufbaut. Unter der mit f bezeineten beliebigen Funktion verbergen sich häufig die erwähnten Hilfsgleichungen, welche sehr verschiedene Gestalt annehmen können.

Ein sehr wesentlicher Vorteil besteht gerade in Bezug auf diese Hilfsgleichungen, da durch sie insbesondere nichtlineare empirische Funktionen, logische und andere formale Funktionen eingeführt werden können. Charakteristisch hierfür ist die sogenannte Tabellenfunktion TABLE, die in nachfolgender ( ) zuerst die Variablenbenennung mit vorgesetztem T, dann die Bezugsgröße mit Anfangswert, End- und Skalenwert enthält. Der Verlauf der Funktion wird numerisch oder durch ein Schaubild angegeben.

TABLE (TNAME, P.K, N1, N2, N3)

TNAME = E1/E2/........./EM

TNAME = Name der Tabelle, in der die Spezialfunktion operiert
P = Inputvariable, für die die korrespondierenden Tabellenwerte lokalisiert werden
N1 = Wert von P, bei dem der erste Tabellenwert aufgezeichnet wird
N2 = Wert von P für die letzte Tabellenaufzeichnung
N3 = Intervall der P-Werte zwischen den Tabellenaufzeichnungen
E1 = numerischer Wert der Tabelle bei P=N1
E2 = zweiter Tabellenwert bei P=N1 + N3
EM = letzter Tabellenwert bei P=N2

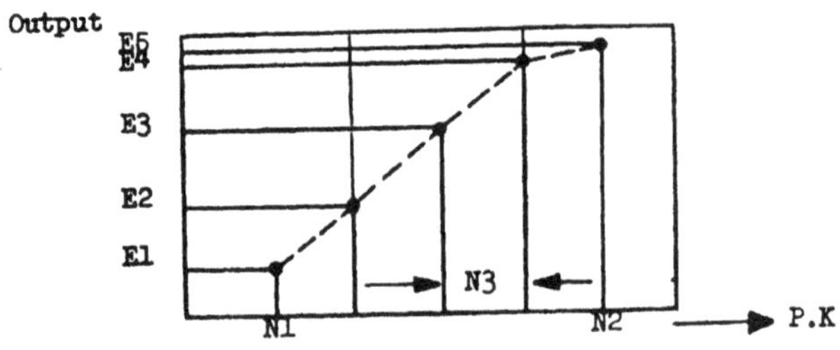

TABLE-Funktion

Eine weitere spezielle Tabellenfunktion ist z.B. TABHL (table high low), mit der Anweisung, außerhalb der Anfangs und Endwerte die höchsten bzw. niedrigsten Tabellenwerte beizubehalten.

Die Bezeichnung EXP (Q) bedeutet e^Q; die Bezeichnung STEP(STH,STZ) steht für Stufenfunktion, d.h. die Variable springt zum Stufenzeitpunkt STZ um die Stufenhöhe STH; zu den logischen Wahlfunktionen gehören MAX, CLIP und SWITCH; MAX(P,Q) wählt den jeweils größten von den Input-Werten Q aus; CLIP und SWITCH sind Schaltfunktionen d.h. CLIP (P,Q,KRIT, BEZB) wählt P oder Q aus, je nachdem ob das Kriterium (KRIT) größer oder kleiner ist als die Bezugsbasis (BEZB); ähnlich funktioniert SWITCH (P,Q,KRIT) nur,daß hier KRIT = 0 oder$\neq$0.

Weitere Spezialfunktionen und zwar mit integraler Wirkung sind SMOOTH, DLINF3 und DELAY 3. SMOOTH ist eine Glättungs- oder Durchschnittsfunktion und erzeugt bei konservativen Flußraten exponentielle Durchschnitte erster Ordnung. DX.K = SMOOTH (X.JK,DZ) bedeutet den durchschnittlichen geglätteten Wert der Rate X.JK über das Zeitintervall (Durchschnitts- oder Glättungszeit) DZ. DLINF3 und DELAY3 bewirken eine durch drei negative Rückkopplungsschleifen erzeugte Verzögerung und exponentielle Abschwächung, wobei DLINF für Informationen und DELA für konservative Größen vorgesehen ist. Die Bezeichnung VX.K = DLINF3 (X.K,VZ) bedeutet also die um die Verzögerungszeit VZ verzögerte und abgeschwächte Information X. Im Prinzip das Gleiche bewirkt VX.K = DELAY 3 (X.K, VZ)für die physische Zustandsvariable X.K.

Verzögerungen finden sich in einem Rückkopplungssystem zwangsläufig überall, denn der gegenwärtige Zustand des Systems hängt nicht nur von den momentanen Aktions- oder Sachströmen ab, sondern ist auch das Ergebnis aus allen vorangegangenen Aktionen und Veränderungen: "Die Information ist nicht durch den gegenwärtigen wahren Zustand bestimmt, der weder sofort noch genau verfügbar ist, sondern statt dessen durch die vergangenen Zustände, die beobachtet, übertragen analysiert und geordnet worden sind" (Forrester S. 21). Jedoch erreichen diese Verzögerungen nur in bestimmten Fällen einen solchen Wert, daß die Unterschiede zwischen dem wahrgenommen und tatsächlichen Systemzustand auf besagte Weise eine Berücksichtigung finden müssen. Solche Verzögerungen ergeben sich z.B. zwischen Aufträgen und Lieferungen, zwischen Geburtenziffern und der Zahl der arbeitsfähigen Bevölkerung oder zwischen Explorationsinvestitionen und Entdeckungsarten. Der klassische Fall für den drei bis vierjährigen Konjunkturzyklus ist bekanntlich der Schweinezyklus, welcher ebenfalls durch Verzögerungseffekte zustandekommt (Meadows). Da die Verzögerungsfunktionen akkumulierend bzw. integrativ wirken, werden sie im Flußdiagramm für Zustandsvariablen als Rechtecke mit Längs- und Querbalkenunterteilung eingezeichnet.

4.74 SYSTEMDYNAMISCHE MODELLE

Die Systemdynamik befaßt sich mit der Erstellung computisierbarer Modelle "geschlossener" Systeme aus miteinander vernetzten Rückkopplungskreisen. Derartige Systemstrukturen lassen sich in allen Bereichen der Natur, der Technik und der Wirtschaft auffinden.

"Mit Hilfe der Prinzipien der (dynamischen) Systembehandlung sollte es möglich sein, die verwirrenden Beobachtungen in unserem politischen und ökonomischen Systemen zu strukturieren...
Das Wissen um die Systemstruktur sollte der Ausbildung für das Bewältigen zwischenmenschlicher Beziehungen (Sozial- und Wirtschaftswissenschaften) denselben Auftrieb geben, die die Erkenntnis von der Struktur der physikalischen Gesetze der Technologie gegeben hat.... In den Systemkonzepten sollen wir eine gemeinsame Grundlage finden, die die Naturwissenschaften und die Geisteswissenschaften vereinigen" (Forrester S. 14).

Die Rückkopplungssysteme beinhalten zwei Arten von Rückkopplung, den negativen und den positiven Regelkreis; der negative Regelkreis wirkt zielsuchend, indem er Zielabweichungen reguliert (Prinzip der gedämpften Schwingungen). Der positive Regelkreis führt zu ungehemmtem Wachstum oder ungehemmter Schrumpfung, da die Resultate gleiche Aktivitäten mit noch größeren Wirkungen auslösen.

Die Systemdynamik beruht in mathematischer Hinsicht auf der konsequenten Anwendung von zwei mathematischen Funktionen, nämlich der Exponentialfunktion und der Sinus- bzw. Kosinusfunktion, die auch tatsächlich bei den meisten Wachstums- bzw. Dämpfungs- oder Schwingungserscheinungen auftreten. Der formale Zusammenhang der beiden Funktionen ergibt sich aus dem Umstand, daß das Integral der Exponentialfunktion mit imaginären Exponenten zur Sinusfunktion führt.

Die Modellkonstruktion erfolgt immer aufgrund bestimmter Vergangenheitserfahrungen, die sich einerseits in Theorien und andererseits in empirischem Zahlenmaterial (Statistiken etc.) niederschlagen. Ist das Modell erstellt, so wird es in einer ersten Validierung für den Zeitabschnitt getestet, auf dessen Erfahrungswerten es aufbaut. Die Validierung des Modellaufes für diesen Zeitabschnitt sollte eine möglichste Übereinstimmung der errechneten Kenngrößen mit den tatsächlichen Werten ergeben. Dabei wird eine aus der Vergangenheit (und Gegenwart) erschlossene stabile Systemstruktur in die Zukunft fortgeschrieben. Die Systemstruktur, repräsentiert durch das Gleichungssystem der Variablen, bleibt über den ganzen Zeitraum des jeweiligen Modellaufes erhalten. So bleibt auch das systemdynamische Modell - wie jedes Modell - ein monostabiles System, das sich nicht von selbst adaptieren oder differenzieren kann.

Nichtsdestoweniger beobachtet man an systemdynamischen Modellen "contraintuitives" Verhalten, d.h. der Verlauf der einzelnen Modellvariablen läßt sich nicht vorhersagen, sondern nur ex post durch Computerläufe (Modellsimulationen) erfahren. Von der Modellkonstruktion, gewissen Eingangs- und Schaltgrößen hängt es ab, welche Variablen sich als sensitiv, welche Systemteile sich als "wach" erweisen, und welche nicht.

Die prinzipiell möglichen Kurvenverläufe, welche die sensiblen Variablen eines systemdynamischen Modells nehmen können, lassen sich angeben. Sie sind schon aus der vorgedeuteten Kombination von Exponential- und Sinusfunktion ableitbar. Die allgemeinste Art eines Kurvenverlaufes ist ein S-förmiger Anstieg von einem Anfangswert zu einem Maximalwert einerseits und ein S-förmiger Abstieg gegen 0 andererseits. Diesem Kurvenverlauf können sich im Anstieg, besonders aber im Abstieg wellenförmige Bewegungen (gedämpfte Wellen) periodische Zyklen oder Unstetigkeiten (Stufen, Ausschläge) überlagern. Ebenso können S-förmige oder logistische Wachstums- oder Schrumpfungskurven, exponentielle Zunahme oder Abnahme (konvex oder konkav), sowie einzelne Wellen-Berge oder-Täler als Sonderformen des allgemeinen Kurventyps angesehen werden. Besonders durch die Hereinnahme unregelmäßiger Tabellenfunktionen kommen diese verschiedenen Kurvenabweichungen zustande.

Systemdynamische Modelle pflegen einige Dutzend bis über 100 allenfalls einige 100 Gleichungen zu umfassen; wäre es möglich diese Zahl um Größenordnungen zu erhöhen, so müßte man sich dem Realsystem der Wirklichkeit immer mehr annähern, dem allerdings die rasch abnehmende Überschaubarkeit und vor allem das Fehlen empirischer Daten entgegensteht.

Die bekannteste Anwendung ist das auf Anregung des Club of Rome geschaffene Weltmodell World 1 bis World 3. Mehrere vom Standpunkt der Warenlehre und Technologie sehr aufschlußreiche Subsysteme begleiteten diese Modelle. Hier geht es uns weniger um die speziellen Rechenergebnisse, so lehrreich und interessant diese Computerläufe im einzelnen auch sein mögen, als vielmehr um die Struktur der Modelle selbst. Darin wird nämlich die innige Verflechtung der materiell-stofflichen Gegebenheiten und technologischen Möglichkeiten mit den wirtschaftlichen Lenkungsgrößen offenbar.

Im Submodell I über Erdgas in den USA wird vor allem das Problem der Prospektion und Exploration dieses Energieträgers u. Rohstoffes behandelt. Daran fügt sich nahtlos das Submodell II über die Förderungs- und Substitutionstechnologie eines Rohstoffes am Beispiel Eisen, an das wiederum das Submodell III über den Materialfluß in der Güterproduktion unter besonderer Berücksichtigung des Abfall- und Recyclingproblems am Beispiel Kupfer anschließt. Für eine Zusammenfassung dieser Submodelle zu einem Gesamtmodell der Warenproduktion habe ich teils Vereinfachungen, teils Kürzungen der Originalmodelle vorgenommen. Die nachstehende Tabelle gibt hierüber summarisch Auskunft.

	Modell I	Modell II	Modell III	Gesamtmodell
Anzahl der Gleichungen	34	26	28	
davon für Gesamtmodell verwendet	Nr. 1-3 Nr. 5-7 Nr.10-19 Nr.21,26	3,5 7-26	5-28	
Summe	18	22	24	66

Das nachstehende vereinfachte Flußdiagramm soll die wichtigsten Einflußgrößen und Rückkopplungsschleifen der positiven bzw. negativen Rückkopplungen aufzeigen. Bezüglich der näheren Details und vorhandener Ergebnisse sei auf die Originalliteratur verwiesen (Meadows u. Meadows).

Weiters soll auf die systemdynamischen Modelle zum Konjunkturzyklus, zur Energieversorgung und auf ein Modell zur sozioökonomischen Strukturierung der BRD hingewiesen werden. Dabei fällt namentlich bei dem Energiemodell von Winje eine deutliche "Öffnung" d.h. Verwendung zahlreicher modellexterner Daten auf, die eine Annäherung der orthodoxen Systemdynamik an die klassische Ökonometrie erkennen lassen. Solche Versuche einer Verbindung beider Methoden sollten, sofern diese möglich und sinnvoll erscheint, fortgesetzt werden. Auch Bruckmann empfiehlt neuerdings eine möglichst weitgehende Externalisierung von Modellvariablen, um die Durchsichtigkeit und damit die praktische Anwendbarkeit von Modellen zu verbessern.

Flußdiagramm der Warenproduktion

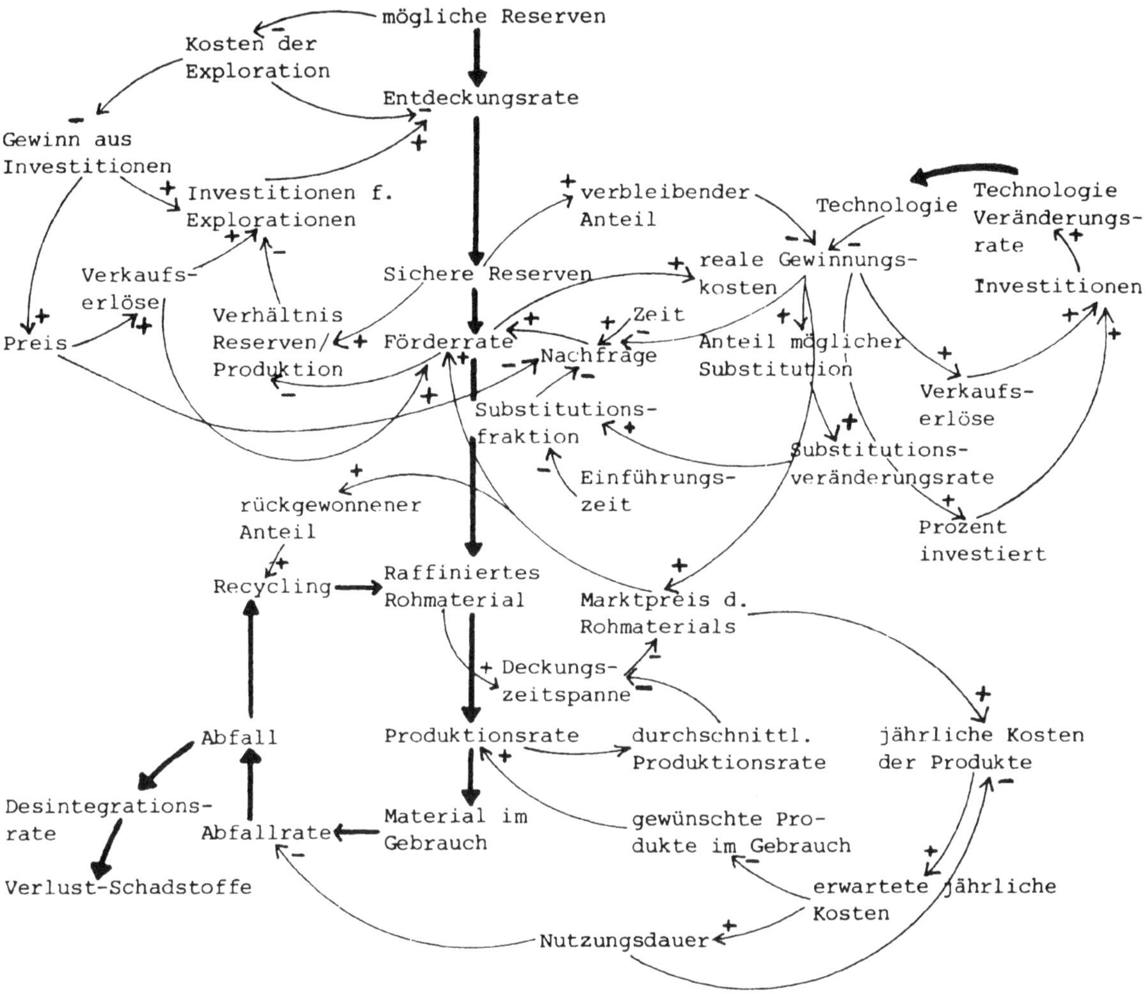

Konservativer Fluß (Stoff, Energie)
Nichtkonservativer Fluß (Information, Entropie-Negentropie)
positive bzw. negative Rückkopplung (feedback)

LITERATUR:

Bruckmann, G., Das Grunddilemma der Langfristprognose. CA-Wirtschaftsberichte (Wien) 14 (1979), 18-24.

Forrester, J.W., Principles of systems. Cambridge, Mass. 1968; deutsch von E. Zahn, Grundzüge einer Systemtheorie. Gabler Wiesbaden 1972.

Derselbe, Information Sources for Modeling the National Economy. General Methodology Lecture, Annual Meeting, Americ. Statist. Assoc., Washington, D.C., August 14, 1979.

Herrera, A.O., Skolnik, H.D., u. a., Grenzen des Elends. S. Fischer, Frankfurt/ Main 1977.

Hugger, W., Weltmodelle auf dem Prüfstand. Birkhäuser, Basel u. Stuttgart 1974.

Hölzl, J., Teoria systematica della produzione delle merci. Riv. Merceol. 1979, 18, 5-32.

Lehmann, G., Wirtschaftswachstum im Gleichgewicht. Stuttgart 1975.

Leontief, W. W., u. a., Die Zukunft der Weltwirtschaft. dva Stuttgart 1977.

Meadows, D.L., Meadows Donella, H., Toward Global equilibrium. Write-Allen-Press, Cambridge Mass. 1973; deutsch: Das globale Gleichgewicht. dva Stuttgart 1974.

Pugh, A.L., III, Dynamo II. User's Manual. Cambridge Mass. 1970.

Riedel, R., Die Strategie der Genesis. Piper, München,Zürich 1976.

Sachsse, H., Einführung in die Kybernetik unter besonderer Berücksichtigung von technischen und biologischen Wirkungsgefügen. Hamburg 1974.

Voss, A., Ansätze zur Gesamtanalyse des Systems Mensch-Energie-Umwelt. Eine dynamische Computersimulation. Birkhäuser, Basel-Stuttgart 1977.

Winje, D., Wachstums- und Anpassungsprozesse in der Energiewirtschaft der BRD - ein Simulationsmodell. A. Hain, Meisenheim am Glan 1977.

Kuhlmann, A., Auto und Verkehr bis 2000. Springer Verl. TÜV Rheinland, Köln 1984

ERGÄNZUNGEN ZU SYSTEMDYNAMISCHE MODELLE

Schon oben wurde darauf hingewiesen, daß die Aufstellung eines realitätsnahen Modells nicht eben einfach ist. Im Bereich der Wirtschaft sind es sozioökonomische, betriebs- und volkswirtschaftliche Kenntnisse, ferner naturwirtschaftliche und technische Grundlagen, Datenmaterial, aber auch Hypothesen und Theorien, die zur Feststellung der Variablen und ihrer Vernetzung durch Rückkopplungsschleifen, mithin zur Strukturierung des Modelles führen; vor allem die Bereitstellung des benötigten Zahlenmaterials (Konstanten, Anfangswerte, Tabellenwerte), und das Aufspüren der Plausibilitätszusammenhänge bereitet oft nicht unerhebliche Schwierigkeiten.

Der erste Unsicherheitsfaktor bei der Modellerstellung besteht in der Auswahl der Variablen und ihrer Rückkopplungen, da hiebei - abgesehen von der unabdingbaren Vereinfachung und Einschränkung gegenüber der komplexen Wirklichkeit - Mißgriffe verschiedener Art, falsche Bewertungen, unrichtige Zusammenhänge usw. unterlaufen können. Der zweite Unsicherheitsfaktor liegt im mangelhaften oder fehlerhaften empirischen Datenmaterial bzw. bei den "Plausibilitätsannahmen", die beim Fehlen von Zahlenmaterial oder nur schwer bewertbaren und quantifizierbaren Zusammenhängen gemacht werden müssen.

Die Güte eines Modellansatzes kann und muß durch eine sogenannte Validierung geprüft werden. Der Zeitraum über den sich das Modell erstreckt, muß über eine bestimmte Zeit in die Vergangenheit hineinreichen, aus welcher das Datenmaterial für den Modellaufbau entnommen wurde. Auch die Länge dieses Validierungszeitraumes ist eine kritische Größe, die sich als Fehlerquelle erweisen kann. Eine Validierung kann dann als geglückt angesehen werden, wenn die wesentlichen, insbesondere die sogenannten sensiblen Variablen des Modells innerhalb des Validierungszeitraumes mit dem tatsächlichen Verlauf jener weitgehendst übereinstimmen. Es kann dies überhaupt als Voraussetzung für einenbrauchbaren Modellansatz gelten.

ANWENDUNGSBEISPIEL "UMWELT UND WIRTSCHAFT"

Als ein einfaches Beispiel eines systemdynamischen Modells unter alleiniger Berücksichtigung konservativer Größen sei nachstehende Skizze angeführt:

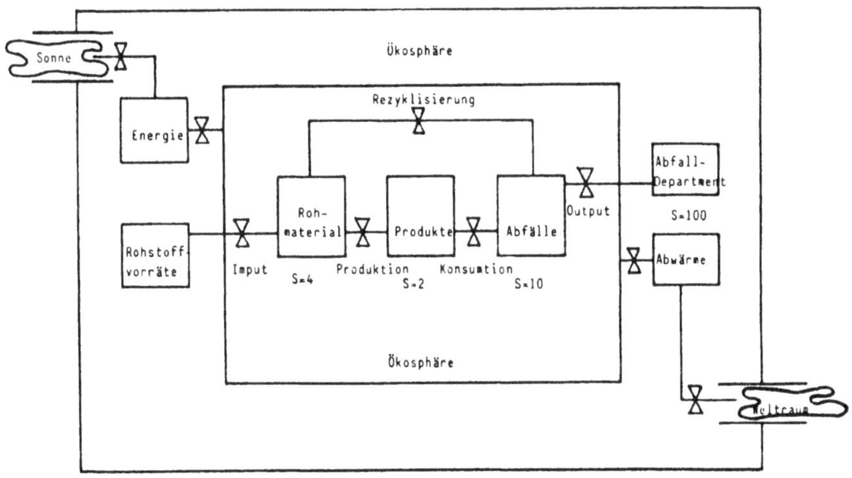

Beachte, daß hier die Umweltreservoirs als Vorräte ( ) limitiert sind.

Rückflußökonomie

Unsere planetare Ökosphäre ist in Bezug auf Energie ein offenes System, das von der Sonne Strahlungsenergie empfängt und Wärme in den Weltraum absprahlt, wobei sich ein langfristiges Fließgleichgewicht eingestellt hat. In diese Ökosphäre ist die sogenannte Ökonosphäre (Ökologie + Ökonomie, nach Zahn) mit ihrem Durchflußsystem eingebettet. Sie bezieht den Materialfluß aus begrenzten endlichen Energie- und Rohstoffvorräten (Kästchen) und gibt ihn über Raten (Ventilsymbole) an die Produktion weiter, von wo sie schließlich auf ebenfalls begrenzte Abfalldeponien oder Vorfluter abgeleitet werden, wenn nicht zusätzlich Stoff- und Energierecycling betrieben wird. Input und Output, Produktion und Konsumtion sowie die Recyclisierung sind als steuernde Ratengrößen aufzufassen; die Steuerung selbst wird wieder von Informationsflüssen gelenkt, die hier jedoch in Form von Entropie ausgewiesen wird. Die Entropie als irreversibel und einseitig gerichtete Größe für den Strukturabbau nimmt zunächst vom Rohstoff zum Rohmaterial bis hin zum Produkt ab (S = 5 bis zu S = 2), um in der Konsumption und der Abfallentstehung wieder kräftig anzusteigen. (S = 10 bzw. S = 100). Es drückt sich darin die Irreversibilität der wirtschaftlichen sowohl produktiven wie konsumtiven Vorgänge aus, wobei durch Recyclisierung zwar eine gewisse Bremsung des Entropieanstieges bewirkt werden kann, der unaufhaltsamen Entropievermehrung jedoch nicht prinzipiell Einhalt geboten wird. Diese naturgesetzlich bedingte einseitige Ausrichtung aller natürlichen und künstlichen Prozesse drückt sich u.a. in den immer deutlicher werdenden Ressourcenverknappungen bestimmter Roh- und Energiestoffe als auch in der besorgniserregenden Umweltproblematik ganz allgemein aus.

Recycling ist streng genommen nur bei Stoffen möglich, während es sich bei Energien meist nur um die Nutzung von Abfallwärme, gelegentlich auch um die Einspeicherung von Bremsenergie handelt. Das Entropiegesetz äußert sich bei der Stoffnutzung als Dissipation, d.h. durch Zerteilung, Zerstäubung, Abnutzung, stoffliche und/oder strukturelle Veränderungen bishin zur Zerstörung; außerdem ist jeder Recyclisierungsvorgang mit Energieaufwendungen und somit abermaliger Entropieerhöhung verbunden. Der Stoff- und Energieverbrauch wird also nur verzögert, wobei die technischen und wirtschaftlichen Grenzen dann erreich sind, wenn die energetischen, technischen oder wirtschaftlichen Aufwendungen größer oder gleich den Aufwendungen für primäre Einsatzstoffe werden.

ERGÄNZUNG ZU WORLD 1 BIS 3

Während das Weltmodell World I von J.W. Forrester 5 Grundvariablen (Bevölkerung, Kapital, Ressourcen, Umweltverschmutzung und Nahrungsmittel) miteinander verknüpft, brachte es World II und III (nach Meadows et al) bereits auf 40 bzw. 150 Variablen, was zwar eine bessere Strukturierung bedeutete und detailliertere Ergebnisse erbrachte, aber zu keinen wesentlichen Neuerungen führte. Nachstehende Abbildung gibt die Grobstruktur dieses Globalmodells, wobei es auf 7 konservativen Flußgrößen bzw. Bestände oder Vorräte (stark umrandete Kästen) reduziert und durch verschiedene Informationsflüsse verbunden wurde.

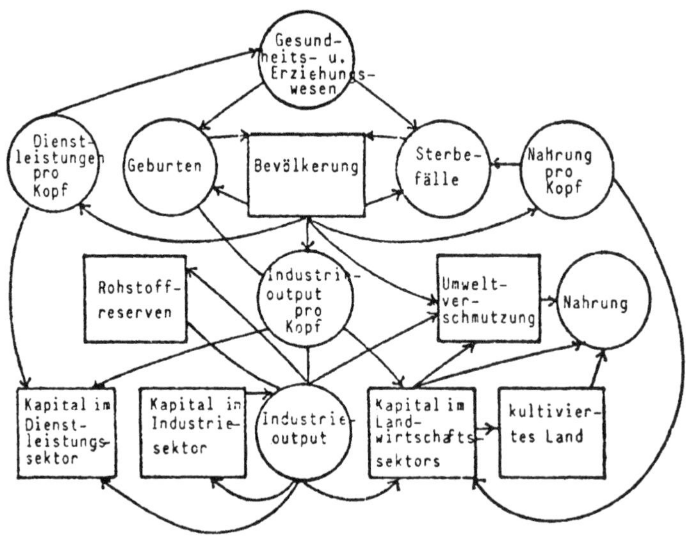

Grobstruktur eines Globalmodells

Als Grundvariable stehen die beiden Populationen(Bevölkerung und Sachkapital in drei Sektoren) den begrenzten und begrenzenden Vorräten (Rohstoffe, Umwelt und bebaubares Land) gegenüber. Die wechselseitigen Beziehungen und Beeinflussungen sind vielfältig und wirken teils fördernd und beschleunigend, teils behindernd und verzögernd. So sind z.B. die menschliche Bevölkerung und die Betriebsmittel grundsätzlich in einem positiven Regelkreis eingebunden, da eine Bevölkerungszunahme aus einem positiven Saldo aus Geburten- und Sterbeziffern sowie Bevölkerungsbewegungen und ebenso auch die Zunahme der Maschinen und Geräte zu erhöhter Produktion, zu höheren Gewinnen und Investitionen und damit zu weiterem Wachstum führt. Diese Größen neigen daher zu einem exponentiellen Wachstum, das jedoch durch verschiedene Beziehungen eingebremst und unter Umständen sogar in Schrumpfungsvorgänge umschlagen kann. Wenn z.B. wirtschaftliches Wachstum auch bei stagnierender oder sinkender Bevölkerung noch möglich ist, so werden Engpässe im Rohstoff- und/oder Energiebereich, überhand-nehmende Umweltprobleme oder Kapitalabwanderungen nicht ohne negative Einwirkungen auf Produktion und Konsumtion bleiben.

Solche quantifizierte und gut strukturierte Modelle haben jedenfalls einen hohen Erklärungswert, da sie die wesentlichen kausalen Zusammenhänge aller grundlegenden Faktoren aufzeigen und daraufhin auch überprüft und kontrolliert werden können. Wie alle Modelle haben auch systemdynamische Modelle nur einen konditionalen Charakter, d.h. sie können Zukunftsentwicklungen nur unter genau definierten und unveränderlich bleibenden Voraussetzungen machen. Diese Voraussetzungen lassen sich jedoch im Sinne von Szenarios abändern, sodaß alternative Entwicklungspfade z.B. auch für Technology Assessment zur Erleichterung der Entscheidungsfindung untersucht werden können.

LITERATUR:

Forrester, J.W., Der teuflische Regelkreis. Stuttgart 1972

Global 2000 - Der Bericht an den Präsidenten. 2001 Frankfurt/Main 1980

Meadows, D.L., The Dynamics of Commodity Production Cycles. Cambridge Mass. 1970

Zahn, E., Wachstumsbegrenzung als Voraussetzung einer wirksamen Umweltpolitik. in: Umweltpolitik in Europa, hrsg. v. Ch. Horn, M.P.von Walterskirchen, J.Wolff Verl. Huber Frauenfeld und Stuttgart 1972 S. 73-110

Forrester, J.W., We are headed for another depression. Fortune, Jan. 16/1978

Derselbe, Information sources for modeling the national economy. General Methodology Lecture, Am. Statist. Assoc. Washington D.C., August 14/1979

Die Umschau 4/1984, 111-114: Die Grenzen des Wachstums. Interview mit D. Meadows

Pestel, E., Jenseits der Grenzen des Wachstums. dva Stuttgart 1988

Schlußwort

In gebotener Kürze - soll doch diese Einführung auch Studenten ansprechen und auf das Phänomen Ware aufmerksam machen - haben wir versucht, einen Überblick über den Lebensweg der Ware zu geben, beginnend mit der Konsumtion aus dem Blickwinkel des Verbrauchers/Verwenders und weiterschreitend zur Tätigkeit des Transpositeurs und Händlers, wo Lieferung und Absatzmöglichkeiten im Vordergrund des Interesses stehen. Der Aspekt, unter dem die Ware, der Rohstoff, das Material, das Halb- und Fertigfabrikat erscheint, ist jedes Mal anders, nicht selten konfliktgeladen und konträr. Die wissenschaftliche Zusammenschau erkennt darin, wie schon eingangs erwähnt, Variationen über ein Thema, was besonders aus der gesamtwirtschaftlichen systemtheoretischen Betrachtungsweise klar werden sollte.

Indessen mag es nicht an kritischen Stimmen fehlen, die dort wo wir ein System erblicken, nur eine Menge zusammengelesener Ansichten und Fakten erkennen können. Es fällt freilich leichter, alles Störende beiseiteschiebend, ein Werk nach einheitlichem Plan aus einheitlichem Material zu formen. Wer aber den Bogen weiterspannen und Anregungen von überall her aufnehmen will, wird sich schwerer tun, im Bestreben ein Ganzes zu liefern.

Obwohl nicht beabsichtigt war, ins Detail zu gehen - hier gibt es Einschlägiges genug - so mag doch manches zu ausführlich, anderes wieder zu flüchtig behandelt erscheinen. "Was man findet, hängt immer davon ab, was man sucht" (Sachsse S.245) und so wird man auch mir billig zugestehen, das zu präsentieren, was ich auf der Suche nach den Zusammenhängen von Produkt und Ware gefunden habe: Die Ware als ubiquitäres, lebenerhaltendes, erleichterndes, erfreuendes, aber auch bedrohendes Phänomen. Unser künftiges Schicksal wird nicht zuletzt davon abhängen, wie wir diese Herausforderungen meistern.

Stichwortverzeichnis

www.ingramcontent.com/pod-product-compliance
Lightning Source LLC
LaVergne TN
LVHW081348011026
849161LV00013BB/3025